混合方法研究实践手册

——设计、实施和发表

The Mixed Methods Research Workbook

Activities for Designing, Implementing, and Publishing Projects

原　　著　Michael D. Fetters

主　　审　詹思延　北京大学第三医院 / 北京大学公共卫生学院
赵一鸣　北京大学第三医院
孙昕霙　北京大学公共卫生学院
彭晓霞　首都医科大学附属北京儿童医院

主　　译　褚红玲　北京大学第三医院
李　楠　北京大学第三医院
曾　琳　北京大学第三医院

译　　者　（按姓氏笔画排序）

于长禾　北京中医药大学东直门医院
王燕芳　北京大学临床研究所
尹学珺　新南威尔士大学乔治全球健康研究院
石岩岩　北京大学第三医院
吉　萍　深圳北京大学香港科技大学医学中心
刘小莉　北京大学第三医院
李　楠　北京大学第三医院
李正迁　北京大学第三医院
李敏谊　北京师范大学教育学部
严若华　首都医科大学附属北京儿童医院
张　京　新南威尔士大学人群健康学院
张之良　北京大学第三医院
卓　琳　北京大学第三医院
周　婷　北京大学医学人文学院
周云仙　浙江中医药大学护理学院
赵英帅　河南省人民医院
费宇彤　北京中医药大学循证医学中心
夏如玉　北京中医药大学循证医学中心
倪凯文　浙江大学医学院附属第二医院
徐建平　北京师范大学心理学部
陶立元　北京大学第三医院
曾　琳　北京大学第三医院
褚红玲　北京大学第三医院
蔡思雨　首都医科大学附属北京儿童医院
廖　星　中国中医科学院中医临床基础医学研究所

学术秘书　卓　琳　北京大学第三医院

北京大学医学出版社

HUNHE FANGFA YANJIU SHIJIAN SHOUCE——SHEJI SHISHI HE FABIAO

图书在版编目（CIP）数据

混合方法研究实践手册：设计、实施和发表 /（美）迈克尔·费特斯（Michael D. Fetters）原著；褚红玲，李楠，曾琳主译．—北京：北京大学医学出版社，2022.10

书名原文：The Mixed Methods Research Workbook：Activities for Designing，Implementing，and Publishing Projects

ISBN 978-7-5659-2670-9

Ⅰ．①混…　Ⅱ．①迈… ②褚… ③李… ④曾…　Ⅲ．①混合法 - 研究　Ⅳ．① O241

中国版本图书馆 CIP 数据核字（2022）第 112680 号

北京市版权局著作权登记号：图字：01-2021-1258

混合方法研究实践手册——设计、实施和发表

主　　译：褚红玲　李　楠　曾　琳
出版发行：北京大学医学出版社
地　　址：(100191）北京市海淀区学院路 38 号　北京大学医学部院内
电　　话：发行部 010-82802230；图书邮购 010-82802495
网　　址：http://www.pumpress.com.cn
E-mail：booksale@bjmu.edu.cn
印　　刷：中煤（北京）印务有限公司
经　　销：新华书店
策划编辑：董采萱
责任编辑：靳　奕　**责任校对**：靳新强　**责任印制**：李　啸
开　　本：889 mm × 1194 mm　1/16　**印张**：18.25　**字数**：503 千字
版　　次：2022 年 10 月第 1 版　2022 年 10 月第 1 次印刷
书　　号：ISBN 978-7-5659-2670-9
定　　价：98.00 元

序 言 一

很高兴看到我们北京大学第三医院临床流行病学研究中心团队牵头联合多个单位的优秀学者，共同完成了本书的翻译工作。混合方法研究在 1950 年就已经被明确提出，并在 20 世纪 80 至 90 年代开始在多个领域得到应用。当我们简单回顾自然科学和社会科学的发展历史后不难发现，早在“混合方法研究”这一概念形成之前，就已经能找到大量的研究案例，它们不约而同地结合了定性和定量的研究方法，以便更全面地认识这个世界。比如当伽利略在 1609 年第一次用望远镜观测月球时，他通过对所见景象的直观描述和对月球表面阴影面积、陨石坑深度的测量，第一次帮助我们认识了月球的三维特征。

“混合方法研究”概念提出后的一段时间，如何让定性和定量两种方法更有机地结合，从而得到令人信服的结论和行之有效的建议，是混合方法研究范式的关键。在现实需求的驱动下，混合方法的基本理论框架、方法学框架和关键技术逐步形成，包括目前已为混合方法研究者所熟知的核心设计类型及其中涉及的多个环节的整合。自此，混合方法研究才真正成为了一个全新的研究范式，并于 2007 年创建了属于自己的第一本期刊 *Journal of Mixed Methods Research*。这也是为什么对于多数人来说，混合方法研究让他们感到新鲜而又陌生。

与“混合方法研究”这一名称不同，研究范式本身会给人一种似曾相识的感觉。不论您来自哪个研究领域，只要您对研究方法有所了解，您翻阅本书时都会有种亲切感。首先，书中涉及的定量或是定性研究部分的细节内容与我们所熟悉的一致；其次，整合定性与定量的设计方法虽然是初见，但却显得那么自然、合理、符合逻辑，与我们对这个世界获取全面认识的经验非常契合。以我熟悉的医学研究为例，多年来研究者们普遍关注基于定量研究而产生的证据，却忽视了对重要研究需求的梳理、研究过程的评价，以及结论可用性的阐释。我们总把这一现象归结为研究者们眼界的局限，却没有思考过，是否真的有研究范式可以用来指导大家进行这样的思考和工作，直到我看到了混合方法研究这一范式，才找到了合理的解决方案。这种既熟悉又陌生，却又顺理成章的感觉，让人很容易喜欢上这种方法，也让阅读、使用这一手册本身成为一种享受。

这本书的定位是实践手册，具有很强的操作指导性。当还不了解混合方法研究时，简单快速的翻阅就能让您对这一方法的可行性有粗略的认识。而对于一个成熟的研究者来说，这样的认识足以刺激您产生新的研究灵感和对细节的进一步掌握和思考。当然，如果您已经确定了要开展一项混合方法研究，这本书也将从设计到操作的各个环节为您提供支持。

序 言 二

很高兴有机会向感兴趣的同行推荐这本译著。这本译著的初心是向读者介绍如何在临床研究领域使用混合方法研究，在课题的设计、实施和文章发表过程中使用规范的技术路线和方法，少走弯路，一步到位。

传统的临床研究多采用基于临床流行病学和统计学原理的群体研究和定量分析的技术路线，形成学术界公认的定量研究范式。这种研究范式的主要特征是在患病人群中探索、总结共性规律，具有研究结果可验证、可重现的特点，科学性得到了学术界认可的优点。定量研究范式的局限性表现在研究结果和结论有时很难与临床实践的需求对接。针对这一问题，近年来国内临床研究方法学专家开始探索新的研究范式，包括定性研究范式和混合方法研究范式，它们开始在临床研究实践中崭露头角。

混合方法研究作为一种新的研究范式，如何在临床研究中规范操作，保证研究工作和结果、结论的科学性，得到学术界认可，是研究者和方法学专家面临的挑战。采用“他山之石可以攻玉”的策略显然可以事半功倍，《混合方法研究实践手册——设计、实施和发表》的翻译出版就是在上述需求和现实环境中产生的。原著由密歇根大学 Michael D. Fetters 教授编写，具体情况在译者前言中有详细介绍，在此不赘述。

该专著的翻译团队集中了国内临床流行病学领域的著名专家和诸多中青年骨干，以及海外华人学者，是一个非常优秀的专家群体，具备很高的专业造诣和学术公信力。作为中文译著，新的英文专业术语如何译成中文是翻译团队面临的挑战。这本译著中的专业术语经过翻译团队的努力多数已达成共识，读者可放心使用，如有建议可直接与译者联系。少数有争议的专业术语大家也求同存异，使用方法在本书中也固定下来。混合方法研究使用的专业术语引进及规范化是本书的重要成果之一，在此提出供读者参考。

“建设创新型国家”已成为我国的战略，临床研究也要跟上国家的发展，与战略需求相一致，开展混合方法临床研究是“勇于创新”的途径之一。至今各国采用混合方法开展的临床研究不多，我国研究者与其他各国研究者处于同一起跑线。希望这部译著能够帮助我国研究者更好、更快地开展混合方法临床研究，参与国际学术竞争，最终交出一份另人满意的答卷。

北京大学第三医院临床流行病学研究中心

赵一鸣

译者前言

2015年，Michael D. Fetters教授和John W. Creswell教授在北京进行了一场精彩的混合方法研究讲座。当时我们正在开展一项过程评价，其中涉及定性资料和定量数据的收集和分析，我们一直在思考如何把定性和定量的内容糅合在一起，还能显得很有逻辑、顺理成章。当了解到这一研究范式的时候，我们强烈地感受到学术碰撞的火花，像是突然有人为你在黑暗中打开了一扇大门。然而，对于这一研究范式，我们当时也没有机会系统学习。

幸运的是，2016年9月至2017年1月，美国密歇根大学混合方法项目组的Michael D. Fetters教授在北京大学医学部开设了一个学期的混合方法研究课程。据我们所知，这是国内第一个混合方法研究的系统课程。随着对这一研究范式的系统学习和理解，我们发现了混合方法研究整合定性研究和定量研究的优势：可以更广泛而深入地分析特定问题，增加研究结果的普适性和深度，非常适用于研究复杂的问题。

2018年至今，我们每年都会组织混合方法研究研讨会，参会人员越来越多，应用该范式开展的研究也越来越多。然而，对于该研究范式的关键点——整合，很多研究者并没有很好地理解和应用，主要体现在我们审稿时发现很多声称是混合方法研究的文章其实只是定性和定量方法的相加和堆砌，并未掌握混合方法研究的内涵。

北京大学第三医院临床流行病学研究中心于2020年11月牵头申请并成功获批成为国际混合方法研究学会中国分会，承担着引领和发展混合方法研究的使命和责任，希望对推动规范化的混合方法研究应用起到实质性作用。我们本来想撰写一本混合方法研究理论和案例方面的书籍，但经验有限，又恰逢密歇根大学Michael D. Fetters教授在2020年出版了*The Mixed Methods Research Workbook*：*Activities for Designing, Implementing, and Publishing Projects*这一实操性很强的书籍。他结合多年积累的理论实践经验，从研究问题提出、研究设计、抽样、数据收集、数据分析、结果呈现及文章撰写多个关键环节进行简要的理论介绍和详细的实施操作细节讲解，将教育、商业和医学领域的3个混合方法研究案例贯穿于各个研究环节，手把手地传授混合方法研究的设计与实施。该书还配合有练习和示例，可作为研究者自学和教学的好帮手。因此，我们希望能借他山之石，尽快让国内感兴趣的研究者系统了解和规范实施混合方法研究。

正是由于混合方法研究及此书的重要价值，翻译工作得到来自首都医科大学附属北京儿童医院、中国中医科学院、北京中医药大学、北京师范大学、浙江中医药大学、浙江大学医学院、深圳北京大学香港科技大学医学中心、北京大学临床研究所、新南威尔士大学及北京大学第三医院临床流行病学研究中心等多个单位的专家无私的大力支持。感谢翻译团队成员的不懈努力，使中文版《混合方法研究实践手册——设计、实施和发表》得以由北京大学医学出版社出版。

感谢北京大学第三医院及北京大学公共卫生学院的詹思延教授、北京大学第三医院的赵一鸣教授、北京大学公共卫生学院的孙昕霙教授以及首都医科大学附属北京儿童医院的彭晓霞教授对本书部分章节的审校。

翻译和审校团队对该书进行了反复研读，尽量使中文版不断向“信、达、雅”的境界靠近，但仍不能做到尽善尽美。译文中难免会有疏漏，恳请读者批评指正。我们殷切希望，该书的面市对推动我国混合方法研究的高质量开展有所裨益。

褚红玲　李楠　曾琳

2022 年 8 月 1 日

谨以此书献给：

（1）我的家人 Sayoko、Kori、Tomoyuki、Kazuhisa 和 Takashi，他们让我有更多时间写作；

（2）我的朋友和同事 John W. Creswell，他鼓励我写这本书；

（3）参加我们举办的混合方法研讨会的学者们；

（4）我的合作伙伴丛亚丽教授，以及 2016 年参加我作为富布莱特杰出学者在北京大学医学部开设的混合方法研究课程的学生们；

（5）密歇根大学混合方法项目组的同事们，在混合方法研究的工作坊中对本实践手册涉及的活动内容做了进一步完善和提炼；

（6）我的同事 Timothy C. Guetterman、Melissa DeJonckheere、Justine Wu、Jane Forman、Ellen Rubinstein 和 Sergi Fàbregues，他们无私地审阅了本书稿各个章节的内容；

（7）Rania Ajilat 和 Lilly Pritula，为本书提供了宝贵的技术支持。

原著前言

如果你正在开展一项混合方法研究，那么我撰写的这个实践手册可为你的研究项目提供支持。如果你要教研究生如何设计、实施或发表混合方法研究，这个手册也可为他们提供支持。该实践手册每章都包含了练习，可用于授课、组织工作坊或研究小组讨论学习，可能还特别适用于研究生课程。已经开展过混合方法项目的研究人员会发现，实践手册的每一章都会单独列出混合方法所特有的关于整合的练习。这本实践手册与其他混合方法书籍不同，主要聚焦于实践练习，以帮助读者将基础的和前沿的混合方法概念应用于混合方法研究中。

这本实践手册聚焦于整合的基本概念和练习。之所以强调这一点，是因为我作为 *Journal of Mixed Methods Research*（《混合方法研究杂志》，*JMMR*）的联合主编，感受到整合的重要性，并从中受益。在 2015 年我成为 *JMMR* 的联合主编时，就参与确立了混合方法的学术重点在于整合。整合可用一个算术公式表述，即 1+1=3，强调了整合促使研究者获得的整体收益大于各部分收益的简单加和。整合三部曲从概念上说明了如何从混合方法研究的 15 个维度进行整合。这里明确强调了现代混合方法与过去的区别，过去只是随意地同时使用定性和定量研究，而并未充分发挥整合在混合方法研究中的作用并从中获益。

我撰写的实践手册特别适合 3 类从事混合方法研究的人员。首先，对于开始着手应用混合方法的研究者，本书各章节是按照混合方法研究的设计、实施和文章发表的逻辑顺序编排的，每一章都建立在上一章的基础之上。因此，该实践手册可以作为混合方法研究生级别课程的参考书。其次，该实践手册聚焦于混合方法的基础内容和实践练习，可用作混合方法研究研讨会的主要资料。最后，对于经验丰富的研究人员，本书各章节的设计可独立用于特定部分的整合练习，例如创建数据来源表、明确数据收集和分析过程中的整合、开发联合呈现、发表混合方法论文。因此，可以根据研究项目的需要有选择地使用实践手册中的章节和练习活动。

本书的每一章均从学习目标清单开始，遵循相似的写作结构。在简要介绍章节主题有关的基本内容后，提供相关工作表：先是一个工作表填写的完整示例，然后是一个相同结构的空白工作表，可供你填写具体的项目内容。有些章节使用图形帮助读者理解抽象概念，或使用表格组织复杂的材料。许多章节都包含“研究轶事”。这些故事通过讲述真实的经历更加详细地阐明了所有章节的思想。每章均介绍了适用于教室、工作坊、研究室或工作组的应用流程。然后是一份用于反思和自我评价章节目标实现进度的清单，并以重要的阅读资源推荐列表结尾。

《混合方法研究实践手册——设计、实施和发表》体现了在混合方法研究实施、教学、咨询和指导过程中众多经验的积累。自 1992 年以来，我本人就一直在社会与健康科学及医学教育中开展混合方法研究项目，并在 14 项基于复杂多元文化和多语言环境中开展的混合方法项目中担任过首席研究员。此手册中的活动在 11 个国家举办的为期 1 ～ 5 天的研讨教学过程中得到不断发展。我在北京大学医学部将工作坊的活动扩展为一门完整的课题。在那里，我教授了中国第一个系统完整的混合方法研究的研究生课程。基于这些经验，我成为 2013 年美国国立卫生研究院行为和社会科学研究所混合方法研究最佳实践的专家顾问，并于 2019 年在以患者为中心的结局研究机构（Patients Core Outcome Research Institution，PCORI）中担任定性和混合方法研究指南制定的专家顾问。在指导不同层次（初级或者高级）的学术伙伴开展混合方法研究时，我不断发现本书介绍的这些应用练习非常有用。

第 1 至第 5 章讲述的是成功开展一项混合方法研究之前所需完成的前期工作。第 1 章将帮助你确定一个适合采用混合方法研究的主题，评价混合方法研究的要点和合理性，并考虑潜在的可行性问题。第 2 章为识别并开始完善混合方法研究的主题提供支持。第 3 章将帮助你选择文献综述的不同类型和相应的检索策略。第 4 章有助于将你的个人背景、理论和世界观融入到项目中。第 5 章为阐明项目的相关背景、研究目的和问题提供了一个精炼的架构。

第 6 至第 12 章介绍收集混合方法数据所需的基本知识和练习活动。第 6 章提供了一种用于明确标识定性和定量数据来源的方法。在第 7 章，你将学习选择一个或多个核心混合方法设计，并开始制定流程图。在第 8 章，你将学习脚手架式（也称为复杂、相交或高阶）设计，以及如何将多个核心设计整合在一起，或者将理论或其他类型的设计引入混合方法研究。在第 9 章，你将选择不同的抽样策略；而在第 10 章中，你将根据数据收集和分析的目的来了解和选择不同的整合策略。在第 11 章，你将了解实施矩阵的 3 种用法，并为你的项目创建一个合适的矩阵。在第 12 章，你将系统地考虑混合方法研究的伦理问题。

第 13 至第 16 章为混合数据分析和练习活动提供了基本信息，以确保最大限度地发挥混合方法项目的潜力。第 13 章向你介绍了混合方法数据分析的 7 个基本步骤，帮助你确定如何应用于自己的项目中。在第 14 章，你将了解联合展示计划、联合展示分析和联合展示的呈现。在第 15 章，你将学习其他混合方法分析的高阶流程，并选择一种用于你的项目中。在第 16 章，你将系统性地考虑研究质量相关的问题，并选择一个框架进行项目质量评估。

太多的混合方法研究无法在论文发表中完全发挥其潜力。第 17 章和第 18 章介绍了为论文发表提供支持的两个关键点：发表的准备工作，以及如何使用沙漏模式撰写混合方法实证研究论文。

本书的写作和出版得益于许多人的帮助。我和来自麦吉尔的 Pierre Pluye 首先开发了一些核心活动，并于 2009 年首次在北美初级保健研究小组会议的一系列工作坊中进一步完善了这些活动。2011 年，Rikke Jorgensen 邀请我参加了在丹麦奥尔胡斯大学奥尔堡精神病医院开展的卓越研究方法课程，其中有为期 1 周的混合方法工作坊。密歇根大学和奥尔堡精神病医院之间一直保持着混合方法研究的教学和人员交流。我非常感谢富布莱特计划，该计划为我在北京大学医学部开展混合方法研究教学课程提供了支持，丛亚丽教授为此课程的顺利开展提供了重要的基础设施和支持，参加课程的学生促使我扩展和完善了混合方法研究活动。密歇根大学家庭医学系的支持对于混合方法项目活动的教学、研发和拓展至关重要。正如本书的致谢部分所述，密歇根大学混合方法项目组的同事们影响着我对混合方法研究的思考，他们还对本书的草稿提供了反馈。我非常感谢混合方法研究丛书的编辑 Nataliya Ivankova 和 Vicki Plano Clark，以及

SAGE 出版公司负责研究方法、统计和评价的编辑 Leah Fargotstein 的耐心、支持和指导。

非常感谢本书各章节的审阅者：

Mehmet Ali Dikerdem，英国密德萨斯大学，工作本位学习研究所

Clare Bennett，英国伍斯特大学

Joke Bradt，美国德雷塞尔大学，护理和健康专业学院，创造性艺术治疗系

Janine Chitty，阿肯色大学史密斯堡分校

Xiaofen D. Keating，得克萨斯大学奥斯汀分校

Charles A. Kramer，美国拉文大学

Betsy McEneaney，马萨诸塞大学阿默斯特分校

Arturo Olivarez Jr.，得克萨斯大学埃尔帕索分校

David Preece，英国北安普顿大学，教育与研究中心

Douglas Sturgeon，里奥格兰德大学

Karthigeyan Subramaniam，美国北得克萨斯大学

Eric D. Teman，美国怀俄明大学

Kristen Hawley Turner，美国德鲁大学

Karen L. Webber，美国佐治亚大学

最后，也最重要的是，鼓励我写作这本书的我的导师兼同事 John W. Creswell，他是定性和混合方法研究的国际领先学者。当我们于 2015 年在密歇根大学共同创立混合方法项目组时，我们就将每年举办 3 次混合方法研究工作坊设定为项目组的工作内容之一。我们的工作坊更加注重实践，在为期 2 ~ 3 天的工作坊中，我们以各部分的练习活动作为主要内容。参加工作坊的都是非常有上进心和好奇心的学者，工作坊为培育和发展新的思想和活动提供了肥沃的土壤。到实践手册交付时，我们已经开展了 12 次混合方法研究的工作坊，每次工作坊有 23 ~ 40 名具有教育学、社会科学和（或）健康科学等不同学科背景的参与者，工作坊上他们也使用了本实践手册上提供的练习。到目前为止，我们的工作坊参加人数共计 349 人，来自美国以及全球其他地区，包括澳大利亚、巴西、加拿大、中国、哥伦比亚、丹麦、圭亚那、印度、爱尔兰、牙买加、日本、韩国、立陶宛、尼日利亚、菲律宾、波多黎各、新加坡、南非、泰国、特立尼达和多巴哥以及英国等。暑期混合方法论文讲习班是我们备受欢迎的讲习班之一，并且很幸运的是，Sara Miller McCune 基金会慷慨支持了国际研究生参加该讲习班。如果你发现这本书在混合方法研究中很有用，那就是我写这本书的最大收获。如果你对本书有任何改进的建议，非常希望你能给我留言。

目　录

第1章

确定研究主题，应用混合方法研究的合理性和可行性

在全球范围内，研究人员正在开始使用混合方法研究（MMR）来解决医学、教育、商业和其他社会科学中最复杂和最具挑战性的研究问题。当你跃跃欲试的时候，你可能会觉得自己就像一个盯着空白画布的艺术家，既兴奋于未来作品的潜力，又迷茫于如何在一片空白中展现自己的想法。这一章及其后的练习将帮助你厘清研究主题、阐明应用混合方法研究的合理性，并帮助你务实地评估项目可行性。学习本章后的核心收获是能够阐明在自己研究主题中使用混合方法这一研究范式的合理性。

学习目标

这一章将帮助你：

- 思考你将开展的混合方法研究项目的背景
- 为混合方法研究初步构建一个主题
- 确定使用定性和定量方法的优点，明确使用混合方法的合理性
- 对你感兴趣的主题进行 MMR 或混合方法评估时，探讨潜在的可行性问题

混合方法研究的背景

如果你来到我的办公室，询问如何开始一个混合方法研究项目，我想确保你首先知道使用定性、定量和混合方法流程的基本特征和合理时机。在本实践手册中，**混合方法研究**指的是在一个持续探究问题答案的过程中综合使用定性和定量的方法，同时考虑哲学、方法论和实践的一种调查模式。

MMR 的概念很简单。它意味着将定性研究的优点和定量研究的优点结合起来，从而创造出一个新的整体，或得到比任何一种单独的方法都更全面的认识。“1+1=3”这一等式表达了这

一想法，并与很多试图理解这一概念的学者产生了共鸣（Fetters，2018；Fetters & Freshwater，2015a）。这本实践手册的目的是让你参与到一些练习中，这些练习将帮助你完整地规划一个项目，而非各个部分的堆砌。本书的内容和练习强调了混合方法研究中针对关键环节进行整合的方式，而**整合**指的就是“将定性和定量的方法及维度联系在一起，从而创造出一个新的整体，或得到比任何一种单独的方法都更全面的认识”（Fetters & Molina-Azorin，2017b）。

你在这本实践手册中完成的许多实践练习都可以用作论文、基金标书、汇报和海报展示以及期刊文章的草稿内容。实践手册的目的并不是限制你对项目的设计、实施和发表，而是作为一个起点，你可以自由地对它进行调整，从而适应你的需求。正如研究轶事 1.1 中所说，规则是为新手制定的。

研究轶事 1.1

结构化还是非结构化，这是个问题

本手册的实践为设计一项 MMR 的要素提供了相应的结构框架。MMR 这一领域仍然非常年轻，该领域的发展方向仍不清楚。事实上，许多混合方法的方法学家认为学者们应该避免落入现有的学术界限和惯性中。在发表了一篇关于混合方法文章的写作及评论文章（Fetters & Freshwater，2015b）之后，我收到了一封来自 MMR 领域一位非常受人尊敬的同事的电子邮件。他写道：“我喜欢你的评论，并打算与我的学生分享，但你不认为你在规定混合方法写作的结构方面做得过于框架化吗？”这说明了 MMR 创造性的写作与很多作者遵循一致性的结构进行写作之间的矛盾。对于我尊敬的同事，我指出了我们在评论中所写的声明：“规则是为新手制定的”（Fetters & Freshwater，2015b）。换句话说，刚接触 MMR 的人通常希望以“正确的”或“可被接受的”方式完成工作，对于这样的受众，这里提供的结构和模板被证明是有用的。但是，随着混合方法学家经验的积累，他们会发现新的机会和需求，从而拓展和调整自己所需的模板。

设计和实施混合方法研究对研究者来说是个挑战，这不仅需要具备开展定性和定量研究的知识及技能，还需要具备将这些方法整合成为一个 MMR 项目的知识及技能。MMR 领域的先驱者 Abbas Tashakkori 建议在开始一个混合方法项目之前考虑是否采用**单一方法研究**（仅定性或定量项目）就足以完成研究问题（Fetters & Molina-Azorin，2017c）。

本章的实践将帮助你考虑使用定性研究、定量研究和 MMR 的常见理由，并确认你是开展混合方法研究还是单一方法研究。定性和定量研究都已经建立了很好的传统研究模式，从某种程度上看，在这些传统模式中选择一种会更安全。但是，如果你有一个复杂的问题，不能单独使用一种方法来解决，那么 MMR 领域中很多引人注目的进展能够让研究变得更为严谨。在 20 世纪 80 年代末和 90 年代初，只有少量的有关 MMR 的书籍和资源。相比之下，当前涉及混合方法的书籍数量众多，很多书籍写作时使用了案例和特定场景下的应用，如教育、商业、健康科学和社会工作，以及对其他事物的评估等。本书专注于应用练习，以帮助你完成一项混合方法研究。

启动工作

每个研究项目都需要从某个地方开始，我建议从确定主题开始。第 1 章旨在帮助你确定初步研究主题，并确定混合方法是否有助于开展关于这一主题的研究。

确定一个初步主题

初步主题是指 MMR 的内容、主题或关注点。虽然许多研究专家强调从研究问题开始，但现实中许多人尝试从主题开始，然后开始从主题衍生出研究问题。第 2 章有更多关于厘清和阐释选题的内容。围绕你的初步主题，考虑采用定性、定量和混合方法的可能性。

练习：确定一个初步主题

参照工作表示例 1.1.1，在工作表 1.1.2 中，写出 MMR 项目的初步主题。当你把主题写下来时，可以试着更具体地构建你的想法，并考虑混合方法的应用方式。在工作表示例 1.1.1 中，案例实际上是已经完成的研究，在案例中我们将回到研究者构建问题的时点。

工作表示例 1.1.1　拟定初步研究主题

商业：企业环境战略和组织能力
教育：学校文化和学业成就
健康科学：使用虚拟人系统开展沟通技巧教学

商业主题的见附件 1（Sharma & Vredenburg，1998），教育主题的见附件 2（Harper，2016），健康科学主题的见附件 3（Kron et al.，2017）。

工作表 1.1.2　初步研究主题

本手册为计划并开展混合方法研究带来怎样的帮助

有许多与开展定性、定量和混合方法研究项目有关的学习资源。单独的定性和定量研究的相关参考资料，其内容的广度也是远远超出本手册的范围。因此，只有对定性和定量数据收集过程已经有基本的了解时，MMR 手册才是最有用的。此外，你也可以同时使用本书和其他入门教科书。再或者，如果你们是一个工作团队，理想情况下，团队中会有对每种类型的研究都有深入了解的人员。本章的工作表练习将让你首先确定一个主题，并考虑定性研究、定量研究和 MMR 的优点和局限性。

定性研究的关键要素简述

定性研究概述

定性研究特别有助于了解某一现象如何和（或）为什么发生，或者深入研究一个群体对一个特定现象的体验和看法。定性研究者通常被这样一种世界观所影响：现实是由人类自身的经验以及与他人的互动构成的（见第 4 章）。定性研究者认为，他们的经验为如何看待和解释世界提供了视角，包括对研究所产生数据的解释。他们试图在工作中使用先前的经验对某一现象存在的疑问进行阐述和探索，同时也有意识地对与数据相悖的解释提出质疑。为了探索一个现象或想法，他们通常对小样本量参与者开展研究，会问一些开放性的、一般性的或宽泛的问题。

此外，当想了解某些行为时，定性研究人员会花时间观察参与者。定性研究人员通过参与者的语言、体态或观察到的行为来收集信息。

明确应用定性研究的合理性

要推进混合方法项目，需要考虑的关键问题是为什么要开展定性研究。Creswell 和 Plano Clark（2018）在 *Designing and Conducting Mixed Methods Research*（《设计与实施混合方法研究》）中对定性研究的优势进行了简要总结。这包括获得一小部分人的详细观点、听取来自参与者的声音、结合其他信息理解参与者的经验、获得参与者的观点，并激起人们对故事的兴趣等。

在定量研究者看来，定性研究有一些显而易见的局限性。用于解释的文本数据有时被一些研究者称为软数据，这些研究者更倾向于定量研究的所谓硬数据或客观数据。他们认为定性研究存在以下局限性：研究对象相对较少，研究存在主观性，通过访谈或观察、依赖他人"产生"或"生成"数据存在风险。在很大程度上，这些顾虑是来自对定性研究者的研究目标的误解，这些定性研究者的研究目标与他们想的不一样。

练习：明确应用定性研究的优势和局限性

定性研究的优点和局限性已经被纳入工作表 1.2 中，在应用到自己的项目中时应有所考虑。在工作表 1.2 确定的初步主题中，核对应用定性研究方法的潜在优势和局限性。如果你认为还有其他优点或局限性，请添加到列表中。然后，说明为什么认为以你的方式收集到的数据是有用的，或者是具有局限性的。

工作表 1.2　应用定性研究的潜在优势和局限性

应用定性研究的优势
□ 提供来自少数个体的详细观点 □ 记录参与者的声音 □ 让参与者的经验在其所处的环境中得到解释和理解 □ 是基于参与者的观点，而非研究者的观点 □ 吸引人，让人享受这个故事 □ 其他________________
为什么？
应用定性研究的局限性
□ 外推能力有限 □ 提供软数据（缺少数字等硬数据 / 客观数据结果） □ 样本量较少 □ 主观性较强 □ 研究者无法完全掌控数据资料产生的过程 □ 其他________________
为什么？

定量研究的关键要素简述

定量研究概述

定量研究通常涉及很多数据测量，研究人员可能会对其感兴趣的现象的数量、频率或效应大小进行测量。它经常被用于探索变量之间的相关性、探究因果关系，或者评估一种方法是否比另一种方法更有效。他们通常认为现实是客观和可复制的（见第 4 章）。定量研究人员通常专注于一个明确定义的（狭义的）研究问题或假设，运用高度结构化的封闭式问题或条目，对其感兴趣的现象进行测量。这些测量可以是连续的数据、等级变量，或是在一系列条目或陈述中进行选择。定量研究人员采取很多措施消除或减少偏倚，因为其目的是明确或者验证客观发现，而非像定性研究人员一样提供"主观"解释。

明确应用定量研究的合理性

项目早期需要重点考虑为什么要在混合方法项目中进行定量研究。Creswell 和 Plano Clark（2018）简要总结了使用定量研究的优点，这些内容被整理成工作表 1.3，可在项目设计时参考。使用定量研究的优点包括从大样本中得出结论、高效地进行数据分析、发掘数据间的关系、探索可能的因果关系、控制偏倚、满足一些研究人员对数字的偏好等。但是定量研究也有潜在的局限性，如有距离感、枯燥且缺少人情味、忽视了参与者的声音、对参与者所处环境的理解有限，以及被研究者的设计安排或目标所驱动而忽视了参与者的关注点。

练习：明确应用定量研究的优势和局限性

这些潜在的优势和局限性已经在工作表 1.3 中列出。检查你在 MMR 项目中使用定量研究的潜在优势和局限性。如果你认为还有其他优势或局限性，请补充。然后，说明为什么认为以你的研究方式收集的数据是有用的，或是有局限性的。

工作表 1.3 应用定量研究的潜在优势和局限性

应用定量研究的优势
☐ 得到可用于更大人群的结论 ☐ 高效地进行数据分析 ☐ 分析数据间的关系 ☐ 探索可能的因果关系和效应大小 ☐ 控制偏倚 ☐ 满足人们对数字的偏好 ☐ 其他______________
为什么？
应用定量研究的局限性
☐ 枯燥且缺乏人情味 ☐ 对从参与者角度提供的信息关注不够 ☐ 对研究对象所处环境的理解有限 ☐ 很大程度上是研究者驱动的 ☐ 其他______________
为什么？

混合方法研究的关键要素简述

混合方法研究概述

本领域越来越多的引领者们认为，整合在混合方法研究的各个方面都很重要（Fetters &

Molina-Azorin，2017c）。例如，Teddlie 和 Tashakkori（2009）从方法层面介绍了混合方法研究中充分整合的概念。Elizabeth Creamer（2018）在她的 *An Introduction to Fully Integrated Mixed Methods Research*（《混合方法研究的充分整合概论》）一书中扩展了这一概念。她提倡研究人员在研究的各个阶段有意识地混合或整合定性和定量的研究结果。Fetters 和 Molina-Azorin（2017b）认为，在一项混合方法研究中，应该从研究问题提出到研究结果展示等所有维度中进行定量和定性元素的整合。

明确应用混合方法研究的合理性

混合方法研究人员力求将定性和定量方法的优点结合起来。在对课堂教学进行干预以提高学生的分数后，教育研究者可能想要探究为什么得到了这样的结果。当考察制造业生产率的提高时，商业研究者可能想知道这是如何发生的。除了定性地研究一个群体对某个现象体验的规律外，混合方法的研究者可能还想估计该体验在所有用户中发生的频率。

研究人员承认，定性和定量研究在传统上通常有不同的世界观（虽然最近也有学者提出了世界观一元论），有些问题与个人经验密切相关，有些现象可以被合理地进行测量，研究人员认为两者都是有价值的（见第 4 章）。混合方法研究人员可能对特定现象和外推能力都感兴趣。他们接受在混合方法项目的定性部分使用先入为主的概念，同时通过收集分析定量数据来控制偏倚。混合方法研究人员会根据严格的程序收集定性和定量数据，这在传统的定性、定量研究中均有详细的说明。混合方法研究人员习惯于从访谈、观察和其他来源获得文本资料数据，同时通过各种封闭式数据收集工具或测量、检查、检验等获得定量数据。

练习：明确应用混合方法研究的优势和局限性

当开始进行 MMR 项目时，所有研究者都应该先停下来思考一下使用混合方法相对于其中一种方法（定性或定量）的优势和局限性。在工作表 1.4 中，核对在项目中使用 MMR 的潜在优势和局限性。然后，给出你的原因。

工作表 1.4　应用混合方法研究的优势和局限性

应用混合方法研究（MMR）的优势
□ 利用定性和定量研究的优势来弥补各自的弱点 □ 提高了研究的广度和深度 □ 比较来自两种类型研究的数据，从而发现其中的差异、相似点或矛盾 □ 使用一种数据类型的收集结果来构建另一种数据类型的收集过程 □ 定性地构建一个模型，并对其进行定量测试 □ 建立定量的理论模型，并对其进行定性验证 □ 其他______________
为什么?
应用混合方法研究的局限性
□ 定性和定量范式的不兼容性 □ 研究问题可能并不需要通过复杂的 MMR 来回答 □ 难以同时具备定性和定量研究的能力 □ 需要更多资源 □ 超出了一般的研究范式，或在某领域中没有得到广泛认可 □ 需要团队内多学科成员的专业知识 □ 发表 MMR 时的挑战

续表

□ 其他______________
为什么？

明确运用定性、定量或混合方法研究的优势

考虑在你的项目中使用定性、定量或混合方法研究的各种优势和局限性，最稳妥的做法是在研究中以书面形式阐明这些要点。工作表示例 1.5.1 提供了来自商业、教育和健康科学的例子。

工作表示例 1.5.1　混合方法研究项目的优势——3 个领域的案例

领域	定性研究	定量研究	混合方法研究
商业（Sharma & Vredenburg，1998）	• 获得来自少数人的详细观点。例如，在加拿大油气行业的 7 家企业进行访谈，从而在企业环境响应领域内确立这些公司的观点 • 理解特定背景下参与者的经验。例如，研究人员探索了环境战略与能力发展之间的潜在联系，并了解每种应急能力背后的共性规律及各种竞争性结局	• 研究变量之间的关系。例如，积极的环境战略与形成具有竞争力的有价值的组织能力之间的关联程度	• 从定性研究发现的现象补充了现有文献的结果，包括来自企业绩效、环境战略、组织学习和以资源为基础的企业观。基于这些发现构建一个调查问卷，考察企业积极的环境响应策略与相应组织能力的关系
教育（Harper，2016）	• 理解中学校长对学业乐观调查问卷给出回答的背景 • 探索评分变化的广度	• 了解学业乐观对在校成绩的影响 • 评价数学和阅读成绩的差异	• 分析调查结果，并用其构建第二阶段的问题，从而探索校长是如何影响学业乐观的
健康科学（Kron et al.，2017）	• 了解医学生接触干预和对照时的感受 • 从参与研究的医学生角度来理解研究结果	• 基于 3 所医学院的大量参与者得出结论 • 研究在真实场景中，干预是否比对照有更好的结果	• 定性结果结合了学生对自身经历的感受，从而说明为什么干预组的学生比对照组的学生表现更好

练习：明确应用定性、定量和混合方法研究的优势

在工作表 1.5.2 中，从定性、定量和混合方法的角度描述开展 MMR 的优势，如工作表示例 1.5.1 所示。如果你使用与工作表 1.1.2 中提出的主题相关的特定语句，那么此工作表将非常有用。

工作表 1.5.2　应用定性、定量和混合方法研究流程的优势

定性研究	定量研究	混合方法研究

混合方法研究的可行性

许多研究人员已经制订了洋洋洒洒的研究计划，最终却被证明是不切实际的。由于 MMR

涉及复杂的程序，最优秀的设计方案也会受到可行性问题的制约。在工作表 1.6 中，你的任务是考虑可能影响 MMR 项目的可行性问题。

可行性问题包括缺乏资源，缺乏技能，缺少用于支付研究对象费用的资金，由于感兴趣的现象发生时间的限制而缺少足够时间收集数据（例如，2017 年日食的开始和结束），难以获得感兴趣的人群，或是任何其他问题。尽早识别具有潜在威胁的可行性问题，为制订实施计划及在实施过程中做出决策提供必要信息。

练习：明确进行定性和定量数据收集潜在的可行性问题

在工作表 1.6 中，写下至少 5 个关于定性和定量数据收集的可行性考虑。

工作表 1.6　进行定性和定量数据收集潜在的可行性问题

1.
2.
3.
4.
5.
6.
7.
8.

应用练习

练习与同伴指导

基于大量的课程和讨论，我发现对于 MMR 来说，同伴导师是一个很好的意见反馈来源。**同伴导师**可以是同事或者合作伙伴，他与你的资历、能力应当大致相当，可以为你提供建议或咨询。你可以在一门课程、一个团队或一个实验室找到可以成为你搭档的同伴导师，和他讨论你的实践练习，他也会听取或给予你指导和支持。当你向别人展示混合方法研究思路时，也是在磨炼如何表达你的想法这一关键技能。当你倾听你的搭档的表述并提供反馈时，你也正在学习和磨炼批判这一关键技能。祝你和你的同伴（们）在相互作为同伴导师的过程中顺利！

1. **同伴反馈**。如果你参与了课堂或小组讨论，那就找一个同伴导师，其中一人需要用 5 分钟左右介绍你所选的主题。交换另一个人介绍主题并互相给出反馈意见。你们的目标是帮助同伴优化项目主题。
2. **同伴反馈指导**。你可能会思考为什么这个话题对搭档很重要。项目主题和合理性是否匹配？你的搭档在这个主题上有优势或基础吗？这个主题是否具有表面效度，即不仅在个体水平重要，在更广泛的人群水平上也很重要？你的同伴是否对定性、定量研究和 MMR 的基本知识有足够的了解？你的同伴是否发现了仅使用定性研究或仅使用定量研究的潜在优势和局限性？你的同伴是否明确了将定性和定量部分用在混合方法项目中的理由？
3. **小组汇报**。如果你是在教室、小组或是实验室场景中，可以由志愿者报告他初步选定的主题，以及介绍同时使用定性和定量方法的潜在优势。在场的每个人都应该思考，同样的情况出现在自己的项目中该何如解决。

总结思考

使用下列清单来评估你这一章的学习目标达成情况：

□ 我考虑了进行混合方法研究的总体背景。

□ 我为我的混合方法研究制定了一个初步主题。

□ 我明确了使用定性和定量方法的优势，了解这两种方法帮助我构建混合方法研究的合理性。

□ 就我感兴趣的主题探讨了开展混合方法研究的潜在可行性问题。

□ 我和同伴或同事回顾了第 1 章的成果，从而优化了我的项目重点。

现在你已经达成这些目标，第 2 章将帮助你制定一个混合方法研究的主题。

拓展阅读

1．定性研究的拓展阅读

- Creswell, J. W. (2016). *30 essential skills for the qualitative researcher*. Thousand Oaks, CA: Sage.
- Creswell, J. W., & Poth, C. N. (2018). *Qualitative inquiry and design: Choosing among five traditions* (4th ed.). Thousand Oaks, CA: Sage.
- Denzin N. K., & Lincoln, Y. S. (2018). *The SAGE handbook of qualitative research* (5th ed.). Thousand Oaks, CA: Sage.

2．定量研究的拓展阅读

- Martin, W. E., & Bridgmon, K. D. (2012). *Quantitative and statistical research methods: From hypothesis to results.* San Francisco, CA: Jossey-Bass.
- Salkind, N. J. (2017). *Statistics for people who (think they) hate statistics* (6th ed.). Thousand Oaks, CA: Sage.
- Tokunaga, H. T. (2016). *Fundamental statistics for the social and behavioral sciences.* Thousand Oaks, CA: Sage.
- Vogt, W. P. (2006). *Quantitative research methods for professionals in education and other fields*. New York, NY: Pearson.

3．混合方法研究的拓展阅读

- Bergman, M. M. (2008). *Advances in mixed methods research*. Thousand Oaks, CA: Sage.
- Creamer, E. G. (2018). *An introduction to fully integrated mixed methods research*. Thousand Oaks, CA: Sage.
- Creswell, J. W., & Plano Clark, V. L. (2018). *Designing and conducting mixed methods research* (3rd ed.). Thousand Oaks, CA: Sage.
- Curry, L., & Nunez-Smith, M. (2015). *Mixed methods in health sciences research: A practical primer*. Thousand Oaks, CA: Sage.
- Johnson, R. B., & Christensen L. (2017). *Educational research: Qualitative, quantitative and mixed approaches*. Thousand Oaks, CA: Sage.
- Mertens, D. M. (2015). *Research and evaluation in education and psychology: Integrating diversity with quantitative, qualitative, and mixed methods*. Thousand Oaks, CA: Sage.
- Plano Clark, V. L., & Ivankova, N. (2016). *Mixed methods research: A guide to the field*. Thousand Oaks, CA: Sage.
- Teddlie, C., & Tashakkori, A. (2009). *Foundations of mixed methods research*. Thousand Oaks, CA: Sage.

准备开始：混合方法研究项目的主题

研究者很容易忽视在凝练混合方法研究主题方面所做的工作。在努力修改和完善研究主题的过程中，你可能会发现叙述选题形成过程有助于理清思路。这个章节及练习将帮助你了解如何形成项目选题，掌握确定研究主题、目的和标题的这个循环周期，学习从真实问题和经历中形成有意义的项目选题，提出研究构想，以及如何从个人有意义的经验中产生研究项目。学习本章的一个重要收获是你将会使用合乎逻辑的过程和活动来帮助自己形成研究项目的选题。

学习目标

这一章节将：

- 为你的研究项目探索一个或多个研究思路，看是否能激发你的内在动力，并阐明开展这个项目有价值的经验、故事或理由
- 了解开发研究项目选题、形成研究目的和确定研究标题如何形成一个循环
- 认识到如何从真实问题和经历中产生好的项目选题
- 为你的研究项目提出构想
- 找出对你个人有意义的故事或缘由

明确研究主题

确定**研究主题**的途径有很多（Walsh & Wigens，2003）。针对确定研究主题，John Creswell 指出研究的根本目的就是寻找解决问题的方法（Creswell，2015）。他观察发现研究新手们更关注已知的问题而不是去发现需要解决的问题。确定研究主题可以源于自问“我试图解决的问题是什么”。Johnson 和 Christensen 推荐了 4 个研究问题的来源：①日常生活；②你在工作中遇到的实际问题；③既往的研究；④理论（Johnson & Christensen，2014）。

根据指导其他研究者的经验，我认为研究项目的最佳主题是那些你感兴趣的问题。因此，可以通过询问自己“我真正感兴趣的研究课题是什么”来开始选题工作。当我开始研究生涯时，

我的导师会问："你的研究问题是什么？" 必须首先考虑什么是你感兴趣的研究课题，或者什么是让你"欲罢不能"的课题（Ewigman，1996）。一旦确定了研究主题，你就可以开始将其雕琢成研究问题。正如图 2.1 所示，从确定一个选题到研究问题再到研究目的形成了一个循环，这个循环可以迭代地提出研究问题、评估可行性、制定解决问题的研究计划，以及重新评估研究目的，最终将确定一个清晰的研究目标和研究标题。

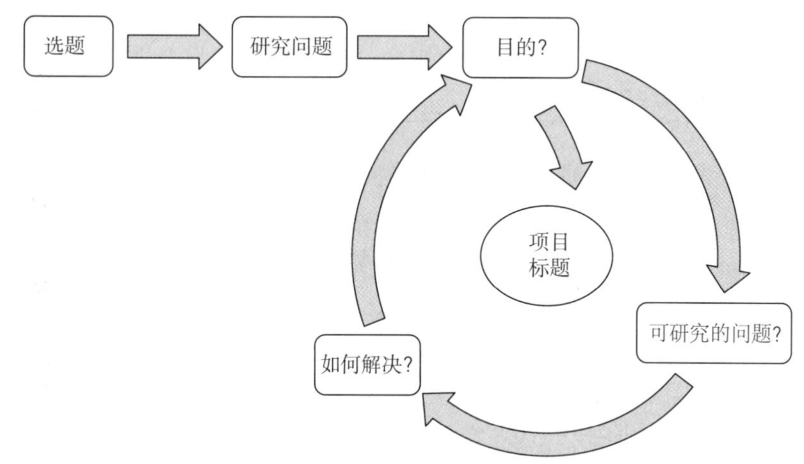

图 2.1　研究主题、目的和标题之间的动态循环

为什么你的研究热情很重要？从我作为研究者以及导师的角度来看，如果一个人仅为了获得研究经验而被分配到某个研究主题，那么他在完成这个课题时通常将面临非常大的困难。不过，如果你被分配或协商牵头一个有具体任务的研究课题，这将是一个很好的开端。如果尝试设计一个自己的研究项目，那么理想情况下，你应该对研究问题怀有好奇和兴趣。

对一个研究主题有激情和没有激情有何差别？作为一名正在接受培训的医师，你会经常在医院里日夜连轴转，也就是"随叫随到"（on call）。为了平衡生活中的众多需求，我常常在晚上做研究，并将之戏称为"研究的呼唤"（research call）。让我吃惊的是，我经常工作到深夜，然后上床睡觉。第二天我甚至不能准确地想起我工作到多晚。为什么？因为我全身心地投入到研究工作中，所以我并没有在意我在研究上花了多少时间。

为什么这对你来说很重要？如果你每次做研究时都在看钟表，这可能意味着你对这项研究并没有激情，那么最好去研究些其他问题（见研究轶事 2.1）。当你不确定下一步该做什么时，要谨慎区分缺乏激情和思维受阻。这个实践手册可以帮助你感受到一个研究项目从概念设想到完成带来的振奋，但你需要花时间发掘你的激情所在。

研究轶事 2.1

为什么寻找一个有内在驱动力的研究设想很重要

在我的研究培训期间，一位才华横溢的同事在确定研究主题时一再磕磕绊绊，最后接受了一个指定的选题。由于没有内在驱动力去做这个研究项目，他在研究中苦苦挣扎。尽管最终完成了整个研究项目的各个步骤，但各种障碍不断涌现，减慢了研究进度。最后，尽管他的项目符合要求，但却未将研究结果整理成文，根源并不是缺少智慧和能力，而是缺乏内在驱动力。

将你的想法写出来

开始的最佳方法之一是把感兴趣的研究主题写下来。尽管你脑子里有很多绝妙的想法，但如果没有用笔记录下来，那它们仍然过于抽象而不太具体。在很多情况下，我确信自己已经在脑海中制定好了研究计划，但当我尝试把这些计划写到纸上时，会发现我的思路其实并不清晰。写下来，写作即思考！

好的研究思路来源于经历

无论你隶属哪个学科，好的研究思路最佳来源之一就是你自己的经历。在你的研究领域、生活、工作和阅读中，你不可避免地会遇到问题。这些经历是扎根于真实问题的“故事”，为研究催生了思路（Miller & Crabtree，1990）。这可以被看作“大开眼界”的事情，使你“停下来思考”，让你观察到在日常工作中“不合理”的事情。也许，你读了些材料后，认为“这完全不合理”，或者你会仔细思考做这些事情的许多选择，但是“并没有明确的最佳选择”。你工作的灵感可能来自你读到的一篇关于你所在社区发生的不公正事件的文章，或者可能是一个全国性的事件。是什么经历促使你想到提出的选题？（研究轶事 2.2）

研究轶事 2.2

一位医学生母亲的疼痛激励了她了解医生对疼痛看法的研究

Miller、Yanoshik、Crabtree 和 Reymond（1994）在 *Family Medicine*（《家庭医学》）杂志上发表的一篇文章中，作者开展了一个关于医生和患者对疼痛看法的定性研究项目。这项研究的动力来自一名团队成员，她因自己母亲的慢性疼痛的治疗效果如此之差而感到震惊。她和导师便将研究热情投入到探索医生和患者对疼痛看法的研究项目中。这些经验和故事帮助他们确定了一个有吸引力的临床问题，并启发他们对医生如何处理疼痛这一主题进行研究。

练习：确定研究主题

以工作表示例 2.1.1 为例，在工作表 2.1.2 中写下你感兴趣的研究主题。如果你愿意，你可以写 2 ~ 3 个选题。建议用一个或几个完整的句子写出研究主题。

工作表示例 2.1.1 研究项目构思——来自 MPathic- VR 混合方法医学教育研究的示例

我的想法是将先进的游戏技术引入课堂，将语言和非语言沟通技巧教授给医学生、住院医师及其他学生。

Source：Fetters，M.D. and Kron，F.W.（2012-15）. Modeling Professional Attitudes and Teaching Humanistic Communication in Virtual Reality（MPathic-VRII）. National Center for Advancing Translational Science/NIH 9R44TR000360-04.

工作表 2.1.2 研究项目构思——我想解决的问题

练习：确定你选题背后的故事

以工作表示例 2.2.1 为例，在工作表 2.2.2 中写下为何你对这个研究主题感兴趣。如果你是一名研究生，那么你很有可能有意识或无意识地出于某个令人信服的个人原因而选择这个研究领域。理想情况下，确定选择的原因将有助于你了解对研究怀有热情的程度。例如，如果你对改善你所在城市的空气质量感兴趣，那有可能是因为你的家庭成员中有哮喘患者。作为一名教师，你可能碰到过某些非常聪明的学生在学业上的挣扎。在商业实习中，你可能会注意到公司工作流程中的浪费，而你觉得这些流程是可以改善的。通过阐明你的兴趣，可以将你的想法变成研究问题。

工作表示例 2.2.1 选题背后的故事——来自 MPathic- VR 混合方法医学教育研究的示例

作为一名全科医生，我已经认识到沟通技巧对医患关系有多么重要。我在医师生涯中花了多年的时间来磨炼自己的技能。当我从我儿子对游戏的强烈兴趣中了解到游戏技术的进展时，我被游戏维持他们注意力的能力所震撼。这激发了我利用前沿的游戏技术来教授沟通技巧的兴趣。

Source：Fetters，M.D. and Kron，F.W.（2012-15）. Modeling Professional Attitudes and Teaching Humanistic Communication in Virtual Reality（MPathic-VR Ⅱ）. National Center for Advancing Translational Science/NIH 9R44TR000360-04.

工作表 2.2.2 选题背后的故事

应用练习

1. **同伴反馈**。如果你是在课堂或工作坊上，找一个同伴导师。首先，其中一人花5分钟讨论自己的研究主题，再轮流讨论研究主题并给予对方反馈。讲述促使你形成研究设想的故事。当讨论选题时，对研究动机和兴趣做一个坦率的评价，想想你所观察到或读到的关于这个选题的相关信息仅仅是偶然的兴趣还是它真的引起了你的注意。如果你对选题有热情，那将是个很好的兆头。如果你不确定也没关系，可能是因为对你考虑的研究主题缺乏自信或热情。好选题的种子可能需要数周、数月甚至数年才能生根发芽。
2. **同伴反馈指导**。当你听同伴的反馈或者向同伴反馈时，你可以学习和磨炼评论技巧，帮助同伴完善研究项目选题；帮助同伴反思为什么这个选题对他很重要，研究项目的设想和基本原理是否匹配，感觉他在这个选题上是否投入，这个选题是否不仅在个人层面而且在更广泛的层面都具有重要性。
3. **小组汇报**。如果在课堂上或大型培训中，可以选择志愿者来展示他们的研究设想和背景故事，了解他们的研究热情，看看研究设想是否有趣但缺乏可行性和适用性。

总结思考

使用下列清单来评估你这一章的学习目标达成情况：

□ 我探索了选择研究主题的潜在动因，并考虑了个人经验、故事或基本原理如何有助于解释该选题的价值。

□ 我认识到开发项目选题、形成研究目的和确定研究标题的过程如何形成一个循环。

□ 我发现了如何从真实实践问题和经历中形成好的研究主题。

□ 我为我的项目提出了一个设想。

□ 我确定了研究项目为什么对我个人有价值的故事/缘由。

□ 我通过向同伴导师展示并整合反馈来优化了我的研究设想。

□ 我通过评论同伴导师的研究设想并提供反馈，提高了自己对研究素材的认识。

现在你已经达成这些目标，第3章将帮助你完善研究主题。

拓展阅读

关于确定选题的拓展阅读

- Creswell, J. W. (2015). Steps in designing a mixed methods study. In J. W. Creswell, *A concise introduction to mixed methods research*. Thousand Oaks, CA: Sage. ISBN: 978-1483359045.
- Johnson, R. B., & Christensen, L. (2014). How to review the literature and develop research questions. In R. B. Johnson & L. Christensen, *Educational research: Quantitative, qualitative and mixed approaches*. Thousand Oaks, CA: Sage. ISBN: 978-1412978286.
- Walsh M., & Wiggins L. (2003). Introduction to research. *Foundations in nursing and health care*. Cheltenham, UK: Nelson Thornes. ISBN: 978-0748771189.

混合方法研究相关文献综述

与其他任何研究一样，混合方法研究也需要进行文献综述。虽然你可能听说过混合方法研究文献综述的价值或要求，但是你可能不确定如何在不同类型的文献综述中进行选择。本章及其练习将有助于你区分不同类型的文献综述，选择检索词进行关于项目主题的文献检索，了解既往相关研究的广度和深度，从而构建你的混合方法研究。据此，将确定你的混合方法研究项目中关键的定性、定量和混合方法实证内容。

学习目标

这一章的目的是介绍不同类型的文献综述，所以你将能够：

- 区分不同类型的文献综述
- 确定能够帮助你找到相关文献的检索词
- 进行检索，找到混合方法研究项目的相关信息
- 了解现有研究的广度和深度，找到已发表文献的局限性，构建自己的项目

混合方法研究文献综述的目的

检索文献的目的很简单，需要回答这个基本问题："关于我的主题，我们已经知道了什么？"这里的我们指的是现有文献中的学术团体。当你的话题太宽泛时，就意味着我们已经"知道"了很多，正如大量文献所阐述的那样。这一章将帮助你缩小研究范围。你可以请一位同伴导师来帮助你阐明研究主题，你也可以帮助你的同伴阐明他的研究主题。

文献综述是设计混合方法研究的关键步骤

不管是否采用混合方法，所有的研究都应该从文献综述开始。任何提交基金申请的研究项目都将在研究方案的背景或引言部分包含文献综述。你可能会需要至少两次的文献检索，第一次是通过综述证明你的研究价值；第二次是已经完成数据收集和分析，准备撰写论文或发表论

文时。这两种情况的检索重点不同。在第一种情况下，需要证明你研究的价值；而在第二种情况下，需要找到与主要研究结果相关的文献。当写作拟发表的文章时（见第 18 章），一些研究者建议先写方法和结果部分，然后是引言或背景部分与讨论部分并行（Fetters & Freshwater，2015b）。因此，需要进行持续的或全面的第二次文献检索，有些网站会根据你提供的关键词，每隔一段时间自动向你发送最新发表论文的更新。无论如何，你首先需要了解不同的文献综述类型。

理解不同类型的文献综述

根据不同目的，文献综述可分为 3 类：①用于研究问题聚焦的叙事性文献综述，强度较小，但能充分说明你的研究问题；②更进阶的范围综述；③全面的系统综述。

叙事性综述

叙事性综述包括对文献的深入检索，然后用叙事的形式总结关键主题。一篇有重点的叙事性综述可以满足一项研究方案和一篇具体论文的背景。一篇详细的叙事性综述不仅可以作为一种学术著作出版，还能提供有关当前主题的背景信息。在之前的工作中，我与学生做了几个详尽的叙事性综述，例如，关于将一些工具翻译成其他语言来使用的综述（Garcia-Castillo & Fetters，2007），以及免费诊所在卫生保健系统中的作用的综述（Schiller，Thurston，Khan，& Fetters，2013）。叙事性综述可能比范围综述或系统综述的流程简单一些，因此，它对资源的要求也较低，比如获取范围较窄的文章的成本，以及时间成本。

范围综述

范围综述是一种比叙事性综述更进一步的文献综述，它涉及的主题比系统综述更广泛，因为系统综述侧重于更严格的标准。在范围综述中，研究人员考察与单个现象或感兴趣的主题相关的研究现状、范围和性质（Arksey & O'malley，2002）。范围综述的主要步骤如下：①确定研究问题；②确定相关研究；③筛选纳入研究；④根据文献内容作图；⑤整理、归纳、报告结果。混合方法的研究人员可能会对范围综述特别感兴趣，因为它包含了更广泛的研究类型（例如，不单是定性研究的 meta 分析，或者随机对照试验的 meta 分析）。范围综述亦不同于其他系统综述，因为后者涉及对研究质量的正式评价，而这在范围综述中并不是必须的。如果严格地实施，范围综述也可以达到系统综述的要求，并且可以提供大量的信息。Campbell 等（2017）对冠状动脉疾病和糖尿病、高血压等主要危险因素的混合方法研究的特点进行了范围综述。

系统综述

系统综述本身就是一项研究，许多博士生通常被要求做系统综述。对于你的混合方法研究，你应该了解系统综述中不同类型的证据综合所涉及的内容，并为研究项目做出相应的选择。

系统综述中的证据综合方法通常有 4 种：meta 分析、meta 综合、混合方法研究系统综合和 meta 整合。meta 分析涉及严格的定量程序，并将统计分析作为系统综述的一部分（Higgins & Green，2011）。meta 综合涉及使用定性程序严格地进行定性研究的系统综述（Sandelowski et al.，1997）。混合方法研究（MMR）系统综合，涉及各部分严格的综合程序，即定量、定性和混合方法研究（Heyvaert，Hammes，& Onghena，2017）。meta 整合包括系统地识别定性、定量和混合方法研究，并使用高级的混合方法程序，如分类、数据转换和整合（Frantzen & Fetters，2015）。参考研究轶事 3.1 了解系统综述涉及的工作。

研究轶事 3.1

使用混合方法研究综述进行文献综述的个案研究

Kirsten Frantzen 邀请我参与她的关于孤独症谱系障碍（ASD）患者父母的自我认知的学位论文课题。为了进行系统的混合方法研究文献综述，她使用了由 3 个独立模块组成的检索策略（Frantzen et al., 2015）。第一个模块由 ASD 专业的关键词组成；第二个模块包含了 3 个心理维度的关键词，这三个心理维度是系统综述的核心（胜任力、自我效能感和心理控制源），还纳入压力和应对，以确保发现关键的相关文献。第三个模块是与父母相关的关键词，如价值观、信仰、文化、参与、负担、态度和生活质量。检索了 3 个数据库：Pubmed，PsycINFO 和 Embase。共检索到 911 篇可能合适的文章。经过纳入标准的筛选，确定了 53 篇拟纳入系统综述的文章。正如这一例子中所说，系统综述有很多工作要做，但完成时觉得非常值得！

确定适合研究主题的文献综述类型

既然已经了解了文献综述的主要类型，现在应该致力于特定类型的综述。参考工作表示例 3.1.1，完成工作表 3.1.2。记录适合你研究主题的文献综述类型，并写下为什么选择这种方法。例如，当你选择叙事性综述时，理由可描述如下：①已经正在写一篇论文；②考虑到资源，如时间、金钱等问题，系统综述不可行；③你想基于一个全面的综述进一步凝练你的研究项目。

工作表示例 3.1.1 以 MPathic-VR 混合方法医学教育研究为基础，选择文献综述类型的举例

文献综述类型
✓ 叙事性综述
□ 范围综述
□ 系统综述及具体类型：
理由：
该项目是为了申请研究经费，只需要对背景文献进行充分的综述，而不是对在教育中使用虚拟人技术的文献进行系统综述。

Source：Fetters M.D. and Kron F.W.（2012-2015）. Modeling Professional Attitudes and Teaching Humanistic Communication in Virtual Reality（MPathic-VRII）. National Center for Advancing Translational Science/NIH 9R44TR000360-04.

工作表 3.1.2 选择一个适合的文献综述类型

文献综述类型
□ 叙事性综述
□ 范围综述
□ 系统综述及具体类型：
理由：

聚焦研究主题开展文献综述

如你所见，在开展混合方法研究之前，文献检索的深度可以有所不同。为了不让系统综述延缓项目开展，你需要聚焦文献综述来了解和说明研究价值和研究现状。当然，如果你有时间或被要求做一个系统综述，我也强烈建议你这样做，因为这非常有帮助，其他研究人员也会经常引用。

使背景文献易于管理

关于较宽泛主题的文献数量可能非常多（参见来自研究轶事 3.1 的系统综述示例）。例如，检索"糖尿病"一词可能会产生数万篇文章。但是当这个术语被缩小到"妊娠合并初发 1 型糖尿病"时，文献量就会减少很多。可以采用一些关键的检索策略有效地识别相关研究。

练习：聚焦研究主题

为了聚焦于检索的相关混合方法研究的文献，将当前的研究主题 / 问题写到工作表 3.2 中。正如前面所讨论的，研究想法演变成一个研究问题是需要时间的，请尽量写得具体。

工作表 3.2　正在做的 / 修改 / 更新的项目想法或标题

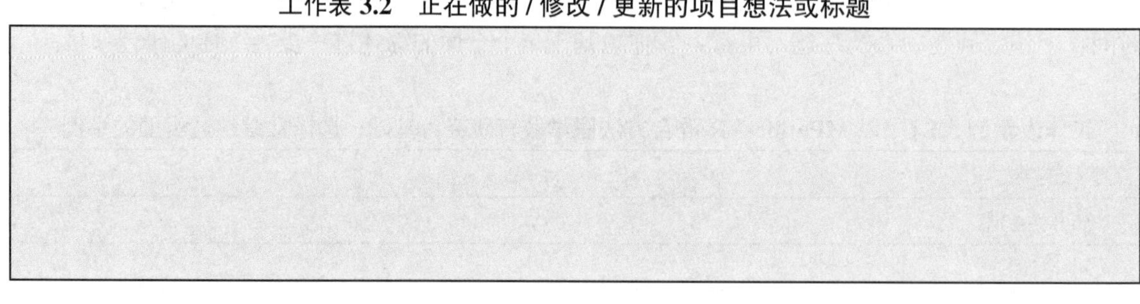

获取同伴反馈

和同伴导师一起讨论你的研究标题。解释研究主题从开始到现在是如何演变的，以及为什么。当你审阅同伴的主题时，要批判性地思考他所做的改变和影响。这是一个更容易检索的主题和足够聚焦的标题吗？看看是否有助于优化你的同伴的想法 / 标题。如果可能的话，再回顾一下修改后的标题。

精简相关文献

现在可以通过标题来寻找相关文献。首先找到几篇可方便获取的文献，可以向教授或同事询问他们是否读过相关的好文章。也许你会在课堂或专业会议上偶然发现一两篇文章激发你对这个话题的兴趣。如果你已经有几篇这样的文章，浏览一下作者文后引用的文献。还可通过前向检索查看谁引用了这篇文章。

练习：为文献综述确定检索词

检索前需要确定与主题相关的检索词。如果发现与你主题紧密相关的文章，可以去查看文章中的检索词。首先将相应内容写在工作表 3.3 中。为你的项目写下 5 ～ 7 个关键检索词，有助于识别与你研究内容相关的文献，以避免"堆积如山的文献"。另一个策略是纳入有助于识别方法相关术语的检索词，如考虑如何识别定性和混合方法研究的标题。

工作表 3.3 为你的项目写出 5 ~ 7 个关键检索词

1.
2.
3.
4.
5.
6.
7.

同伴讨论检索策略

与一位同伴导师一起讨论你的关键检索词，批判性地思考所做的选择及其影响。大多数情况下，所确定的检索词都没有足够窄的范围。看看你是否能帮助你的同伴缩小范围！如果可能的话，和导师或同伴一起回顾修改过的清单。

我想研究的主题有大量文章！该怎么办？

不要因为既往研究的广度和深度而气馁。虽然可能有相关文献，但总会有一些方面是有问题或有局限性的，通常可以通过阅读论文的局限性部分找到这些信息。也许之前的研究没有涵盖你项目的某些方面；或者研究需要重复，因为它是在不同的人群中完成的；或者研究已经过时；或者有其他原因。还有许多文章可能并不相关，可以通过查阅标题或快速阅读摘要排除。因此，如果你被论文的数量压得喘不过气来，那就把注意力集中在局限性部分，加快研究进程。

精炼和更新检索词

现在你对研究相关的专业术语有了更好的理解，请更新工作表 3.3。虽然这似乎是一项微不足道的任务，但你会惊讶地发现，在写毕业论文或期刊论文的背景时，会很容易忘记之前使用的检索词。如果你一丝不苟、有条不紊地开展工作，会很容易完成这些检索。这是毕业论文和期刊论文都需要的信息。与其在同行评议过程中等待不必要的批评，还不如提前做好这部分工作。如果仍然检索出大量的文章，你可能需要进一步优化检索词和检索策略。

引入信息科学专家，与他们一起工作！

你可以先尝试自己检索，然后向信息科学专家咨询。对许多研究人员来说，最实用的文章是与他们主题相关的叙事性综述、范围综述或系统综述。也许你打算重新做一个高级检索，可以请求信息科学专家（即图书管理员）的帮助。信息科学专家对潜在的相关数据库非常了解，可以帮助确定检索词和检索策略，也可以帮助你确定医学主题词，如 MeSH 词（用于索引和编目生物医学信息），从而缩小检索范围。

浏览文章标题，进一步减少范围

当从文献中识别出 20 ~ 50 个与你项目相关的标题时，你可能还想进一步缩减。在 Frantzen 的论文（研究轶事 3.1）中，仅仅阅读摘要就可以减少超过 50% 的文章数量。文献检索过程包括迭代性地尝试检索、查看结果、再返回文献。饱和度是定性研究中用来指导何时可以停止数据收集的一个标准，反映的是你不再能获得新信息的时间点。如果你正在做系统综述时，则不能在饱和时停止，因为系统综述需要包含根据检索条件确定的所有研究。在做聚焦性的综述时，你可能不需要详细阅读所有已经确定的文章，但是最好至少通读一下摘要（稍后在阅读第 18 章撰写有效的混合方法研究摘要时，请记住这个摘要的价值）。

撷取和阅读最有潜力的文章

现在你需要撷取和阅读文章。有些人喜欢阅读纸质资料，有些人喜欢阅读电子文档。阅读纸质资料时，研究人员可以在页边空白处写下笔记、概念或问题。而电子文档不需要纸张，可以节省资源，也省去了沉重累人的背包，还可以在电子文件上做笔记。不过，使用电子文档的潜在缺点体现在阅读的过程中组织思想或想法。在阅读这些文章的时候，不仅要看研究的内容和结果，还要看研究方法以及这些方法是如何应用的。文章的局限性部分一定要阅读，因为你通常可以从这里找到适合的研究领域。一些高效的研究人员使用定性数据分析软件来进行文章的检索和管理。这样可以根据子主题对文章进行分组，在不考虑根据方法学进行分组的情况下，这种方法还是非常有用的。

区分定性、定量研究和混合方法研究

当你在拟定混合方法研究主题时，将定性、定量和混合方法的研究区分开。可以使用混合方法研究的思路来区分这些研究，可以帮助你理解已有的发现，以及哪些方法是已经尝试过的，哪些方法有效、哪些无效、哪些方法还没被尝试过。同样重要的是，这将帮助你从定性、定量和混合方法的角度理解与你研究主题最相关的局限性。定性、定量和混合方法这样的术语描述，被混合方法研究的方法学家和越来越多的研究人员用作一种思考开展混合方法研究的过程、面临的挑战、识别共性和潜在差异的方法。如果你不确定这项研究是定性的还是定量的，可以考虑问问自己，作者是使用封闭式问题（归类为定量问题）、开放式问题（归类为定性问题），还是同时使用定性和定量问题（混合方法）。同时也要注意作者有时描述研究的语言是不准确的，所以要记住文章中有比标题更多的信息。

练习：识别相关的定性研究

定性研究论文通常会使用“定性”（qualitative）这样的词，但有时也不用。定性研究是一个术语，但也有其他定性研究方法论的术语。定性研究有很多分类方式，John Creswell 使用叙事、现象学、扎根理论、民族志和个案研究来区分 5 种类型的定性研究（Creswell，2013）。你可能还会看到反映数据收集方法的术语，例如访谈、焦点小组或观察法，这些也可作为识别定性研究的检索词。一项定性研究的系统综述要关注 meta 综合。使用工作表 3.4，添加 3 ~ 5 篇（或更多）与你研究相关的、使用定性研究的重要文章。

工作表 3.4　与你的主题相关的使用定性方法的文章

1.
2.
3.
4.
5.

练习：识别相关的定量研究

横断面调查、随机对照试验、二次数据分析等通常不会在文章中使用定量这个词来进行描述。然而，混合研究方法的方法学家使用定量（quantitative）作为方法的一部分，以确定不同的定量数据收集过程中的共性和潜在的差异，也便于教授学生。一个定量研究的系统综述要关注 meta 分析。使用工作表 3.5，添加 3 ～ 5 篇（或更多）与你的研究相关、使用定量研究的重要文章。

工作表 3.5　与你的主题相关的使用定量方法的文章

1.
2.
3.
4.
5.

练习：识别相关的混合方法研究

混合方法研究作者可能会使用混合方法研究（mixed methods）这一术语，甚至一个常见的设计术语，例如，探索性序列（exploratory sequential）设计、解释性序列（explainatory sequential）设计和聚敛式（convergent）设计等。而较早的研究可能使用了混合研究（mixed study）、混合方法（mixed method）、多方法（multi-method）、整合（integrated）方法、组合（combined）方法、多方法论（multi-methodology）或定性和定量方法（qualitative and quantitative method）等语言。需要注意的是，尽管一些研究可能不符合混合方法研究的标准，但作者还是称他们的研究为混合方法研究。一个定性、定量和混合方法研究的系统综述要关注混合方法综合和 meta 整合。使用工作表 3.6，添加 3 ～ 5 篇（或更多）与你的研究相关、使用混合方法研究的重要文章。

工作表 3.6　与你的主题相关的使用混合方法、多方法，或定性和定量方法的文章

1.
2.
3.
4.
5.

练习：评论一篇混合方法研究的期刊文章

从你找到的混合方法研究文章中选择一篇作者通过收集和分析定性与定量数据进行原始研究的文章。在你的评论中，主要介绍研究内容，总结文章中混合方法的组成部分，并评价文章的优缺点。你的评论应该是双倍行距的 2 ～ 3 页的内容。请将你的评论和文章的附件提交给你的导师。或者，你可以与同伴导师交换评论结果并互相反馈。工作表 3.7 为评论混合方法研究文章的质量提供了标准。

工作表 3.7 混合方法研究文章的评论标准

1. 作者在背景文献中解释了收集和整合定性和定量数据的理论基础吗?
2. 作者引用了混合方法的文献吗? 它是通用的, 还是专注于作者所使用的具体方法?
3. 作者提出了混合方法研究的问题吗?
4. 作者收集了定性 (开放式) 和定量 (封闭式) 两种形式的数据吗? 如果收集了, 是什么类型?
5. 作者是如何在设计中整合这两种形式的数据的? 研究设计有具体名字吗?
6. 作者使用的抽样关系是什么?
7. 作者是如何将收集到的这两种类型数据链接起来的?
8. 定量数据收集的严谨性和深度如何?
9. 定性数据收集的严谨性和深度如何?
10. 定量数据分析的严谨性和深度如何?
11. 定性数据分析的严谨性和深度如何?
12. 作者是如何进行整合分析的? 他们合并数据了吗? 如果合并了, 是如何合并的?
13. 作者是否使用了任何哲学或概念 / 理论 / 框架? 如果是, 如何使用?
14. 这项研究是否表述了重要的发现, 扩展了文献或填补了现有文献在其领域的空白?
15. 作者是否提到了该研究如何添加了混合方法的文献?
16. 作者是否使用与混合方法研究相关的术语, 例如定量和定性、混合方法、多方法、综合方法等, 来检索数据库中的混合方法研究文章?

应用练习

1. **同伴反馈**。与你的搭档或同伴导师分享检索结果。解释你是如何选择文章的。你发现有什么文章难以归类吗? 对于你的主题来说, 哪一种类型的信息最丰富? 你是如何重新思考你的研究标题的?
2. **同伴反馈指导**。当你评审你同伴的标题列表时, 评估其相关性。这些文章看起来对主题有所启发吗? 搭档是否理解这些文章? 对于应该如何改进检索策略坦诚地给出你的反馈。
3. **小组汇报**。如果在教室或团体培训中, 让参与者自愿展示他们的文献检索的经历。文献综述的类型是什么? 检索策略合适吗? 不同的发言者识别同一主题的混合方法研究文章有多大的差异? 认真聆听并关注发言者的研究热情、文献综述是否有助于激发你对该主题的兴趣?

总结思考

使用下列清单来评估你这一章的学习目标达成情况:

- □ 我学到了不同的文献综述类型, 并确定了一个合适的主题。
- □ 我为我的项目确定了关键检索词。
- □ 我采用了定性、定量和混合的方法。
- □ 我回顾了既往研究的广度和深度, 并找到了已发表文献的局限性, 以帮助设计我的项目。
- □ 我与同行或同事回顾了我通过第 3 章学习得到的产出, 优化了我的文献综述方法。

现在你已经达成这些目标, 第 4 章将帮助你把个人背景融入到研究中。

拓展阅读

1. 综合性文献综述的扩展阅读

- Onwuegbuzie, A. J., & Frels, R. K. (2016). *Seven steps to a comprehensive literature review: A multimodal and cultural approach*. London, UK: Sage.

2. 混合方法研究综合的扩展阅读

- Heyvaert, M., Hannes, K., Onghena, P. (2016). *Using mixed methods research synthesis for literature reviews*. Thousand Oaks, CA: Sage.

3. meta 整合的扩展阅读

- Frantzen, K. K., & Fetters, M. D. (2016). Meta-integration for synthesizing data in a systematic mixed studies review: Insights from research on autism spectrum disorder. *Quality & Quantity*, *50*(5), 2251–2277. doi.org/10.1007/s11135-015-0261-6

将研究者背景、理论和世界观融入混合方法研究

Plano Clark 和 Ivankova（2016）使用“混合方法研究中的个人背景”来描述研究者的背景知识、理论模型和哲学假设的作用，以及这种个人背景如何影响混合方法研究（MMR）。像许多人一样，你可能从来没有考虑过自己的背景、理论和世界观如何影响混合方法研究。本章内容和练习将帮助你梳理你的个人背景，思考个人的经验、价值观和培训对研究有何贡献，探索理论模型的价值，描述哲学假设如何支撑和应用到混合方法研究。本章的重点将引导你考虑如何将你的个人背景用于混合方法研究的设计和实施中。

学习目标

本章旨在帮助你确定 Plano Clark 和 Ivankova（2016）阐述的“个人背景”，即你自己的背景经验、理论和世界观，以便你能够：

- 思考研究者背景如何影响你的 MMR 计划
- 确定你自己的个人经历、价值观和培训如何累积影响研究者背景，并在研究中阐明和使用这些经历
- 探索理论模型的价值，遵循一般流程去确定适合你的混合方法研究的理论模型，并考虑如何应用它
- 描述哲学假设如何支撑 MMR，以及如何应用它们

介绍“个人背景”概念

许多人听到“理论”和“哲学”这两个词时会感到惊愕，不要害怕这些概念，应该接纳它们。它们有助于优化你的 MMR。从概念上讲，个人背景的概念很简单。作为一名研究人员，它要求你仔细考虑自己的背景经历和阅读文献对你的影响。当然，这个话题有很多学问，也很有

深度，但专注于这个简单的观念会让你的理论和哲学工作有所收获。

由 Plano Clark 和 Ivankova（2016）发展的个人背景概念是指“影响混合方法实践的哲学假设、理论模型和背景知识”（P.193）。这包括通过研究可以获得的不同类型的知识，以及研究者在知识产生过程中的哲学假设。此外，它还包括话题本身和相关事实的理论模型。最后，还包括个人专业知识和与研究主题相关的经验。从本质上说，个人背景的概念鼓励研究者思考，作为他们的个人经历、研究背景、理论和哲学假设的产物，他们如何拥有自己的“视角”。由于有专门针对这些概念的文章和书籍，本实践手册的概念和练习强烈建议你考虑自己的“视角”，并不断反思对自己混合方法研究的影响。

在 Plano Clark 和 Ivankova（2016）的模型中，他们从抽象到具象进行了讨论，即哲学假设、理论模型、个人和研究背景（这里仅指个人背景）。而这里我们会倒过来，从最具体和最明显的开始，即你的个人背景，然后考虑建立理论模型，最后延伸到最抽象的哲学。思考哪些个人因素对你的生活产生了影响，引起共鸣的具体理论和哲学观点的框架，并利用这些因素为你所做的与理论和哲学假设相关的选择辩护。

个人经历和专业经验

我们的个人和专业经验虽然往往不是特别明确，却强烈影响着我们对某些主题的思考。事实上，正是因为研究人员自己的经历，他们经常被某个特定的主题吸引，我们的经验累积起来创造出独特的视角、倾向和偏好，从而形成我们的观点和解释。

定性与混合方法研究中的反思

反思是来自定性研究领域的一个概念，指的是研究者对自己在研究过程中的角色和自我意识在研究问题中所起的作用进行诚实、明确的分析（Finlay，2002）。定性研究者使用反思的过程来增加定性研究的可信度（语言通常用来显示研究的完整性，见 16 章），便于读者理解主观因素对数据收集和分析的影响。反思对于维护所有混合方法项目的研究完整性非常重要，对于以定性研究驱动的混合方法研究尤其如此。

练习：确定个人背景和职业影响

尽管进行反思是主观的，也是有困难的，但也需要从某个地方开始。许多人发现最简单的方法是从你第一次遇到这个主题或现象开始，考虑个人经历对你思维的各种影响。在工作表示例 4.1.1 中，我描述了影响我对癌症研究兴趣的经历的反思。我作为家庭医生和健康与社会科学研究人员，有更多的经历，这些经历进一步影响了我的思考。表中是删减版本，如果完整地写出来，那会有很多页。下面表格中的删减版提供了一个个人清单的示例。列出清单以后，下一步可能是将总结分为两列，第一列反映你的知识和专业影响，第二列包括对你研究工作的潜在影响。

工作表示例 4.1.1 个人背景对癌症研究的影响

- 我上高中的时候，一个高年级的学生得了癌症（回想起来，应该是儿童淋巴瘤），并且缺课了一个多月。他返校时变为了光头，后来头发慢慢长回来了。这一经历让我觉得癌症是一种痛苦和可怕的东西，但可以生存。
- 上高中和大学时，我的祖母和阿姨都患上了乳腺癌，最后都需要做手术。这次的个人经历让我觉得癌症是可以治愈的，但这种治疗需要承受损毁外形的手术。
- 在我开始上医学院后不久，我的阿姨癌症复发并转移了。我很生气，因为我知道她从来没有参加过复发监测。由于她的癌症无法治愈，我也目睹了我的大家庭在绝望中寻求替代疗法（现在称为整合医疗）来救治她。最终，她不幸地提前几十年去世了。
- 我在日本读大学期间，了解到患者通常不会被告知他们得了癌症。
- 在医学院，我参加了有关癌症的病理生理学、药理学、遗传学和其他基础科学方面的讲座和深入研究，影响了我对理解和治疗癌症背后科学的思考。
- 在医学院读三年级时，我开始在临床肿瘤科轮转。第一次我管的患者去世时，我亲眼目睹了最终徒劳无功的高强度的心肺复苏，觉得临终治疗相当残酷。
- 在我就读的美国医学院，一般都会向患者告知这是癌症，美国医生历史上一直都会这么直接告知，一些生物伦理学家将告知癌症定义为“讲真话”。
- 作为一名渴望拥护我的职业道德原则的住院医生，我大力提倡患者参与决策。然而，我遇到了一位晚期转移癌老年男性患者，伴有轻微的精神错乱。医生们每天都被教导帮助引导患者，我每天都会提醒患者他在哪里，他在医院治疗癌症，而他似乎每天都忘了前一天的讨论。他的孙女非常关心他的治疗，有一天，她把我拉到一边，让我不要每天向她祖父强调癌症，因为她觉得这对他来说是不必要的，也会使他情绪激动难以相处。这大大削弱了我认为的需要患者直面癌症这一原则的认知。
- 认识到日本和美国之间的差异，我希望在日本进行研究。20 世纪 90 年代，我获得了资助，在日本进行癌症沟通相关的研究。很快我意识到，和医生讨论他们用“说真话”的方式来诊断和治疗患者的经验是非常尴尬的，因为这意味着那些没有告知患者癌症的人是“骗子”，而这种语言不利于在日本开展这一主题的研究。我把我的语言换成了适用于日本的语言，gan kokuchi，即“癌症告知”。
- 在研究期间，我遇到一位在美国接受过培训的日本乳腺外科医生。在与他讨论我的项目时，他说他在美国接受培训后返回日本，强烈地感到西方全面告知和知情同意的方法的重要性。但当他向一个早期完全可以治愈的肿瘤患者告知了乳腺癌的诊断后，她不久后自焚了。他的故事使得我对于“西方的癌症告知方法在日本肯定也适用”这一缺乏经验的认识感到挫败。
- 我的经历强烈影响了我对癌症预防和早期告知，以及对临终治疗优化的兴趣。
- 作为一名临床家庭医生，我见过许多患者，有受益于癌症治疗技术进步的患者，也有受益于姑息治疗的患者。但这个过程常常是复杂的，无论是对于治愈的病例，还是对于接受姑息治疗并死于癌症的病例，包括我父亲。
- 所有这些经历使我对癌症预防和早期检测、癌症沟通和姑息治疗有着浓厚的临床、教学和研究兴趣。

为什么制定个人背景清单很重要?

在工作表示例 4.1.1 中，你可以看到我个人为什么对癌症预防和早期发现、跨文化沟通方式以及加强姑息治疗特别感兴趣。这些一直是我的教学和研究生涯中的主导主题。如研究轶事 4.1 所示，对我个人的反思进行回顾，使我顿悟了个人偏向的研究过程的价值。我和一位来自日本的同事合作进行了一个跨文化项目，主题是美国和日本的癌症告知方法。独立的自我反思、坦率的讨论过程，帮助我们认识到我们从非常不同的角度思考这一跨文化的工作。最终，我们利用我们的个人偏向来更彻底地审视研究结果。还有更多作者进行了自我反思并发现了这对研究的影响，见 Crabtree 和 Miller（1999）撰写的 *Doing Qualitative Research*（《做定性研究》）一书中的举例。

研究轶事 4.1

跨文化癌症研究中个人背景对研究价值的顿悟

在第一次担任教职工作后不久，我就作为一名研究员，和一位来自日本的资历和我差不多的同事进行了跨文化研究项目。为了准备这个项目，我们进行了个人回顾，如工作表示例 4.1.1（当然，我现在的观点和那时不一样，我的生活一直在改变）。当我们各自完成了个人背景清单后，一起反思了我们的收获。当试图将自己的想法与研究主题、癌症沟通方式联系起来时，我非常直截了当地告诉我的同事："我的个人经历让我想知道为什么日本的医生不直接告诉患者他们得了癌症。"他也同样直截了当地说："我对美国医生为什么以及如何直接告诉患者他们得了癌症也很感兴趣"。当我读到他这份重要的个人清单，并意识到我们对双方的工作都有个人看法时，我第一次领悟到：①自己的经历对于我对这个主题的兴趣有多少影响；②如何应用我们彼此的偏向（他对美国医生为什么以及如何直接向患者告知癌症，以及我对日本医生为何不直接告知癌症的理解的偏向）进行更加全面的跨文化沟通比较研究。

练习：确定你的个人背景影响

工作表 4.1.2 旨在让你思考自己的背景知识，记录那些预期可能会对你的工作产生影响的背景知识，例如个人经历、专业学习和职业经历。作为一项练习，先记下一些关键的经验或事件信息，然后使用文字编辑软件扩展成更详细的内容。回忆个人经历、家庭经历，或其他亲密的家人、朋友或熟人的经历，这些经历是难忘的、鼓舞人心的、痛苦的，或是这些情绪的组合。列出你所学的课程、你看过的电影、你读过的书，以及你看过的纪录片。如果你是一位有经验的研究者，引用你以前读过或写过的研究或文章。虽然不是一个详尽的清单，但所有这些以前的经历都有助于确定你的背景影响。

对于制定一个个人背景清单，没有一个"正确"的方式，但确实需要进行诚实的个人反思，深度地探索并反思你给项目带来的影响。可以使用项目符号或直接叙述的方式来撰写此文档。唯一的制约因素是识别影响你世界观的经历的能力。当开展研究时，一些学者将个人清单描述为一种理解："数据是什么，在数据中你是什么？"换句话说，你只是确认你自己的想法和观念，还是真的让数据"说话"，浮现出一个故事？这个过程需要团队成员合作，可以由一个团队成员开始，与其他人讨论对个人经历的反思，并根据对研究的潜在影响提出问题。做好这个过程是需要时间的，且无法替代。

工作表 4.1.2 确定个人背景影响

理论和概念模型

一般来说，理论和概念模型都是关于某一主题或现象特征的假设，为研究者提供了一些如何开展研究工作的想法。理论模型和概念模型是可以区分的，但它们的区别在一定程度上取决于你所在领域或公开或潜在的惯例和“标准”（Nilsen，2015）。对理论的定义及其特征的一种解释是，它是：①“一组系统的、相互关联的主题、概念和定义”；②明确了概念之间的关系；③基于特定的关系，解释和（或）预测事件的发生（Imenda，2014）。相比之下，概念模型的特征是：①对理论术语和意识形态的一种具象的组织呈现；②通常是与上下文相关的，对现象采用图像或符号来表示；③表述复杂的抽象思想。概念模型通常与定性研究相关联，而理论模型通常（但不限于）与定量理论相关联（Imenda，2014）。

美国国立卫生研究院（NIH）的行为和社会科学研究办公室（OBSSR）负责促进、协调和沟通与健康相关的行为和社会科学研究。OBSSR 于 2011 年发布了 *Best Practices for Mixed Methods Research in the Health Science*（《健康科学中混合方法研究的最佳实践》），旨在指导 MMR 的严格实施和评价。该最佳实践在 2018 年更新到了第 2 版，当时 OBSSR 报告该指南是其访问量最大的链接（NIH Office of Behavioral and Social Sciences Research，2018）。在该最佳实践中，理论被定义为“一组相互关联的概念、定义和主题，通过指定变量之间的关系来解释或预测事件”（NIH Office of Behavioral and Social Sciences Research，2018）。理论不应被理解为科学的普遍规律，而应在相当有限的范围内应用和产生作用。鉴于理论模型和概念模型之间的模糊界限，在本章的剩余部分，我将使用理论模型的语言来指代理论模型和概念模型。

理论：具体的和普遍的

理论模型可作为宽泛的框架（更宽泛地概括社会普遍现象）或作为中层理论（更具体地关注特定现象）。宽泛的理论框架有女性主义理论、批判理论、复杂性理论、正义理论或生态理论等。文化人类学领域的 H. Russell Bernard 描述了一系列中层理论，从解释单个“案例”（即单个研究）的具体理论或基本理论到解释多个案例的普遍性理论。图 4.1 表示了这一连续体的概念。具体化是指基于特定人群或文化共享群体的理论。在许多情况下，普遍性被视为事实。Bernard（1995）认为，一个理论所解释的现象越多，它就越普遍化。由于理论应用的案例越多，就越具有普遍性，因此，可将理论概念理解为一个具体化的可多范围应用的连续体。例如，Bernard 举例说明了关于嫁妆的多种具体理论是如何随着时间的推移而演变成具有普遍性的，因为这些理论结合在一起形成了一个更普遍适用的理论。

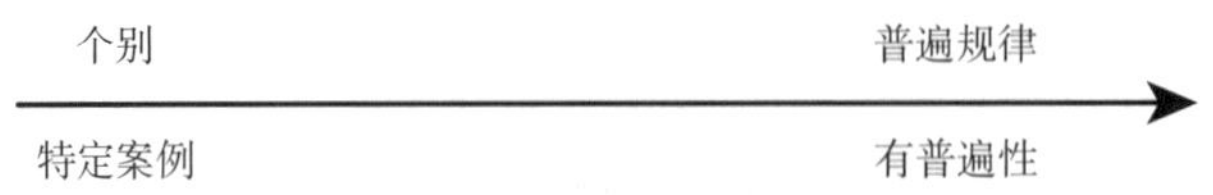

图 4.1　从个体到具有普遍性的理论范围

正如 Bernard 的例子中所述，理论通常来源于特定领域和特定背景。例如，健康信念模型从 1950—1960 年美国公共卫生服务遇到的问题中发展而来，人们不愿意接受结核病、宫颈癌、牙科疾病、风湿热、脊髓灰质炎和流感等问题的预防服务（Rosenstock，1974）。健康信念模型是公共卫生和健康促进干预中常用的几个理论之一，除此还有跨理论模型、社会认知理论和生态理论模型（Glanz & Bishop，2010）。Israel 等在基于社区的参与式研究中使用了压力过程模型（Israel et al，2006）。许多理论、模型和框架已经被用于实施科学领域（Nilsen，2015）。美国教育研究协会（American Education Research Association）有许多专门的兴趣小组，每个小组都围绕其特定的理论（Johnson & Christensen，2014）。例如，社会发展理论（Bandura，1971；Vygotsky，1978）和统一学习理论（Shell et al.，2010）是教育研究中使用的两种理论。组织理论是商业研究理论使用的一个例子（Jones，2012）。在商业领域应用理论的例子，感兴趣的读者可以参考 Armenakis 和 Bedeian（1999）关于组织变革的综述，或者 Yuki（1989）关于管理领导的综述。还有很多其他的理论，甚至有些理论就潜藏在你的研究中尚未被提炼出来！

混合方法研究的理论应用实例

在你的混合方法研究中，可以构建、测试或验证理论（Johnson & Christensen，2017）。另一个相对常见的方法是应用混合研究方法，使现有的模型适应新的社会文化背景，或适应新的语言环境。理论框架还可以作为开展 MMR 的一个总体理论立场。此外，还可通过混合研究方法，使用归纳的定性研究方法发展理论，然后使用定量研究方法演绎地在更大样本中进行测试（第 10 章）。

理论可以作为计划和（或）实施、构建分析框架和呈现研究结果的基础。工作表示例 4.2.1 提供了 3 个理论如何用于 MMR 的案例。在商业案例中，Sharma 和 Vredenburg（1998）使用了竞争理论来检验环境响应策略和具有竞争价值的组织能力之间的联系。在教育案例中，Harper 在"探索校长在创造学业乐观主义中的作用：一项先定量再定性的混合方法研究序列设计"中，将研究建立在一个基于教师信任、集体效能和学业重视 3 种结构的学业乐观模型（Hoy，Tatter，& Hoy，2006）。Harper 进一步在研究中应用了多种理论，如组织文化理论、社会资本理论、效能理论、组织效能理论、变革型领导理论以及学业乐观主义理论（Harper，2016）。在健康科学案例中，Kron 等（2017）利用多媒体学习和互动教学理论（Domagk et al.，2010；Sorden，2012）为设计交互式虚拟人沟通系统的方法提供信息。

工作表示例 4.2.1 理论在 3 个范例项目中的应用

领域	理论在 MMR 中的应用实例	理论的讨论
商业 （Sharma & Vredenburg，1998）	为验证环境响应策略与有竞争价值的组织能力之间的联系这一理论提供理论假设	企业的资源基础观是对企业竞争理论的一种解释（Barney & Zajac，1994），认为企业的竞争策略和绩效在很大程度上取决于企业特有的组织资源和能力（Hart，1995）
教育 （Harper，2016）	将理论考虑为研究的基础并用于证实或指导研究的组织实施	学业乐观主义建立在教师信任、集体效能感和学业重视 3 个方面（Hoy et al.，2006）。正如 Harper（2016）所定义的，它是由 3 个子结构组成的一组概念：①集体效能感——教师甚至可以教最具挑战性的学生；②教师信任——教师信任学生和家长；③学业重视——教育优先于教师的学术
健康科学 （Kron et al.，2017）	该系统基于两个理论：多媒体学习理论和互动教学法	多媒体学习理论认为，人们通过文字和图片学习比单独通过文字或图片学习更好（Sorden，2012）。互动教学法强调学习者和学习系统之间的动态关系，它将基于系统的要素整合到学习者的参与行为、认知和情感活动中（Domagk et al.，2010）

练习：确定理论 / 概念模型的潜在作用

回顾工作表示例 4.2.1，并在工作表 4.2.2 中，确定你项目中的理论或概念模型的作用及如何发挥作用。你认为这项工作是生成理论、构建和测试理论、将现有理论应用于新的社会文化背景、证明现有理论的合理性，还是仅仅使用该理论？你是否接受了已经在一个社会文化团体中发展和测试过的现有理论，并寻求将该理论应用于不同的社会文化团体？或者，如果使用理论，你认为它是混合方法研究的整体立场吗？你能想象如何在混合方法研究的设计、抽样、数据收集、分析、解释和结果呈现中使用理论吗？

工作表 4.2.2 确定理论或概念模型的潜在作用

确定理论 / 概念模型

与研究设计过程一样，确定 MMR 的理论 / 概念模型的最佳方法是阅读你所在领域的相关文献。混合方法工作坊的一位参与者分享了一个有效的策略，她建议使用在线搜索引擎，将搜索限制在图片上，然后输入感兴趣的主题，搜索得到理论模型的图形。这样操作可能会出现不相关的内容，但可以保证初步搜索的有效性，再补充阅读原始文献。再回顾一下个人背景清单，有助于识别理论模型。例如，我的经历使我对医学伦理和共同决策模式产生了兴趣（Elwyn et al.，2012）。

许多学位论文期望包含一个可以用于自己研究的理论。此外，一些资助机构，特别是评审委员，通常希望作者阐明一个具体的理论 / 概念模型，并说明如何应用该模型（NIH office of Behavioral and Social Sciences Research，2018）。这样的想法在研究方案评审委员的头脑中占据重要地位。因此，认真思考确定一个适合于研究项目的理论模型是非常关键且有实践指导意义的。在工作表 4.3 中，确定一个或多个可以在项目中使用的理论 / 概念模型。

工作表 4.3 确定项目的特定理论 / 概念模型

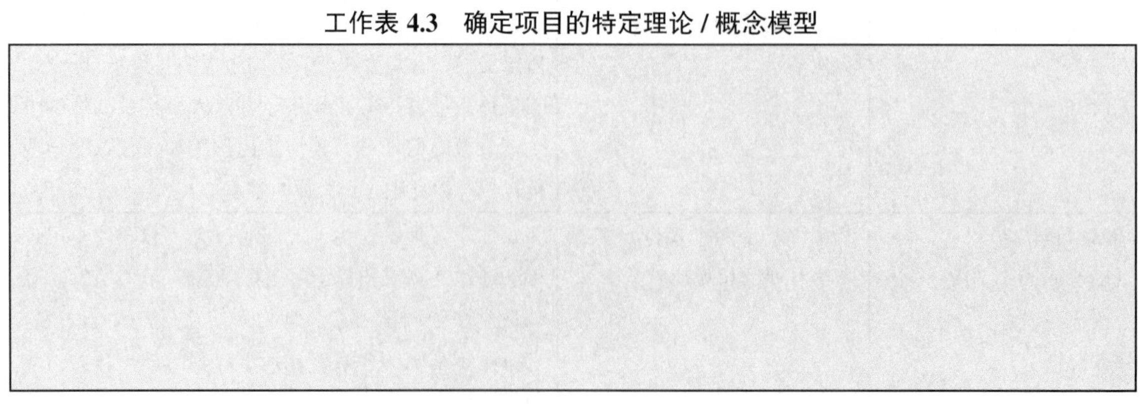

确定理论 / 概念模型的优势和局限

在工作表 4.4 中，考虑你所选的一个或多个理论模型在应用中的潜在优势。例如，你注意到所提出的理论已经在该领域得到了广泛的应用和认可，或者你觉得在这个领域都使用相同的模型，其进展已经被“卡住”了，没有开发或应用新的模型等。同时，也要考虑你所选的模型在应用上的潜在局限性。例如，虽然所提出的理论在你的领域已有使用，但它从未在你的特定内容领域中使用过；或者你觉得这个模型只能部分适用于你关注的现象。

工作表 4.4 确定所选理论 / 概念模型的潜在优势和局限

潜在优势：
潜在局限：

哲学假设

哲学假设是关于现实本质以及如何获得知识的信念和价值观（Plano Clark & Ivankova，2016）。研究人员，不管是在如商业、教育、健康科学等这样的主领域，还是在社会科学的许多分支领域，都在一系列的哲学假设的指导下进行研究工作。MMR 领域中争论最激烈的问题之一是哲学假设的作用。因此，在 *Journal of Mixed Methods Research* 杂志出版的前 10 年里，包含了大量关于 MMR 的哲学基础争论的学术讨论。例如，有 6 篇评论专门讨论了 MMR 中的范式（Fetters & Molina-Azorin，2017b）。

我们需要正确看待哲学争论，在一些领域，如社会科学，这样的争论是需要大量的阅读和思考的前沿问题。研究者需要做好为研究相关的哲学假设和立场辩护的准备。在其他学科，如健康科学，可能会不太被重视，不过这可能会发生变化，因为第 2 版 *Best Practices for Mixed Methods Research in the Health Sciences*（《健康科学混合方法研究的最佳实践》）中强调了将实用主义作为健康科学中 MMR 的基本哲学假设（NIH Office of Behavioral and Social Science Research，2018）。公平地说，不管你的学科背景如何，每一个混合方法研究者至少需要理解 MMR 的哲学框架的基本原理，并考虑哲学假设如何影响 MMR。

10 年的哲学争论可以从 3 个角度来看待（Plano Clark & Ivankova，2016）。首先，定性和定量的范式是根本不相容的，因此，不能进行 MMR。这一观点有时被称为不相容理论，在一些批评家中引起共鸣，而另一些人则认为，尽管有这种批评，该领域仍在继续发展。例如，David Morgan 讨论了使用家族相似性来说明需要容忍定性和定量范式之间的模糊边界，同时也尊重区分定性和定量研究的价值（Morgan，2018）。如果你支持这种不相容的观点，你可能还没有购买这本实践手册！

其次，Plano Clark 和 Ivankova（2016）说明了单一的哲学观点可以支持混合方法的工作。有多种混合方法论者认为相关的哲学框架，如实用主义、参与式 / 变革主义、批判现实主义、后现代主义和阴阳学说（Shannon Baker，2016；Fetters & Molina Azorin，2019）。最后，Plano Clark 和 Ivankova（2016）将 Johnson（2012）所阐述的辩证多元论确定为 MMR 中不同哲学立场，可以共存。

哲学假设的要素

要完全理解哲学假设如何影响你自己的 MMR 项目，需要理解哲学假设的要素。关于这一过程已有大量文献。时间允许的话，强烈建议深入研究这些文献。不同的研究者将不同层次的哲学知识带到他们的项目中，这里的讨论将集中在他们如何应用哲学假设。有关这些哲学假设含义的更多信息，请参见 Plano Clark 和 Ivankova 的研究（2016）。此外，Creswell 和 Plano Clark（2018）开发了一个有用的表格，用于比较后实证主义、建构主义、变革主义和实用主义。在本实践手册中，我介绍了哲学假设的 5 个维度，即本体论、认识论、价值论、方法论和修辞学。

混合方法研究中的本体论

本体论（ontology）是形而上学中关于存在论的一个分支。这个词来源于希腊语 *ont*，意为“存在”；*logia* 意为“科学”或“理性”，它涉及存在或存在的性质（本体论）。Creswell 和 Plano Clark（2018）将此定义为：“现实的本质是什么？”有一种观点认为，现实是客观和可衡量的。另有一种观点认为，现实是由一个人在社会上的生活经验构建的。一种混合方法的观点承认了这两种观点，即在一定的背景下可以测量的、客观的，也是对现实的感知，是由一个人的生活经验构建的。

混合方法研究中的认识论

认识论（epistemology）一词源自希腊语 *epistēmē*，意为“知识”；*logos* 意为“科学”或“理性”（认识论）。因此，认识论指的是知其然及知其所以然，也包括人类知识的性质、起源和局限。它包含了对方法、效度以及适用范围的理解。因此，混合方法研究者需要思考什么样的证据可以用来描述现实。Creswell 和 Plano Clark（2018）将此定义为一个问题：“研究者和正在开展的研究之间是什么关系？”

混合方法研究中的价值论

价值论（axiology）一词来源于希腊语 *axia*，意思是“价值”；*logos* 意思是“科学”或“理性”（价值论）。因此，它可以被认为是一种价值理论。它指的是对价值和评价的研究。在 MMR 语境中，价值论是指研究者为了解现实而引用的价值观。Creswell 和 Plano Clark（2018）提出一个问题：“价值观的作用是什么？”

混合方法研究中的方法论

方法论（methodologia）源自拉丁语 *methodologia* 或法语 *méthodologie*（方法论）。方法论是指研究者在进行研究时采用的混合方法体系，包括使用的数据收集方法。Creswell 和 Plano Clark（2018）在此提出一个问题：“研究过程是什么？”

混合方法研究中的修辞学

修辞学（rhetoric）一词源自希腊语 *rhētorikos*，意思是“辩证地表达”（修辞学）。从根本上说，就是说服、论证的语言。在混合方法研究中，它指的是研究者如何表述他们的混合方法研究。例如，McKim（2017）指出，整合的混合方法写作被视为比仅用定量语言或定性语言写作更有价值。因此，修辞学是指有效地、有说服力地写作的科学。Creswell 和 Plano Clark（2018）把这个问题描述为：“研究的语言是什么？”

在回顾了这五个要素之后，我们可以用 7 个被视为支持 MMR 的哲学框架来说明这些要素：

实用主义、参与式 / 变革主义、批判现实主义、后现代主义、阴阳学说、辩证多元论和行为范式。

后实证主义与建构主义的混合方法论

实用主义、参与式 / 变革主义、批判现实主义、后现代主义、阴阳学说、辩证多元论和行为范式这七个哲学框架契合了两个极点，即后实证主义（即定量研究的哲学基础）和建构主义 / 解释主义（即定性研究的哲学基础）。图 4.2 是这一范围的图解。每一种都可以根据本体论、认识论、价值论、方法论和修辞学等要素来描述。

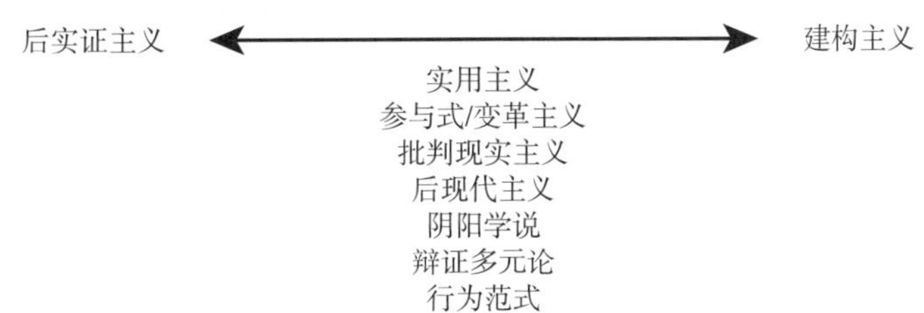

图 4.2　与后实证主义和建构主义相关的混合方法立场

下面，我根据 Plano Clark 和 Ivankova（2016）、Shannon Baker（2016）、Creswell 和 Plano Clark（2018）的研究，从本体论、认识论、价值论、方法论和修辞学的角度来考虑这些哲学框架。

后实证主义

后实证主义通常是高度定量研究者的哲学假设特征。在本体论上，后实证主义的研究者假设有一个现实有待证明或发现。在认识论上，研究者假设知识是观察者通过独立观察获得的。在价值论上，研究者试图以公正的方式进行研究，并控制研究者的偏倚。在方法论上，后实证主义研究者通常应用演绎推理，如验证先验理论。在修辞学上，研究者遵循一种正式的、结构化的、统一一致的风格，并且经常用第三人称写作。

建构主义 / 解释主义

哲学的另一端是建构主义 / 解释主义。建构主义 / 解释主义通常是高度定性研究者的哲学假设特征。在本体论上，建构主义研究者假设存在多重现实。在认识论上，研究者认为知识是通过接触参与者并探索他们的世界而获得的。在价值论上，研究者认为偏倚是自然的，应该讨论和应用这样的偏倚。在方法论上，研究者倾向于更强的归纳性，并且专注于建立新的模式和理论。从修辞学角度来说，研究者更喜欢一种不太正式的文体，这种文体固定性结构较少，通常是用第一人称写的。

支持混合方法研究的哲学假设

由于支持 MMR 的哲学假设不少于 7 个，后实证主义和建构主义 / 解释主义之间的极端差异似乎并不那么明显。也就是说，存在着差异和变化，如下文所示。

实用主义

当其他人在阐述实用主义的效用时，David Morgan 是第一个为实用主义形式的混合方法研究提供哲学基础的人（Morgan，2007）。实用的观点在应用科学中很常见，如健康科学（Curry & Nunez Smith，2015）。在本体论上，研究者假设现实有多种观点。在认识论上，研究者假设知识是通过独立的和主观的解释迭代获得的。在价值论上，研究者认为价值观在构建研究问题和得出结论方面是有用的。方法论上，研究者收集定性和定量数据。在修辞学上，混合方法研究者采用了两种写作风格。

参与式／变革主义

Shannon-Baker（2016）也将参与式/变革主义框架称为“变革主义/解放性”框架，通常可以在基于社区的参与式研究中找到，或者如Mertens（2007）所示，可以在变革主义研究中找到，也可以被激进主义研究者使用。这项工作通常适用于在边缘化或贫困的社区开展研究工作。在本体论上，参与式/变革主义研究者假设存在着通过社会政治力量形成的各种现实。在认识论上，研究者认为，对现实的认识是通过与边缘化群体合作而获得的。在价值论上，研究者认为定性和定量研究对于构建有效的社会政治论据都有价值。在方法论上，研究者可以使用精心设计的收集定性和定量数据的方式，或者以循环方式迭代收集定性和定量数据，以解决突出的社会政治问题。在修辞学上，研究者使用灵活的风格来说明和改变压迫和不公正。

批判现实主义

Maxwell和Mittapalli（2010）提出了批判现实主义作为MMR哲学立场的一个案例。在批判现实主义哲学假设下工作的研究者在本体论上认为现实既有现实世界又有精神世界。在认识论上，知识是由研究者的感知和视角构成的。因此，在价值论上，研究者的价值观是研究的一个组成部分。在方法论上，研究者收集了定性和定量的数据，以仔细考虑语境，并注意意义和语境影响的多样性。在修辞学上，定性用来重点描述语境和个人观点，并用定量的研究发现来支持整体的研究结果。

后现代主义

Hesse Biber和Kelly（2010）阐述了后现代主义的相关性及其对定性驱动的混合方法研究者的特殊吸引力。后现代主义的研究者在本体论上假设现实是混乱的、无序的和无结构的。在认识论上，研究者假设不同形式的知识是平等的，无论其来源如何；并且认为通过审视写作和叙述，可以最好地理解社会结构。在价值论上，研究者认为自己的观点很重要，但并不比别人的重要。在方法论上，收集定性和定量的数据是用来挑战现有的话语和激发创新的思维方式。在修辞学上，研究者根据需要使用定性和定量结构来批评现状。

阴阳学说

阴阳学说代表了一种亚洲世界观，最近才在文献中被认为是支持MMR的哲学思想体系（Fetters & Molina Azorin，2019）。阴与月亮、女性、昏暗的、潮湿的相联系，符合定性方法的特点；阳与太阳、男性、明亮的、干燥的相联系，符合定量方法的特点。当结合在一起时，在太极符号中形成的整体大于个体（图4.3）。这个图像包括两个像泪珠一样的符号，或者是两条鱼在一个圆圈里游泳（Wang，2012）。深色代表阴，即定性；白色代表阳，即定量。两个部分各有一个颜色相反的小点，表示每个部分都有一个相反的组成部分。

图4.3　太极图符号

在阴阳哲学的影响下，一个研究者在本体论角度，将这个世界上现实的二元性看成阴阳，共同构成一个统一的现实。定性与定量是分离的，但又是相互联系、不可分割的。在认识论上，研究者认为，知识来自于两者的共同认识，每一种知识都是理解一种现象的一体性或整体性所必需的。在价值论上，研究者既重视两者，也重视将阴（定性）和阳（定量）两个部分结合起来理解一个相互关联的整体所产生的协同作用。因为阴中有阳，阳中有阴——在定性中有定量，在定量中有定性。在方法论上，研究者认识到，尽管定性和定量都需要对研究的整体问题提供信息，但定性和定量的权重可能相等，也可能一个比另一个更突出。在修辞学上，研究者支持在表达上的灵活性，接受定性和定量这两部分是相对均衡的，也接受一个部分比另一个更突出。

辩证多元论

Greene（2007）提出的辩证立场，Greene 和 Hall（2010）进一步扩展，Johnson（2015）阐述为 meta 范式，提供了接受和包容多种世界观的观点。主张辩证多元论的研究者在本体论上，承认有不同的途径构建现实。在认识论上，研究者假设知识是通过不同概念之间相互尊重的对话获得的。在价值论上，研究者重视宽容、接受和公平。在方法学上，研究者收集了定性和定量数据，以检验研究结果的收敛性和差异性。在修辞学上，研究者运用了定性和定量学科的语言。

行为范式

正如 Schoonenboom（2017）所阐述的，行为范式为探索已存在的未知领域提供了一个视角。在研究中，通过一个被称为“混乱的实践”（P.9）的周期或一轮又一轮的反馈，研究者将反馈融入并优化研究。行为范式的本体论和认识论源于辩证多元论，而对行为的关注则类似于实用主义。因此，当受行为范式的影响时，研究者在本体论上假设了多重现实，这些现实可以接受不同的认识和研究，并且是多样的和变化的。在认识论上，研究者认为知识来源于多种现实，可以用不同的方式理解。临时的和已创造的领域是由研究人员赋予的概念形成的，研究者在特定的时间背景下为其设定了框架。在价值论上，研究者重视从一个多元的现实中发展知识。在方法论上，研究者试图在一个过程中创造和探索新的世界，这个过程涉及理解研究者的想法与数据真实性之间互相博弈、支撑或改变。从修辞学上讲，研究者的任务是阐明对新世界的更好理解，研究者必须在特定的语境中讨论特定的概念。

我们回顾了影响研究者的主要哲学假设，提供了一个关于我自己立场的例子在工作表示例 4.5.1 中。工作表示例 4.5.1 与工作表示例 4.1.1 有关联，在那个表中我使用个人背景清单对自己做了一个诚实的评估。

工作表示例 4.5.1 为混合方法研究确定一个与个人世界观一致的哲学假设

根据工作表示例 4.1.1 中提供的信息，很明显我受到了多种哲学框架的强烈影响。一方面，我在日本亲眼目睹并亲身体会到个人经验如何塑造一个人的世界观、价值观，以及一个人对“是非”的看法，与社会建构主义非常吻合。这也是我第一次接触到一个有阴阳思维的社会。另一方面，我在医学基础和临床科学方面的培训也为我说明了后实证主义立场的价值。在我从事医学和社会科学的几十年中，我看到了基于后实证主义的医学科学的进步（这一领域的许多人似乎未看到）如何极大地提高了医疗效果，例如癌症患者的生存率的提高和姑息治疗方法的改进。毫无疑问，这些经历促使我去争取流行病学硕士学位（聚焦定量）和人类学/伦理学硕士学位（聚焦定性）。最后，在家庭医学方面的训练，我经常依赖患者的病史（文字）和医学测试的结果（通常是数字，但也有许多基于文本和描述性的结果），使我自然地信奉实用主义。我对目标、价值观、方法论立场和方法学的差异和相似性的尊重，使我能够采取多元化的本体论立场，并希望从差异中学习，这与辩证多元化是一致的（Johnson，2012）。

练习：为你的混合方法研究确定一个与你的世界观一致的哲学假设

参考工作表示例 4.5.1，在工作表 4.5.2 中，写出最适合自己个人世界观的哲学假设，并说明原因。基于上述信息或之前的知识，你可能有一个更清晰的概念，可能想反思一下你的个人清单，考虑自己的经历或特定的理论如何与特定的哲学立场产生共鸣。类似地，你可以通过老师在课程（尤其是专业领域的方法学课程）中给你指定的阅读材料，帮助你思考哲学假设。

工作表 4.5.2 为你的混合方法研究确定一个与你的世界观一致的哲学假设

练习：解释哲学假设如何适用于你的混合方法研究

在工作表示例 4.6.1 中，我解释了自己关于参与 MPathic-VR 混合方法医学教育研究（Kron et al.，2017）的哲学假设，并提供了一个案例。

工作表示例 4.6.1 解释哲学假设如何与 MPathic-VR 混合方法医学教育研究相匹配

本体论：我既承认对世界的科学看法，包括在物质和生物世界普遍存在的规律、原则和客观现实。我也接受多重现实是社会建构的观点。

认识论：我认为知识是通过客观测量的实验过程，及基于经验的生活和认识过程而获得的。

价值论：我很重视利用统计学知识对结果进行测量和比较，有证据表明干预措施的效果足以改变我作为家庭医生的行为。但是，我也重视人类对世界进程和现象的意义。

方法论：我优先使用能够回答我研究问题的方法，包括量化某一现象的各个测量维度，以及有助于描述和理解人类对某一现象体验的定性方法。

修辞学：我尊重用第三人称客观语言写作，也尊重第一人称和第二人称写作，尽管我更喜欢用第一和第二人称来描述行为的主体。我尊重不同领域在偏好修辞上的差异，同时也认识到那些自认为不符合该领域惯例的人所感知到的局限性。

在工作表 4.6.2 中，解释为什么你认为你的哲学假设很适合你的项目构思。试着从本体论、认识论、价值论、方法论和修辞学 5 个层面来思考。

工作表 4.6.2 解释你的哲学假设如何与你的混合方法研究相匹配

本体论（ontology）：   认识论（epistemology）：   价值论（axiology）：   方法论（methodology）：   修辞学（rhetoric）：

哲学假设如何影响项目

在工作表示例 4.7.1 中，我阐述了社会建构主义、后实证主义和实用主义如何能够并确实影响到我的思维，这是一种最符合辩证多元化的模式。1992 年我在日本做了 3 个月的富布赖特研究员，当时我对医生进行了一系列定性访谈（Fetters，Elwyn，Sasaki，& Tsuda，2000）。在这项研究之后，我的一位医学研究生 Todd Elwyn 主持了一项研究，并发布了一份研究报告，报告的部分内容来自于访谈资料（Elwyn，Fetters，Sasaki，& Tsuda，2002）。

工作表示例 4.7.1 哲学假设如何影响研究项目

哲学框架：辩证多元论（社会建构主义与后实证主义）

1. **研究问题**：在对另一个国家的医生告知癌症信息的方式形成跨文化视角时，我想了解社会文化因素如何影响医生对这个问题的决策（社会建构主义），我也想了解特定的癌症告知行为在更大样本量中的模式和影响因素（后实证主义）。
2. **设计**：在设计一项混合方法研究时，我可能倾向于采用一种定性驱动的方法（社会建构主义），从探索社会文化模式开始，然后通过定量研究来观察在更大样本量中的模式（后实证主义）。
   注：如第 7 章所述，这称为探索性序列设计。
3. **抽样**：对于最初的定性部分，我可能会采用最大差异抽样来获得全面的意见（社会建构主义）；而对于后续的定量部分，我会使用具体的样本量计算方法来确定样本量，并使用分层随机抽样来确保结果的外推性（见第 9 章抽样相关内容）。
4. **数据收集**：对于定性部分，我建议对 10 ~ 20 个人进行深度访谈，并将饱和度作为停止最初定性部分数据收集的标准（社会建构主义）。然后，我将基于定性访谈的结果构建定量调查的工具，在更大样本人群中去获得定性结果提炼的模式的分布情况和普遍性（后实证主义）。

5. **分析**：在定性研究的最初阶段，我会迭代地进行数据收集和分析，每次只做几个访谈，随着项目的进展重新修订访谈提纲（社会建构主义）。对于后续的定量部分，我将验证癌症沟通的常规做法，告知或不告知，并寻找影响因素（后实证主义）。
6. **解释**：使用序列设计时，我会在制定概念（具体）模型（社会建构主义）时，首先完成定性部分的迭代数据收集和分析。由于后续的定量调查部分将使用定性部分的概念模型进行问卷设计，通过定量数据检验定性研究构建的模型（后实证主义）。在广泛的人群中获得的发现可能有助于推动概念模型的普遍化。
7. **展示**：使用医生对于癌症沟通决策中考虑的因素的丰富描述来撰写和发表定性结果（社会建构主义），然后再撰写和发表第二篇关于定量调查结果的文章（后实证主义）。此外，为了强调这项研究整体采用了混合方法研究的范式，我将在第二篇论文的研究背景和讨论中大量引用第一篇论文的研究结果，重新考虑调查结果对定性结果的验证和外延程度，或者与定性部分结果相矛盾之处。或者，我所收集到的数据的广度可能支持一篇在某一共同领域整合定性和定量部分的混合方法文章。

练习：确定哲学假设如何影响研究项目

由于哲学假设是研究项目的核心，你需要清楚地阐明哲学假设与研究项目的相关性。参考工作表示例 4.7.1，在工作表 4.7.2 中，思考并记录你的世界观可能会影响你开展研究项目的各个层面，包括研究问题的框架、设计、抽样、数据收集、分析、解释和展示。

工作表 4.7.2　确定哲学假设如何影响你的项目

哲学框架（philosophical framework）：
1．研究问题（research questions）：
2．设计（design）：
3．抽样（sampling）：
4．数据收集（data collection）：
5．分析（analysis）：
6．解释（interpretation）：
7．展示（presentation）：

练习：确定你的哲学假设潜在的局限性

由于哲学假设是研究项目的核心，你不仅要能够阐明哲学假设与研究项目的相关性，而且还要准备好捍卫你的哲学立场。以工作表示例 4.8.1 为例，在工作表 4.8.2 中，记录你的世界观在开展研究项目中的局限性。

工作表示例 4.8.1　确定哲学假设的潜在局限性

使用社会建构主义的风险是可能会被批评定性数据不够丰富，没有通过其他数据收集手段（例如观察、文件分析、电影中的当代或历史描述）补充社会建构主义者所寻求的深度。另一方面也可能被后实证主义者批评，认为方法可以更严格，或者样本规模更大。辩证多元论则能弥合这一鸿沟。

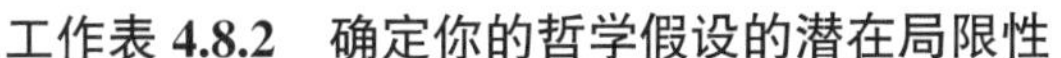

工作表 4.8.2　确定你的哲学假设的潜在局限性

应用练习

1. **同伴反馈**。与你的搭档或同伴导师结对，每个人花 5 分钟谈论个人背景。专注于最困难的部分，不要过多关注简单部分。如果你的概念模型中的某个元素（例如理论或哲学）存在异议，询问你的导师或同事关于这一领域的理论和哲学立场的意见。如果你独自工作，请与部门的同事或导师讨论你的想法。
2. **同伴反馈指导**。当你倾听你的同伴讨论时，可以锻炼你集中精力学习和批判的宝贵技能。帮助你的同伴完善个人概念理论（理论或哲学立场）对他们研究的影响，并专注于你的同伴最需要反馈的领域。
3. **小组汇报**。如果你在教室或是大群体里开展讨论，让志愿者展示他们的个人概念理论，同时也让大家思考自己的项目是否也有同样的问题。

总结思考

使用下列清单来评估你这一章的学习目标达成情况：

- □ 我思考了我的个人情况包括我的背景、理论模型和哲学假设的影响。
- □ 我确定了自己的个人经历、价值观和培训如何累积形成我的个人背景，以及它如何影响我的研究项目。
- □ 我探索了理论模型的价值，学习了如何识别和应用适用于我的混合方法研究的模型。
- □ 我研究了多种哲学观点，思考了我自己的，并考虑了我的假设如何影响我的混合方法研究。
- □ 我和同伴讨论了我的世界观，我也为同伴考虑个人背景模型的 3 个层次提供了反馈。

现在你已经达成这些目标，第 5 章将帮助你为混合方法研究构建背景、目标和问题。

拓展阅读

1. 个人模型的拓展阅读

- Finlay, L. (2002). "Outing" the researcher: The provenance, process, and practice of reflexivity. *Qualitative Health Research, 12,* 531–545. doi: 10.1177/104973202129120052.
- Greene, J. C. (2007). *Mixed methods in social inquiry.* San Francisco, CA: Jossey-Bass.
- Plano Clark, V. L., & Ivankova, N. V. (2016). How do personal contexts shape mixed methods research? In: *Mixed methods research: A guide to the field.* Thousand Oaks, CA: Sage.

2. 理论模型的拓展阅读

- Imenda, S. (2014). Is there a conceptual difference between theoretical and conceptual frameworks? *Journal of Social Sciences, 38,* 185–195.
- Nilsen, P. (2015). Making sense of implementation theories, models and frameworks. *Implementation Science, 10,* 53. doi:10.1186/s13012-015-0242-0
- U.S. Department of Health and Human Services (2005). *Theory at a glance: A guide for health promotion practice* (2nd ed.). Washington, DC: National Cancer Institute, National Institutes of Health. NIH Pub. No. 05-3896.

3. 哲学模型的拓展阅读

- Creswell, J. W., & Plano Clark, V. L. (2011). The foundations of mixed methods research. In *Designing and conducting mixed methods research* (2nd ed., pp 19–52). Thousand Oaks, CA: Sage.
- Johnson, R. B. (2015). Dialectical pluralism. *Journal of Mixed Methods Research, 11,* 156–173. doi:10.1177/1558689815607692
- Plano Clark, V. L., & Ivankova, N. V. (2016). How do personal contexts shape mixed methods research? In *Mixed methods research: A guide to the field.* Thousand Oaks, CA: Sage.
- Shannon-Baker, P. (2016). Making paradigms meaningful in mixed methods research. *Journal of Mixed Methods Research, 10,* 319–334. doi: 10.1177/1558689815575861

第5章

明确混合方法研究的研究背景、目的和研究问题

有经验的研究者通常能意识到如何从研究问题、研究假设以及具体研究目的来保障混合方法研究的整体性。认真思考和提出研究问题、假设以及研究目的似乎是一项艰巨的任务。本章及对应的实践练习将帮助你对项目的总体背景进行简明扼要的总结，阐明MMR项目中相关文献中的空白或问题，确定主要的研究目的，并设计出适用于解决该研究问题的混合方法研究。你需要说明混合方法研究的背景信息，这是一项重要内容，也是MMR设计、研究方案和将来写文章时的关键组成部分。

学习目标

为了帮助你阐明混合方法研究项目的基本原理和重点，本章节将帮助你：

- 从文献中简要总结主题的总体研究背景
- 阐明一个聚焦的问题或在相关主题文献中尚待探索的问题，证明混合方法研究项目的合理性
- 确定混合方法研究项目的主要目的
- 拟定适合你的混合方法研究项目的研究问题

确定混合方法研究项目的研究背景

所有已经发表的研究项目都是基于庞大的学术文献背景。就本章而言，背景指的是**文献的空白**和你的研究目的。阐明研究背景需要：首先，说明你提出的研究领域尚待研究；其次，说明解决研究文献空白的重要性。

将研究项目相关文献定位到更宽泛的领域

研究背景的4个层次

在社会科学、健康科学和商科案例文章的背景部分，作者首先将研究现象置于更宽泛领域的文献。第1个层次提供总体背景，在总结或摘要中可能比较短，只涉及1～2行。这部分内容在正文中的篇幅取决于文献背景与所涉及领域的相关程度，可从一段到几段，甚至几页不等。接下来的例子中，我们假设一篇论文有3 000～4 000字。

第2个层次，将研究想法和相关文献精炼聚焦到较窄的研究背景。论证的重点应该是在文献中找到一个缺口或需求。在总结或摘要中，这可能是一句话，而在一篇论文中，可能是1～2段。

第3个层次，逐渐细化到研究项目专业领域。在摘要或总结中，这部分内容可能是一句话，可作为第2个层次的扩展内容。在文章中，可能是一个段落，理想情况是这个段落能阐明定性和定量研究的必要性及其目的（按照在项目中出现的顺序阐明）。

第4个层次，聚焦研究目的和研究问题。研究背景最后阐述MMR项目的研究目的和研究问题。研究摘要或引言应清晰陈述研究目的，且摘要和引言两部分的研究背景和目的是一致的。

有些使用漏斗或沙漏图的研究人员会在图中标注研究背景部分（图5.1）。正如第18章的**沙漏式写作模式**中那样。本章关注的是从宽泛的顶部如何缩小MMR项目的研究问题。沙漏式的顶部较宽，逐渐变窄、聚焦，聚焦在方法和结果部分，再以此为基础形成顶部的镜像，从较窄的部分开始逐渐扩展、变宽到讨论部分。现在，你的重点应该放在顶部的背景信息。

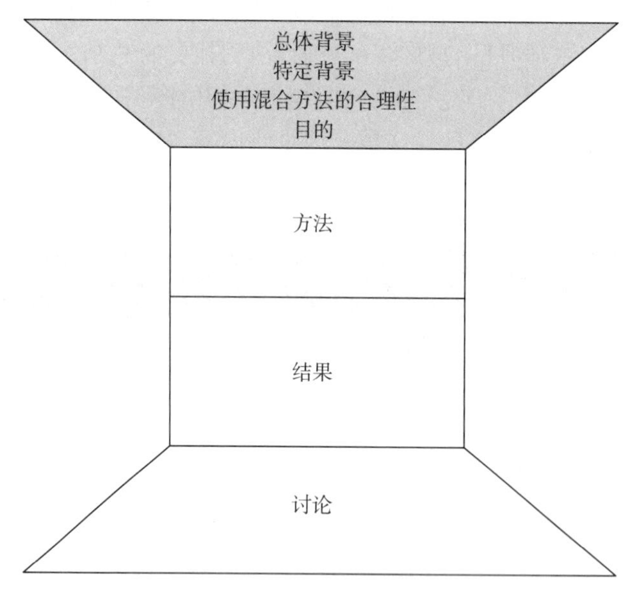

图5.1 背景部分

关于研究背景4个层次的案例

在构建研究背景时，要考虑研究目的。如果你的设计重点是研制一种新工具，通过定性的探索，构建并测试新工具相关性能的数据，那么背景部分应广泛涉及该领域的相关文献，为研究选题提供理由，然后再考虑缩窄文献范围。例如，我们的一个项目关注医疗质量的评价，但该研究领域没有我所在国家的语言版本的评价工具（Hammoud et al.，2012）。由于缺少文化和语言的适应性研究，现有的评价工具存在问题。这就需要我们应用定性方法来探索应该对这一工具的哪些方面进行改编以适应文化需求（Abdelrahim et al.，2017；Killawi et al.，2014），并在定性研究的基础上构建工具中的条目内容，最后形成一个适用的评价工具。

进行文献综述

如果你已经完成第 3 章的文献综述练习，那么完成下面工作表的内容就比较容易了。已发表大量文章的经验丰富的研究人员非常了解那些可为研究项目提供丰富信息的文献，并且可以花更少时间来回顾文献。而新手将花费大量时间进行文献综述并摘取相关内容。正如第 3 章所讨论的，背景部分需要回答相对简单的问题，“关于这个特定的主题，我们已经知道了什么”以及“在现有文献的基础上存在什么问题或有什么空白。”通过关注这两个简单的问题，将使 MMR 项目的背景写作变得更容易。

练习：拟定混合方法研究的项目背景

以工作表示例 5.1.1 为参考，完成工作表 5.1.2 的内容。考虑到 MMR 设计的沙漏模式，在研究方案中提供充分的信息来阐明该项目对于定性和定量部分的需求。

工作表示例 5.1.1 中 MPathic-VR 例子阐述了混合方法研究的第二阶段。该项目团队包括来自医学教育、健康科学、商业、心理学、计算机科学和其他许多领域的专家（附录 3）。大量研究表明，沟通是医患关系中最重要的方面，然而教育工作者在医患沟通的教学中面临着重大挑战。虚拟人系统是最近在教育中进行模拟的一项创新技术，但之前很少有研究考察虚拟人系统在沟通技巧教学方面的效果。在本研究中，我们提出了适用于混合方法的研究问题，对应用效果进行了评价（Kron et al.，2017）。

工作表示例 5.1.1 MPathic-VR 混合方法医学教育研究的标题、背景、目的和研究问题 *

题目：使用虚拟人系统进行沟通教学：混合方法试验
作者：Kron、Fetters、Scerbo、White、Lypson、Padilla、Gliva-McConvey、Belfore Ⅱ、West、Wallace、Guetterman、Schleicher、Kennedy、Mangrulkar、Cleary、Marsella、Becker
项目背景： 沟通是医患关系中最重要的组成部分。 医患沟通是一种复杂的现象，受多种因素的影响，因此有效的沟通和培训方式也相应复杂，尤其是移情式教学。 医患沟通的教师将受益于其他教育工具。
文献中的空白： 虚拟人是具有人类外貌的智能人体，能够在较广泛的领域中进行人们所期望的面对面的互动交流。尽管虚拟人在培养同理心和高级沟通技能方面大有前途，但缺乏证据证明虚拟人机互动干预对于提高沟通技能的有效性。此外，有证据表明，将虚拟人技能训练系统转化到现实的临床护理场景应用也是缺乏的。研究人员需要了解学生对这种技术的态度以及为什么会有这种态度。
总目标： 本研究的目的是确定 MPathic-VR 是否能有效地提高关于沟通技巧的教学效果，以及为什么。
定性研究、定量研究和混合方法研究问题： **定量研究问题**：在临床现实场景中，使用虚拟人计算机模拟系统的学生是否会比使用基于计算机控制的学习模块的学生表现得更好？ **定性研究问题**：医学生使用虚拟人训练沟通技巧的体验是什么？ **混合方法研究问题**：如何从学生的反思性评论和对虚拟人机互动干预的态度的定性、定量调查结果比较学生采用虚拟人干预和计算机为基础的学习模块的效果？
修订标题：使用计算机模拟系统训练沟通技巧：一个多中心、盲法、混合方法的随机对照试验

* 这个示例以展示具体内容为目的，对于各项目而言，并未要求囊括所有细节内容。

Source：Kron et el.［2017］

在工作表 5.1.2 中，依次填写题目、项目背景、文献的空白 / 问题、总体目的、研究问题和修订后的标题。

工作表 5.1.2　拟定混合方法研究方案的题目、背景、目的和问题

题目：
作者：
项目背景：
文献的空白：
总体目的：
定性研究、定量研究和混合方法研究问题：
修订后的题目：

撰写研究题目

撰写研究题目需要一个过程（回忆一下图 2.1）。人们在撰写研究方法之后还经常会去修改题目。研究题目应尽量简洁，但仍需包括重要的主题、研究地点。当你想表达这是一项混合方法研究时，可以在标题中包含“混合方法”（mixed methods）这个词，或者描述研究项目包含定性和定量数据的收集等。定性（qualitative）经常在标题中出现，而定量（quantitative）出现的频率较低。如果你认为你的研究是一项混合方法研究，就需要在题目中明确你所使用的混合方

法研究的设计类型。不要担心它是不是完美，但要写下来，这样你们才能讨论和评估这个标题在多大程度上反映了你的研究方案。表 5.1 提供了一些已发表的混合方法研究的题目例子。

表 5.1 已发表的混合方法研究的标题

标题	参考文献
商业	
积极的企业环境战略和发展有竞争力、有价值的组织能力的关系	Sharma, S., & Vredenburg, H. (1998). Proactive corporate environmental strategy and the development of competitively valuable organizational capabilities. *Strategic Management Journal*, 19, 729-753.
结合物流研究中的定量和定性方法进行逻辑学研究	Mangan, J., Lalwani, C., & Gardner, B. (2004). Combining quantitative and qualitative methodologies in logistics research. International Journal of Physical Distribution & Logistics Management, 34 (7), 565-578.
混合方法在国际商业研究中的应用：增值视角	Hurmerinta-Peltomäki, L., & Nummela, N. (2006). Mixed methods in international business research: A value-added perspective. *Management International Review*, 46 (4), 439-459.
教育	
探索校长在创造学业乐观文化中的作用：从定量到定性的序列式混合方法研究	Harper, W. A. (2016). *Exploring the role of the principal in creating a culture of academic optimism: A sequential QUAN to QUAL mixed methods study* (Dissertation). University of Alabama, Birmingham.
学生在高等教育领导力的博士项目中的持久化情况：一项混合方法研究	Ivankova, N. V., & Stick, S. L. (2007). Students' persistence in a distributed doctoral program in educational leadership in higher education: A mixed methods study. *Research in Higher Education*, 48 (1), 93.
大一学生 STEM 微积分课程未通过率调查的解释性混合方法研究	Worthley, M. R., Gloeckner, G. W., & Kennedy, P. A. (2016). A mixed-methods explanatory study of the failure rate for freshman STEM calculus students. *PRIMUS*, 26 (2), 125-142.
加纳孤儿院儿童行为和情感问题的比较研究：一项混合方法研究	Boadu, O. S. (2015). *A comparative study of behavioural and emotional problems among children living in orphanages in Ghana: A mixed method approach* (Doctoral dissertation, University of Ghana).
健康科学	
运用计算机模拟技术培训沟通技巧：一项盲法、多中心、混合方法随机对照试验	Kron, et al. (2017). Using a computer simulation for teaching communication skills: A blinded multisite mixed methods randomized controlled trial. *Patient Education and Counseling*, 100 (4), 748-759. doi: 10.1016/j.pec.2016.10.024
日本性卫生教学的文化背景：一项个案研究混合方法，评估静冈县家庭医学项目中的日本家庭医生受训者对标准化患者指导员的使用情况	Shultz, C. G., Chu, M. S., Yajima, A., Skye, E. P., Sano, K., Inoue, M., Tsuda, T., & Fetters, M. D. (2015). The cultural context of teaching and learning sexual health care examinations in Japan: A mixed methods case study assessing the use of standardized patient instructors among Japanese family physician trainees of the Shizuoka Family Medicine Program. *Asia Pacific Family Medicine*, 14, 8. doi: 10.1186/s12930-015-0025-4
具有严重非特异性症状的可疑癌症患者的健康生活质量评估及其待确诊过程中的体验：一项混合方法研究	Moseholm, E., Rydahl-Hansen, S., Lindhardt, B. O., & Fetters, M. D. (2017). Health-related quality of life in patients with serious nonspecific symptoms undergoing evaluation for possible cancer and their experience during the process: A Mixed methods study. *Quality of Life Research*, 26 (4), 993-1006. doi: 10.1007/s11136-016-1423-2

总结重要的研究背景

研究的重要背景一般来自对形成研究主题的文献描述。之前介绍的沙漏模式也介绍了，通常会首先关注更宽范围的文献内容，如相关的文化、经济、教育、政治或社会领域等。在教育学研究中，可能关注全国范围的一般教育问题。在商业领域，可能关注市场趋势。在健康科学领域，重点往往是一种疾病的流行病学特征，小标题通常是对疾病发病率和死亡率的陈述。你还可以关注健康促进、健康服务或健康政策中的问题。你还可以特别关注不同层级的情况，例如个人、组织、社区、省市或全国层面等（表 5.2）。思考一下你的读者是如何评价你的研究与这些背景的相关性，这样撰写的研究背景质量才会比较高。例如，如果你的读者是中型企业的管理者，强调这个文章与他们的相关之处。如果你的听众是中学教育工作者，强调文章回答对他们来说重要的问题。如果你的听众是家庭医生和初级保健医生，那么你要就这个问题对初级卫生保健医的重要性给出一个令人信服的论述。

表 5.2　总体背景说明和文献中的空白

领域	参考文献	研究背景	文献中的研究空白
商业	Sharma and Vredenburg（1998）. Proactive corporate environmental strategy and the development of competitively valuable organizational capabilities. *Strategic Management Journal*，*19*，729-753.	世界环境与发展委员会要求商业界提供证据，说明企业如何以及为何应将环境问题纳入与经济绩效有关的战略决策	将环境反应能力与组织能力和业绩联系起来的论点是理论性的，需要经验证据来证明对环境做法的投资可以产生切实的经济利益
教育	Harper（2016）. *Exploring the role of the principal in creating a culture of academic optimism：A sequential QUAN to QUAL mixed methods study*（Dissertation）. University of Alabama，Birmingham.	校长对学生的学业成绩负责	由于最常被引用的研究主要集中在小学和高中，因此有必要将学业乐观主义与社会经济水平较低的中学的高成就联系起来进行研究
健康科学	Kron et al.（2017）. Using a computer simulation for teaching communication skills：A blinded multisite mixed methods randomized controlled trial. *Patient Education and Counseling*，*100*（4），748-759. doi：10.1016/j. pec.2016.10.024	沟通是医患关系中最重要的组成部分	尽管虚拟人在培养同理心和提高沟通技巧方面大有前途，但缺乏证据证明在模拟试验中通过干预手段提高技巧的有效性

明确现有文献中存在的问题

通过明确现有文献中存在的具体问题，进一步说明研究项目的合理性，这也属于文献综述的一个亚类别。大部分研究团队都希望自己的研究结果能有所创新，那么在研究设计时，需要考虑如何解决这一研究问题，如果你希望有一些有意义的研究结果，那么还需要做哪些改进，这些改进会从哪些方面让你的研究结果有所创新？

撰写研究合理性的陈述

参加 MMR 研讨会或者研究生课程的参与者们发现按照下表的模式陈述研究项目选题的合理性非常有帮助。工作表 5.2 为混合方法研究项目提供了用于陈述研究选题合理性的脚本，其选题合理性基本可以描述为“空白”或“不足”，还有的是现有文献具有一定局限性，或者之前的研究主要是理论性的，缺乏实践验证。如果你已经完成第 3 章的文献综述，请列出关键的研究局限性、研究空白和研究问题来说明研究的合理性。

工作表 5.2 合理性陈述，可用于混合方法研究关于文献的空白或问题相关的脚本

研究空白：
“尽管这个……问题很重要，但之前的研究只是……并没有……”
研究局限性：
“虽然之前的研究已经验证了……（填研究主题），但之前的研究在以下方面具有一定的局限性……”
以前的研究都是理论性研究：
“到目前为止，把……和……联系起来的论证都是理论性的。因此，需要从……（定性视角）和……（定量视角）相结合的实证研究来推进……（领域名称）。”
指出混合方法研究的必要性：
“人们对……（插入话题）的态度和对于……（插入话题 / 关系）关键利益相关者的经验 / 观点都被忽视了。”
你对于项目选题合理性的陈述：

创建总体研究目的

本节将讲述如何基于上述研究空白 / 问题，确定研究目的和（或）项目目标。选择使用“purpose”“goal”还是“objective”，取决于研究领域和具体语境。目的和目标虽然密切相关，但这几个概念是有差异的：研究“purpose”指研究预期的结果；研究“**goal**”则指通过研究得到的结果或达成的计划，可认为是研究目的的一个子类。研究“**objective**”通常指通过研究寻求的具体可测量的结果。在措辞时可以向导师和其他同事寻求建议。表 5.3 提供了来自商业、教育和健康科学领域的案例和变化。

记住，把研究目的和你预期的研究结果联系起来。当决策者所需的信息存在空白，那么该研究的目的是评估效应大小、疾病流行情况或其他定量结果，并需要洞察受到新政策或政策修订影响的相关者的情况（如经验 / 观点或其他定性描述）。

在开展混合方法研究时，既有演绎，也有归纳，这才是符合逻辑的。例如，你可以演绎性地定量分析变量之间的关系，归纳、探索参与者的观点。

表 5.3 商业、教育和健康科学研究的实证研究的目的说明示例

领域	研究目标 / 目的
商业	“本文的目的（objective）和研究假设是检验环境响应能力和具有竞争力的组织能力之间是否有关联”（Sharma & Vredenburg，1998，P. 730）
教育	“这项先定量后定性的混合方法研究序列设计的目的（purpose）是了解阿拉巴马州中学的校长们是如何创造一种学业乐观主义的文化，以促进学生获得较高成就。第一部分的定量研究的目的是确定如何通过学业乐观主义的不同维度预测学生的成就。根据定量研究的统计结果，采用最大差异抽样策略，选取具有代表性的高中校长进行后续访谈。第二部分的定性研究的目的是提炼出能间接提高学生成绩的学业乐观主义文化策略”（Harper，2016，P. 6）
健康科学	研究目的（goal）是“创建和研究一个实用的且创新的方法，帮助学习者掌握复杂的医患沟通，培养其卓越的沟通技巧，以满足当前和未来的能力要求标准”（Kron et al.，2017，P. 749）

拟定混合方法研究问题

这部分描述了从研究目的形成合适的研究问题的过程。

确定定性研究问题

定性研究问题通常聚焦于某一单一的现象或概念，通常是探索性的解决“是什么”“如何”“为什么”等的问题。因此，定性问题通常包括探索、发现、理解或描述、报告等词汇。定性研究中一些常用问题见表 5.4。

表 5.4　常见的定性研究问题
对这些人来说，[某一现象] 的意义是什么?
与 [某一现象] 相关的行为模式是什么?
[一种现象] 和 [另一种现象] 之间关系的本质是什么?
与 [这种现象] 相关的人群的价值观如何?
这些人如何评价 [这一现象] ?
为什么这些人会这样评价 [这一现象] ?
与 [这一现象] 相关的哪些问题是重要的?
这些与 [这一现象] 相关的问题的重要程度如何?
为什么 [这一现象] 相关的这些相关问题很重要?
与 [这一现象] 相关的阻碍和促进因素是什么?

确定定量研究的问题和假设

定量研究问题可以表述为问题或假设。接受过基础科学系统科研训练的研究人员通常会先设计一个研究假设，而其他学科的研究人员可能更倾向于提出研究问题。通过回顾你所在领域的文献，可能有助于提出预期假设。关于在你的研究领域中使用何种方法更好，可以向你的导师或资深同事咨询一下。在形成定量研究问题时，研究人员经常使用动词来表示关系，如引起（cause）、影响（affect，impact）或相关（associate，correlate，relate）。此外，研究人员会明确地陈述研究的自变量和因变量。表 5.5 是常用的定量问题或研究假设常用的语言词汇。

表 5.5　常见的定量研究问题
有多少 [某一现象] ?
[某一现象] 发生频率?
[某一现象] 的效应大小?
[一种现象] 和 [另一种象] 之间有什么联系?
干预措施 A 比干预措施 B 更有效吗?
以前的经验 / 暴露如何预测 [这一现象] ?

确定混合方法研究问题

理想情况下，MMR 问题要反映出定性研究和定量研究间的关联。最好明确拟收集的定性资料和定量数据的内涵。如果 MMR 研究项目是时序性的，建议描述两部分资料收集的顺序，如说研究首先进行定量研究，然后再进行定性研究。如果同时收集和分析定性资料和定量数据，请指出分析框架。

例如，MPathic-VR 研究是涉及比较虚拟人机交互系统与以计算机为基础的学习模块对培训医学生卓越沟通技巧效果的混合随机对照试验，首先收集学生参与不同教学模式效果的定量数据（Kron et al .，2017）（见工作表示例 5.1.1）。随后是混合方法的数据收集，包括从不同维度定量地收集学生对于 MPathic-VR 的态度，以及在模拟练习完成后的定性评价——这两部分整合为混合方法的问题。

在健康科学和其他一些领域，特别是研究人员主要接受定量培训的领域，研究人员可能会首先陈述假设，而非收集定量数据的问题。以下是 MPathic-VR 研究中，使用两个假设和一个 MMR 研究问题的另一种表述方式：

> 为了检查 MPathic-VR 在提出沟通技巧方面的教学是否有效，研究人员将开发和验证以下假设：①学生被随机分配参加 MPathic-VR 项目，参与第一轮场景沟通，收到关于其沟通表现的反馈，带着反馈进行第二场沟通。通过这样的训练，预期能提高学生的沟通表现；②通过 MPathic-VR 获得的知识是可灵活应用的（例如，学生把学习到的知识技能融入到交流方式中），即在随后的高级沟通客观结构化临床考试（OSCE）中，经 MPathic-VR 培训的学生表现会比接受广泛使用的传统的多媒体计算机学习（CBL）培训的学生得分更高。研究人员还询问了混合方法研究问题，如何从学生的反思评论和态度调查的定性结果比较 MPathic-VR 和 CBL 的体验（Kron et al.，2017，P. 750）？

商业领域中，Sharma 和 Vredenberg（1998）的研究和假设旨在检验环境响应策略和出现具有竞争价值的组织能力之间的相关性。作者描述了两阶段设计的研究计划：

> 第一阶段通过对加拿大石油和天然气行业 7 家公司的深入访谈进行比较个案研究，然后在 18 个月内对每位高管进行了 2 ～ 5 次不等共计 27 次的纵向访谈。基于定性研究结果，结合有关企业的社会表现、环境策略、组织学习和资源基础论的文献资料，确定了两家在环境方面积极主动响应的公司和 7 家在环境方面被动应对的公司。他们进一步提出关于企业环境响应能力与组织能力和绩效之间联系的假设。第二阶段通过对加拿大石油和天然气公司的邮件调查研究来进行对第一阶段假说的验证（P. 730）。

虽然作者没有明确说明研究问题，但是他们的问题可以从以上段落进行推断。例如，他们的论述重新组织的研究问题："环境战略和能力发展之间有什么关联？（定性）""紧急应对能力及其竞争性产出的本质是什么？（定性）""通过对加拿大石油和天然气行业的邮件调查，在更大的样本中调查这样的关联是否存在？（定量）"。

将这两种方法与教育研究的方法进行比较，Harper（2016）的 MMR 研究中考察了学业乐观主义和较好的成绩之间的联系，试图了解中学校长是如何创造学业乐观主义文化来促进好成绩的。

> 研究的主要问题是：校长如何在阿拉巴马州高、低社会经济地区的中学培养创造学业乐观主义文化的？ 第一部分的定量研究问题是：①阿拉巴马州中学的学业乐观主义和学生的数学和阅读成绩之间的关系是什么？②学业乐观主义的 3 个维度（教师信任、集体效能和学业重视）与学生数学和阅读成绩之间的关系是什么？第二部分的定性研究问题是：在阿拉巴马州的中学里，校长们用什么策略来创造一种学业乐观主义文化来培养学生的好成绩？为了帮助探索和解释第一部分的定量结果，提出了 3 个子问题：①什么策略可以有助于加强学业重视程度与学业成绩之间的关联？②校长采用什么策略来发展教师的信任？③校长采用什么策略来发展集体效能？

这部分内容说明无论在开始的定量研究还是在后续的定性研究中，都可以使用一个总的研究问题和几个具体的研究问题这样的方式来陈述研究问题。

练习：构建混合方法研究问题

参考以上示例，结合你所在领域的导师或同事的意见，使用工作表 5.3 至工作表 5.5 构建一个或多个适合你项目的研究问题。

如果混合方法项目设计为以定量研究开始，之后是定性研究，那么工作表 5.3 提供了一个可参考的模板。

工作表 5.3　混合方法研究问题示例：适用于初始定量研究之后为定性研究

初始收集的定量研究结果如何被后续的定性研究结果解释？ 你的问题：

如果混合方法研究项目将设计为以定性研究开始，之后是定量研究，可使用工作表 5.4 提供的参考模板。

工作表 5.4　混合方法研究问题示例：适用于初始定性研究之后为定量研究

如何用最初的定性资料结果进行探索，并通过随后的定量结果进行验证 / 扩展？ 你的问题：

如果你的混合方法研究项目是同时开展定性、定量研究，那么工作表 5.5 为你提供了参考模板。如果定性的工作比定量的工作重要，那么第一个模板更合适。如果定量的工作比定性的工作更重要，那么第二个模板更合适。

工作表 5.5　同时进行定量评估和定性评估的混合方法研究的例子

与同时进行的定量研究结果相比，定性研究结果如何进一步得到理解？ 或者， 与同时进行的定性调查结果相比，收集的定量调查结果如何进一步得到理解？ 你的问题：

提炼混合方法研究标题

确定 MMR 的标题是一个迭代的过程——在清晰构建 MMR 问题焦点之后，你现在可以修改题目了（回想一下图 2.1）。例如，在研究设计上，如果数据收集的顺序与初始顺序不同，重新编写题目以反映**研究过程**是符合逻辑的。题目应当简洁，但仍需包括重要主题、参与者和研究实施的环境。此外，通过检查题目中是否包含混合方法，或包含定性和定量数据收集等词语来检验题目是否传达出混合方法研究的信息。表 5.4 给出定性研究问题和常用语言的例子，表 5.5 给出了定量问题中常用的语言。虽然“定性”作为一个词经常出现在题目中，但是“定量”这一词语出现的频率较低。如果你知道具体使用了何种混合方法研究设计，直接写上最好。大多数研究人员都会在研究过程中多次修改项目名称，因此，写下题目中需要包含的重要内容，以供他人为你提供反馈，通过反复思考和修改，对题目进行优化。

应用练习

1. **同伴反馈**。如果你是在课堂上或研讨会上做这个项目，可以找一个同伴导师，每人花 5 分钟讨论背景页，重点讨论混合方法研究的目标和问题。轮流讨论每个人的项目并互相给出反馈。讨论的重点应放在如何改进混合方法研究的问题。
2. **同伴反馈指导**。当你倾听你的同伴讨论时，可以锻炼你集中精力学习和批判的宝贵技能。目的是帮助你的同伴提炼研究问题。具体来说，你的同伴提出的研究目的和问题是否反映了定性和定量研究的工作？是否存在将定性和定量研究结合在一起的混合方法问题？问题的顺序清楚吗？
3. **小组汇报**。如果你在教室或是大群体里开展讨论，让志愿者阐述他们项目的主题、目的及 MMR 问题。

总结思考

使用下列清单来评估你这一章的学习目标达成情况：

- □ 我从混合方法项目的文献中，扩展、深入总结关于这个主题的总体背景。
- □ 我从文献中找到一个重点问题或研究空白，证明我的混合方法研究项目的合理性。
- □ 我在混合方法研究中确定了一个主要目的。
- □ 我构建了适合混合方法研究的问题。
- □ 我与同行或同事一起回顾了我在第 5 章的产出，以完善我的混合方法研究的目的和问题。

现在你已经达成这些目标，第 6 章将帮助你确定研究项目的数据来源。

拓展阅读

1. 撰写综合文献综述的阅读推荐

- Onwuegbugzie, A. J., & Frels, R. K. (2016). *Seven steps to a comprehensive literature review: A multimodal and cultural approach*. London, UK: Sage.

2. 混合方法研究综合的文献综述的扩展阅读推荐

- Heyvaert M., Hammes K., & Onghena P. (2017). *Using mixed methods research synthesis for literature reviews*. Thousand Oaks, CA: Sage.

3. meta 整合的扩展阅读推荐

- Frantzen K. K., & Fetters M. D. (2015). Meta-integration for synthesizing data in a systematic mixed studies review: Insights from research on Autism Spectrum Disorder. *Quality and Quantity*, 1–27.

4. 写作背景、目的陈述和混合方法研究问题的阅读推荐

- Creswell, J. W., & Plano Clark, V. L. (2011). Introducing a mixed methods research study. In *Designing and conducting mixed methods research*. Thousand Oaks, CA: Sage.
- Plano Clark, V. L., & Badiee, M. (2010). Research questions in mixed methods research. In A. Tashakkori & C. Teddlie (Eds.), *SAGE handbook of mixed methods in social & behavioral research* (2nd ed., pp. 275–304). Thousand Oaks, CA: Sage.
- Plano Clark, V. L., & Ivankova, N. V. (2016). Why use mixed methods research? Identifying rationales for mixing methods. In *Mixed methods research: A guide to the field*. Thousand Oaks, CA: Sage.

第6章

明确混合方法研究中的数据来源

混合方法研究融合多种定性和定量数据收集方法，这一特性吸引了许多研究人员来开展混合方法研究。一项成功的混合方法研究需要研究者明确研究中定量和定性数据收集的方法和程序。本章内容将帮助读者评价数据收集方法和数据来源的类型，区分不同类型的数据如何应用于混合方法研究中，识别定性和定量研究的数据来源。编制一份数据来源表，说明定性和定量数据来源、使用的数据收集程序 / 工具、参与者和可供进一步考虑的建议。最关键的是，研究者需要完成一个可用于研究方案或论文章稿撰写的数据来源表。

学习目标

本章节将有助于读者：

- 了解数据收集方法和数据来源的主要类别
- 明晰如何将不同类型的数据用于混合方法研究中
- 识别可用于混合方法研究中的定性数据来源
- 识别可用于混合方法研究中的定量数据来源

数据来源表是什么？

数据来源表是混合方法研究中用于识别各种信息来源的矩阵或图表。经过完善及精炼的数据来源表可以放到拟发表的文章中，如之前介绍的关于建立一个促进结直肠癌筛查网站方法的文章中所示［Fetters，Ivankova，Ruffin，Creswell，& Power（2004）中的表 1］。

为何需要一个数据来源表?

当我在教授混合方法时，我发现大家很难在研究中对定性和定量做好充分的整合，除非他们能够分辨出定性研究和定量研究的数据来源。许多人没有对可用的数据来源或已收集到的定性或定量的数据进行充分思考。我将数据来源表的构建称为“衍生思考”，因为这个过程需要研究者进一步思考研究中需要使用的信息。以定量研究思维为导向的研究者通常对混合方法研究中的定性研究方法了解有限。同理，以定性研究思维为导向的研究者可能对定量研究中的测量方法和数据集了解有限。填写数据来源表的另一个原因是确保数据收集方法与研究方案、论文撰写或论文发表中的研究问题和假设相匹配。提前主动思考数据收集来源和方法，有助于研究问题随着数据收集策略的调整而进一步完善。研究现象、研究问题、研究目标和研究设计的确定过程往往是迭代反复的。

数据收集流程

Johnson 和 Turner（2003）确定了 6 种主要常见数据收集方法，即观察法 / 访谈法 / 焦点小组访谈法、实物资料分析法、视听 / 媒体法、问卷调查法。其他数据来源包括已有数据的二次分析、来自生物 / 医学 / 工程检验的数据、物理检查产生的数据。图 6.1 展示了这些主要数据来源。每一种数据来源以横向的细长三角形盒子表示，所有来自定性研究和定量研究中的数据形成了一个长方形连续体。连续体上对应的高度越高，这种数据类型收集的越多；高度越低，这种类型的数据收集得越少。

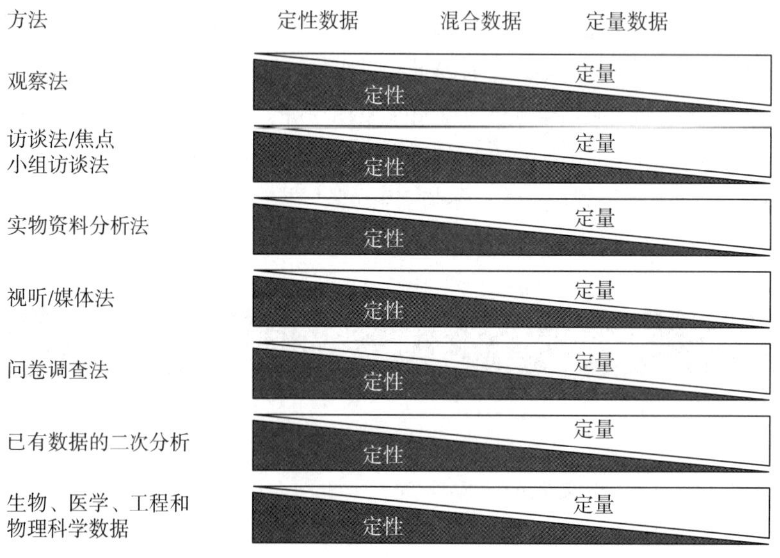

图 6.1　定性数据、混合数据和定量数据在混合方法研究中形成的连续体

Source：Adapted from Johnson，B.，& Turner，L. A.（2003）. Data collection strategies in mixed methods research. In A. Tashakkori & C. Teddlie（Eds.），Handbook of mixed methods in social and behavioral research（pp. 297-319）. Thousand Oaks，CA：Sage.

方法内和方法间数据收集

方法学家通常会将数据收集方法分为单方法数据收集和多方法数据收集（Johnson & Turner，2003）。单方法数据收集是指使用一种数据收集方法来收集定性和定量数据。例如，问卷调查包含封闭式和开放式问题。多方法数据收集是指通过两种及其以上的数据收集方法进行。例如，同时开展定性焦点小组访谈和封闭式问题的结构化问卷调查。

观察法

观察法是了解人类行为的一个特别有价值的方式（Angrosino，2007）。由于在人类学中的长久发展和广泛应用，观察法常常被认为是一种定性研究方法，但观察法实际上可被用于整个定性研究、混合研究和定量研究过程中。定性的观察通过文字产生“深描”*，定量的观察是指按照预先设计的封闭式表格记录相关的定量信息或类别。例如，在推进课堂计算机教学的研究工作中（Dragon et al.，2008）研究者试图找出与情绪状态相关的身体行为，并找出情绪状态与学生学习之间的联系。该研究中研究者采用了定量观察法，记录学生对智能辅导员（电脑）的使用情况。在一项初级保健研究中，通过直接观察和图表记录门诊医师行为，观察员每 30 秒记录一次清单上的医生行为（Callahan & Bertakis，1991）。观察法结合了定性研究的开放式描述和定量研究的封闭式回答，有利于混合方法数据收集。

访谈法

访谈法是社会科学和行为科学的主要方法（Brinkman & Kvale，2014）。访谈法通常被认为是一种定性研究方法，但也完全可以用于定量数据的收集。访谈法可以是个人访谈，也可以是小组访谈。当有两个或两个以上的参与者在访谈现场时，需要采用小组访谈法特定的操作程序（见小组访谈法部分的讨论）。访谈法类型有非结构化访谈、半结构化访谈、混合了开放式问题和封闭式问题的访谈或仅包含一系列封闭式问题的访谈。非结构化访谈多用于叙述性研究中引导和鼓励受访者讲述他们自己的故事。在半结构化访谈中，访谈者可通过访谈提纲列好一些问题，通常是 3 ～ 5 个核心问题。在所有访谈法中，都可以加入一些结构化的问题。例如，访谈者可询问相关的人口学问题，如性别、年龄、教育水平、家庭成员数等。结构化访谈不太常见，不过在选举时的民意调查者会以结构化访谈的形式收集有关候选人的信息，以及受访者目前对候选人的选择，再使用关键的人口统计学变量来预测投票结果。

小组访谈法

小组访谈是指研究者同时对两个及其以上的受访者进行访谈。焦点小组访谈是小组访谈中最常见的一种形式，围绕特定的焦点遵循特定的程序进行（Morgan，1997）。其他小组访谈的形式包括对两名受访者的双受访者访谈（Morgan，2016；Morgan et al.，2013），以及 3 ～ 4 名受访者的小型焦点组访谈（Krueger & Casey，1994）。在典型的焦点组访谈中，访谈者通过半结构化访谈提纲来获得定性数据（转录文本）。完全结构化的小组访谈并不常见，但可见于一些如大学教室或其他公共场所的公共场合。例如，参与者可以使用智能手机（或现场遥控器）将回复发送到一个可汇总回复信息的网站上。教师或研究人员在课堂上展示结果，允许参与者讨论数据，阐述不同的观点。这种情况下，也可以产生混合数据，既有从参与者收集的定量数据，也有来自讨论中的定性数据。讨论过程经受访者的知情同意后可以录音。

实物资料分析法

混合方法研究者可使用各种实物资料作为数据来源。实物资料包含多种信息来源，可以是纯文本信息，如研究对象的信息、研究者日记或期刊、信件、公共文件、备忘录、政策和流程、表格、会议或会议记录、在线网络论坛、博客、文本消息，或是 Facebook 或其他平台上的社交媒体故事。历史实物资料、学校存档资料、医疗记录也可以作为实物分析的数据来源。在每种类型的实物资料中，研究者可以找到定性的、混合的和定量的数据来源。

视听 / 媒体

各种类型的视听或媒体也可以用作定性、混合或定量数据（Prossessor，2011）。资料来源包

* 译者注：深描为人类学专有名词，指行为背后的意义。

括视频、照片、图画、声音或其他录音，如音乐。商科研究人员可以利用媒体上的一系列商业广告来评估营销趋势。对于教育学研究者，课堂教师可以使用的多种资源，包括课堂图纸、课堂布局照片、学生评估、课堂作业视频等均可作为研究数据来源。健康科学有很多潜在的数据来源，如放射图像、计算机断层扫描图像、心音或其他以波形显示的扫描类型的图像（如脑电图上的脑电波）。这些原始数据来源通常需要进一步解释。例如，视频数据可以通过研究人员的观察来提取，并划分为定性、混合或定量数据。

问卷调查

混合方法研究中的研究人员经常使用问卷法或调查法开展研究（Develis，2012）。通常，这些方法可以分为定性数据收集和定量数据收集两类，但最常见的是封闭式的结构化选项，或者来自调查对象开放式填写的数字型数据。在商业、教育、健康科学和社会行为科学中，常见的有意见调查、态度评估、认知测试、能力倾向测试或心理测试等。研究者通常还会采用在一个测量工具中同时收集定性和定量数据的策略，这样的方法内数据收集可能会产生相对有限的定性数据，为此，可能会作为补充材料用于解释研究工具中其他部分的结果，或探索新问题。

已有数据的二次分析

尽管 Johnson 和 Turner（2003）当时没有提到，但是研究人员使用得越来越多的另一个数据来源是对已有数据进行的二次分析。通常也可以将这一数据来源归为实物分析类，但也有它自己的特点。已有数据通常是为其他研究目的专门收集的。在商业领域，研究人员经常使用营销和销售数据。在教育方面，研究人员可以利用美国儿童早期纵向研究项目中的数据（National Center for Education Statistics）（见个案研究 6.1）。许多企业在“大数据”时代崛起。虽然尚无一个公认的定义，但 Gartner（n.d.）将大数据定义为是海量、高增长率和多样化的信息资产，这些资产需要低成本、高效率、创新的信息处理方式，以增强洞察力，决策能力以及开发和流程的自动化。大数据有时还包括第 4 个维度（准确性），以解决信度和效度问题（MIT Technology Review，2013）。Ward 和 Barker（2013）将其定义为“大数据是一个术语，描述使用一系列技术（包括但不限于 NoSQL、MapReduce 和机器学习）存储和分析大型或复杂数据集”（P.2）。

如何将大数据纳入 MMR 是该领域重要且快速发展的挑战之一（Mertens et al.，2016）。这些信息可能是结构化的，也可能是非结构化的，大型定性数据库的数据挖掘也在一些研究中出现。对已有数据进行二次分析和其他数据来源一样，可以同时拥有大量不同的定性、混合以及定量的数据。使用“大数据”的浪潮也正涌入医疗卫生领域，旨在助力做出更好的决策（Swain，2016）。在健康科学领域，研究人员可以获取医疗保险或其他健康保险数据。“美国健康和退休研究”20 多年来收集了 50 岁以上成年人的健康和经济信息（Vniversity of Michigan，2018）。这些信息可用于辅助决策。也就是说，虽然数据是以另外的主要目的收集的，但这些数据也可用于分析其他研究内容。

个案研究 6.1
美国儿童早期纵向研究

美国儿童早期纵向研究（ECLS）包括 3 部分纵向研究的内容：儿童发育检查、入学准备和早期学校经历。“出生队列”纳入了 2001 年出生的儿童样本，追踪随访他们从出生到进入幼儿园的信息。“幼儿班队列”纳入 1998—1999 年开始上幼儿园的儿童样本，追踪随访他们从幼儿园到八年级的信息。“幼儿园队列”是纳入 2010—2011 年上幼儿园的儿童样本，追踪随访他们从幼儿园到五年级的信息。ECLS 为研究人员提供了一个数据库，其中包含儿童出生时的状况，以及他们成长轨迹中的其他信息，如幼儿过渡期、早期教育计划、儿童在八年级的成长和经历的信息。数据库包含多个可能有关的变量信息，包括家庭、学校和涉及成长、早期学习和学校表现相关的个人变量（2018）

生物 / 医学 / 工程和物理科学产生的数据

虽然处于新兴发展期，少数混合方法研究人员已经开始使用生物、工程、医学和物理科学数据。生物标志物（biomarker），可定义为在老化、疾病或接触有毒物质等情况下产生的独特生物指标或生物衍生物的相关指标（体内的生物代谢物）。在公共卫生领域，痰液、口腔黏膜拭子等已成为检测中常见的数据来源。医学领域中有来自各种来源的定性、定量和混合方法数据，例如血液化验、脑部扫描、心脏监测数据等，痰液、口腔黏膜拭子等也已成为医学检测中常见的数据来源。通过工程信息科学研究和开发的数据也开始用于监测（Venkatesh，Brown & Bala，2013）。来自环境测量的数据，例如空气质量指标，也在混合方法研究中有了一席之地（Schulz et al.，2011）。这些类型的数据将来会在混合方法研究中起到越来越重要的作用。

数据来源表包含的要素

数据来源表的组成要素如工作表示例 6.1.1、工作表示例 6.2.1 和工作表 6.1.2 和工作表 6.2.2 所示，包括 4 列信息。在第一列中，列出数据收集方法的类型（有关类型，请参见图 6.1）。第二列的标题是“谁 / 什么”以激发研究者对选择什么样的参与者的考虑，或者用于界定收集什么样的数据。在第三列中，你将记录实施流程或干预的数量，可以填写参与者的数量、观察结果的数量、数据集的数量等内容。最后一列不是针对特定类型数据的，而是在这里列出所有对研究有帮助的注释。例如，可记录访问数据库方式，或者写一个注释说明你需要通过把握度计算定量部分的样本量，或者记录下你需要与相关专家讨论确定定性部分的样本量。

完成数据来源表

你可以通过多种方式完成数据来源表。在阅读定性数据收集方法部分（工作表 6.1.2）和定量数据收集方法部分（工作表 6.2.2）时，你可以填写一部分。如果在一个研讨会上，你可以在继续阅读每种类型的讲义时填写这些内容。当然，也可以在几个星期内一点点地完成数据来源表。

当使用单一数据收集方法时，如何填写一个数据来源表

当研究人员质疑仅仅使用一种形式的数据收集方法是否符合混合研究方法的条件时，我总是反问道：“你是同时收集开放式和封闭式数据吗？”你可回去参考之前章节中有关多方法间数据收集的讨论。其中一个最常见的问题是使用一个带有一些开放式问题的调查问卷来“补充”

解释定量结果。如果只使用问卷调查这单一数据收集方法，你需要在定性数据和定量数据两个表中都列出问卷调查。例如，在包含封闭式和开放式问题的混合数据收集的调查问卷中，你将在两个表的类型这一列列出问卷调查。定性调查部分参与者的数量很可能与定量数据的相同或略少（因为有些参与者在定性部分没有回答）。在“定性数据来源”表的相应行中，列出你会有多少个问题。在“注释”框中，你可能会提到调查中与之对应的其他问题。或者，你可以使用访谈来收集定性和定量数据，例如，在访谈过程中收集人口学信息，而不是使用单独的表格。通过填写数据收集类型、对象 / 内容、受访者人数，注释框，可以反映数据收集的过程。

定性数据来源表示例：MPathic-VR 混合方法医学教育研究

工作表示例 6.1.1 给出了 MPathic-VR 混合方法医学教育研究的示例（Kron et al.，2017）。在对比虚拟人为干预和基于计算机的学习模块的效果的随机对照试验之前，我们需要对对话脚本进行书面反馈，以优化虚拟人的语言和可信度。由于场景涉及文化冲突，我们找了少数不同文化背景的参与者，包括萨尔瓦多夫妻，拉丁美洲医生，女同性恋者、男同性恋者、双性恋者、跨性别者及其他性少数人群（LGBTQ），以及高级肿瘤学护士，来确保该方法切实可行。试验结束后，我们对所有参与的医学生进行了试验后的随访调查，收集他们体验该系统后的感受。该研究团队需要解决的争议涉及论文的撰写时间以及是否让所有学生都针对同一个问题进行做出反馈还是不同学生反馈不同问题。作为第 3 个潜在的数据来源，项目组收集了试验中学生的视频记录，记录了学生非言语行为的面部表情。不过，分析录像对我们来说是一项重大的挑战，也超出了项目研究范围。简而言之，此数据来源表总结了 MPathic-VR 混合方法试验中潜在的数据来源。

工作表示例 6.1.1 MPathic 虚拟人系统混合方法医学教育研究的定性数据来源表

数据类型	对象 / 内容?	样本量?	注释
对于脚本的反馈意见	文化内涵专家 萨尔瓦多夫妻 拉丁美洲医生 LGBTQ 人员 高级肿瘤学护士	$n = 2$ $n = 2$ $n = 1$ $n = 1$ $n = 2$	文化内涵专家和萨尔瓦多夫妻 2 个肿瘤学护士
学生试验后自我反思的文章	试验组和对照组的医学生	所有参与者	需要足够长，但不能太长 由于学生数量多，可使用几个问题
录像	干预组的医学生	干预组的所有参与者	分析将具有挑战性

Source：Kron et al.（2017）and Fetters，M.D. and Kron，F.W.（2012-15）. Modeling Professional Attitudes and Teaching Humanistic Communication in Virtual Reality（MPathic-VRII）. National Center for Advancing Translational Science/NIH 9R44TR000360-04.

练习：填写定性数据来源表

在对你的主题进行“衍生思考”之后，应考虑所有可以收集或可获得的不同类型的数据。参考工作表示例 6.2.1，进行系统的思考，在第一个框“数据类型”中列出在混合方法项目中可以使用或已经收集的所有不同类型的定性数据。你可以选择个体访谈、焦点小组访谈或实地观察法。也许你希望在观察的教室里获得参与者的日记或短文，你可以从你观察的工作场所获取工作日志。另外，数据收集策略通常要包含参与者的数量。接受过传统定量研究的初级培训的研究人员通常会高估定性数据收集所需的参与者数量。不管怎样，写下估计值有助于你思考可能需要多少参与者或文档。最后一列“注释”可用来记录可能影响数据收集的任何问题，也许是对所接触到的人群的质疑，对知情同意程序的担忧，隐私问题，或者对如何分析信息的不确定性等。

工作表 6.1.2 潜在的定性数据来源表

数据类型	对象 / 内容	样本量	注释

定量数据来源表的示例：MPathic-VR 混合方法医学教育研究

MPathic-VR 混合方法医学教育研究包含了多种定量数据来源（Kron et al.，2017）。在比较虚拟人与基于计算机的学习模块的干预对照试验之前，我们需要确保所有医学生，包括干预组和对照组，对交流的基本要素都具备相似的基础知识。由于试验将以一个班的所有医学生为目标，因此预试验选择了 8 位具有可比性的研究生作为参与者，这一信息记录在注释部分。根据他们在模拟测验中的表现，及格分数表明这些问题可用于在试验前评估他们沟通知识的基线水平。两个虚拟人训练模块（一个是跨文化交流，另一个是跨专业交流）实际得分可作为另一个数据来源。由于这些分数从随机分配进入试验的医学生获得，所以这些信息记录在“对象 / 内容”列。定量数据的第 3 个来源是态度调查得分。在这种情况下，“对象 / 内容”一列写下所有的学生，也就是干预组和对照组的学生。在“样本量”列中，填入干预组和对照组所有学生的人数。“注释”中提到，问卷中有一个关于互动的问题，对照组是不涉及的。最后，为了评估在虚拟人模拟过程中学习到的技能是否能应用到临床实际场景中，我们从客观结构化的临床检查（OSCE）评分中收集了数据作为主要结局指标。在这项研究中，需要确保 OSCE 评估人员以同样的方式评价医学生。因此，这一注意事项在表中也得到了体现。

工作表示例 6.2.1 MPathic VR 混合方法医学教育研究中可能的定量数据来源表

数据类型	对象 / 内容	样本量	注释
交流技巧的知识测试	研究生 / 对学生进行预试验优化干预措施和评价工具	$n = 8$	避免拟参加正式研究的医学生出现在预试验现场 研究生具备学习挑战性材料的能力
跨文化交流和跨专业技术模块的得分	试验组的医学生	干预组的所有学生	
有关教学体验的态度调查问卷	试验组和对照组的医学生	所有学生	问卷中有一个关于互动的问题，对照组是不涉及的
OSCE 表现评估	干预组与对照组医学生的量表数据	所有学生	需要确保不同地方的 OSCE 评估人员以同样的方式评价医学生

Sources：Kron et al.（2017）and Fetters，M.D. and Kron，F.W.（2012-15）. Modeling Professional Attitudes and Teaching Humanistic Communication in Virtual Reality（MPathic-VR Ⅱ）. National Center for Advancing Translational Science/NIH 9R44TR000360-04.

练习：填写定量数据来源表

使用工作表 6.2.2 记录你可以收集或已经收集的定量数据来源。定量数据可以是来自图 6.1 中列出的任何你正在测量或计算的数据来源。例如，教育项目中的定量数据可能包括考试或测验的分数。在商业研究中，定量数据可能包括生产报告、销量、其准或任何其他测量工具，如客户满意度调查。在健康科学研究中，它可以包括某项特定措施的完成或依从情况。对“对象 / 内容”这一列，你应该列出参与者，如成年男性和（或）女性；或者包含什么指标如分数或排名。对于“样本量”这一列的填写，你需要考虑拟招募的参与者数量，或者你预期收集的变量个数。接受传统的定性研究培训研究人员可能不知道如何确定定量部分的样本量，这需要咨询有相应技能的专家进行把握度计算。你可以在“注释”栏记录你认为需要考虑的任何问题。在这项研究中，可能会记录一些可行性的问题。此外，资金及支付给参与者个人的补偿也是一个挑战。任何这些想法，或者你认为重要的其他想法，都可以填写在这个工作表中。

工作表 6.2.2　定量数据来源表

数据类型	对象 / 内容	样本量	注释

应用练习

1. **同伴反馈**。在定性和定量数据来源表中填写有关数据收集的想法后，与同行或同事一起查看数据来源表。如果在教室或研讨会中，与其他学生围绕桌子进行讨论。如果是学习小组或工作坊，将数据来源表投影到屏幕上进行讨论。确定每个项目的可行性，并按需要修改研究目的和研究问题。
2. **同伴反馈指导**。批判性地思考其他人的想法。所提出的数据来源是否合理？受访者的选择是否符合研究问题，可以提供回答研究问题的信息吗？样本量合适吗？所提出的研究假设或研究问题是否需要调整？
3. **小组汇报**。如果你在教室或大型讨论会中，请愿意展示的参与人员展示他们的定性和定量数据来源表。认真思考别人采用的方法如何运用于自己的项目中。

总结思考

使用下列清单来评估你这一章的学习目标达成情况：

- □ 我回顾了数据收集方法和数据来源的主要类别。
- □ 我探索了如何在我的混合方法项目中使用不同类型的数据。
- □ 我为我的混合方法研究项目确定了潜在的定性数据来源表。
- □ 我为我的混合方法研究项目确定了潜在的定量数据来源表。
- □ 我和我的同行或同事一起回顾了第 6 章的主要成果，以优化我的项目重点。

现在你已经达成这些目标，第 7 章将帮助你选择在研究项目中使用的核心混合方法设计类型。

拓展阅读

1. 有关数据收集策略的拓展阅读

- Creswell, J. W. (2003). *Research design: Qualitative, quantitative, and mixed methods approaches*. Thousand Oaks, CA: Sage.
- Johnson, B., & Turner, L. A. (2003). Data collection strategies in mixed methods research. In A. Tashakkori & C. Teddlie (Eds.), *Handbook of mixed methods in social and behavioral research* (pp. 297–319). Thousand Oaks, CA: Sage.

2. 有关焦点组访谈和双受访者方法的拓展阅读

- Morgan, D. L. (1997). *The focus group guidebook* (Vol. 1). Thousand Oaks, CA: Sage.
- Morgan, D. L. (2016). *Essentials of dyadic interviewing*. New York, NY: Routledge.

3. 有关观察法的拓展阅读

- Angrosino, M. (2007). *Doing ethnographic and observational research*. Thousand Oaks, CA: Sage.

4. 有关访谈法的拓展阅读

- Brinkman, S., & Kvale, S. (2014). *Interviews: Learning the craft of qualitative research interviewing* (3rd ed.). Thousand Oaks, CA: Sage.

5. 有关视听 / 媒体的拓展阅读

- Prosessor, J. (2011). Visual methodology: Toward a more seeing research. In N. K. Denzin & Y. S. Lincoln (Eds.), *The Sage handbook of qualitative research* (4th ed., pp. 479–496). Thousand Oaks, CA: Sage.

6. 有关调查和量表的拓展阅读

- DeVellis, R. F. (2012). *Scale development: Theory and applications* (3rd ed., Vol. 26). Thousand Oaks, CA: Sage.

7. 有关定量实物资料分析法的拓展阅读

- Krippendorff, K. (2013). *Content analysis: An introduction to its methodology* (3rd ed.). Thousand Oaks, CA: Sage.

第 7 章

创建混合方法研究核心设计流程图

混合方法的研究设计为组织开展混合方法研究提供了框架。理解混合方法研究的核心设计并为你的研究项目创建一个流程图，是比较具有挑战性的，因为这需要你对不同类型的混合方法研究设计及其应用有所理解。本章内容及练习将帮助你区分 3 种混合方法研究的核心设计，为你的混合方法研究项目选择一种核心设计并画出流程图，这将是学习本章的一个重要成果。

学习目标

学习本章将有助于：

- 了解你的研究方案是事先设计的还是临时形成的混合方法研究
- 区分 3 种混合方法研究的核心设计以及其各自特征
- 识别用于绘制和展示混合方法研究设计流程图的常用符号
- 为你的研究项目或项目的某个阶段选择一种核心设计
- 基于模板为你的研究设计画出流程图

从选择一类混合方法研究设计开始

你之所以选择混合方法，是因为混合定性和定量能回答你的研究问题。如果你还没有提出研究问题，请考虑先完成第 5 章，第 5 章能够帮助你提出或凝练你的定性、定量及混合方法研究问题。因为选择何种研究设计与你的研究问题及为何要采用混合方法息息相关。此外，明确你在混合方法研究中能够使用的定性和定量数据对于你选择何种研究设计类型也很有帮助。所以，如果你还尚未明确潜在的数据来源，可以考虑先完成第 6 章。

预先确定的和临时的混合方法研究设计的范围

如图 7.1 所示，所有混合方法研究设计都可以在从预先确定到临时形成的设计谱系中找到位置（Creswell & Plano Clark，2018a）。一些混合方法研究者认为，应该提前计划混合方法研究的步骤或阶段。使用预先确定的设计，混合方法研究者能够认真考虑研究意图和路径，将研究所涉及的所有维度都整合起来。使用临时形成的混合方法研究设计，其步骤是在研究实施过程中或是在解释研究结果时逐渐清晰的。这里的逻辑是，研究者只有在获得一个阶段的结果之后，才能够知道接下来应该做什么（Creswell & Plano Clark，2018b）。我发现很多项目同时具有以上两种设计的特征。在研究者按照预先确定的设计实施时，要想计划好每个细节的设计是比较困难的，在必要的时候，他们会根据需要进行修改。另一方面，当研究者实施临时形成的设计时，他们也会对接下来可能出现的情况有所预设，尤其对于一些基于已有研究开展了很长时间的项目，大多数都会有后来临时形成的要素。Lucero 等（2016）的基于社区的参与式研究项目原本计划先做多个案研究，然后再发放问卷。但是基于实际的项目开展情况，他们在进行初始个案研究的同时，就开始了问卷调查。不过，大多数基金资助机构会要求申请者提供清晰的研究设计和实施策略。此外，学位论文也要求学生对自己的研究有一个全面的计划，对可能临时出现的一些情况有清晰的考虑。最后，伦理审查委员会也会希望研究设计表述清晰。因此，本书将帮助你在做研究计划的时候，尽可能落实到细节，同时，接受可能随研究实施需要进行的后期修改。

图 7.1　预先确定的设计到临时形成的设计结构谱系

3 种混合方法研究的核心设计

Creswell 和 Plano Clark（2018b）根据 1989 年以来，不同研究者的观点，区分出 15 种不同的混合方法研究设计类型。本章将介绍 3 种已经被广泛接受和使用的**混合方法研究的核心设计**并进行拓展（Creswell & Plano Clark，2018b）。由于提出这些设计类型的研究者的专业或研究领域、使用偏好不同，因此研究设计的术语常常会在修辞语言、研究路径、设计类型的表述上有所不同。之所以专门选择这三种核心设计类型是因为他们概念简单且很受欢迎。一些其他使用比较多的设计类型也会纳入到本章中。

基于目的和时序命名设计类型

最基础的核心设计是基于目的及时序来命名的。Creswell 和 Plano Clark（2018b）将以下这些研究设计定义为混合方法研究的核心设计，不过在不同时期，这些设计的命名有一些变化（P.59）。**聚敛式混合方法研究设计**的主要目的是比较两种类型的数据，其数据收集和分析的时间常常是同时进行的，但也可以是不完全同步的。当首先进行一种类型的数据收集和分析，并将其结果运用于后续的数据收集和分析时，其研究设计的命名需要同时考虑目的和时序。在命名序列设计时，根据收集定性数据的目的不同，有两种核心设计的命名。**解释性混合方法研究序列设计**为首先收集和分析定量数据，在一个研究样本中检验趋势或者关系。后续的定性数据收集的目的是解释已有的定量结果。**探索性混合方法研究序列设计**中，定性数据收集和分析的最初目的在于先探索现象，后续的定量数据收集则是基于定性研究的结果，在更大样本的定量研究中检验趋势或者关系。

来自不同研究领域的研究者越来越多地将混合方法研究（MMR）与其他研究程序、方法或理论框架进行整合。因此，从这一角度的整合来说，还有更多的整合潜力。这些不同的整合被称为高阶框架、高阶设计（Creswell，2015）、高阶应用（Plano Clark & Ivankova，2016a）和复杂应用（Creswell & Plano Clark，2018b）。这种措辞上的演化反映了共识性的缺乏，在我看来，这一问题依然有待解决。我倾向于采用**脚手架式混合方法研究设计**这一说法来指代这一类设计。脚手架式混合方法研究设计是基于一种或多种核心混合方法研究设计，同时收集和分析定性和定量数据，并整合另一种方法论 / 理论 / 意识形态的研究策略或计划。在第 8 章中，我们介绍了几种知名度比较高的脚手架式混合方法研究设计，包括一般的脚手架式混合方法研究设计、脚手架式实验（干预）设计、脚手架式个案研究混合方法设计、脚手架式混合方法参与式社会公平性设计、脚手架式混合方法项目评估，以及脚手架式混合方法网页 / 应用程序开发设计。

如何选择混合方法设计

虽然选择一种研究设计看起来让人望而生畏，但是如果你完成了工作表 7.1 的练习，你会发现，根据你的混合方法研究问题、拟收集的数据来源以及目的，选择一个核心设计模板来建构混合方法设计图，相对来说还是比较容易的。

练习：选择一种混合方法设计

为了选择混合方法研究设计类型，首先要考虑研究目的，还需要考虑定性和定量数据结合的时间点。通过完成工作表 7.1 的练习，你将能够明确你的研究设计，然后选择模板，创建流程图。如果你进行手脚架式的设计（如复杂设计、高阶框架），你需要为第一个研究阶段、主要研究阶段或每个研究阶段分别选择模板。

工作表 7.1　选择一种混合方法研究设计

1．你已经为你的混合方法研究明确了潜在的定量和定性数据来源了吗？ • 如果是，继续回答第 2 题。 • 如果否，回到第 6 章，明确你的定性和定量数据来源，然后再进行第 2 题。 2．你收集和分析定性和定量数据的主要目的是比较这两种类型的数据吗？ • 如果是，参考工作表示例 7.2.1 的图作为指引，完成聚敛式设计模板（工作表 7.2.2）。 • 如果否，继续回答第 3 题。 3．如果你要： • 先收集和分析用来检验趋势或关系的定量数据，然后收集和分析定性数据来解释定量数据，请参考工作表示例 7.3.1，并以此为指引，完成解释性序列设计模板（工作表 7.3.2）。 • 先收集和分析用于探索现象的定性数据，然后收集和分析定量数据来在更大样本中检验趋势或关系，请参考工作表示例 7.4.1，并以此为指引，完成解释性序列设计模板（工作表 7.4.2）。 • 对于多阶段混合设计或使用特定程序、方法或理论框架的脚架式混合方法研究设计，你需要为第一个阶段、主要阶段或每个阶段分别做出流程图。如果还不清晰，带着这些问题回到第 2 题进行梳理。
我的混合方法研究的核心设计是：

第一个问题要求你先确定是否需要收集和分析定性和定量两种数据。此外，如果你还没有明确两种类型的数据来源，你需要回到第 6 章，然后再回到此处的练习。

第二个问题让你思考，何时进行定量和定性数据的整合和比较。如果你将同时分别进行定性和定量数据分析（基本可以肯定的是，你很难绝对地同时获得定性和定量数据），然后再将研究结果整合到一起形成一项聚敛式研究设计。如果你的答案是“是”，那么你可以使用工作表 7.2.2 中的聚敛式设计模板。如果你的答案是“否”，请继续第 3 项评估。

第三个问题让你思考，你的研究目的以及收集定量和定性研究的时间。如果你打算先在一个大样本中收集和分析定量数据，进行趋势或关系的检验，然后再在小样本中收集和分析定性数据，那么你需要使用解释性序列设计模板（工作表 7.3.2）。如果你打算先从少数人进行定性数据的收集和分析，深入探讨一个主题，然后再在大样本中收集和分析定量数据，你可以使用探索性序列设计模板（工作表 7.4.2）.

如果你打算在研究的不同阶段都同时收集定量和定性数据，你可能需要使用第 8 章的脚手架式混合方法研究设计（也称为高阶设计、高阶框架或复杂框架）。如果你使用多阶段或脚手架式混合方法研究设计，你需要为研究的第一阶段、主要阶段或每个阶段选择本章所提供的核心设计模板。

如果你打算采用临时形成的设计，你可能不确定该使用哪个模板。你至少需要进行第一步数据收集来开始你的临时性混合方法研究。如果你在第一步要同时进行定量和定性数据的收集和分析，那么使用聚敛式设计模板（工作表 7.2.2）。如果你的第一步是收集和分析定量数据，那么应选择解释性序列设计模板（工作表 7.3.2）。如果你的第一步要收集和分析定性数据，那么选择工作表 7.4.2.

在临时性设计中，不管你的第一步是什么，你都可以在后续步骤选择进行定量数据或是定性数据的收集和分析。在现阶段，可以让你的设计模板的后半部分保持空白。当研究过程和需求更清晰后，你可以继续添加更多信息。事实上，完成好第一阶段将有助于你更好地计划第二阶段。

在工作表 7.1，写下你的混合方法研究核心设计。

混合方法研究流程图绘制指导

Ivankova、Creswell 和 Stick（2006）为混合方法研究开发出流程图绘制的“十步法”，如图 7.2 所示。你在绘制流程图时，建议你按照这些说明，参考相关图示，完成自己的流程图绘制。

关于这些建议，有一点需要注意。第 4 条，使用大写或者小写字母来设置相对优先级，目前还是有争议的。原因至少有两个：①在设计一项研究时，研究者通常会预期有一个阳性结果，但研究结束时，可能并没有得到预期的阳性结果（Teddlie & Tashakkori，2006）。对一个得到阴性结果的定量研究来说，用于解释阴性结果的定性研究或许比这个定量研究本身更有价值；②这样的区分可能会降低其中一种方法的相对地位。例如，一个“QUAN+qual”的划分可能意味着定性研究价值更低，会无意中暗示或解释为定性研究方法不具有与定量研究方法同等的方法论地位。

1. 给流程图命名。
2. 为流程图选择水平或垂直的版式。
3. 按定量和定性阶段的数据收集、数据分析和结果解释绘制方框。
4. 在设计定性和定量数据收集和分析的相对优先级时，可用大写或者小写字母*。
5. 用单向箭头来标识研究设计流程。
6. 明确定量和定性数据收集和分析的各个阶段的具体过程。
7. 明确定量和定性数据收集和分析的每个过程的预期结果。
8. 用简洁的语言描述过程和结果。
9. 简化流程图。
10. 将流程图限制在一页纸以内。

Source：Reprinted from Ivankova et al.（2006）with permission of SAGE Publishing，Inc.

* 本条建议尚有争议。

图 7.2 混合方法研究流程图的绘制指导

聚敛式混合方法研究设计

聚敛式设计是指在几乎同一个时间点收集和分析定性和定量数据。一些作者也用“平行并列”“并行”或“三角验证”设计等说法指代这一设计（Creswell & Plano Clark，2018b）。使用“聚敛式”这一措辞的确有力但并未完全达成共识，因为定性和定量结果是要汇聚起来使用的。“并行”只是强调研究是同时开展的，而“平行并列”意味着研究的两条线不汇聚。也有很多理由认为“三角验证”的说法欠妥，特别是“三角验证”用法太多样，让人感到困惑。另一个理由是，航海上采用三角测量来确定确切位置，间接地意味着不同标准必须互相验证。在聚敛式设计中，同时收集定性和定量数据的原因是多方面的：如果你的研究对象可及性较为有限，同时收集定性和定量数据是更有效率的；又或者，因为时间或经济成本的原因，不允许多次前往研究现场。另外，同时收集和分析定性和定量数据能够保证收集来的数据是紧密联系的。

我们以 Kron 等（2017）的一项干预性研究为例，说明以上问题。这项研究拟评价虚拟现实（VR）干预在培训医患沟通技巧方面的优势，研究者评估了参加 VR 干预课程和对照课程的学生体验。虽然整个研究设计不是一个聚敛式设计，但聚敛式设计被嵌入到整体的实验性混合方法研究设计之下（这在第 8 章会更深入讨论）。研究者采用 7 分 Likert 量表评估学生体验，同时让完成 VR 培训的 210 名干预组学生，以及完成基于计算机模块学习的对照组的 211 名医学生结束干预后立即提交对参与课程的反思性写作报告（Kron et al.，2017）。由于学生刚刚完成培训，立即收集数据是很有效的，定量和定性数据在时间上相互联系。

关于聚敛式设计，Creswell 和 Plano Clark（2018b）提出要考虑的 4 个关键问题（P.184—P.185）：①定性和定量研究的参与者是相同的还是不同的？②两部分的样本量是否相同？③定性和定量研究是检验相同的概念吗？④数据来源是各自独立的，还是来源于同一数据来源？

这些问题也可以用 Kron 等（2017）MPathic-VR 研究例子来说明：①研究者采用的是来自 3 个医学院校的 421 名医学生的全样本。②所有参与研究的医学生都回答了定量问题，也完成了反思性写作。只不过这里涉及一个比较，即 210 名来自 VR 干预组的学生与 211 名来自计算机学习模块的对照组学生之间的比较。③定量的态度调查包括 12 个采用 7 分 Likert 量表的条目，从清晰度、目标、有用性和推荐此课程给他人的可能性等方面评估对课程的态度。定性的反思性写作也是设计成与定量调查可比的。不过作者同时意识到，让研究中两个组超过 200 名参加者回答同一个问题是没有必要的。因此，学生们被随机分到 4 个不同的开放式问题（其中 2 个关于沟通中的互动问题不会分配给对照组的学生）。这样既能够让每个定性问题达到信息饱和，又能够避免过多冗余的不必要和有限制性的回答。④定性和定量数据采用相同的数据来源，同时接受嵌入到干预组和对照组这两个学习模块的网络中进行调查。

工作表示例 7.2.1 聚敛式混合方法研究设计，选自 MPathic-VR 混合方法医学教育研究

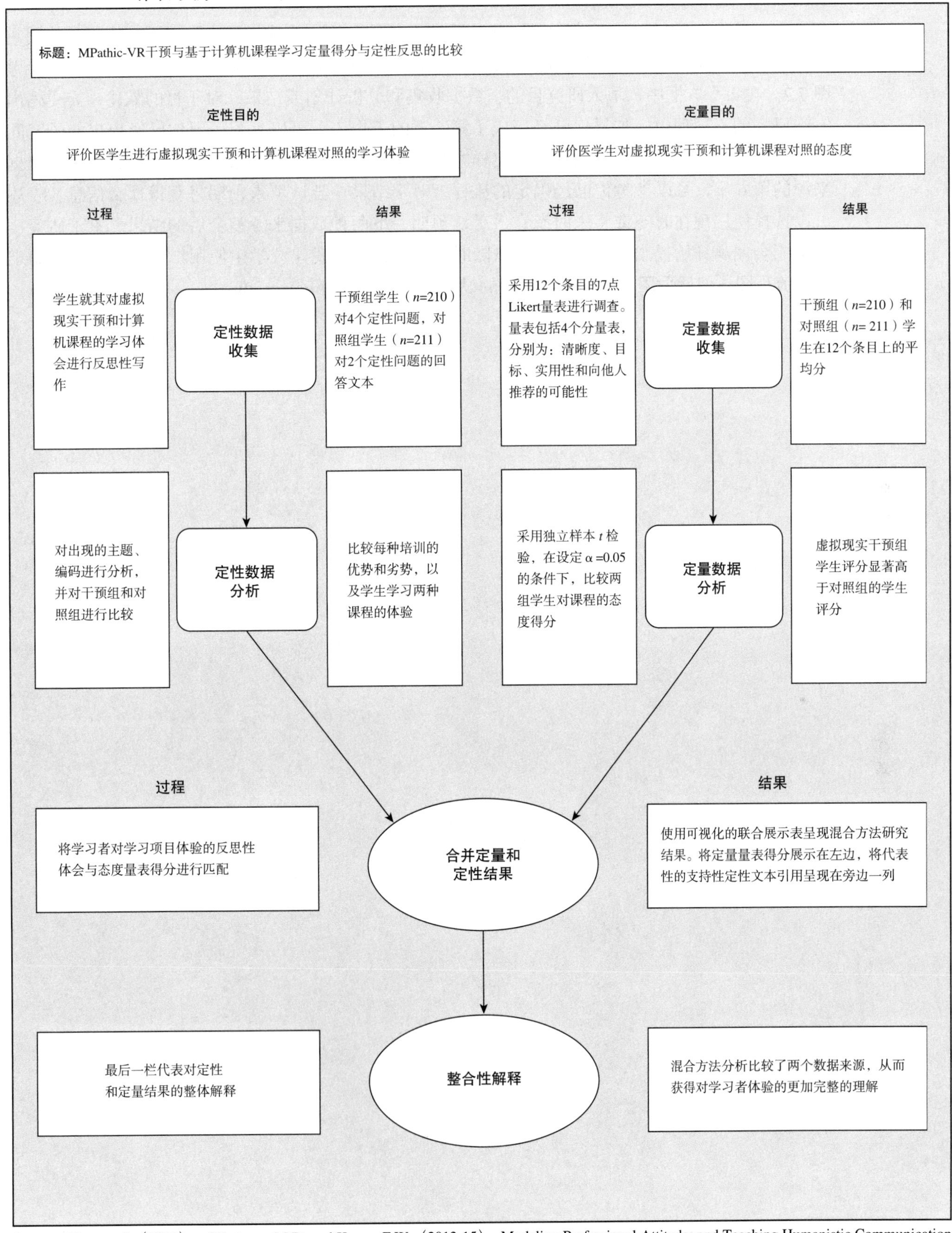

Source：Kron et al.（2017）and Fetters，M.D. and Kron，F.W.（2012-15）. Modeling Professional Attitudes and Teaching Humanistic Communication in Virtual Reality（MPathic-VRII）. National Center for Advancing Translational Science/NIH 9R44TR000360-04.

练习：制定一个聚敛式混合方法研究设计

完成工作表 7.2.2 的各个部分。如果你手边有铅笔和橡皮擦这样古老的工具，这将是使用它们的好时机！完成图表的顺序并不重要，不过你可能想从填满你最喜欢的部分开始，可以参考图 7.2。在每个方框中，填入研究目的、数据收集和分析计划或结果。对于目的陈述，需要列出实施研究的不同理由。如果你已经完成了第 5 章的工作表，可以复习一下你已经提出的研究问题。对于数据收集，要尽可能地标识出样本量和采用的数据收集方法。如果已经完成关于数据来源的第 6 章，可以参考你已经确定的流程。对于结果，尝试填入预期将获得什么信息。表述可以选择使用现在时态或将来时态。最后，预期一下两种数据来源整合后的结果。鉴于研究实施可能会偏离开始提出的设计，你可以随时修改设计图。我建议学生使用纸版的工作表来制定整体流程图，然后采用软件创建电子版的设计图（我一般用 PowerPoint）.

工作表 7.2.2 聚敛式混合方法研究设计模板

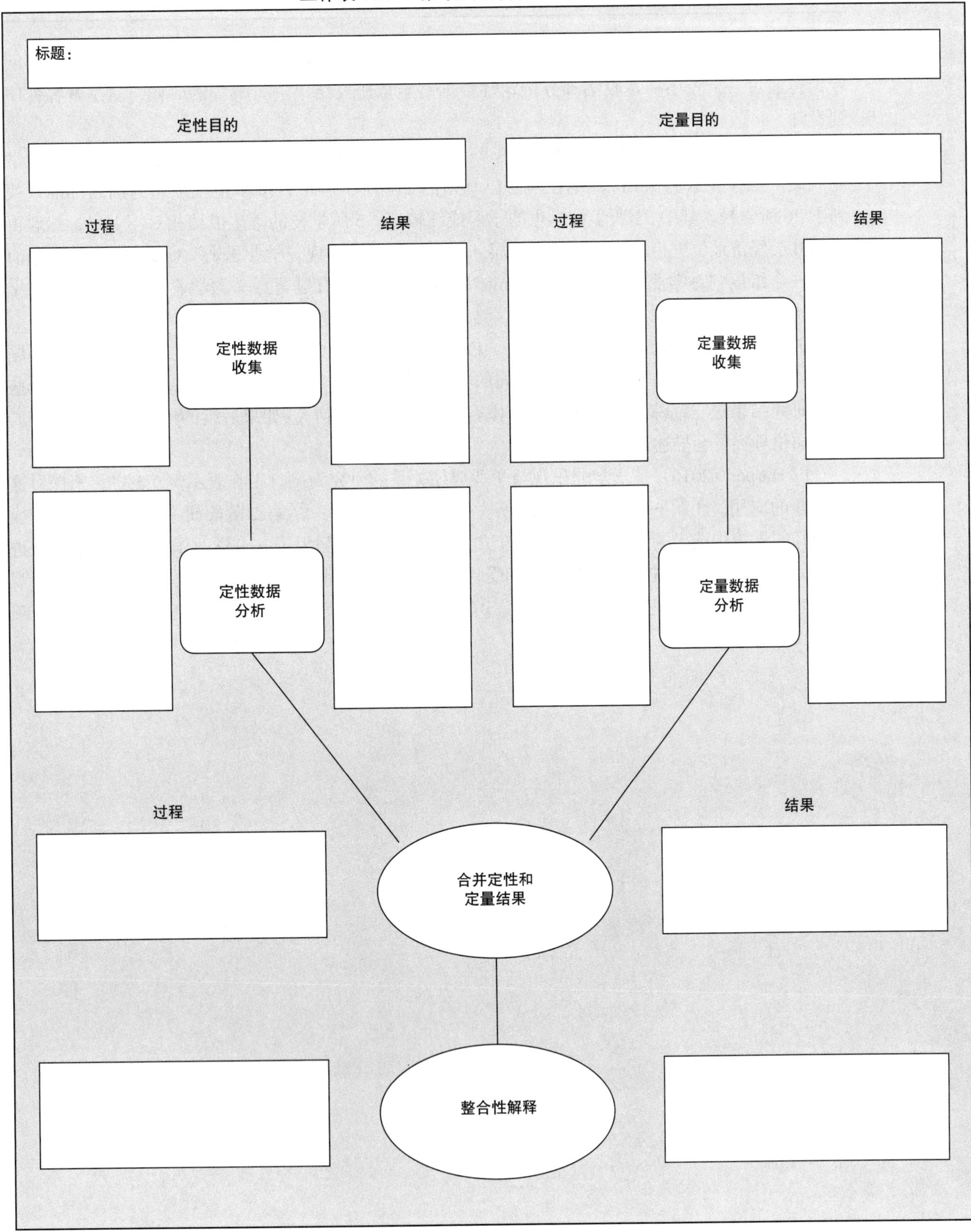

解释性混合方法研究序列设计

当研究者先在一个大样本中收集和分析定量数据来检验趋势、想法或行为的率或关系等问题，再通过一个较小样本收集和分析定性数据对定量研究结果进行解释的时候，就是解释性序列设计。

例如，在 Harper（2016）的研究中，为了了解校长如何通过改善学校文化来提升学生的学业成绩（工作表示例 7.3.1），他在阿拉巴马州的 218 所中学中，按学生成绩作为纳入标准，找到了 26 所学校，其中 21 所学校学生的学习成绩较好，5 所学校的学生成绩相对不太好，然后再根据社会经济地位进行高、中、低的分层。研究者经分析发现“学业乐观”（academic optimism）中的一个维度“对学业的重视”（academic emphasis）是具有显著意义的学业成绩预测因子。接着，研究者从大样本调查的对象中选择了 11 位校长进行了定性访谈来解释这一结果。

关于解释性混合方法研究序列设计，Creswell 和 Plano Clark（2018b）提出了 5 个关键问题（P.185）：①两个样本中的参与者是相同的吗？②两部分研究的样本量大小一致吗？③将对哪些定量研究结果进行跟踪随访？④如何选择后续访谈的参与者？⑤如果后续的访谈是临时加上的，如何向伦理委员会描述这一阶段的研究？

以 Harper（2016）探索学业乐观与学业成绩关系的研究为例（工作表示例 7.3.1），来探讨这些问题的应用。①第一阶段调查了 26 所学校的 334 名教师；②第二阶段研究访谈了从 18 个成绩较好的学校中选出的 11 名校长；③随访了学业成绩的预测因子——学业乐观这一变量，并进行了追踪访谈；④通过目的性抽样选择受访者，通过不同社会经济地位、地理位置和学业乐观得分的范围进行最大差异抽样（P.86）。⑤在完成第一阶段定量分析之后，向伦理委员会提交项目修改申请。

工作表示例 7.3.1 解释性混合方法研究序列设计：来自教育领域的例子

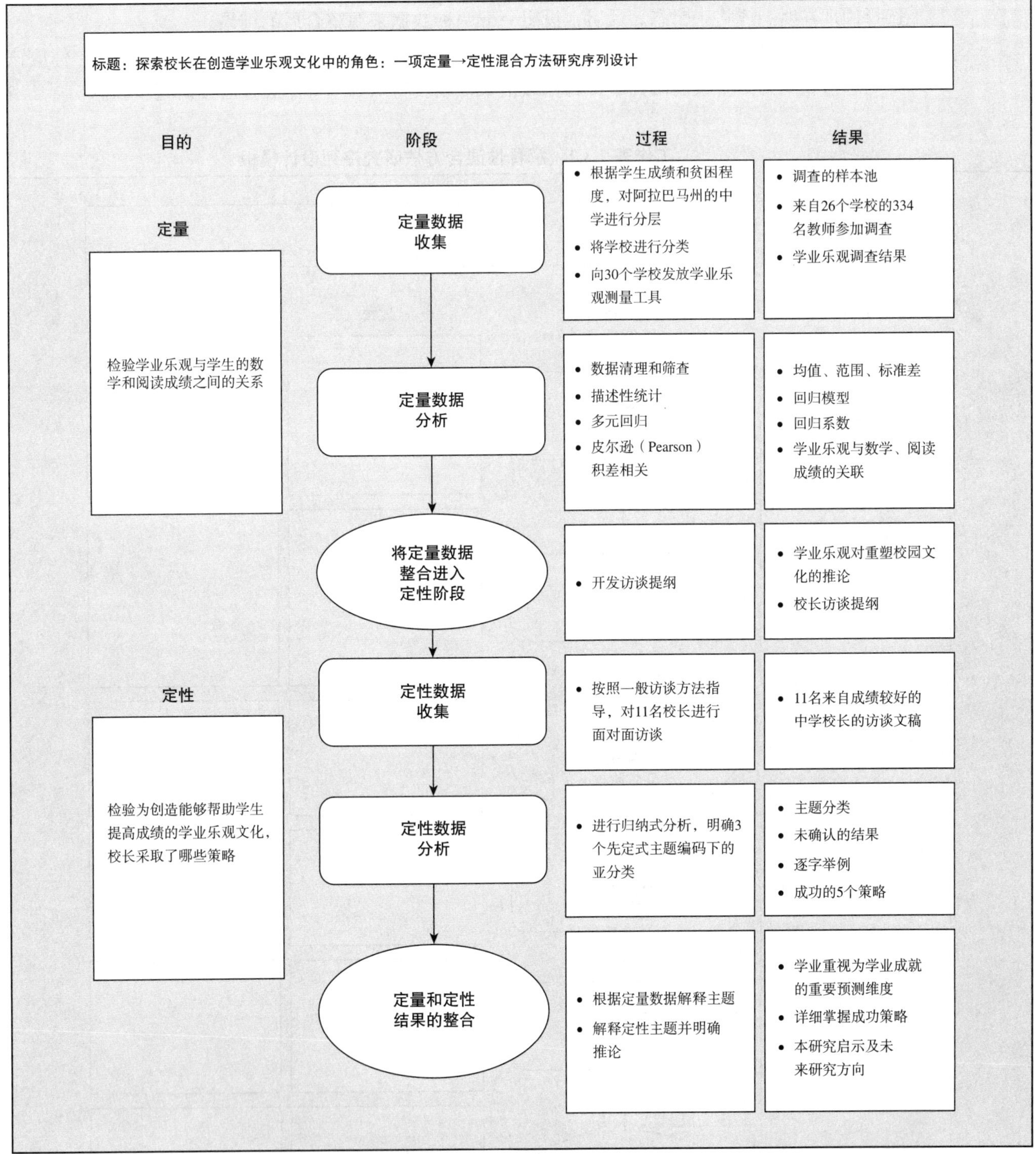

Source：Harper（2016，P.210）with adaptations by the Mixed Methods Research Workbook author.

练习：构建解释性混合方法研究序列设计

完成工作表 7.3.2 的各个部分。完成图表的顺序并不重要，你可能想要从填满你最感兴趣的地方开始。你同样可以参考图 7.2。在每个方框中，请填入目的、数据收集和分析计划以及结果。对于目的陈述，或许需要列出实施研究的不同理由。如果已经完成第 5 章的工作表，可以先复习你已经提出的研究问题。对于数据收集，要尽可能标识出样本量和采用的数据收集方法。如果已经完成关于数据来源的第 6 章，可以参考已经确定的流程。对于结果，尝试写下预期会获得什么信息。你自己的例子可以跟模板不同，因为模板是基于已经完成的研究。表述上可以选择用现在时态或将来时态。最后，设想一下两种数据来源整合后的结果。

如果你采用临时性设计，可以先只完成第一阶段的设计。不过为了同行讨论考虑，你应该开始思考将从第一阶段的研究中得到什么结果，以及将从哪里开始展开后续研究步骤。

工作表 7.3.2 解释性混合方法研究序列设计模板

标题：

目的	阶段	过程	结果
定量	定量数据收集		
	↓ 定量数据分析		
	↓ 将定量数据整合进入定性阶段		
定性	↓ 定性数据收集		
	↓ 定性数据分析		
	↓ 定量和定性结果的整合		

探索性混合方法研究序列设计

当研究者先使用小样本收集和分析定性数据，用以探索感兴趣的现象，基于定性研究结果，再在一个更大更具代表性的样本中进行定量数据的收集和分析，用以检验趋势或者关系，就形成了探索性混合方法研究序列设计。

例如，Sharma 和 Vredenburg（1998）对 19 名加拿大石油和天然气工业的公司高管进行了深度访谈，开展了 7 个个案研究，提出一个研究假设：公司的环境响应与组织能力与绩效有关。然后，通过对 99 个公司的邮件调查的定量数据验证了这一假说。也就是说，最初的定性研究结果被用来开发量表条目，产生假说。这个假说在后续阶段被验证（工作表示例 7.4.1）。

对于探索性混合方法研究序列设计，Creswell 和 Plano Clark（2018b）提出了 5 个关键问题：①哪些人以及多少人应该被纳入后续的定量研究？②在给伦理委员会的申请中，如何描述临时加上的后续研究阶段？③什么样的定性分析结果能对定量数据收集有启示？④在多种多样的量表编制中，如何开发一个好的测量工具？⑤如何表述以展示量表开发过程的严谨性？

以 Sharma 和 Vredenburg（1998）的研究为例（工作表示例 7.4.1），该研究拟检验公司环境响应策略与竞争力和有价值的组织能力发展是否有关。①作者面向 110 家公司招募参与者，让每家公司提供首席执行官或者其他更可能参加研究的高管姓名，例如负责环境事务的经理、原油生产和（或）炼油厂经理、部门主管、钻井主管和市场经理。在获得 90%（99/110）公司应答的两周后，通过传真和电话，向每位参与者发放问卷。每个公司发放 3 ~ 5 份，收到来自 162 份应答。②该研究没有提供伦理委员会的相关信息；③定性研究结果结合来自文献的信息确定了 11 个维度，基于这些维度进行问卷的条目开发和假设检验；④调查问卷共有 95 个变量，各变量采用 7 分李克特评分表示。该问卷由以下 3 部分内容组成：a. 环境策略；b. 组织能力；c. 竞争力获益。该调查工具经过了目标人群的审阅，并在 25 名石油天然气厂的管理者中进行了预调查。作者评估了工具信度，进行了数据诊断以确保没有违背回归分析的假设，并进行了因子分析。作者通过文字描述和 3 个表格展示了构成测量工具的 3 部分内容的条目，并报告了克朗巴哈系数（Cronbach α），向读者传达出其开发量表步骤的严谨性。

工作表示例 7.4.1 探索性混合方法研究序列设计：来自商业领域的例子

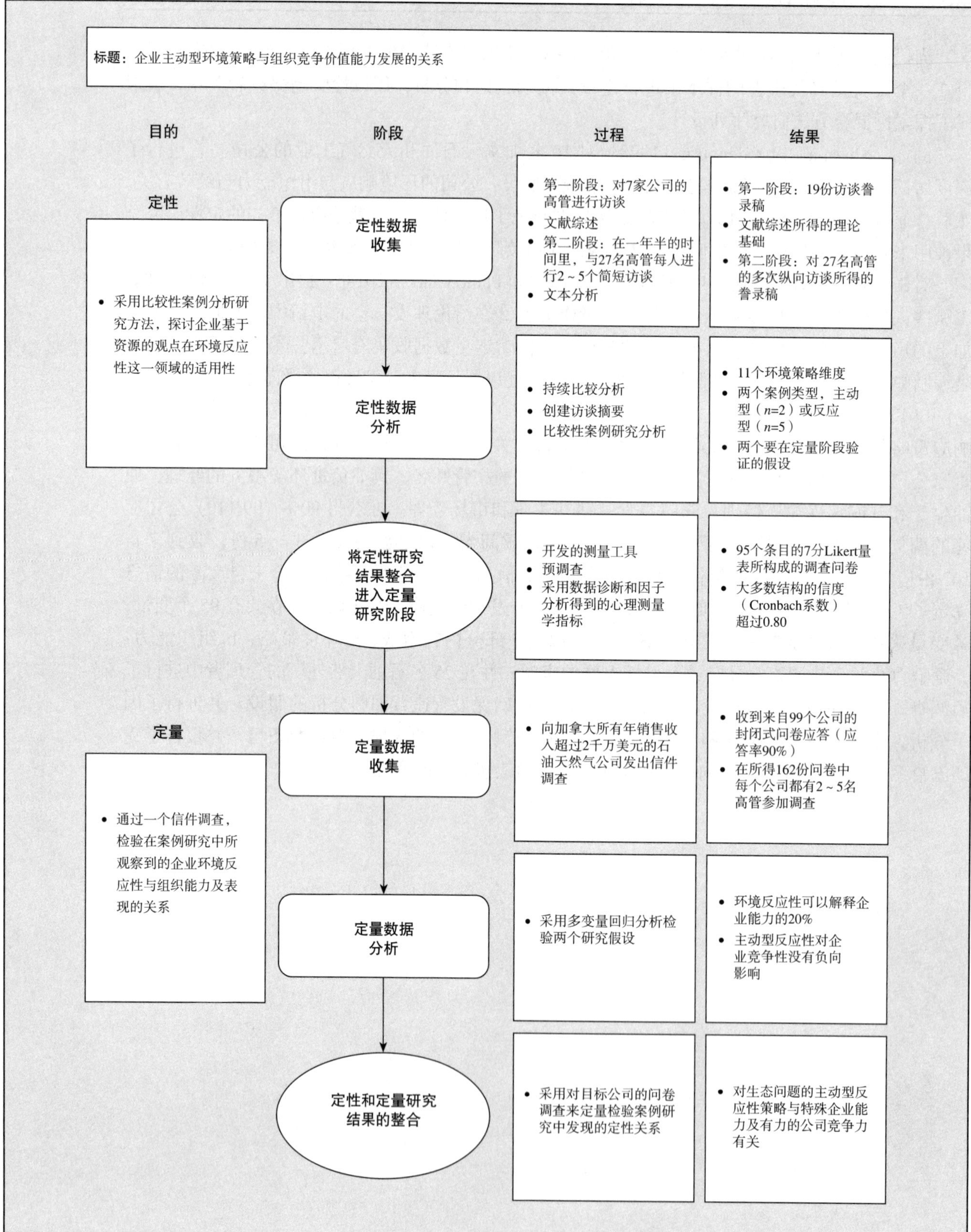

Source：Sharma and Vredenburg（1998）. Procedural diagram created by the Mixed Methods Research Workbook author.

练习：制定一个混合方法研究的探索性序列设计

完成工作表 7.4.2 的各个部分。完成图表的顺序并不重要，不过你可能想要从填满你最感兴趣的地方开始。同样可以参考图 7.2 的指引。在每个方框中，请填入目的、数据收集和分析计划以及结果。对于目的的陈述，需要列出实施研究的不同理由。如果已经完成第 5 章的工作表，可以先回顾一下你已经提出的研究问题。对于数据收集，要尽可能地标识出样本量和采用的数据收集方法。如果你已经完成了关于数据来源的第 6 章，你应该参考你已经确定的流程。对于结果，尝试写下预期会获得什么信息。你自己的例子可能跟模板不同，因为模板基于的是已经完成的研究。表述上可以选择用现在时态或将来时态。最后，设想一下两种数据来源整合后的结果。

如果采用临时性的设计，可以先只完成第一阶段的设计。不过为了同行讨论考虑，你应该开始思考能从第一阶段的研究中得到什么结果，以及将从哪里开始展开后续研究步骤。

工作表 7.4.2 混合方法研究的探索性序列设计模板

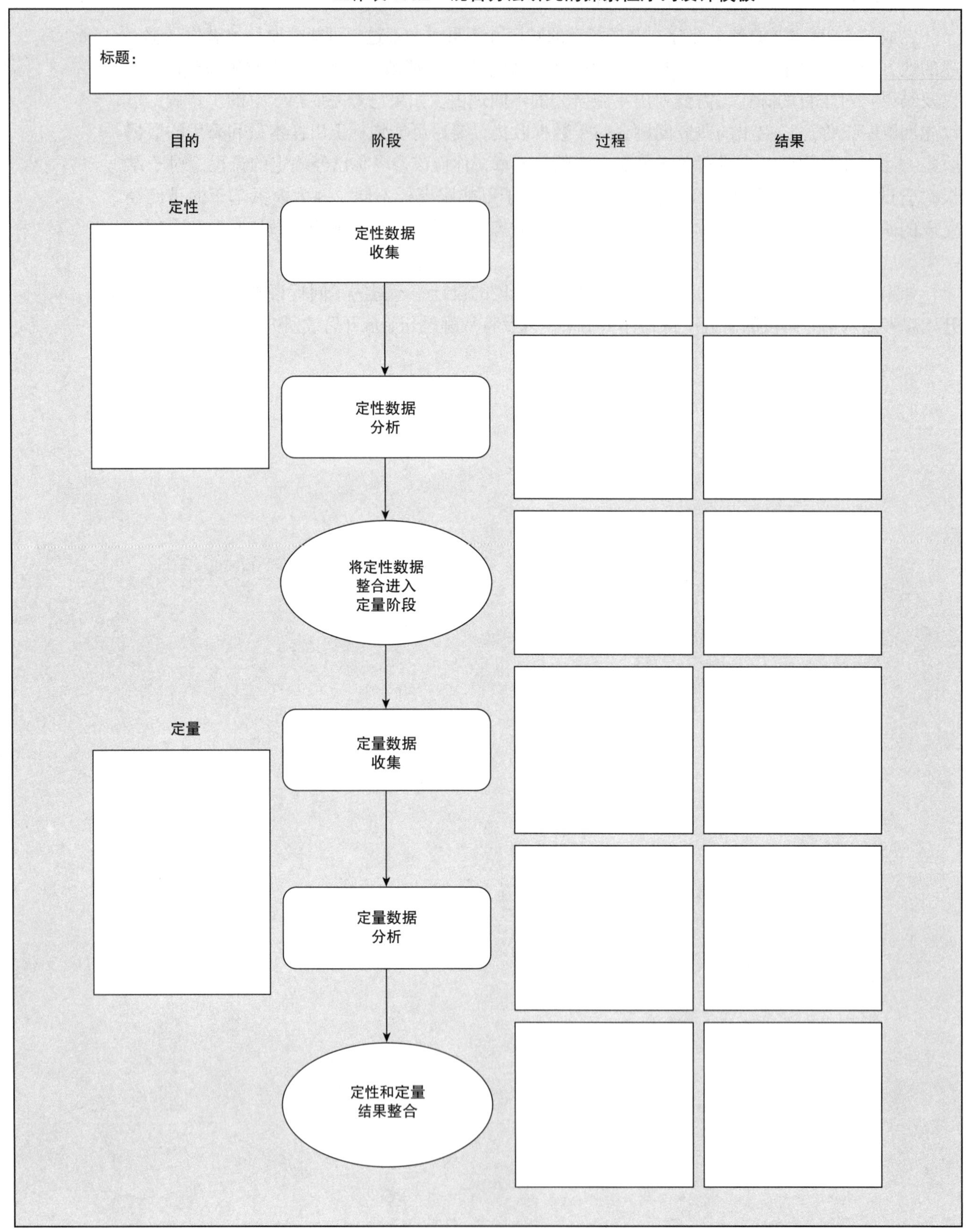

应用练习

1. **同伴反馈**。如果是在一个课程或者是研讨会上，那么找一个同伴导师。你们可以花 5 分钟时间讨论你的混合方法设计图。所有人轮流报告自己的设计并互相给予反馈。你会发现，讨论中最有帮助的部分是自己最纠结的部分。特别注意讨论研究目的和时序，因为这些部分是最富有挑战性的，同时也是你的讨论搭档最感兴趣的。如果你是独立工作，可以跟你的同事或者导师分享你的设计。
2. **同伴反馈指导**。同伴反馈指导。当倾听你的同伴讨论时，可以锻炼你集中精力学习和批判的宝贵技能。你的目的是帮助搭档改进混合方法研究设计图。你的搭档最需要哪一部分的反馈？有没有一些部分是不合理、没有意义或看起来不可行的？选择的设计方法是合理而有意义的吗？
3. **小组报告**。如果你在教室或是大群体里开展讨论，让志愿者展示他们的研究设计，同时也让大家思考自己的项目是否也有同样的问题。考虑让志愿者使用投影仪来展示研究设计图，其他同学向展示者评论或提问。

总结思考

使用下列清单来评估你这一章学习目标达成情况：

- □ 我考虑到混合方法研究设计中预先设计和临时形成的设计谱系，并且选择了其中之一进行我的混合方法研究。
- □ 我比较了 3 种混合方法研究核心设计，并且很清楚每个设计的基本特点。
- □ 我回顾了绘制混合方法研究设计图的常用符号，并能够识别它们。
- □ 我为总体研究项目或项目中的一个阶段选择了核心设计。
- □ 我完成了研究项目设计草图。
- □ 我跟同伴或者同事回顾了我的核心设计，并进行了确认或修改。

现在你已经达成这些目标，第 8 章将帮助你考虑脚手架式设计与你的混合方法研究项目的相关性。

拓展阅读

1. **关于研究设计的拓展阅读资料**

- Creswell, J. W., & Plano Clark, V. L. (2018). Core mixed methods designs. In *Designing and conducting mixed methods research* (3rd ed.). Thousand Oaks, CA: Sage.
- Curry, L., & Nunez-Smith, M. (2015). *Mixed methods in health sciences research: A practical primer.* Thousand Oaks, CA: Sage.
- Johnson, R. B., & Christensen L. (2017). *Educational research: Qualitative, quantitative and mixed approaches* (6th ed.). Thousand Oaks, CA: Sage.
- Plano Clark, V. L., & Ivankova, N. (2016). *Mixed methods research: A guide to the field*. Thousand Oaks, CA: Sage.

2. **关于混合方法研究流程图的拓展阅读资料**

- Morse, J. M. (2003). Principles of mixed methods and multimethod research design. In A. Tashakkori & C. Teddlie (Eds.), *Handbook of mixed methods in social and behavioral research* (pp. 89–208). Oxford, UK: Oxford University Press.
- Morse, J. M. (2015). Issues in qualitatively-driven mixed-method designs: Walking through a mixed-method project. In S. Hesse-Biber & R. B. Johnson (Eds.), *The Oxford handbook of multimethod and mixed methods research inquiry* (pp. 206–224). Thousand Oaks, CA: Sage.

第 8 章

构建基于核心设计拓展的混合方法研究流程图

脚手架式混合方法设计（scaffolded mixed methods designs），有时也称为进阶框架、复杂设计或交叉设计，是涉及定性和定量数据收集和分析的计划，通过一个或多个核心设计组合构建而成，并且通常与其他研究设计和（或）理论 / 思想体系相结合。本章的内容将帮助你系统地了解各类脚手架式混合方法设计的特点，区分 3 种脚手架式混合方法设计，掌握如何绘制不同脚手架式混合方法的流程图，在一系列案例中学会如何选择适合的脚手架式混合方法并制作流程图。最重要的是，你将绘制出自己的混合方法研究的流程图。

学习目标

本章所介绍的概念和内容将有助于你：

- 掌握脚手架式混合方法设计的特征，并熟悉用于描述此类研究设计的术语
- 掌握 3 类脚手架式混合方法设计的区别：①多阶段整合的混合方法设计；②整合其他方法的混合方法设计；③整合其他理论的混合方法设计
- 识别研究人员用来绘制脚架式混合方法设计的不同方式
- 将脚手架式混合方法设计解构为核心混合方法设计要素
- 为你的项目制作脚手架式混合方法流程图

核心设计之外的混合方法设计

实际研究中，你的设计可能比第 7 章中讨论的核心设计更为复杂。如你可能需要在多阶段研究项目中使用混合方法，你研究中的混合方法也许需要结合其他研究设计（如构建和优化移动设备应用程序的干预措施），或者你研究中的混合方法需要与某种理论结合使用。

此时，有两个关键问题需要解释一下。首先，混合方法学的研究者已将混合方法的核心设

计作为研究的一部分，并给出了构建和扩展核心混合方法设计的标准流程。打个比方，核心设计是“砖块”或者说是“乐高积木”，将它们联合使用可以扩展出高阶混合方法研究设计。其次，混合方法学的研究者已设计出整合混合方法的方式，包括：①将多个核心设计整合起来，②与其他设计结合；③与其他理论 / 思想体系框架结合（Plano Clark & Ivankova，2016）。人们发现这些设计类型中的内在结构或框架是由一种或多种核心混合方法设计组成的。

如何给扩展的混合研究方法命名

总的来说，这种基于核心设计扩展的混合方法被赋予过很多名称，如进阶设计（advanced designs）（Creswell，2015）、进阶应用（advanced applications）（Plano Clark & Ivankova，2016），或者最近被提出的复杂应用 / 设计（complex applications/designs）（Creswell & Plano Clark，2018）。以“进阶设计”“进阶应用”命名的缺点是他们都暗示“核心设计”是基本的、简单的。Plano Clark 和 Ivankova（2016，P.137）在讨论“进阶应用”时，提出了 3 种情形：①与另一种以定性或定量为主导的方法整合；②与另一种方法论整合；③与其他理论或思想体系整合，扩展的混合方法研究因此有了进一步的发展。尽管如此，这些名称还是存在细微的差别，不同名称可能蕴含着不同元素的重叠或渗透，抑或是各元素的分割。基于 Nastasi 和 Hitchcock（2016）提出的概念，Creswell 和 Plano Clark（2018）又将这类设计命名为“复杂应用 / 设计”。同时，有研究人员将整合复杂理论和混合方法研究称为复杂的混合方法设计（Koopmans，2017；Poth，2018b）。尽管将这些类型的设计进行概念化非常有用，但是为了避免可能带来的混淆，需要考虑将他赋予其他命名。

脚手架式混合方法设计的定义

我建议将这类研究设计称为**脚手架式混合方法设计**。脚手架式混合方法设计是一种研究策略或者说是研究计划，可收集和分析定性和定量数据，以核心设计或核心设计组合构建，并且通常与其他应用、方法论或理论相整合（Plano Clark & Ivankova，2016）。之所以命名为脚手架式，是因为这样可突出混合方法提供基础、基本结构、基本框架、网络架构的作用，这也是混合方法设计扩展的根本。

其他研究方法，例如实施干预措施，便可以建立在混合方法设计的基础架构上。混合方法设计可以为理论提供基础框架，特别是复杂的理论。在设计调查时，可以用混合方法作为底层的研究框架。就像脊椎动物的骨骼通常在射线观察下才更明显一样，脚手架式混合方法设计的特点是以混合方法作为“主要骨架”，从混合方法的视角才能观察到，否则不明显。

变革性设计（transformative design）、参与式（participatory）或混合方法行动设计（action mixed methods design）可以具有一个或多个基础混合方法设计，甚至可以与其他设计方法相结合（如干预性设计），同时还可以与理论框架整合。个案研究可以基于单一或混合方法的核心设计组合构建。因此，当混合方法需要与其他方法论、理论、思想体系同时使用时，用脚手架式混合方法来说明混合方法如何为这类复杂研究提供基础。

脚手架式混合方法研究设计流程图

如第 7 章所述，应用一张流程图概述混合方法研究。本章提供了多种研究设计的流程图案例，你可以选择其中适用的部分，也可以自行设计自己研究的流程图。对于每类设计的流程图，我将用案例指出需注意的地方。随着研究变得越来越复杂，将第 7 章的核心设计，工作表示例 7.2.1、工作表示例 7.3.1 和工作表示例 7.4.1 中的所有细节都面面俱到确实变得越来越有挑战性。

如果你正处于撰写研究结果和论文的阶段，可能更需要简洁的程序图。工作表 8.1 提供了本章中工作表示例的列表，你可以在列表中选择适合的方法来设计流程图。

工作表 8.1 从 7 类脚手架式混合方法设计中选择适合的流程图

你的选择	研究类别	脚手架式混合方法设计类别	相应的工作表示例
□	多阶段整合的设计	多阶段混合方法设计	工作表示例 8.4.1
□	整合多种方法的设计	干预 / 实验混合方法设计	工作表示例 8.5.1
□		个案研究混合方法设计	工作表示例 8.6.1
□		混合方法评估设计	工作表示例 8.7.1
□		混合方法调查（工具）开发设计	工作表示例 8.8.1
□		以用户为中心的交互式混合方法设计	工作表示例 8.9.1
□	整合其他理论的设计	社区参与的混合方法设计	工作表示例 8.10.1

练习：选择适合的工作表示例创建脚手架式混合方法研究设计流程图

如果你准备使用脚手架式设计，接来看我们来看看如何绘制流程图。在工作表 8.1 中，选择你将要使用的设计类型。查看相应的创建流程图的清单（工作表 8.2）和流程图模板（工作表 8.3）。本章会用案例来展示选择创建流程图的过程。了解这一过程后，你可以从工作表示例 8.4.1 至工作表示例 8.10.1 选择一个适用于你研究的示例模仿作图。你会发现用流程图展示研究方法会非常清晰。在确定混合方法的基础核心设计之后，可参照工作表示例完成练习，这个过程将有助于你思考如何制作自己研究的流程图。时间允许的话，认真阅读所有 7 个流程图示例，因为不论你打算设计哪种脚手架式混合方法，每个示例都可以通过相应的变换融合到你的流程图中。

工作表 8.2 创建脚手架式混合方法流程图步骤清单

- □ 为流程图拟定标题。
- □ 确定流程图的绘制是从上到下的垂直形式还是从左到右的水平形式。
- □ 首先设计整体架构，逐步添加细节。
- □ 确定你的基本核心设计。
- □ 由易到难，先完成流程图中对你来说最容易确定的部分。
- □ 用方框、圆圈和箭头绘制核心设计。
- □ 用方框表示每种类型的数据收集、数据分析、结果呈现过程，并在数据收集框中相应标注出定性、定量或混合方法。
- □ 在定性、定量和混合方法的方框旁边添加标签。
- □ 完成预期结果框。
- □ 插入分析方法。
- □ 在空白处标明研究阶段、研究目的、研究问题和（或）假设。
- □ 补充之前在绘制流程图过程中没有填写的部分。
- □ 梳理和优化研究流程。
- □ 调整流程图中的模块和图框到合适的大小。
- □ 编辑流程图的外观。

从头开始创建一个脚手架式流程图的步骤

在看过一个或多个工作表示例（8.4.1 至 8.10.1）后，开始绘制自己的流程图吧。可参照工作表 8.2 中的内容完成流程图的制作。需要谨记的是，脚手架式流程图比核心设计的流程图更为复杂，完成脚手架式流程图并不是一个流畅的过程，通常会打很多次草稿。按照步骤完成流程图时，需要不断回头审视和修改，直至自己满意。非常有必要在完成几个步骤后就回头审视已完成的内容。有一定进展后，可及时与导师、同事或论文指导者讨论分享。

以下 15 个步骤将帮助你绘制流程图。

1. **为流程图拟定标题**。这有助于聚焦你的研究。如果你使用了某一理论或思想体系，可将它添加到标题中，例如“一项变革性混合方法设计”。在研究标题中须包含设计的类型。
2. **确定流程图的绘制是从上到下的垂直形式还是从左到右的水平形式**。如果直接在笔记本上绘制，建议使用垂直形式（像绘制人像一样），但是如果使用绘图程序（如 PPT），则建议使用水平形式（像绘制风景画一样）。但是更复杂的设计往往从上到下进行，尽管也有作者选择从左到右，然后从右到左，然后再从左到右的方式进行（请参见工作表示例 8.5.1）。发挥你的创造力吧！可参考第 7 章图 7.2 来构建你的流程图和传达流程图所要表达的信息，将流程图以读者最好理解的形式展现。
3. **首先设计整体架构，逐步添加细节**。我们最好从整体架构的各个细节入手，但是全面了解细节可能是最困难的。如果你添加了详细信息但不确定选择是否正确时，可暂且在此留个问号。
4. **确定你的基本核心设计**。如果你的脚手架式混合方法研究涉及多个核心设计，请完成第 7 章中相关的核心设计模板。
5. **由易到难，先完成流程图中从对你来说最容易确定的部分**。你会发现最高效的做法是先完成你已经确定的信息。在研讨会上，我经常发现人们已经确定了他们想使用的方法，例如访谈、问卷调查、文档分析、现场观察、对已有数据集进行二次分析等，可以先将这些已经确定的信息添加到流程图中。有一些信息比较难填写，比如估计每种类型的数据将收集多少，对于不太熟悉定性方法的研究人员通常会高估参与者的数量。
6. **用方框、圆圈和箭头绘制核心设计**。通常，按时间顺序绘制流程图是最简单的。当按顺序绘制时，第一个核心设计的最后一个框很可能会是第二个核心设计的初始框。你可以选择使用圆圈表示定性和定量方法的链接和整合。请参阅 Ivanakova 等（2006）建议的设计步骤（图 7.2）。
7. **用方框表示每种类型的数据收集、数据分析、结果呈现过程**。并用定性、定量和混合方法标记相应的定性、定量、混合方法数据收集框。
8. **在定性、定量和混合方法的方框旁边添加标签**。明确指出数据收集类型和相应的样本量（例如，受访者为 20 人）。如果你还没有决定样本量，该数字可先空着，或先写一个带有问号的大概数字。
9. **完成预期结果框**。你可能不确切知道研究会发现什么，但是你应该会有一个大致想法。预期结果对于上级研究人员、同事，尤其是申请资金时的基金审阅者都比较重要。
10. **插入分析方法**。设想你的产出或结果可能会帮助你做出决定（请参见工作表示例 8.8.1）。稍后在第 13 至 15 章中，你也将了解混合分析方法相关的更多信息。
11. **在空白处标明研究阶段、研究目的、研究问题和（或）假设**。现在，你可以在空白处添加研究阶段、研究目的、研究假设的标签（请参见工作表示例 8.8.1 中的研究阶段）。你可以使用第 6 章中提出的混合方法研究问题 / 假设。

12. **补充之前在绘制流程图过程中没有填写的部分**。从进一步阅读或与他人讨论中，逐渐完善之前填起来比较困难的信息。
13. **梳理并优化研究流程**。不断补充和更新流程图，与其他人讨论核实以确定流程图的各个模块，可以为读者提供足够详细的信息，使读者了解你的定性、定量和混合方法整合的过程。
15. **调整流程图中的模块和图框到合适大小**。按比例绘制和编辑流程图和方框大小。在向流程图中添加越来越多信息时，你可能会发现某个部分占用了过多空间。例如，数据收集标签看上去太长，可重新编辑缩短标签长度。如果是在计算机上使用绘图程序，则可以使用组合功能移动整个部分。
16. **编辑流程图的外观**。最后一步美化流程图。好看的流程图和专业的排版更容易吸引人们的注意和兴趣。例如，大写和标点符号是否一致？每纵栏中的各部分是否采用了类似的格式？是否可以在基金申请书、文章和论文中使用此图（或者幸运者在所有环节都能用上此图）。

工作表 8.3　绘制你的脚手架式混合方法研究流程图

7 个工作表示例概述

以下各节介绍了 3 类脚手架式混合方法设计类型（Plano Clark & Ivankova，2016）：①多阶段混合方法设计；②结合其他方法论的混合方法设计；③结合了某一理论 / 思想体系的混合方法设计。每一节会回顾这类混合方法设计的基本特征，用示例指出过程中值得注意的地方，并推荐一些精选的你可能感兴趣的文献以供参考。在本章介绍的方法设计示例中，有部分示例与第 7 章提出的混合方法研究的概念密切相关。由于混合方法研究领域仍在快速发展阶段，因此，在参考使用时，推其长者，违其短者。

多阶段框架的基本原理

多阶段混合方法研究是指使用一系列混合方法核心设计和（或）脚手架式混合方法设计贯穿整个项目的历时较长的研究。可以包含一个或多个核心设计要素，也可以采用脚手架式混合方法设计。在英文描述这类设计时，可用“multistage”（Fetters，et al.，2013）或“multiphase”（Creswell & Plano Clark，2011），均可翻译成“多阶段”，两者没有明显的区别。“multistage”意味着比“phase”更大的范围和程度，在本书中将倾向于使用“multistage”。

多阶段解释性混合方法研究序列设计在教育领域的案例

Tsushima 探索日本中学英语老师对他们的教学方式、测验实践以及以口语为中心的课程目标之间的一致性的看法（Tsushima，2012，2015）。研究者进行了 3 个阶段的解释性序列设计（工作表示例 8.4.1）。在第一阶段，她对中学以英语作为外语的日语老师进行了问卷调查。在第二阶段，根据上一阶段的数据进行抽样，对所抽取的样本采用定性观察法和基于学期测验抽样进行定性分析这两种数据收集方法收集更多的数据，以便于更深入地了解课堂组织、教学和测验的情况。在第三阶段，基于第二阶段的发现设计访谈提纲，通过对老师的访谈更深入地了解课堂教学和评估。最后，研究者将所有信息合并到最终分析中。

流程图中应该注意的要素

该设计是从上到下的垂直格式，并有效地展示了伴随的定性数据收集。圆圈的使用说明了研究实施过程中的整合节点，上方的圆圈用于构建数据收集工具，下方的圆圈用于将数据整合在一起进行分析。

工作表示例 8.4.1　多阶段解释性混合方法研究序列设计在教育领域的案例

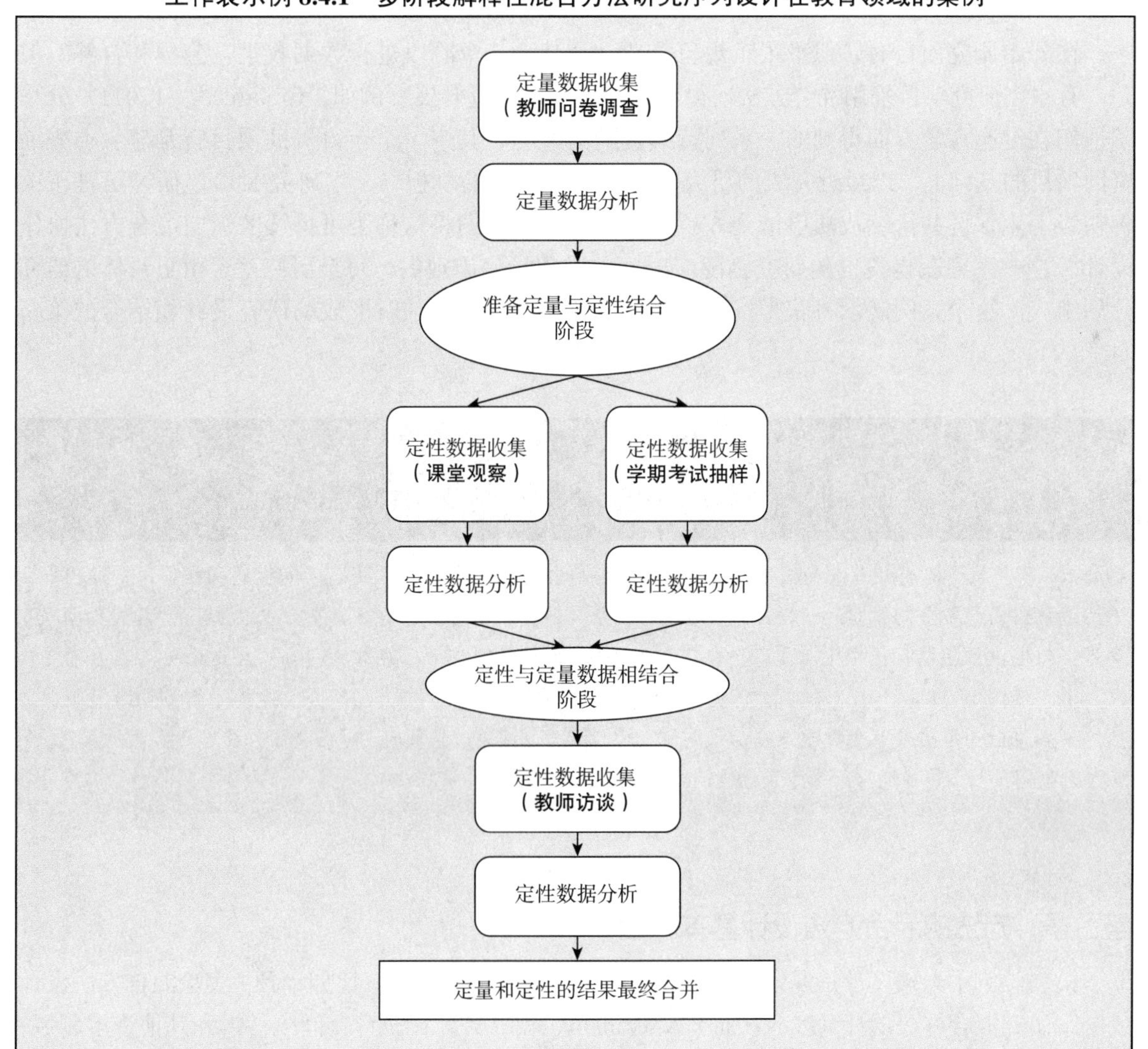

Source：Tsushima，R.（2015）. Methodological diversity in language assessment research：The role of mixed methods in classroom-based language assessment studies. International Journal of Qualitative Methods，14，104-121. doi：10.1177/160940691501400202（with permission of SAGE Publications.）

工作表 8.4.2 请写下工作表示例 8.4.1 的多阶段解释性混合方法研究序列设计中有哪些基本核心设计，并解释说明。

混合方法的核心设计： 解释说明：

（解释说明请参见表 8.1）

混合方法研究的程序

在开始研究项目时，似乎很难想象需要 2 个甚至 3 个阶段进行数据收集、分析和合并。但是，有很多研究项目采用混合方法使得研究项目可以持续开展。例如，Crabtree 等（2011）分享了他们在健康科学方面得到的一系列持续资助的经验，其中一个获得资助项目就是建立在先前资助项目的基础上，以最近完成的研究作为下一个研究的跳板（个案研究 8.1）。研究员基于改善初级卫生保健共持续成功申请到 6 项研究的资助。他们将这称为可持续的纵向混合方法协作设计。这一系列获得资助的研究是随着时间的推移慢慢出现的，每个研究基金由更具体的研究计划组成。这个案例展示将获得资助的固定研究设计和多个临时形成的研究设计相结合的策略（图 8.9）。

案例研究 8.1
研究项目中多阶段混合方法研究的联系：一个 15 年初级卫生保健转化研究计划的案例

2011 年，Crabtree 等发表了他们在有关初级卫生保健实践转变研究中持续获得研究资金的经验。初级保健实践转变的基本理念是：与提供预防性服务相比，真正提高临床绩效需要从根本上改变医生提供医疗服务的方式。这些预防性服务包括传染病进行免疫接种（接种流感疫苗预防流感、接种宫颈癌疫苗预防宫颈癌），通过行为改变（戒烟、道路行驶使用安全带）预防以后的疾病和伤害，早发现早治疗（乳腺癌和结肠直肠癌筛查），以及减少慢性病（糖尿病或高血压）进展等。在这 15 年间，Crabtree 等在 6 项受资助的研究中运用混合方法研究有效地了解到初级卫生保健的情况，并通过干预成功地改善了初级卫生保健的实践。

整合多种方法的混合方法设计基本原理

第一类脚手架式设计是混合方法与另一种方法论的合并应用，比如干预 / 实验混合方法设计或个案研究混合方法设计（Plano Clark & Ivankova，2016）。在教育、健康科学和其他许多领域，研究人员依靠干预或实验设计来检验相关性、因果关系和效应大小。此处介绍的脚手架式混合方法研究设计包括（a）实验（干预）混合方法设计（工作表示例 8.5.1）和（b）个案研究混合方法设计（工作表示例 8.6.1）。混合方法作为重要的信息收集方法，可用在干预性试验数据收集之前、试验进行中或试验完成后。同样，混合方法可用于个案研究设计中，对所关注的现象广泛收集不同类型的定性、定量数据（Yin，2014）。另一个可能运用脚手架式方法的是行动研究，这类研究致力于通过提高特定群体的能力和参与度来获得对社会变革具有实际重要意义的解决方案（Ivankova，2015）。由于篇幅所限，示例不在本章讨论范围之内。

混合方法干预／实验研究设计

在混合方法试验研究设计中，总体目的是进行实验或干预（O' Cathain，2018）。在试验中添加混合方法是基于已经构建好的试验过程进行了调整。因此，根据这类研究设计的特点可以称其为加入混合方法的试验。在混合方法文献中，作者通常表述为将定性研究嵌入试验中，可以是在试验之前、试验期间或试验之后。

教育领域里准实验干预脚手架式混合方法相结合的设计

Kong、Mohd Yaacob 和 Mohd Ariffin 设计的工作表示例 8.5.1 是一个在教育领域中准实验干预与脚手架式混合方法相结合的案例（2016）。为了开发和测试用于向五年级小学生教授建筑学的三维（3D）教科书，作者进行了两阶段的研究。第一阶段是探索阶段，进行了定性的个案研究。他们对五年级学生、教师、行政人员和项目建筑师进行了访谈，并在印度尼西亚巴厘岛的绿色学校中进行了现场观察。通过这一阶段的研究，他们能够了解儿童与环境之间的互动，并开发了三维（3D）教科书的文字说明初稿。在中间阶段，他们构建了 3D 教科书的实体模型，并定义了要在第二阶段进行测试的变量。在第二阶段中，研究人员开展了准实验设计，并在干预中和干预后采用观察法和访谈法进行定性数据的收集。学生在干预前和干预后完成了有关环保的知识、态度和行为的测试，作为环保教育干预效果评估的指标。研究初期的定性深入访谈和定性观察有助于拟定有效的干预措施。研究通过对比干预前后的评估定量地评价了干预效果。在这一过程中，研究人员进行了定性观察。这就形成了一个基于试验后访谈解释试验结果的试验后定性研究阶段。

流程图中值得注意的要素

这个示例展示了将个案研究作为第一阶段定性数据收集的应用（另请参见关于个案研究混合方法设计的讨论）。虽然第一阶段和第二阶段都是从左到右描绘的，其中有一条由右向左的虚线表示中间阶段，然后该阶段从左侧开始进一步移至干预。第一阶段和第二阶段的结构呈水平方向描绘了随着箭头方向，所有数据合并至右侧最后一个长方形矩形中。

工作表示例 8.5.1　混合方法类实验研究设计示例

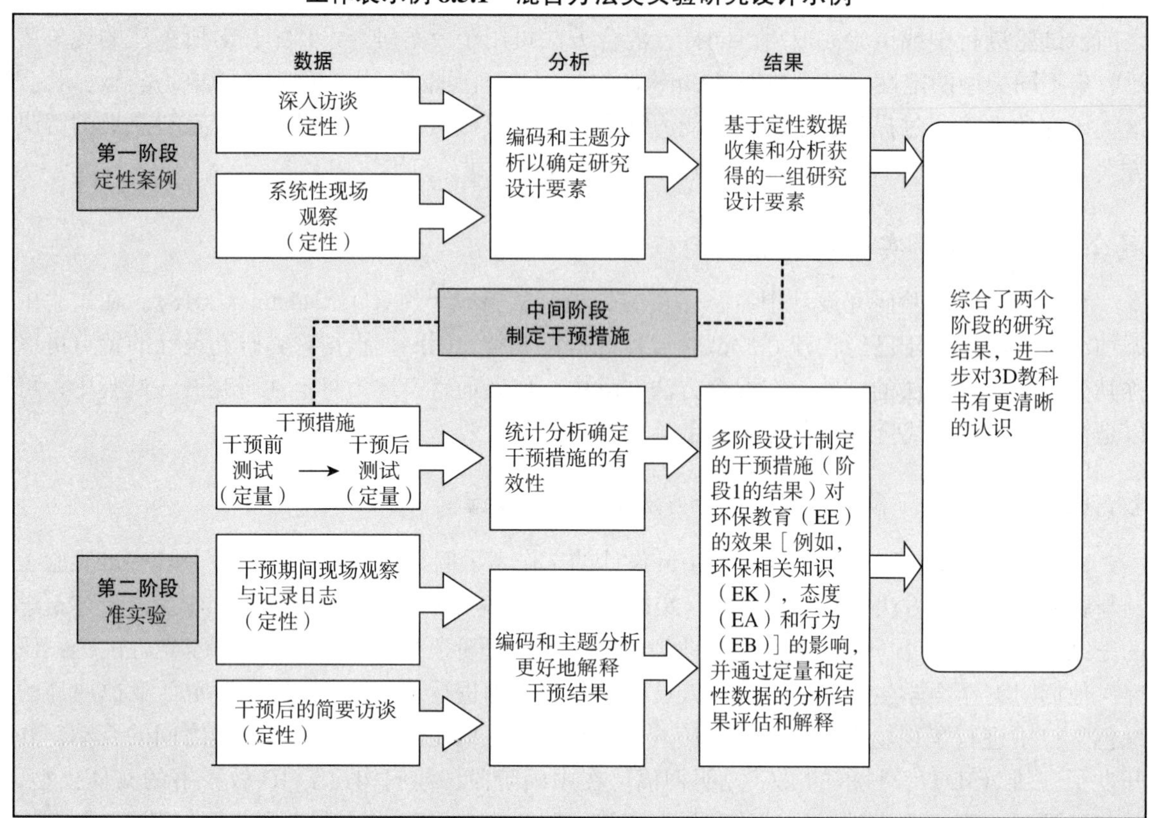

Source：Kong，S. Y.，Mohd Yaacob，N.，& Mohd Ariffin，A. R.（2016）. Constructing a mixed methods research design：Exploration of an architec- tural intervention. Journal of Mixed Methods Research，1-18. doi：10.1177/1558689816651807 with permission of SAGE Publications.

工作表 8.5.2　请指出工作表示例 8.5.1 的混合方法类实验设计中可以找到哪些基本核心设计，并说明原因

核心混合方法设计： 解释说明：

（解释说明请参见表 8.1）

个案研究混合方法设计

混合方法个案研究设计是指使用混合方法来进行个案研究。另一种是将混合方法设计嵌入在个案研究中（Guetterman & Fetters，2018）。个案研究混合方法是指利用一种或多种核心混合方法设计为研究调查、数据收集和定性定量数据分析提供框架，以界定研究问题、明确分析对象，为案例包含哪些事 / 哪些人设定明确的范围（Yin，2014）。

医学教育领域中个案研究混合方法设计

工作表示例 8.6.1 说明了混合方法与个案研究交叉的脚手架式混合方法研究（Yin，2014）。Shultz 等 2015 年使用聚敛式设计进行了混合方法个案研究。作者的目的是检验标准化患者指导计划的可接受性和影响，该计划由（美国）指导者对日本家庭医生进行女性乳房和骨盆检查以及男性生殖器和前列腺检查的培训。由于这个个案研究本身的独特性和重要性（Guetterman & Fetters，2018），将参与培训计划的家庭医生纳入到个案研究中。定性数据来源包括标准化患者指导者和家庭医生在美国接受培训后的反馈，并对接受了培训的家庭医生在其回日本工作的 1 ~ 2 年后进行了随访，同时也随访了诊所的其他工作人员，对他们进行半结构化访谈。定量数据包括被培训者对自己检查能力敏感性的自我评估。研究人员收集并分析了所有定性和定量数据，然后比较了定性和定量结果。他们检查了数据收集每个阶段的结果在多大程度上与其他阶段的结果相一致或相矛盾。虽然数据是通过两波收集的，但最后被放在一起分析。在第一波数据收集中，作者使用了指导者以及家庭医生在美国培训时的定性反馈。在第二波数据收集中，作者对在日本进行患者诊疗的家庭医生、诊所员工进行定性半结构化访谈，另外收集了定量的居民自我评估数据。

流程图中需要注意的元素

流程图说明了培训活动与混合方法数据收集之间的关系，也说明了数据收集的不同时间点。这项研究的特点是所有数据最后一起合并了，因此不能将其归类为序列设计。

工作表示例 8.6.1 医学教育领域中个案研究混合方法设计流程图示例

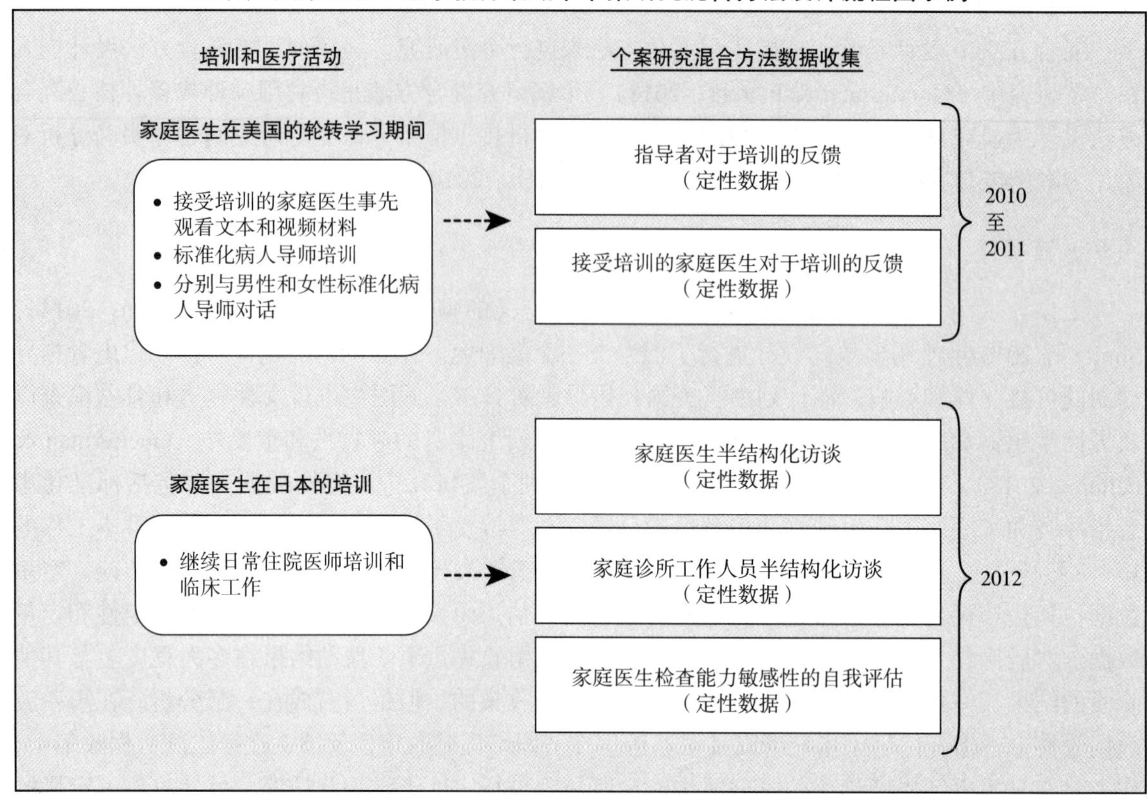

Source：Shultz，C. G.，Chu，M. S.，Yajima，A.，Skye，E. P.，Sano，K.，Inoue，M.，... Fetters，M. D.（2015）. The cultural context of teaching and learning sexual health care examinations in Japan：A mixed methods case study assessing the use of standardized patient instructors among Japanese family physician trainees of the Shizuoka Family Medicine Program. Asia Pacific Family Medicine，14，8. doi：10.1186/s12930-015- 0025-4 with permission of BioMed Central Publications with permission of BioMed Central Publications.

工作表 8.6.2 请指出工作表示例 8.6.1 的个案研究混合方法中可以找到哪些基本核心设计，并说明原因

混合方法的核心设计： 解释说明：

（解释说明请参见表 8.1）

整合其他设计的混合方法设计基本原理

第三类脚手架式设计是将混合方法整合于特定应用中，例如混合方法评估设计，混合方法调查（工具）开发设计，或以用户为中心的交互式网站或应用开发（Plano Clark & Ivankova，2016）。混合方法研究的流程可用于对项目或服务的价值、影响或有效性的评估研究，也可用于调查工具的开发，或者构建用户为中心的交互式在线或移动平台网站或应用程序（Alwashmi Hewboldt，Davis & Fetters，2019）。我们也将组合了一系列混合方法的核心设计的研究描述为多阶段混合方法研究。

混合方法评估设计

混合方法评估研究是一种严谨的研究方法，它使用一种或多种核心混合方法设计来构建或评估社会结构系统的优点、价值、影响、经济性或有效性。Creswell 和 Plano Clark（2018）将混合方法评估研究描述为：

大型评估项目通常比较复杂，包含多个目标、多个阶段或多个调查，涉及多种核心的混合方法设计。典型的评估研究包括需求评估、理论形成和完善、方案开发和测试，以及结果和过程评价（P.131）。

混合方法评估研究可用于各种领域，例如商业、教育和医疗保健。

工作表示例 8.7.1 中介绍了应用整合混合方法与项目评估的脚手架式混合方法研究设计的案例。Cochrane 和 Davey（2017）在澳大利亚堪培拉的小学开展了健康运动、饮食和生活方式项目（HEELP）。他们采用混合方法在 25 所学校评估该项目对身体状况和运动等主要结局指标的影响。为了评估该项目的实施效果，收集了定量数据来评估干预后 6 个月效果是否依然有持续性。在研究的第 3 年和第 4 年，向参加活动的孩子的父母 / 监护人分发了包含定量的封闭式问卷和定性的开放式问题的调查问卷，以评估儿童从该项目中获得的乐趣和益处，该项目干预对儿童和家庭的影响，了解日记的使用、家庭活动情况、相互交流，以及儿童和家庭对该项目的有哪些不喜欢的方面。定性评估开始于第 3 年，用于阐释学校的观点和做法，以了解学校环境如何支持健康的运动和饮食、开展生活方式教育以及参与课后服务。数据收集采用半结构化访谈和对学校的实地观察。定量分析使用随机效应模型估计整个研究人群的真实效应和异质性。在 HEELP 计划之后的 6 个月随访中，使用了重复测量方差分析和配对 t 检验来比较测量结果随时间的变化。定性资料采用主题分析，也称为解释性 / 验证性分析，用于观测该项目对学校的影响和所产生的价值，以及验证直接通过调查儿童和父母得出的结果。

流程图中需要注意的元素

这项研究展示了在项目开始的前两年同时收集身体指标测量数据和问卷调查数据，然后加入定性分析。该图清晰地说明了该项目历时 4 年的评估情况，也清晰地展示了研究后期不同年份的随访是如何进行定性数据收集的。

工作表示例 8.7.1 混合方法评估研究示例 *

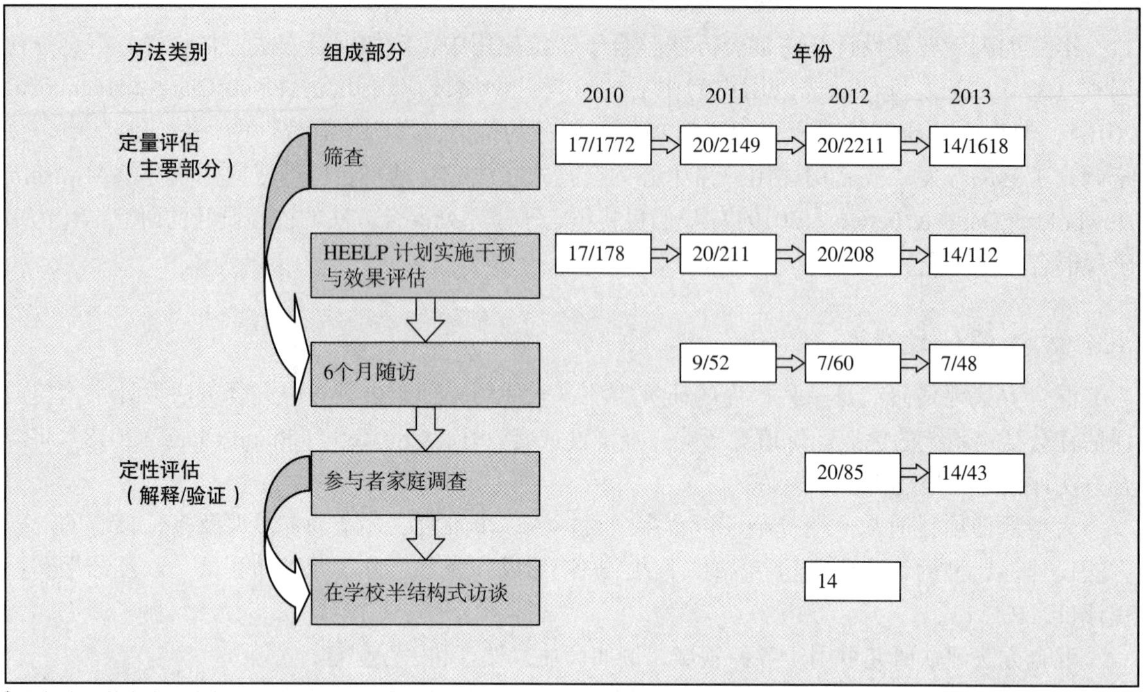

方法类别　组成部分　年份

2010　2011　2012　2013

定量评估（主要部分）

筛查：17/1772 → 20/2149 → 20/2211 → 14/1618

HEELP 计划实施干预与效果评估：17/178 → 20/211 → 20/208 → 14/112

6个月随访：9/52 → 7/60 → 7/48

定性评估（解释/验证）

参与者家庭调查：20/85 → 14/43

在学校半结构式访谈：14

* 方框中的数字表示特定年份每个部分“学校 / 参与者”的数量。HEELP 为计划名称，指“健康运动、饮食和生活方式项目”。Source：Cochrane，T.，& Davey，R. C.（2017）. Mixed-methods evaluation of a healthy exercise，eating，and lifestyle program for primary schools.Journal of School Health，87，823-831. doi：10.1111/josh.12555 with permission of American School Health Association。

工作表 8.7.2 请指出工作表示例 8.7.1 混合方法评估研究中可以找到哪些基本的核心设计，并说明原因

混合方法的核心设计：

解释说明：

（解释说明请参见表 8.1）

混合方法调查（工具）开发设计

混合方法调查开发设计是指将定性和定量数据收集与分析相结合“脚手架式”地整合在工具开发过程中，例如预试验和认知测试以及心理测验和性能测试，其总体目的是开发一个可靠的调查表。Creswell、Fetters 和 Ivankova（2004）根据对健康科学的研究回顾，将该过程称为工具开发设计，而 Creswell 和 Plano Clark（2018）将它描述为三阶段探索性序列设计。严格地说，第一阶段为定性数据收集和分析以探索感兴趣的现象，第二阶段是使用定量预试验和定性数据收集开发和完善调查工具，第三阶段是投入使用和定量数据收集。探索性混合方法研究序列设计也可能是一个两阶段模型。例如，一个项目可能一开始采用定性研究建立一个模型，然后在第二阶段中使用定量数据库中的数据分析对模型进行验证。

工作表示例 8.8.1 展示了脚手架式混合方法的调查（工具）开发研究。为了探讨韩国教师教育影响力如何影响教育工作者职业发展的生态环境，Hwang（2014）使用了探索性混合方法研究序列设计。在第一阶段，对 21 名来自 3 所国立教育大学的韩国教育工作者进行访谈收集定性数据。在第二阶段，研究团队创建了一个在线调查表，其中包含 10 个人口统计学问题和 7 个从定性阶段的访谈中提炼出的，有关韩国教师、教育工作者的工作和关注的问题。Hwang 还加入了 6 个 5 分 Likert 量表问题，每个问题需要打出 1 至 5 的分数，“1”表示强烈不同意，“5”表示强烈同意，这些定量结果会用于验证定性部分在不同背景环境（即机构环境、国家环境、全球背景、师生环境、学校老师和同事）的发现。在 39 名来自 13 个教育机构的教师中进行了预试验。在第三阶段，再次向 164 位调查对象发放了该量表，进行了数据收集和分析。

流程图中需要注意的要素

这是一个非常详细的流程图。研究遵循从上到下的垂直过程。一个有趣的现象是它在左侧的箭头框中描述了研究对象。通常这些信息会放在方法部分，但在这个案例中，这样的表达方式倒也清楚合适。此图的一个缺点可能是，每个步骤的产出与垂直轨迹中的下一个框之间没有连接，也就是说，最后一列产出似乎是最后一步。可以通过在每个产出方框中添加简短语言，说明它的处理方式来改善这一点。这个流程图可以在第三阶段通过提供更详细的方法、数据收集过程和产出信息加以改善。

工作表示例 8.8.1　混合方法调查工具开发设计案例

研究地点和研究对象	研究阶段	方法	产出
• 韩国3所教育机构 • 21名教育工作者	第一阶段 定性数据收集 （2019.1.1至2019.3.1）	半结构化访谈	• 录音 • 访谈笔记 • 访谈草稿
	定性数据分析	编码	对转录后的文本进行编码
	定性分析结果	描述主题	描述分析时产生的主题
• 13 所教师教育机构 • 39名教育工作者	第二阶段 问卷设计与预试验研究	• 按主题设计量表各部分 • 生成量表各部分的问题	完成问卷设计
• 13 所教师教育机构 • 164名回答问卷的人（发出823份问卷）	定量数据收集 （2010.6.4至2010.7.4）	• 收集邮箱地址 • 进行网络调查	完成网络调查
	定量数据分析	SPSS软件	描述统计分析
	定量分析结果	总结调查结果	描述调查结果
	比较	合并定性和定量分析结果	得出结论并解释结果

Source：Hwang，H.（2014）. The influence of the ecological contexts of teacher education on South Korean teacher educators' professional devel-opment. Teaching and Teacher Education，43，1-14. doi：10.1016/j.tate.2014.05.003 with permission of SAGE Publications.

工作表 8.8.2 请指出工作表示例 8.8.1 的混合方法调查（工具）开发设计中可以找到哪些基本核心设计，并说明原因

混合方法的核心设计： 解释说明：

（解释说明请参见表 8.1）

以用户为中心的交互式网站 / 应用程序开发混合方法研究设计

随着互联网时代的到来，网站开发的迅猛发展，以及智能手机的出现和移动电话应用程序的使用，应用混合方法开发和测试网站或应用程序的研究数量激增。虽然应用程序和网站的开发与调查工具的开发有些相似，但相对于调查工具的开发，应用程序和网站的开发是一个更需要反复迭代和持续改进的过程。Alwashmi 等（2019）将其描述为迭代聚敛式混合方法设计。虽然混合方法调查工具创建的数据收集工具也可以有多种版本，但通常来说，调查（surveys）是相对固定的数据收集工具。与之相反，网站，尤其是应用程序，会根据使用方式和用户需求而不断变化。相比于之前需要深入了解各条目的测量效果的量表 / 问卷调查，应用程序和网站的开发会更大程度上依赖于定性方法。

有研究使用混合方法，进行了以用户为中心的交互式设计，开发用于管理体重的网站和智能手机应用程序（Morrison et al.，2014；Yardley et al.，2012）。作者开发了一种称为“积极在线减肥”（Positive Online Weight Reduction，POWeR）的在线干预措施，为体重管理提供一种灵活的、非药物的方法，用于激发参与者的自主性，使其采取健康的行为维持长期的体重（工作表示例 8.9.1）。12 周后，用户每周都有新的模块可使用。每个模块提供协助用户提高自我管理技能的“工具”。积极在线减肥（POWeR）的开发和测试已发表了两篇文章。第一阶段包含了迭代开发和定性测试（Yardley et al.，2012），作者访谈了 25 人，询问参与者有关体重管理的体验，并将访谈结果与理论深入结合设计了干预措施。之后，对 16 位参与者进行了深入全面的认知测试，以阐释他们对干预和材料的看法。对于干预（工作表示例 8.9.1），每个参与的用户在网页版 POWeR 的 3 个初始模块中选择了符合自己的饮食、体育锻炼计划以及目标（Morrison et al.，2014）。随后，要求参与的用户下载 POWeR Tracker 应用程序，同时保持网页版 POWeR 干预的访问权限。干预过程中，研究人员对参与的用户进行了为期 4 周的督导，并要求他们使用 POWeR Tracker 应用程序完成关于目标达成的每日（定量）自我报告。在每个星期结束时，研究人员会进行半结构化的电话采访，以了解每个参与用户使用网站版 POWeR 和 POWeR Tracker 应用程序的体验。每个参与用户在网站版和应用程序版本的使用情况都被自动记录，包括什么时候、使用多长时间以及按什么顺序查看特定页面或界面。研究人员使用了 3 条目量表测量了饮食和体育锻炼的动机、自我效能、意识和成就。研究人员连续报告了定量和定性研究结果，并讨论了从两种信息来源中得到的推论。

流程图中需要注意的元素

下图描绘了在此研究中开发应用程序的复杂过程，由上至下的垂直结构很好地体现了数据收集的过程。此外，该流程图展现的试验过程，可以让读者看到试验前、试验期间和试验后的数据收集情况。

工作表示例 8.9.1 脚手架式混合方法研究应用到同时有网页版和手机应用版开发的案例

完成网页版POWeR前三个模块的干预

↓

下载POWeR Tracker 应用程序

↓

掷硬币随机分组

左侧说明	组一		组二
每天通过POWeR Tracker 应用程序完成自我测试报告	第1周：免费使用POWeR Tracker应用程序干预措施	电话访谈	第1周：未使用POWeR Tracker应用程序干预措施
免费登录网页版POWeR的权限登入权限	第2周：未使用POWeR Tracker应用程序干预措施	电话访谈	第2周：免费使用POWeR Tracker应用程序干预措施
	第3周：免费使用POWeR Tracker应用程序干预措施	电话访谈	第3周：未使用POWeR Tracker应用程序干预措施
	第4周：未使用POWeR Tracker应用程序干预措施	电话访谈	第4周：免费使用POWeR Tracker应用程序干预措施

Source：Morrison，L. G.，Hargood，C.，Lin，S. X.，Dennison，L.，Joseph，J.，Hughes，S.，Michie，S.（2014）. Understanding usage of a hybrid website and smartphone app for weight management：A mixed-methods study. *Journal of Medical Internet Research*，16，e201. doi：10.2196/jmir.3579（with permission of Journal of Medical Internet Research）.

工作表 8.9.2 请指出工作表示例 8.9.1 以用户为中心的交互式设计的混合方法研究设计中可以找到哪些基本核心设计，并说明原因

混合方法的核心设计：

解释说明：

（解释说明请参见表 8.1）

合并其他理论/思想体系框架的混合方法设计基本原理

第二种脚手架式混合方法设计用于混合方法与特定的理论框架结合使用（Plano Clark & Ivankova，2016）。这种研究设计通常用于混合方法社会公平性研究设计中。当进行减少不公正的相关研究时，研究人员会强调将多样性、平等性和包容性考虑在研究中，以获得社会公平性。他们使用混合方法使得研究结果更具有可信性和影响力。混合方法参与式社会公平性研究包括 CBPR（DeJonckheere et al，2018）（工作表示例 8.10.1）和变革性设计方法（Mertens，2007、2009、2010、2015）。变革性混合方法，基于社区的参与式研究和行动研究（Ivankova，2015）都具有可与混合方法相结合的基本特点。尽管超出了本章的范围，但将复杂理论与混合方法融合是创新混合方法研究的新兴领域（Koopmans，2017；Poth，2018a，2018b）。

混合方法参与式社会公平性研究设计

混合方法参与式社会公平性研究是以促进存在不平等或歧视的地方公平化为目的，以一种或多种核心混合方法设计构建理论基础，加入参与者的意见和通过与参与者协作完成。此类别包括 Donna Mertens（2007、2009、2010、2015）率先提出的变革性混合方法，以及由 Israel、Eng、Schulz 和 Parker（2012）推出的基于社区的参与式研究。DeJonckheereet 等已对基于社区的参与式研究做了详细的综述（2018）。社会公平性研究意味着这些设计本质上是力求促进平等和减少差距。强烈建议将参加实际规划、实施、分析和传播的核心人员纳入研究中。

工作表示例 8.10.1 展示了 CBPR 研究与混合方法融合的脚手架式混合方法研究案例。为了探究社区参与合作实践，以及社区参与合作实践与社区健康状况变化和健康状况差异之间的关系，Lucero 等（2016）使用混合方法进行了基于社区的参与式研究。在他们的研究设计中，作者提出了一个聚敛式混合方法研究设计结构，但在实际开展研究时，则使用了另一种迭代方法让个案研究的数据收集与工具开发、招募和完善同时进行。此外，还结合了本土理论和变革性理论。首先通过个案研究收集初始定性数据，接着进行了认知访谈，访谈结果为定量数据收集工具提供信息。然后，使用聚敛设计进行基于网络的调查和定性个案研究，再对不同方法收集的数据加以分析，并进行了方法内部分析（即按照常规统计程序进行的定量数据分析和定性数据案例系列分析），作者将这些数据相互比较加以验证。通过对信任度和管理能力的分析，说明了社区参与合作实践可能有助于融入社区文化价值观和改善社区生活质量。

值得注意的示意图元素

该图的一个亮点是他们对“计划”和“实际”进行的研究内容进行了分别展示。不同于“固定的”实施步骤，图中说明了他们如何添加选择措施、认知报告以及这如何影响实施顺序。在修改后的实际实施步骤中，很早就出现了信息之间的“互动”，因为研究者在进行网络调查之前就已进行了一个个案研究，并使用了以此获得的信息。最终，在合并以比较和验证两个数据来源的结论之前，分别完成了基于网络调查的数据收集分析和个案研究的数据收集分析。

工作表示例 8.10.1 基于社区的参与式研究设计示例

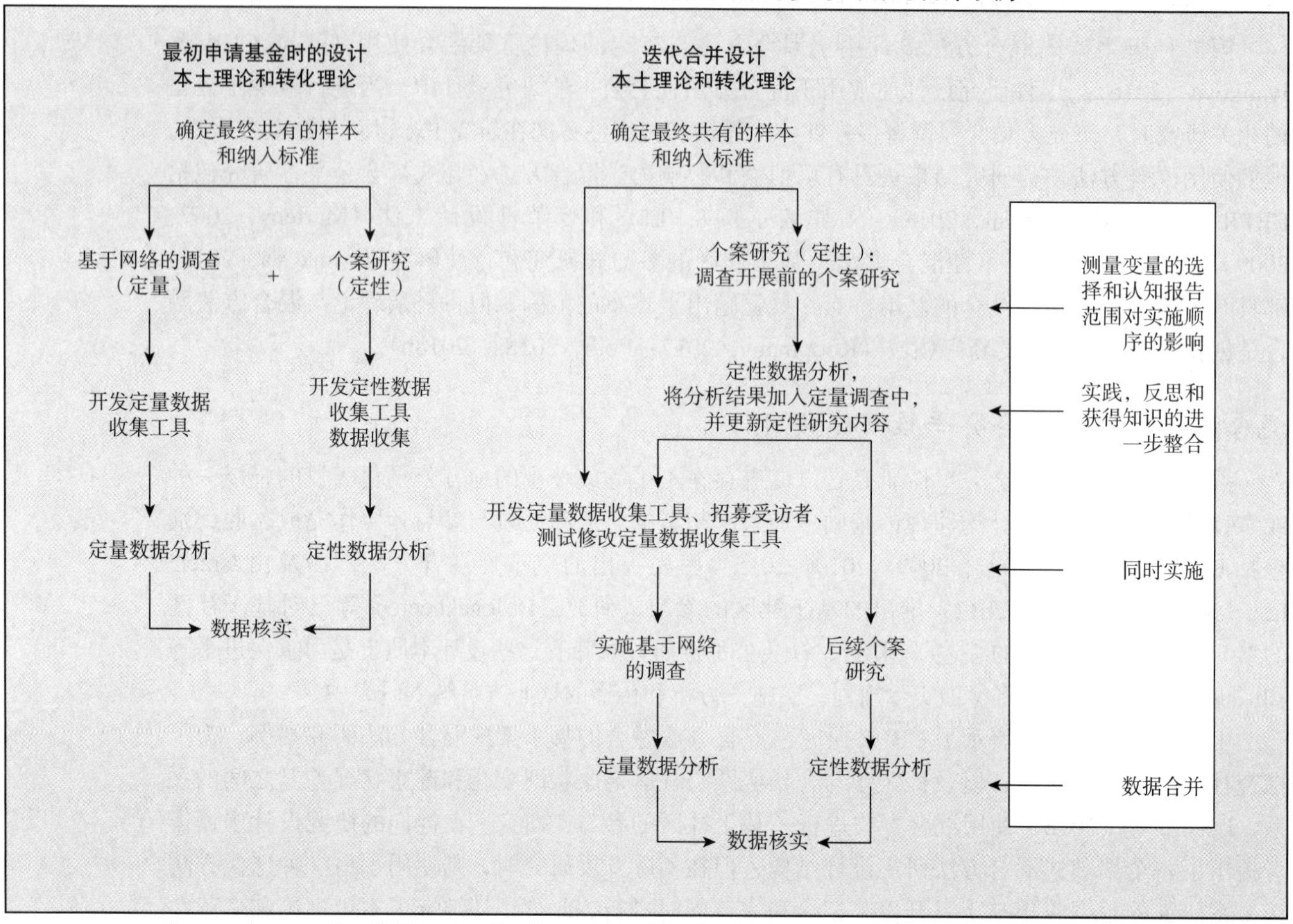

最初申请基金时的设计
本土理论和转化理论

确定最终共有的样本和纳入标准

基于网络的调查（定量） + 个案研究（定性）

开发定量数据收集工具 | 开发定性数据收集工具数据收集

定量数据分析 | 定性数据分析

数据核实

迭代合并设计
本土理论和转化理论

确定最终共有的样本和纳入标准

个案研究（定性）：调查开展前的个案研究

定性数据分析，将分析结果加入定量调查中，并更新定性研究内容

开发定量数据收集工具、招募受访者、测试修改定量数据收集工具

实施基于网络的调查 | 后续个案研究

定量数据分析 | 定性数据分析

数据核实

测量变量的选择和认知报告范围对实施顺序的影响

实践，反思和获得知识的进一步整合

同时实施

数据合并

Source：Lucero，J.，Wallerstein，N.，Duran，B.，Alegria，M.，Greene-Moton，E.，Israel，B.，Pearson，C.（2016）. Development of a mixed methods investigation of process and outcomes of community-based participatory research. *Journal of Mixed Methods Research*，12，55-74. doi：10.1177/1558689816633309（with permission of SAGE Publications）.

工作表 8.10.2 请指出工作表示例 8.10.1 基于社区的参与式混合方法研究设计中可以找到哪些基本核心设计，并说明原因

混合方法的核心设计：
解释说明：

（解释说明请参见表 8.1）

表 8.1 工作表示例 8.4.2 至 8.10.2 需填写的核心设计的答案

工作表示例 8.4.1 多阶段解释性混合方法研究序列设计

混合方法的核心设计：解释性混合方法研究序列设计，先后包含两个定性数据收集阶段

解释说明：最初的数据收集是通过定量调查进行的。调查发现，研究者通过对学期考试的定性观察和文本分析，收集和分析定性信息。在第二个定性阶段，根据上一阶段的发现制定访谈提纲，从而通过访谈老师收集更多定性信息。

工作表示例 8.5.1 干预 / 实验混合方法设计

混合方法的核心设计：探索性序列设计、聚敛式和解释性序列设计

解释说明：在试验早期的定性个案研究后，在试验期间通过现场观察和记录日志收集定性数据，试验结束后进行定性评估以帮助更好地解释研究结果。第一阶段的核心设计是探索性序列设计，通过定性数据收集和分析建立中间阶段的实际测试模型，以及第二阶段混合方法准实验的测量变量。在试验期间，有一个合并数据的部分，因为两类定性数据（观察和日志记录）大致同时被收集和分析。试验后是解释性混合方法研究序列设计，因为定性研究结果有助于加深对定量结果的理解，并能更好地解释定量结果。

工作表示例 8.6.1 个案研究混合方法设计

混合方法的核心设计：聚敛式设计。

解释说明：即使在美国收集的数据与在日本收集的数据间隔一年，但基本上在同一时间对所有数据汇总比较，这表明基本的核心设计是聚敛式的。

工作表示例 8.7.1 混合方法评估研究

混合方法的核心设计：解释性序列、聚敛式和解释性序列

解释说明：一开始收集和分析身体指标测量定量数据，之后开展混合方法调查，收集与分析定量和定性数据。即，研究中最初收集的定量数据通过之后的混合方法调查得以延续。这种同时进行 QUAN 和 QUAL 数据收集的方式是一个聚敛式设计。然后，作者依次进行了两个阶段的定性数据收集，即定性访谈嵌入定性观察。最后两步骤中的定性数据收集是在聚敛合并之后顺序进行的，以解释数据合并分析的结果，因此是解释性序列。（最后一步可以称为聚敛解释性序列混合方法设计，因为它表示合并分析数据后用定性分析对结果加以解释。）

工作表示例 8.8.1 混合方法调查（工具）开发设计

混合方法的核心设计：解释性序列

解释说明：研究工具的开发遵循经典的方式，即最初用定性方法进行探索，做预试验，然后再通过大样本人群进行定量验证。（有些人可能会说这是一个多阶段设计，具有总体探索性序列设计和一个干预性聚敛式设计，后者在最终定量评估之前，聚敛合并了定性和预试验定量数据。）

工作表示例 8.9.1 以用户为中心的移动应用和网站设计的混合方法研究

混合方法的核心设计：解释性序列和聚敛式序列

解释说明：以用户为中心的移动应用和网站的开发涉及广泛的探索性研究，之后使用混合方法进行了评估。因此，研究初始可被视为探索性序列设计，随后一段时间纵向收集定量数据，并在 4 周内每周重复定性访谈。（可以将这种设计称为探索性序列聚敛式设计）。最近有作者还描述为迭代式聚敛混合方法设计（Alwashmi et al.，2019）。

工作表示例 8.10.1 基于社区的参与式混合方法研究设计

混合方法的核心设计：探索性序列和聚敛式序列

解释说明：最初提出的混合方法设计是聚敛式设计，但是随着研究的发展，作者允许在研究过程中产生新的研究设计。最初的个案研究用于构建研究工具，在研究过程中产生新的研究设计为初始探索性混合方法研究序列增加了新的核心设计。

应用练习

1. **识别核心设计**。使用记号笔或彩色笔勾勒出工作表示例 8.4.1 至工作表示例 8.10.1 的核心设计。与同伴或在课堂上讨论其他人如何将图表中的混合方法的核心设计进行分类。
2. **同伴反馈**。在课堂或在研讨会上，如果你已经有一个正在开展的项目，请找到同伴导师，花 5 分钟的时间描述和讨论你的混合方法设计流程图。快速介绍你的计划，然后讨论最困扰你的部分。最重要的是，先集中确定基础核心设计，逐步加入项目的所有主要组成部分。如果你是独立工作，请与同事或导师分享你的脚手架式混合方法设计。
3. **对同伴进行反馈指导**。当你在听取同伴的介绍时，请发挥批判性思维的宝贵技能。你的目标是帮助同伴完善混合方法设计流程图。你能否找到其中的混合方法的核心设计？你是否清楚脚手架式混合方法可以为其他哪种设计或应用提供支持？
4. **团队汇报**。如果你在课堂上或大的团队中，请让自愿汇报的人展示他们的脚手架式流程图。讨论其中基本的混合方法的核心设计。请作者介绍研究设计，可以使用投影仪来进行展示，并请其他人对汇报者的内容进行评判和提问。

总结思考

使用下列清单来评估你对这一章的学习目标达成情况：

- □ 我可以描述脚手架式混合方法设计的概念以及其他方法学研究者用于描述这类设计的术语。
- □ 我可以区分 3 种类型的脚手架式混合方法设计：①多阶段整合的混合方法设计；②整合其他方法的混合方法设计；③整合其他特定理论 / 思想体系的混合方法设计。
- □ 我可以识别研究人员用来绘制脚手架式混合方法设计的不同方式。
- □ 我可以找出脚手架式混合方法中的核心设计。
- □ 我为我的项目绘制了一个脚手架式混合方法流程图。
- □ 我与同行或同事一起回顾了第 8 章的研究设计的注意事项和图表示例，以完善我的项目。

现在你已经达成这些目标，第 9 章将帮助你掌握混合方法研究项目的抽样方法。

拓展阅读

1. 有关脚手架式混合方法研究设计的拓展阅读（复杂的应用 / 设计，高级的应用程序）

- Creswell, J. W., & Plano Clark, V. L. (2018). *Designing and conducting mixed methods research* (3rd ed.). Thousand Oaks, CA: Sage.
- Plano Clark, V. L., & Ivankova, N. V. (2016). *Mixed methods research: A guide to the field*. Thousand Oaks, CA: Sage.

2. 有关研究设计和理论框架的拓展阅读

行动研究设计

- Bradbury, H. (2015). *The SAGE handbook of action research* (3rd ed.). Thousand Oaks, CA: Sage.
- Ivankova, N. V. (2015). *Mixed methods applications in action research: From methods to community action*. Thousand Oaks, CA: Sage.

个案研究设计

- Guetterman, T. C., & Fetters, M. D. (2018). Two methodological approaches to the integration of mixed methods and case study designs: A systemic review. *American Behavioral Scientist, 62*(7), 900–918. https://doi.org/10.1177/0002764218772641
- Yin, R. K. (2014). *Case study research: Design and methods* (5th ed.). Thousand Oaks, CA: Sage.

以用户为中心的交互式设计（网站 / 移动设备的程序开发）

- Alwashmi, M., Hawboldt, J., Davis, E., & Fetters, M. D. (2019). The iterative convergent design for mHealth usability testing: Mixed methods approach. *JMIR Mhealth Uhealth. 7*(4):e11656) doi:10.2196/11656
- Holtzblatt, K., & Beyer, H. (2016). Contextual design: Design for life. *Interactive Technologies* (2nd ed.). Burlington, MA: Morgan Kaufmann.

- Holtzblatt, K., Burns Wendell, J., & Wood, S. (2005). *Rapid contextual design: A how-to guide to key techniques for user-centered design*. San Francisco, CA: Morgan Kaufmann.

干预混合方法设计

- Nastasi, B. K., & Hitchcock, J. H. (2016). *Mixed methods research and culture-specific interventions: Program design and evaluation*. Thousand Oaks, CA: Sage.
- O'Cathain, A. (2018). *A practical guide to using qualitative research with randomized controlled trials*. Oxford, UK: Oxford University Press.

参与式/社会公平性/变革性混合方法设计

- Israel, B. A., Eng, E., Schulz, A. J., & Parker, E. (2012). *Methods for community-based participatory research for health* (2nd ed.). San Francisco, CA: Jossey-Bass.
- Mertens, D. M. (2009). *Transformative research and evaluation*. New York, NY: Guilford Press.

混合方法评估设计

- Burch, P., & Heinrich, C. J. (2015). *Mixed methods for policy research and program evaluation*. Thousand Oaks, CA: Sage.
- Mertens, D. M., & Wilson, A. T. (2012). *Program evaluation theory and practice*. New York, NY: Guilford Press.

混合方法调查（工具）开发设计

- Andres, L. (2012). *Designing & doing survey research*. Thousand Oaks, CA: Sage.
- DeVellis, R. F. (2016). *Scale development: Theory and applications* (4th ed.). Thousand Oaks, CA: Sage.
- Onwuegbuzie, A. J., Bustamante, R. M., & Nelson, J. A. (2010). Mixed research as a tool for developing quantitative instruments. *Journal of Mixed Methods Research, 4*, 56–78. doi:10.1177/1558689809355805

第9章

混合方法研究中的抽样整合

抽样策略是定性、定量和混合方法数据收集过程中不可或缺的组成部分。在数据收集的准备阶段，理解和选择各种抽样策略是一个巨大的挑战。本章内容将帮助你了解定性和定量抽样策略的目的和过程方面的差异，认识适用于混合方法研究中定性和定量的抽样策略，思考影响混合方法项目抽样策略的因素，掌握混合方法研究设计中整合抽样策略的方法，并最终制定出一项研究的抽样方案。作为一个关键产出，你需要完成一个全面的数据抽样方案。

学习目标

本章介绍混合方法研究（MMR）和过程评价中的抽样策略，以便你

- 发现定量和定性抽样策略在抽样目的和抽样过程方面的主要差异
- 了解定量抽样策略在混合方法项目中的适用范围
- 评估定性抽样策略在混合方法项目中的适用范围
- 思考抽样策略的选择如何影响混合方法项目实施
- 说明抽样策略如何与混合方法设计紧密联系
- 概述混合方法项目中的抽样计划

为什么要抽样

混合方法研究人员需要确定参与原始数据收集的研究对象。**样本**是研究对象总体的一个子集。**抽样策略**是指用于确定参与研究的研究对象的方法。定量研究人员与定性研究人员使用的抽样策略截然不同。混合方法研究人员必须熟悉两种方法的抽样过程，否则会影响混合方法研究质量。定量研究人员通常使用的样本量较大，而定性研究人员则运用较小样本量。

人类学家约翰逊（Johnson，1998）总结了在新的统计过程和技术背景下抽样的关键性质：从研究起始牢记理论、设计（包括抽样）和数据分析之间的联系非常重要，因为无论是在测量还是抽样方面，数据收集方式均直接影响其分析方式（P.153）。

如何制定抽样策略

本章旨在帮助你全面考虑与混合方法研究抽样相关的选择。可参考工作表示例 9.1.1 并完成工作表 9.1.2 中的各要素内容。此外，本章还提供了更多图示及活动，有助于你全面考虑选择并阐明混合研究方法中的抽样方法。Curry 和 Nunez-Smith（2015，P.217）开发的一种混合方法抽样方法也可以帮助你做好抽样决策。

工作表示例 9.1.1 商业、教育和健康科学示例中的抽样选择

抽样考虑因素	商业领域示例（Sharma 和 Vredenburg，1998）	教育领域示例（Harper，2016）	健康科学领域示例（Kron 等，2017）
目标 / 研究人群	行业背景单一：加拿大石油和天然气行业的公司	中学教师	医学院二年级过渡到三年级的学生 对学生进行评估的标准化病人指导者（SPIs）
抽样时序	非同步：个案研究与调查分开进行	非同步：调查和访谈分开进行	同步：在医学生和 SPIs 中分别同时进行定性和定量部分的抽样
抽样关系	扩大的： 在定性个案研究（n=7）基础上进一步扩大样本量，以获得更大的定量样本（n=90）	独立的和多层级的： - 来自 26 所中学的 334 名教师 - 来自成绩较好的中学的 11 名校长	统一的和多层级的： - 整个医学生样本相同（n= 421） - SPIs 用于定性和定量评估
抽样层级描述	定性样本 - 对于案例：考虑行业规模，覆盖大型、中型、小型企业（n = 7） - 对于对象：覆盖高级经理和中级主管（n = 27） 定量样本 - 所有符合收入条件的公司	定量样本： - 成绩好（n=21）和成绩不好（n=5）的中学招募 334 名教师 定性样本： - 招募 11 名校长	两个水平： - 定性和定量样本——均包含所有参与研究的医学生。 - 定量和定性评估中 SPIs 样本相同
定性抽样策略	对于公司案例，根据行业规模和公司内部管理角色进行抽样（n =7）。对于案例个体，最初对管理人员的抽样采用滚雪球法（n =18），分析过程中对新出现的现象继续进行了抽样（18 加上 9 个新的对象）	正偏差抽样用于对“信息丰富案例”的高中中学校长的抽样（n=11）。最大差异抽样使得所选择的样本代表规模、社会经济（SES）状况、地理位置（郊区，小镇和乡村）不同的学校	所有参加试验的学生均通过反思写作的方式提供定性数据，不过他们被随机分配了 5 个不同的定性问题
定量抽样策略	人群抽样：小型的石油和天然气公司 110 家，调查了中级和高级管理人员（n=162）	基于社会经济水平和学生成绩进行非概率分层抽样。 学校：n=26 教师自愿抽样：n=334	人群抽样： - 421 名医学院学生（干预组 210 名，对照组 211 名） - 所有 SPIs 都负责评估学生
混合方法抽样策略	探索性序列设计抽样	解释性序列设计抽样，定量阶段纳入的学校为随后的定性阶段提供样本	聚敛式抽样用于混合方法试验和试验后聚敛式评估
抽样的组织职能水平	公司活动分为 3 个层面： - 上游（勘探、钻探、原油生产） - 下游（炼油、营销） - 集成（两者）	21 所成绩好的中学和 5 所成绩不好的中学的两个水平： - 老师 - 校长 抽样策略需要获得主管和校长的协助才能实施	3 所医学院内的两个水平： - 医科二年级学生 - 评估 SPIs 的学生
地理位置和抽样	国家层级（加拿大）	学校所在地区：来自阿拉巴马州 4 个相对较大的都市区（亨斯维尔、伯明翰、蒙哥马利和莫比尔）以及全州的农村地区和小镇	美国北部（n = 1）和美国东部（n = 2）

工作表 9.1.2　抽样选择

抽样考虑因素	与研究相关性
目标 / 研究人群：	
抽样时序：	
抽样关联：	
抽样层级描述：	
定性抽样策略：	
定量抽样策略：	
混合方法抽样策略：	
抽样和组织职能：	
地理位置和抽样：	

目标人群

在研究开始之前，应该明确纳入研究的群体。定量研究人员和定性研究人员对研究人群的抽样看法有所不同（图 9.1）。首先，定量研究人员会考虑纳入很多研究对象。定量研究人员经常谈论**目标人群**，即具有某种特征的全部人群的集合，可从中抽取一定数量的子集作为样本。**抽样框**作为目标人群中可以选择作为样本的范围。**样本**代表从抽样框中选择的能够代表总体的集合。通过**概率抽样**，可以进行统计推论，从样本中得出关于目标总体的结论。

定性研究人员更关注深入了解少数人群。相比目标总体，定性研究人员会更多地谈论**研究人群**，即研究者关注的参与研究的研究对象。相比概率抽样的抽样框，定性研究人员更习惯使用**目的性抽样**，即在定性研究中根据明确的目的、理论基础或标准选择参与者。有时候定性研究选择的研究人数可能少到只有一个。通常，如果样本比较少，我们会期望从案例得到更深入丰富的信息。在对研究样本所经历的现象进行深入的探索之后，定性研究者会考虑结果的**可转化性**，或研究结果可应用于其他人群或相似环境的程度。图 9.1 揭示了这些相似但不相同的视角。

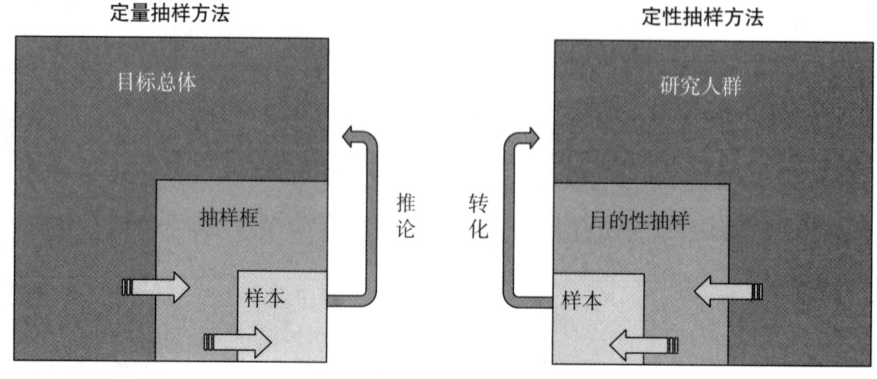

图 9.1　定量和定性研究抽样

练习：确定研究人群

使用工作表示例 9.1.1 和图 9.1，在工作表 9.1.2 补充你的研究将涉及的目标总体 / 研究人群。它可能是个人或社会机构（如小公司、学区、医院系统）的人员。提供的信息越详细越好。

抽样时序

混合方法研究抽样时首先要考虑的问题之一是混合方法数据收集的时序。**抽样时序**是指选择研究对象收集定性和定量数据的时间关系，通常包括同步或非同步进行。图 9.2 显示了基于定性数据和定量数据收集时间，混合方法项目中可能出现的 3 种抽样时序变化。同步时序（simultaneous timing）一般应用于聚敛式混合方法研究设计中，定性和定量数据基本上是同时收集的。而采用从定性到定量的序列性时序，即首先收集定性数据，然后收集定量数据，这种模式称为探索性混合方法研究序列设计。采用从定量到定性的序列性时序，即首先收集定量数据，然后收集定性数据，这种模式称为解释性混合方法研究序列设计。在 Sharma 和 Vredenburg 的商业领域示例中（1998），他们试图探索环境战略与能力发展之间的联系，并了解石油和天然气行业中应急能力和竞争结果关系的本质，采用了非同步的序列性抽样，即定性个案研究之后进行了定量调查。在教育领域的例子中，Harper（2016）试图了解校长如何通过改善学业文化来提高学生学业成绩，采用了非同步的序列性抽样时序（定量的教师问卷调查之后进行针对校长的定性访谈）。在健康科学研究示例中，Kron 等（2017）试图研究虚拟人干预对医学生沟通技能的影响。他们同时收集研究数据，在研究伊始招募了医学生，在随后的不同数据收集点，均对相同的样本进行定性和定量的数据收集。分布在不同场所的标准化病人指导员只是在某个时间点参与研究。

练习：确定抽样时序

参考工作表示例 9.1.1 和图 9.1，完成工作表 9.1.2 中的抽样时序，在以下 3 项中选择一项：同步、非同步的定性到定量或非同步的定量到定性。如果你正在开展多阶段项目，请按阶段录入信息，提供的信息越详细越好。

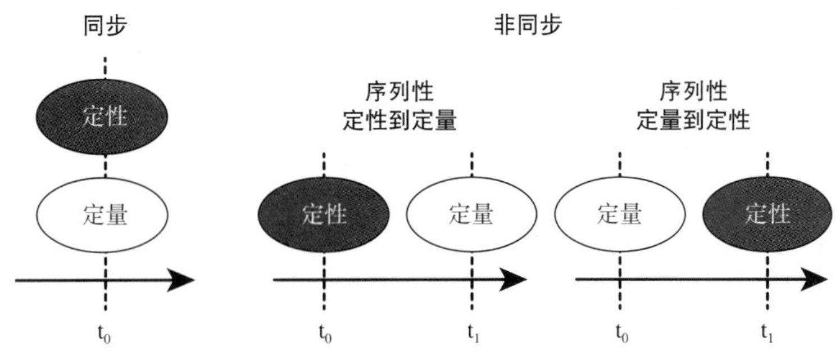

图 9.2 在混合方法数据收集中按时间维度进行抽样

抽样关系

混合方法数据收集期间第二个需要考虑的因素是抽样关系。**抽样关系**定义为定性和定量部分的研究对象相互关联的方式，通常可以有相同、嵌套、扩大、独立或多层级的层次关系（图 9.3）。在相同抽样关系中，定性和定量数据均从相同的样本（相同的个体）中收集。在嵌套关系中，定性样本来源于较大的定量样本，这种抽样类型主要应用于聚敛式或解释性混合方法的核心序列设计中。图 9.3 中，嵌套关系的箭头表示定性样本是如何从较大规模的定量样本中获得的。在扩大关系中，由最初的定性样本，进一步扩展，最终构建一个由原始定性样本和其他样本组成的更大定量样本。这类关系并不常用，通常出现在探索性序列设计中。图 9.3 中，扩大关系的箭头表示如何从定性样本扩展到较大规模定量样本中。在独立的关系中，定性数据和定量数据是从完全不同的样本中收集的。在多层级关系中，混合方法项目包含了某一组织中不同层级的单位或社会层级。表 9.1 列出了可能与商业、教育和健康科学领域混合方法研究有关的各种相关人员的说明。在商业领域示例中（Sharma & Vredenburg，1998），尽管作者并没有明确指出，但定性个案研究的 7 家公司都被纳入后续更大样本量的定量研究（n = 90）中，因此该示例中的样本关系是扩大。Harper（2016）的教育领域研究，调查了校长如何通过改善学业文化来改善学生成绩的，由于定量阶段对教师进行抽样，而在随后的定性阶段对校长进行抽样，所以其抽样关系是独立的。又因研究涉及教师及校长，Harper 还进行了多层级的分层抽样。在 Kron 等（2017）的健康科学领域的虚拟人干预的效果研究中，对医学生和 SPIs 进行定性定量数据收集的样本是相同的，并且对不同组织的学生和教师进行了分层抽样。

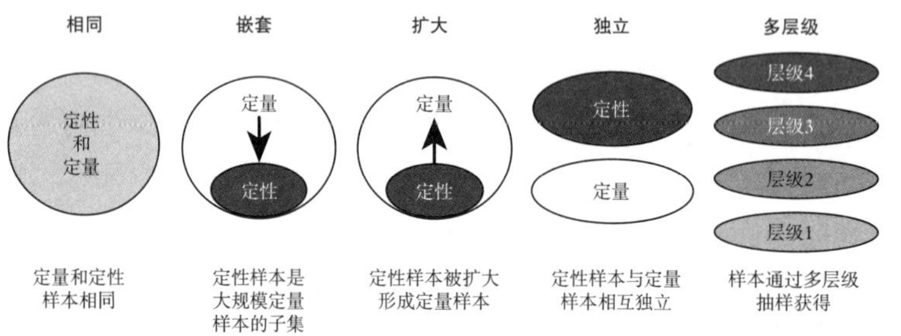

图 9.3　混合方法数据采集的抽样关系

表 9.1　商业、教育和健康科学领域分层多层级抽样中可能的层级

层级	商业	教育	健康科学
1	消费者	学生、家长	患者 / 家庭
2	工作人员、保管员	工作人员、保管员	工作人员、职员、保管员
3	工人	教师	临床工作者
4	中层经理	校长	中层管理人员
5	高级经理，如首席执行官、首席营销官、首席财务官	主管	高层管理人员，例如首席执行官、首席营销官、院长

练习：确定是否适合多层级抽样

首先可以分析，你的研究是否适用多层级抽样。如果不适合，则可以跳转至第二部分。

第一部分：以工作表示例 9.1.1、表 9.1 和图 9.3 中说明的层级结构为参考，在工作表 9.2 空白处填写你研究的相关内容。在第一列方框中填写研究中的层次关系及研究对象类型，并在每一行记录不同层次的研究对象情况。接着，填写收集定性和定量数据的计划。在最后一列备注与研究相关的思考、想法等。例如，你可能想与同事、指导老师、生物统计学家或来自定性研究或定量研究的权威人士联系，希望获得访谈权限。你可能还会记录收入水平、研究阶段或其他有关的问题。这一部分可以帮助你进一步完善研究。

第二部分：完成工作表 9.2 后，请转到工作表 9.1.2，做进一步修订和改进。

工作表 9.2 多层级抽样示例 - 使用商业、教育和健康科学领域示例确定抽样时序关系

研究	多层级和研究对象类型	定性部分的抽样	定量部分的抽样	备注
商业示例（sharma 和 Vrade nburg，1998）	定性个案研究： 对于企业，考虑规模； 对于个体，考虑经理级别； 对于调查，考虑所有年销售额超过 2 000 万美元的加拿大石油和天然气公司	行业规模：大型、高级、中级、初级（n=7） 经理级别：高级、中级、主管（n=27），包括首席执行官、高层管理团队成员、环境评估经理、员工经理、生产线 / 运营经理	从加拿大的 110 家石油和天然气公司（目标总体 110 家）中，抽样 90 家	参加调查的公司显然包括了 7 个个案研究公司（作者未明确）
教育示例（Harper，2016）	对于调查，考虑中学教师； 对于定性访谈，中学校长	成绩较好学校的中学校长（n=11）	成绩好的中学的教师（n=21）和成绩不好的中学的教师（n=5）	研究需要各种抽样策略来招募调查样本
健康科学示例（Kron 等，2017）	对于试验，考虑医学生 对于临床表现评估，考虑 SPIs	所有过渡到临床轮转阶段的二年级医学生（n=421），所有评估学生的 SPIs	同样的学生和 SPIs	- 在两个研究点的全部二年级学生 - 在一个研究点的所有未选择退出的学生
你的研究				

将抽样时序和抽样关系融合到特定的混合方法研究设计中

在考虑了定性和定量数据收集的抽样时序以及抽样关系之后，下一步就是将这些概念整合到特定的混合方法研究设计中。如果你尚未掌握混合方法设计，建议先阅读第 7 章和第 8 章，了解有关混合方法的核心设计和脚手架式混合方法设计。3 种混合方法的核心设计分别是聚敛式设计、解释性序列设计和探索性序列设计。抽样时始终需要考虑研究设计和研究目的。工作表 9.3 由混合方法核心设计的类型、不同设计类型的抽样策略、抽样注意事项和备注框组成。

练习：抽样时序、抽样关系和混合方法研究设计

第一部分：查看工作表 9.3，考虑适合你的研究设计的抽样策略，可以在最后一列填写有关研究的备注（例如，与你项目的相关性、记录的问题或疑虑）。如果要实施多阶段研究，则可以填写多个部分，并在备注框中填写具体的阶段。

第二部分：完成工作表 9.3 之后，可以在工作表 9.1.2 补充有关混合方法抽样的部分。

工作表 9.3　基于 3 种核心设计的混合方法研究抽样策略，并确定你的抽样策略

类型	抽样策略	抽样考虑因素	备注
聚敛式设计抽样	1. 使用定量抽样策略以推广研究发现，证明相互关系、效应大小等。 2. 使用目的性抽样策略，以增强对定量结果的解释，提高外推性，发展理论，验证结果，寻找异常值，以及寻找矛盾的案例。	1. 对于上述两种抽样策略，你是否会使用相同的研究对象？ 2. 定性样本与定量样本的研究对象是相同，还是亚组（嵌套）或不同个体（独立）？ 3. 你将在一个还是多个社会层级（多层级）进行抽样？ 4. 你抽样进行定性和定量的数据收集和分析的目的是验证相同的还是不同的概念？	
解释性序列设计抽样	1. 使用某种抽样策略进行定量数据收集，以在人群中验证某个现象或概念；也可以是发现某疾病危险因素或建立定量模型。 2. 基于定量数据确定所纳入研究的定性样本，以解释、说明和阐释定量研究结果的含义，并确定亚组之间的差异；确定典型的、严重的或离群的案例；验证通过定量建模产生的理论。抽样是由验证定量结果或帮助解释变异的需求驱动的。	1. 数据收集的两个阶段，你将使用相同的还是独立的研究对象？ 2. 定性样本与定量样本的研究对象是相同，或亚组（嵌套）或不同个体（独立）？ 3. 你将在一个还是在多个社会层级（多层级）进行抽样？ 4. 你是否会使用概率抽样或目的性抽样进行后续定性部分的抽样，以确定典型案例、严重案例、异常案例等？你是否为创建理论而抽样？ 5. 你是验证相同的还是不同的概念？ 6. 在迭代数据收集和分析过程中，你是否需要采用其他的抽样策略？ 7. 在分析期间，你应考虑哪种类型的分析性抽样？	
探索性序列设计抽样	1. 通过定性样本构建一个理论或工具，后续通过定量研究进行验证；或者在不同的文化和（或）语言环境中进行现有工具的适应性研究。 2. 使用抽样策略进行定量数据收集，以了解某一现象或理论在人群中的分布，明确变量的关系，确定关联强度，并验证定性部分构建的模型。	1. 数据收集的两个阶段使用相同的还是不同的研究对象？ 2. 定性样本与定量样本的研究对象是相同，或亚组（嵌套）或不同个体（独立）？ 3. 你将在一个还是多个社会层级（多层级）进行抽样？ 4. 你会使用概率抽样还是非概率抽样策略对后续的定量数据收集和分析进行抽样？ 5. 定性研究发现的差异是否有必要在后续的定量研究中进行分层随机抽样或整群抽样？ 6. 你的样本是否足以帮助检查所有已确定的概念、这些概念的子集或者概念的扩展集？	

将定性和定量的抽样策略融入混合方法研究设计

根据你的混合方法研究设计类型，对抽样需求有了更清晰的理解之后，你现在需要明确在混合方法研究中要使用的定量和定性抽样策略的具体类型。在下文中，你将回顾定量研究和定性研究中一些公认的抽样策略，并填写定量抽样工作表 9.4 及定性抽样工作表 9.5，以确定适用于你的研究项目的抽样策略。

定量研究的抽样

对定量研究使用的抽样方法进行表述时涉及几个关键术语（Johnson & Christensen，2017）。**样本**指来自一个更大群体的参与者。N 表示总体大小，n 表示实际样本大小。研究人员希望将研究结果**外推**到更广泛的**人群中**。定量方法通过使用概率和实际测量来控制偏倚，即测量值与真实值的偏差。

概率和非概率抽样

在定量研究中，研究人员通常使用概率抽样，采用随机的方法确保抽样样本对目标群体的代表性。定量研究人员高度重视概率抽样，因为概率抽样保证了研究结果的外推性，即来自样本人群的定量研究结果可外推到更广泛人群的程度。此外，随机抽样可最大限度地减少选择偏倚。定量研究人员也会采用非概率抽样。非概率抽样没有特定的术语，指样本并非基于概率抽样所得。虽然概率抽样非常有用，但研究人员有时也可以使用其他抽样策略得出强有力的结论。

混合方法研究中定量部分的抽样策略

混合方法抽样策略指在定量研究中使用定量抽样的方法，定性研究中使用常见的定性样本选择方法的抽样策略。如果使用混合方法收集和分析定性和定量数据，可以整合出定性和定量的综合结果和全面的解释。通常需要根据数据收集的目的来确定抽样的首选策略。因此，在混合方法研究的早期阶段与随后的现场调查及后期分析阶段使用的定性研究的抽样策略可能有所不同。

练习：确定项目中定量部分的抽样策略

工作表 9.4 展示了定量方法中常用的抽样策略。该表包括抽样策略的类型、简要定义和需要完成的方框。可以利用这些方框记录与研究相关的备注。这种抽样策略是否适用于你的研究？如果是，为什么？如果不适用，为什么？你可能想要做个笔记来学习更多关于抽样策略的知识。浏览完表格后，你可能只标记了一个策略（特别是当你已经完成了数据收集时）；如果是多阶段设计，你可能标记了多个策略；如果还没有决定，或仍在项目设计阶段，你也可能没有标记任何抽样策略。

工作表 9.4　定量研究中的抽样策略，确定你的抽样策略

类型	描述	与你的研究的相关性
1．概率抽样	通过随机抽样的方法从目标总体中选取样本	
a．简单随机 / 等概率抽样	使用概率抽样选择样本，使目标总体中的个体或案例都有相同的机会被选中	
2．系统抽样	通过确定一个抽样间隔 k（总体大小除以期望的样本大小 $N/n=k$）来选择研究样本，随机选择 1 到 k 之间的一个起始点，然后以 k 为间距选择样本	
a．定群抽样	在给定的群体中随机抽取一部分样本人群，在设定好的时点持续随访样本人群，从而实现对给定群体的追踪	
3．分层抽样	将目标总体分成互不相交的层，然后从各层随机抽取一定数量的样本	
a．按比例分层抽样	分层抽样的一种方法，各子样本在总样本中所占比例等于各层在总体总所占比例	
b．非比例分层抽样	分层抽样的一种方法，各子样本在总样本中所占比例不等于各层在总体中所占比例	
c．配额抽样	根据项目变量设置要选择的研究对象配额。随机选择研究对象直到完成配额。可以分为比例和非比例配额抽样	
4．整群随机抽样	以具有某一特征的群体（例如，零售店、学校、大学、诊所、医院）为单位，随机选择样本，而不是单个个体（例如，客户、销售代表和职员，学生、家长和教师，护士、医生、行政人员）	
a．单阶段整群抽样	从目标总体的所有整群中随机抽取一个整群并纳入该群体所有样本（例如，客户、销售代表、职员）	
b．两阶段整群抽样	随机选择若干群体后，从每个群体中随机选择样本	
非概率抽样	抽样策略与概率抽样不同。目标总体中的个体被选中的概率不相同	
1．人群抽样	从总体中选择符合参与条件的个体（这实际上不是一个样本，因为所有符合条件的个体都被邀请加入研究）	
2．自愿抽样	只纳入自愿加入研究的个体	

定性研究的抽样

与定量研究的抽样不同，定性研究者经常选取小样本进行深入研究，有时甚至仅深入研究一个案例。这与定量研究通常使用大样本，或者至少更倾向于使用大样本形成了鲜明对比。在定性方法论中，有一些关键概念值得讨论，如**信息丰富个案**是指那些因为它们的本质和实质能解释所探讨的定性研究问题的案例。在定量方法论中，科学家尽力控制偏倚；而在定性方法论中，研究者尝试使用先入之见。例如，研究人员可以首先利用自己对于某一现象的想法，构建对这一现象的初始理解框架；或者以他们先入之见作为参照，寻找与自己想法相反的信息或不同的解释。

定性研究中目的性抽样策略

定性研究首选的抽样策略为**目的性抽样**，即根据明确的目的、理由或标准选择定性研究对象。目的性抽样是一种“非概率抽样”(有时定量研究人员使用该名称，请参见工作表 9.4)。在许多研究者看来，非概率抽样也包括方便抽样。虽然方便抽样术语经常被提及，但在定量和定性研究中并不常用。

方便抽样

方便抽样一词，也称为偶遇抽样（accidental sampling）、现场抽样（grab sampling）、偶然抽样（haphazard sampling）或机会抽样（opportunity sampling），是指研究者选择最易获得和接近的对象作为研究参与者的一种抽样方法。由于方便抽样和目的性抽样都属于非概率抽样，即使是无意地，也可能不幸地被认为是一种劣等的抽样方法，而事实上，目的性抽样的策略也可能非常复杂。定性研究领域知名专家 Patton（2015）明确表示应避免使用方便抽样，并且在其第 4 版的定性研究和评估书籍中，将方便抽样从目的性抽样策略列表中移除了。如研究轶事 9.1 中所述，只要有可能，就应使用一种恰当的目的性抽样策略。方便抽样的另一种变化形式是配额方便抽样，指研究人员在确定特定组的样本量后，使用方便抽样程序选择每个亚组的样本的方法，这同样也被认为是一种不可靠的策略。

研究轶事 9.1

方便抽样的体现

我有两则关于方便抽样的趣事分享。首先，我经常听到研究者，通常是初级或仅接受过定量研究训练的研究者，错误地认为方便抽样就是定性研究的特征之一。其次，我也在研究咨询中遇到过陈述自己计划或已经在研究中使用了方便抽样的研究人员。但当我仔细询问他们时，发现实际上他们使用了众多目的性抽样策略中的一种。简而言之，当你得知合作伙伴或者同事使用方便抽样时，我建议最好了解目的性抽样的各种策略，并进一步明确术语。如果你或同事正在计划使用方便抽样，建议考虑采用另一种公认的目的性抽样策略。

此外，还需确认实际采用的策略是否合适，以及那位同事是否只是不清楚如何描述定性抽样策略。

混合方法研究中定性部分的抽样策略

Patton（2015）在对定性研究的目的性抽样策略的详细阐述中，提出了 38 种不同的选择和两种混合方法的选择。他将前 38 个方法分为七个大类，这些都在表 9.2 中有所体现。在关键个案抽样策略（significant single case strategies）中，指研究者选择一个案例进行深入研究，对一个感兴趣的现象进行深刻理解。深入调查可能会带来突破性的进展，或者发现非常突出的特征。以比较为重点的抽样（comparison-focused sampling）策略包含 6 种类别，该策略通过抽样创建一组案例，通过案例间异同点比较为数据收集和分析提供深入的信息。小组特征抽样（group characteristics sampling）包含 7 种类型，通过选择能够形成丰富信息的案例来说明案例的模式。在以理论为重点和理论抽样（theory-focused and concept sampling）中，Patton 提出 7 种方法（通过选择案例来阐明概念和理论。Patton 在工具使用的多案例抽样（instrumental-use multiple case sampling）中提出两种方法，研究者选择多个个案研究以阐明可以推广的实践、计划和政策的变化。在现场序列抽样和新发现驱动的抽样策略（emergence-driven sampling）中，Patton 提出两种类别，指当在数据分析过程中出现新的线索或指示时，在实地调查中选择个案。在第七个定性目的性抽样类别，以分析为重点的抽样（analytically focused sampling）中，Patton 提出 4 个类别，通过选择案例以支持和加深对模式和主题的定性分析。上述每个类别本身已经成为一个研究领域（Jenson & Allen，1994；Patton，2015；Sandelowski et al.，1997）。各种抽样策略的一个关键点是，定性研究人员可能会在同一条研究线上同时使用两个、三个或更多的抽样策略。例如，在开发医疗质量评估工具的混合方法研究的定性部分，一个研究小组使用效标抽样来确定 4 个语言组，并使用最大差异抽样来实现 4 种语言群体中不同年龄、性别和文化背景的多样性（Abdelrahim et al.，2017；Killawi et al.，2014）。

练习：在定性数据收集中选择合适的目的性抽样策略

工作表 9.5 说明了定性方法中常用的目的性抽样策略。该表包括抽样策略的类型、简要定义和需要完成的方框。如上所述，有多种类型的抽样策略，有些在研究开始时使用，有些在现场调查时使用，有些则在分析阶段使用。首先回顾一下这 7 个主要类别，然后检查与子类别的相关性。你可能会发现多种适合的策略，可以利用空白方框记录关于该方法的备注，例如，这条抽样策略是否适合你的研究？为什么？你可能想要做个笔记来学习更多关于抽样策略的知识。在浏览完表格之后，你可能只标记了一个策略（特别是在你已经完成了数据收集的情况下），或者你可能标记了多个策略，尤其当你在进行一项多阶段项目或者仍在项目设计阶段时。

工作表 9.5 用于定性研究的目的性抽样策略，选择适用于你研究的抽样策略

一般形式	简要定义	与你研究的相关程度
1. 关键个案抽样策略	**对一个案例深入研究，以提供丰富和深刻的理解**	
a. 提示性个案抽样	通过选择第一个案例，来说明研究关心的现象	
b. 典型个案抽样	选择一个案例，呈现研究关心现象的主要维度	
c. 自我研究抽样	通过选择自身经历说明研究关心的现象	
d. 高影响个案抽样	选择影响程度高的案例说明研究关心的现象	
e. 教学个案抽样	选择一个具有强说服力的案例来指导他人	
f. 关键个案抽样	选择一个具有高度外推性和可应用性的案例	
2. 以比较为重点的抽样	**选择若干案例，比较并发现其异同点**	
a. 异常值抽样	选取统计学分布尾部有显著研究现象特征的案例	
b. 强度抽样	选择信息丰富但不是极端例子的案例	
c. 正偏差比较抽样	选择那些已经找到解决方案或在其他方面做得更好的个人或团体	

续表

一般形式	简要定义	与你研究的相关程度
d. 匹配比较抽样	选择案例比较不同的特性，以便解释导致差异的因素	
e. 基于标准的抽样（包括关键事件）	根据某些特征选择案例，并与不具有该特征的案例进行比较	
f. 连续或按剂量抽样	在一个特定特征的连续谱上选择案例，用于理解现象不同表现的本质	
3. 小组特征抽样	**选择信息丰富的案例，来说明这一组案例的模式**	
a. 最大差异（分层）抽样	以某一维度或因素作为抽样的标准，选取这一维度上的不同案例以最大限度地覆盖研究现象中各种不同的情况	
b. 同质性抽样	选择具有共同特征的案例	
c. 典型案例抽样	选择几个普通的案例来说明典型性和常态性	
d. 关键知情人抽样	根据对研究现象拥有的知识或声望选择研究对象	
e. 完整目标人群抽样	选择具有某一特征的一组人群的所有个体	
f. 配额抽样	不论研究人群大小和分布如何，都事先确定需要选择的案例数，以确保将某些类别的参与者包括在研究中	
g. 目的性随机抽样	通过使每个目标人群个体有平等机会进入研究的流程来选择研究对象	
h. 时间 - 地点抽样	选择所有在同一时期和同一地点出现的研究对象	
4. 理论抽样	**选择案例进行调查，通过例子构建某个概念或架构，以确认或复证理论概念或关系结构**	
a. 演绎理论抽样，操作结构抽样	选择可以演绎一个研究理论或关系结构的案例，以验证理论、扩大理论的影响，加强对理论的理解或演化理论	
b. 归纳性的扎根理论抽样	最初基于临时的想法、概念和理论选择研究对象，然后聚焦完善理论	
c. 现实主义抽样	基于现有理论选择研究对象，来验证和完善理论	
d. 因果路径案例抽样	选择案例用于了解发生研究结局的潜在机制	
e. 敏感性概念案例抽样	选择信息丰富的案例来说明敏感的概念，即在特定条件下具有特殊意义的术语、标签、短语（授权、包容性）	
f. 基于原则抽样	选择案例来阐明原则的本质、实施、结局和含义	
g. 复杂、动态系统抽样，涟漪效应抽样	选择案例来跟踪、研究和记录任何复杂且不断变化的研究现象	
5. 工具使用的多案例抽样	**选择多个案例来阐释在实践、计划和政策制定中可推广的理论或现象**	
a. 以应用为中心的抽样	为研究过程中出现的问题提供信息，以进行决策的案例	
b. 系统的定性评估综述	选择已完成的评估研究，整合定性研究结果，确定有效因素	
6. 现场序列抽样和新发现驱动的抽样策略	**在实地调查中，通过新出现的线索和新的方向，选择案例**	
a. 滚雪球或链式抽样	首先选择信息丰富的案例，然后将其他可能提供不同 / 相同信息的案例的联系方式提供给研究人员	
b. 响应驱动抽样、网络抽样、链接跟踪抽样	最初选择一些“种子”研究对象来研究一种现象，然后从他们的社交网络中招募（通常是有偿的）一些其他难以接触到的研究对象	
c. 新发现象或新发亚组抽样	在正在开展的研究中，当形成了未知的亚组或出现了具有一定影响的关键问题时，选择相关的研究对象以检查新出现的现象	
d. 机会抽样	在实地调查中，抓住机会选择未事先计划的研究对象或事件	

续表

一般形式	简要定义	与你研究的相关程度
e．饱和或冗余抽样	在数据收集和现场工作分析的迭代过程中选择研究对象，直到没有更多新信息可以收集	
7．以分析为重点的抽样	**选择案例来支持和强化定性分析的模式和主题**	
a．证实和伪证的个案抽样	在分析过程中选择额外的案例，以识别与先前模式的变化或差异	
b．证明和详述抽样	在分析过程中特意挑选具体的案例来阐明和加深对新的研究发现的理解	
c．定性研究综合	使用特定的标准（内容和质量）选择关于某一现象的定性研究，来阐明某一横断面上的发现	
d．政治要案抽样	纳入或排除政治上重要的案例，以吸引对研究的注意	

Source：Adapted with permission from Patton，M. Q.（2015）. *Qualitative research and evaluation*（4th ed.）. Thousand Oaks，CA：Sage.

基于组织角色和职能的抽样

当你考虑不同的定量和定性抽样策略时，你可能已经注意到需要更进一步考虑不同组织、不同层级的抽样问题。这些不同的组织和层级使得混合方法研究者有机会利用这些不同的组织层级来研究某一现象。大量的相互联系的组织层级也对抽样提出了挑战。表 9.2 说明了在混合方法研究中可作为抽样目标的各种层级的组织。你的混合方法研究项目的抽样可能只涉及其中一个层级，也可能涉及多个层级。

表 9.2 组织角色和职能的级别

层级	商业	教育	健康科学
A	国家级零售	家庭教育	家庭护理
B	品牌零售商店	早教	卫生服务站
C	一般的零售商店	幼儿园	免费诊所
D	零售点	学前教育	初级保健诊所
F	在线销售	在线教育	专业保健诊所
G	清算中心	中学	院前急救
H	供应商	高中	急诊室
I	经销商	技术学校	医院病房
J	销售代表	两年制大学	特护病房
K	营业职员	学院 / 大学	康复中心
L	中层管理者	研究生教育	养老院
M	高层管理者	职业发展 / 继续教育	姑息治疗机构

练习：确定可以应用于混合方法研究的基于组织角色 / 职能的抽样水平

第一部分：参考表 9.2 中抽样的组织角色 / 职能水平，根据你的研究填写工作表 9.1.2 中的

“抽样和组织职能”一栏。参考工作表示例 9.1.1，填充你已经收集或设想的，以及可能在你的项目中使用的定性和定量数据抽样策略。最后一栏记录相关的想法，这一空白栏有助于推进你的项目。

基于地理位置的抽样

在考虑了不同的定量和定性抽样策略和组织级别后，你还需要考虑实际地理位置和抽样地点的相关问题。表 9.3 提供了与商业、教育或健康科学项目相关的 6 个不同类型的地点。这些不同的地点为混合方法研究者提供了抽样地点的不同选择。虽然不需要根据你正在进行的混合方法研究项目做出选择，这个练习仍可能会促使你考虑将地理位置作为混合方法抽样策略的一部分。它也可能会引导你从当前进行的项目中进行总结，为后续或未来的工作提出更多研究思路。

表 9.3　地理 / 位置差异和混合方法抽样

级别	商业	教育	健康科学
单一位置	分公司、总部	单一学校或学校系统	单一诊所或医院系统
本地区	本城市多家业务点	一个城市或地区的多个学校系统	一个城市的多家诊所或医院
区域	已扩展到多个城市、城镇或县的地方特许经营地点	区域内的多个学校系统	相连社区或地区的多家诊所或医院
州 / 省	在州或省级的位置	州或省内所有学校	州或省级别的多家诊所或医院
国家	全国性公司	全国所有学校	全国多家诊所或医院
国际	国际公司	多个国家的学校	多个国家的多家诊所或医院

练习：确定可以应用于混合方法研究项目的地理 / 位置相关的抽样

参考表 9.3，根据你的研究完成工作表 9.1.2 的最后一行。参考工作表示例 9.1.1 中的例子，写下你的研究的地理位置信息。如果你还在研究构思阶段，可以选择几个地理位置来进行研究抽样的设计。如果你已经确定了上述信息，只需要填写完成相关的部分即可。

应用练习

1. **同伴反馈。**如果作为课程的一部分或在研讨会中进行，可以与一位同伴导师搭档，花大约 5 分钟讨论工作表 9.1.2 的内容。轮流讨论抽样策略选择并给出反馈。重点关注混合方法的影响，特别是那些拿不准的决策。如果你是独立完成研究，建议与你的同事或导师交流。
2. **同伴反馈指导。**当你在听同伴方案时，应从整体情况考虑并提供反馈。抽样时序和抽样关系是否合理？是否与提出的混合方法设计相契合？理应考虑到的组织层级或地理位置是否被遗漏？这些选择是否有充分的理由？
3. **小组汇报。**如果是在教室或团队讨论中，可以请志愿者展示一下工作表 9.1.2 中最难的部分。思考如何在你的研究项目中处理同样的问题。

总结思考

使用下列清单来评估你这一章的学习目标达成情况

- □ 我可以解释定量和定性方法在抽样目的和过程上的主要差异。
- □ 我研究了多种定量抽样策略。
- □ 我认识到有很多定性抽样策略可用。
- □ 我回顾了抽样选择对混合方法研究实施的影响。
- □ 我知道了抽样策略是如何与混合方法设计紧密相连的。
- □ 我为自己的混合方法项目制定了一个抽样策略。
- □ 我与一位同伴导师或同事探讨了我的抽样策略。

现在你已经达成这些目标，第 10 章将帮助你在混合方法研究中确定数据收集和分析的整合策略。

拓展阅读

1. 关于定性抽样的拓展阅读

- Creswell, J. W. (2016). *30 essential skills for the qualitative researcher*. Thousand Oaks, CA: Sage.
- Miles, M. B., Huberman, A. M., & Saldaña, J. (2014). *Qualitative data analysis: A methods sourcebook* (3rd ed.). Thousand Oaks, CA: Sage.
- Patton, M. Q. (2015). *Qualitative research and evaluation* (4th ed.). Thousand Oaks, CA: Sage.

2. 关于定量抽样的拓展阅读

- Johnson, R. B., & Christensen, L. (2017). *Educational research: Quantitative, qualitative, and mixed approaches* (6th ed.). Thousand Oaks, CA: Sage.

3. 关于混合方法抽样的拓展阅读

- Creswell, J. W., & Plano Clark, V. L. (2018). *Designing and conducting mixed methods research* (3rd ed.). Thousand Oaks, CA: Sage.
- Curry, L. A., & Nunez-Smith, M. (2015). *Mixed methods in health sciences research: A practical primer*. Thousand Oaks, CA: Sage.
- Teddlie, C., & Tashakkori, A. (2009). *Foundations of mixed methods research: Integrating quantitative and qualitative approaches in the social and behavioral sciences*. Thousand Oaks, CA: Sage.

第 10 章

确定整合目的，在混合方法研究流程图中呈现整合点

在混合方法研究中为数据收集和分析制定的整合策略与数据收集和分析的目的相关。虽然你可能觉得（也应该）必须在数据收集和分析中使用整合策略，但这个过程对你来说可能还是个谜。本章的内容和练习将帮助你在混合方法研究中区分 7 个不同的整合目的，思考用于序列设计的两个不同的整合目的，学习 6 种用于分析的整合策略，了解 3 种用于辅助数据收集的整合策略。基于数据收集和分析的目的选择整合策略，并将整合计划纳入你的混合方法流程图中。重要的是，你将为自己的混合方法研究确定整合目的，并将整合过程纳入扩展的混合方法设计流程图中。

学习目标

为了帮助你为自己的混合方法研究的数据收集和分析确定并阐明整合策略，本章将帮助你

- 区分用于混合方法研究数据收集阶段的 7 种整合目的
- 思考用于混合方法研究序列设计的两种整合目的
- 学习用于混合方法研究数据分析阶段的 6 种整合过程
- 认识混合方法研究辅助数据收集的 3 种整合过程
- 根据混合方法数据收集和分析的目的，为你的项目选择整合策略
- 将数据收集和分析阶段的整合计划纳入混合方法流程图

数据收集与分析阶段的整合

就本章而言，混合方法数据收集和分析阶段的**整合目的**是在混合方法研究期间收集数据和（或）整理结果时，将定性和定量数据连接起来。混合方法研究者和评审者面临的一个重要挑战是他们需要在研究规划阶段清晰地阐明数据收集和分析的整合目的，因为这将为分析过程提供

信息（第 13 至 15 章）。在评估研究完整性时，明确的整合过程也可以帮助确定需要考虑的参数（第 16 章）。混合方法数据收集和分析中的整合目的包括建构、连结、探索、比较、匹配、扩展、分解和构建案例。序列设计中两阶段数据收集和分析的整合过程旨在产生和检验假设以及开发和验证模型。**混合方法数据收集和分析阶段的整合目的**包括解释、确证、增强、启发、转化和外推。辅助数据收集的整合过程包括明确（或记录需求）、优化和监查。在混合方法研究中整合策略之间并不相互排斥，可以在研究设计阶段明确制定整合策略，也可以在事后描述整合过程。

练习：确定混合方法研究中数据收集的整合策略

浏览工作表 10.1，并考虑数据收集阶段的整合。当你浏览工作表 10.1 中对各种策略的解释时，关注那些你的研究可能应用到的策略。这将有助于你基于选择完成本章后续部分的流程图。

工作表 10.1　混合方法研究中数据收集过程中的整合过程

整合类型	说明
□ 建构	基于一种类型的数据收集和分析方法，为另一种类型的数据收集和分析提供信息
□ 连结	使用一种类型的数据收集和分析结果确定另一种类型数据的研究对象
□ 探索	在开展定量研究之前，先进行定性数据的收集和分析以探索相关信息或理论概念
□ 比较	收集与所关注的现象相关的定性和定量数据，以检验这两类数据之间的关系
□ 匹配	预先考虑比较的可能性，收集与所关注的现象相关的定性和定量数据，以检验这两类数据之间的关系
□ 扩展	通过定性和定量数据的收集，对一种现象进行更广泛的阐释
□ 分解	预先考虑研究现象不同角度的可能性，进行定性和定量数据收集，以探索所关注现象的不同“切入点”或各个方面
□ 构建案例	通过收集案例的定性和定量数据，对案例或现象形成更稳健的解释

混合方法研究中数据收集的整合策略

工作表 10.1 中混合方法研究数据收集的整合策略将在下面进一步详细阐述。

建构指基于一种类型的数据收集和分析方法，为另一种类型的数据收集和分析提供信息（Fetters et al.，2013）。构建是 Greene、Caracelli 和 Graham（1989）所提出的“开发”概念的一个方面。这样的整合过程常见于两种序列设计中（Fetters et al.，2013）。在首先收集定性数据的探索性序列设计中，定性数据的主题可以形成定量调查的维度，编码可以形成定量调查的变量，引言可以成为定量调查中变量下的选项（图 10.1）。在解释性序列设计中，定量调查结果可以帮助后续的定性访谈构建访谈提纲（图 10.2）。

连结指使用一种类型的数据收集和分析结果确定另一种类型数据收集的研究对象（Fetters et al.，2013）。这一概念属于 Greene 等（1989）提出的“开发”的广义含义。该方法通常用于始于大样本定量数据收集的解释性序列设计，混合方法研究者 / 评估者可以基于人口学特征或其他定量调查的结果选择定性数据收集的参与者（图 10.3）。也就是说，定量的结果决定了后续访谈、焦点小组等定性数据收集的研究对象。通常，参与前期数据收集的研究对象也将参与后续的数据收集。

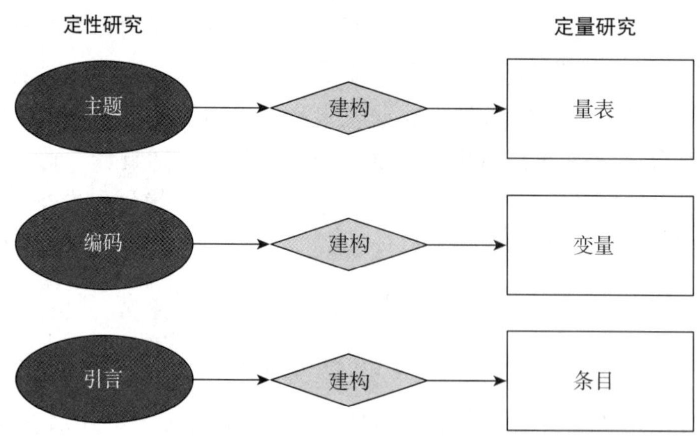

图 10.1 建构作为探索性序列设计数据收集阶段的整合策略

Acknowledgment：Adapted with permission of Timothy C. Guetterman, who developed the original version of this diagram.

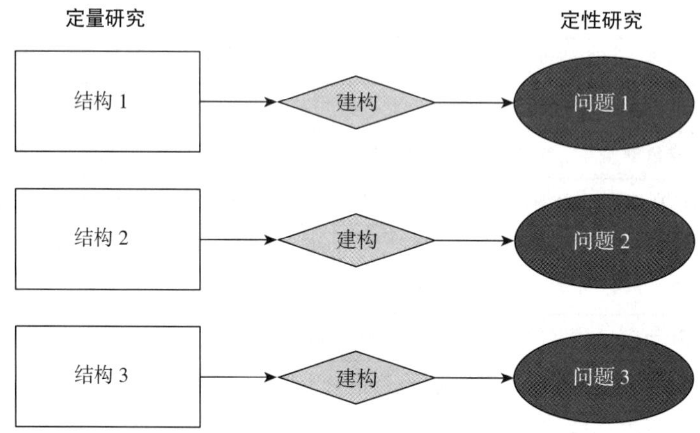

图 10.2 建构作为解释性序列设计数据收集阶段的整合策略

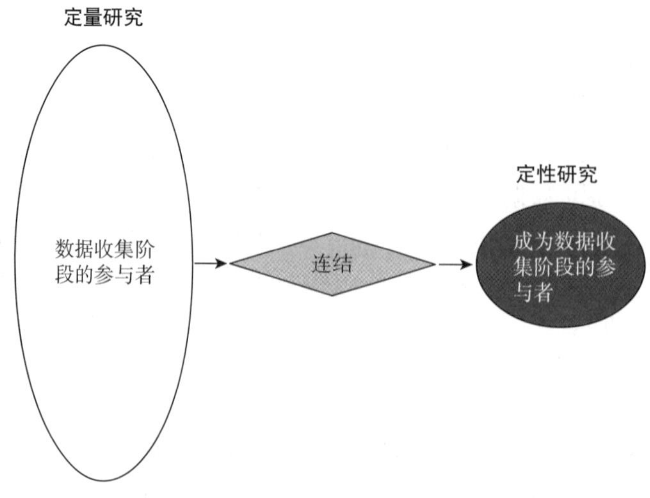

图 10.3 连结作为一种整合策略用于从定量数据收集中确定定性研究的参与者

探索指先通过定性数据的收集和分析探索相关信息或理论概念，然后通过定量研究对该定性研究的发现进行验证和外推（图 10.4）。这是探索性混合方法研究序列设计的总体意图（Creswell & Plano Clark，2018）。

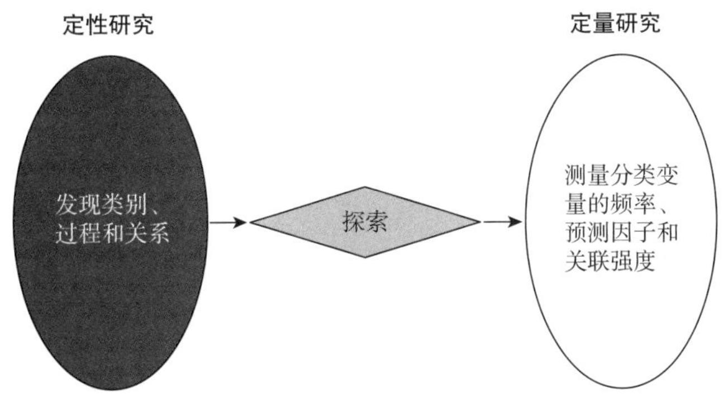

图 10.4 探索作为确定后续测量未知因素的整合策略

比较指对所关注的现象进行定性和定量的数据收集，然后研究这两种类型数据的联系（图 10.5）。比较是涵盖了其他整合策略，如匹配、扩展和分解的广义概念。在一定程度上，准备充分的混合方法研究者在研究设计阶段会有一个清晰的比较计划。匹配、扩展和分解是数据收集阶段的 3 种更详细的计划。一些作者可能使用“三角互证”一词表达比较的目的（Greene et al., 1989）。但是在混合方法研究中使用“三角互证”一词可能存在问题，因为这个词基本上是属于定性研究领域的专有名词，而在混合方法研究领域，更多的是使用整合这一术语。此外，“三角互证”最初来自导航，即利用多个角度确定一个准确的位置。将信息结合起来实现“精确理解”与后现代主义关于现实社会建构的观点不太一样（Denzin，2010；Fetters & Molina-Azorin，2017a；Janesick，1994；Richardson，1994）。

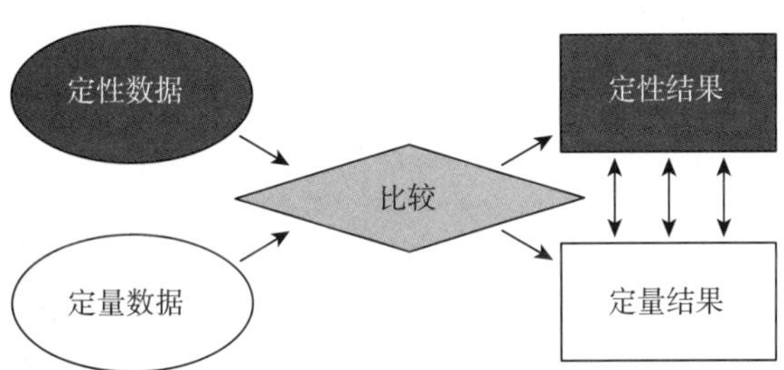

图 10.5 比较作为数据收集阶段的整合策略

匹配指在相同的维度、结构或思路下同时收集定性和定量数据。不同于通用的比较法，该方法预先考虑使用两种方法收集哪些数据，以确保两种类型数据产生的结果密切相关（图 10.6）。例如，在一项聚敛式混合方法研究中，研究者使用标准化工具收集了癌症患者生活质量和日常活动的定量数据，同时通过访谈获得个人生活质量和日常活动的定性数据（Moseholm et al.，2017）。

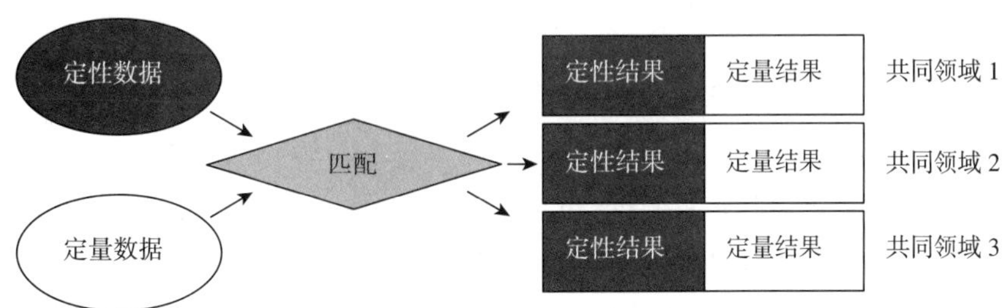

图 10.6 匹配作为数据收集阶段的整合策略

扩展指在混合方法研究中使用不同的方法扩展调查的宽度和范围（Greene et al.，1989）。Greene 等（1989）将扩展的原理描述为通过选择所需的方法扩大调查范围。在聚敛式混合方法设计中，研究者将收集关于主要现象的定性和定量数据，以及主要现象之外的其他相关数据（图 10.7）。

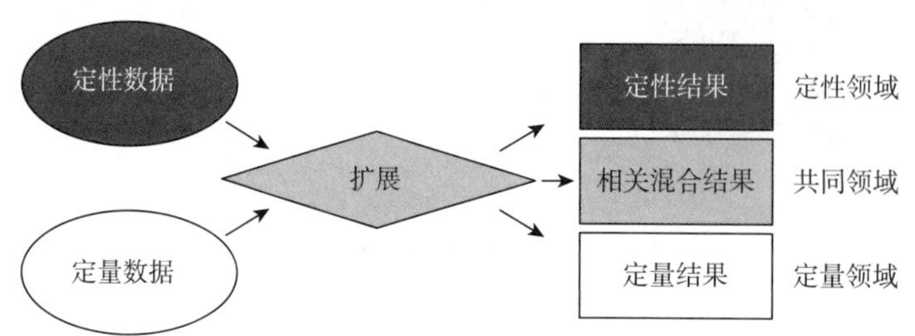

图 10.7　扩展作为数据收集阶段的整合策略

分解指通过定性和定量数据的收集探索不同的数据切入点和片段，如图 10.8 所示（Uprichard & Dawney，2016）。不同于其他策略，该方法应该预先考虑具体计划，从研究现象的不同“切入点”或各个方面收集数据。正如 Greene 等（1989）所述，这一策略比扩展策略更为具体，白光进入棱镜就像研究者进入研究领域，白光被棱镜分为 7 种不同的颜色就像研究者收集到不同方面的数据。定量数据的多个切入点就像白光中的“红、橙、黄”，而定性数据的多个切入点就像白光中的“绿、蓝、靛、紫”。在聚敛式混合方法设计中，研究者使用分解策略在一组人群中收集关于经历的定性数据，从更大的样本中收集定量数据。两种方法被用来研究基于不同的哲学假设 / 理论对同一现象的不同方面采用不同的数据收集和分析方法（Uprichard & Dawney，2016）。

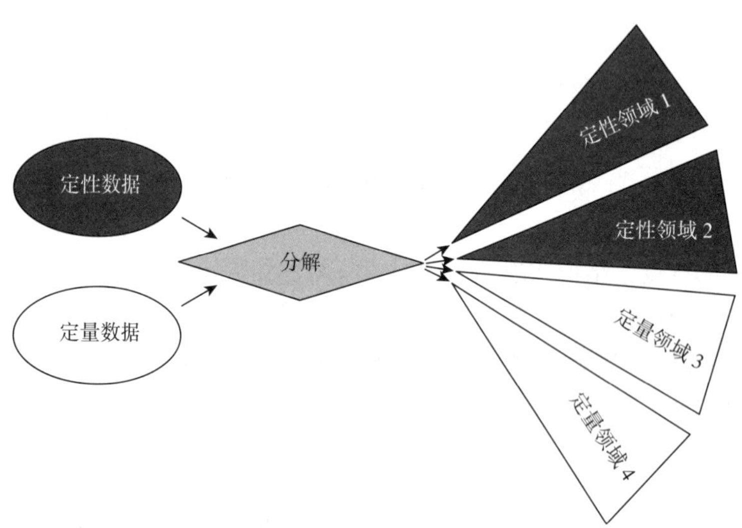

图 10.8　分解作为数据收集阶段的整合策略

构建案例指通过收集定性和定量数据，对正在研究的特定案例形成更稳健的理解（Creswell & Plano Clark，2018）。其目的是获得必要的定性和定量数据，以回答关于个案研究的问题（图 10.9）。构建案例可以用于两种类型的序列设计，也可以用于聚敛式设计。个案研究可以是混合方法研究中的一个小的组成部分，也可以是主要的组成部分（Guetterman & Fetters，2018）。建构案例可以用于核心或高级 / 复杂 / 脚手架式设计中。例如，Wakai、Simasek、Nakagawa、Saijo

和 Fetters（2018）使用干预脚手架式设计和质量改进流程构建了一个个案研究混合方法。

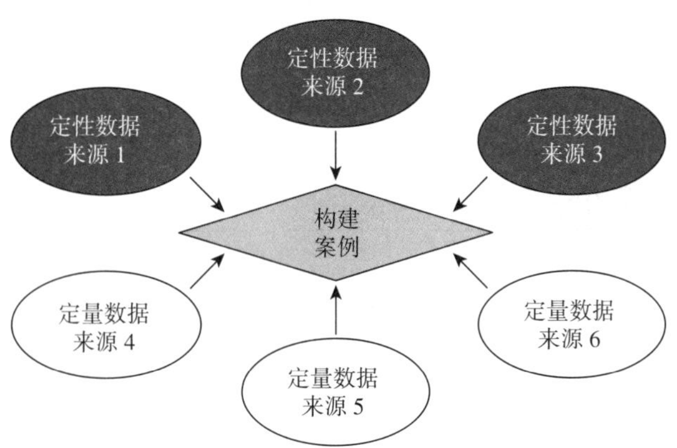

图 10.9 构建案例作为数据收集阶段的整合策略

序列设计中两阶段数据收集和分析的整合流程

在序列设计中，混合方法研究者使用的两阶段数据收集和分析的整合策略通常有两种：产生和检验假设、开发和验证模型 / 理论（工作表 10.2）。

工作表 10.2 序列设计中两阶段数据收集和分析的整合过程

整合类型	数据处理	第一阶段的作用	第二阶段的作用	注释
□ **产生和检验假设**	收集和分析	产生假设	验证假设	通常用定性数据产生假设，用定量数据检验假设
□ **开发和验证模型**	收集和分析	开发模型 / 理论	验证模型 / 理论	两种序列设计均可以应用 可以用定性数据开发模型用定量数据验证模型，也可以用定量数据开发模型用定性数据验证模型

练习：确定用于混合方法研究序列设计的两阶段数据收集和分析的整合策略

回顾工作表 10.2，并考虑将混合方法整合策略应用于自己的探索性（定性到定量）混合方法序列设计或解释性（定量到定性）混合方法序列设计中。在回顾工作表 10.2 中对各种策略的解释时，关注那些可能应用于你研究中的策略。确定潜在的相关性将有助于你完成本章后续部分的流程图。下面将详细为你阐述序列设计中两阶段数据收集和分析的整合过程。

产生和检验假设指基于一种类型的数据产生研究假设，然后用另一种类型的数据进行验证。这种整合策略可以用于两类序列设计，也可以用于两个研究阶段。在第一阶段的数据收集和分析中产生假设，在第二阶段的数据收集和分析中检验第一阶段产生的假设。在探索性序列设计中，由定性数据的收集产生的假设可以在随后的定量阶段进行实证性验证。在解释性序列设计中，定量分析中发现的相关性或关系可以在定性阶段进行验证，从而证实、推翻或扩展假设。

开发和验证模型指用一种类型数据的收集和分析建立理论或概念框架，然后用另一种类型的数据收集和分析验证其效度 / 正确性（Kelle，2015）。这种整合目的可用于两类序列设计以及聚敛式设计中。在解释性序列设计中，对定量数据的分析可能产生一个模型，之后通过定性数据的收集和分析对模型进行验证。例如，Crooks、Schuurman、Gulanon、Castleden 和 Johnston

（2011）通过定性访谈改进了人文地理学中的位置分析模型。相反，基于定性数据开发模型中确定的关系也可以进行定量测试和验证。Haase、Becker、Nill、Shultz 和 Gentry（2016）通过定性研究调查男性“养家糊口”的思想意识，并开发模型以推进对这一现象的理论分析，之后他们使用定量的情景模拟研究设计（vignette study）对模型进行验证。

混合数据分析的整合流程

混合方法研究中数据分析阶段的整合策略见工作表 10.3，包括解释、确证、增强、启发、转化和外推。

工作表 10.3 混合方法研究中数据分析阶段的整合过程

整合类型	说明
□ 解释	通过定性数据的收集和分析解释前期定量研究的结果
□ 确证	使用一种类型数据得出的结果支持另一种类型数据的研究结果
□ 增强	利用定性和定量结果的信息提高解释能力和意义
□ 启发	通过重构研究问题或重新整合两种方法的研究结果寻找悖论和矛盾
□ 转化	从研究参与者的角度思考定性研究结果与更广泛人群、关注的现象、背景或理论间的相关性
□ 外推	通过定量研究，在更大样本中将研究结果从研究人群外推到目标人群

练习：确定混合数据分析的整合策略

回顾工作表 10.3 并考虑在你的混合方法研究中混合数据分析阶段的整合。在回顾工作表 10.3 中对各种整合策略的解释时，关注那些可能在你的研究中应用的策略。确定你的研究与这些策略的相关性将有助于你完成本章后续部分的流程图。在本章中，我们以整合的目的来呈现这些整合策略，但当你完成数据收集和分析后，这些策略也可以是整合分析的结果。下面将更详细地为你阐述工作表 10.3 中介绍的混合数据分析阶段的整合策略。

解释指通过后续定性数据的收集和分析，描述或阐释最初定量研究的发现。这是解释性混合方法研究序列设计的整合目的（Creswell & Plano Clark，2018）。在完成混合数据分析后，研究者可以报告整合的策略是对研究结果的解释，即用定性数据解释先前的定量研究结果。

确证指使用一种类型的数据验证另一种类型数据的研究结果（Greene et al.，1989）。该方法不同于匹配，匹配用于数据收集方案制定，而确证用于收集数据后的分析过程，旨在进行寻求、证实或推翻。在聚敛式设计中，研究者可以用定性研究的结果确证定量分析的结果；或者，可以用定量结果确证定性结果。在完成数据分析后，研究者可以报告整合的策略是：一种发现确证了另一种发现。

增强指利用定性和定量结果的信息提高解释能力和意义。正如 Greene 等（1989）所述，增强是一种源于“互补”的策略。互补反映了一种状态，而增强则描述了分析的目的。表面上看来可使用“互补”一词，但 Greene 等（1989）认为互补在操作层面上具有多重含义，例如，对结果进行阐述、增强、说明和解释，以提高研究结果的可解释性和意义等。在完成混合数据分析后，研究者可以报告整合的策略是一种数据类型的发现增强了对另一种数据类型发现的解释。

启发指寻找悖论和矛盾。启发是一种策略，源于 Greene 等（1989）所提出的“启蒙”一词。这个词在这里被改为“启发”以表示一个活动过程。启发策略包括基于研究发现重构研究问题，或者将一种方法的结果与另一种方法的结果重新组合。在完成初步的混合数据分析后，研究者可以报告整合的策略是对数据进行了进一步分析，甚至再次进行数据收集和分析。

转化指从研究参与者的角度思考研究结果与更广泛人群、关注的现象、背景或理论间的相关性。著名的定性研究方法学家 Lincoln 和 Guba（2000）提出了“可转化性”这一概念。在定量研究中，可转化性与定量研究中外部效度相关的外推性类似。虽然外推性是从统计学推论的角度构建的，但可转换性是对研究人群与其他环境、背景、参与者或理论背景的相关特征和共性的定性评估（Kelle，2015）。在解释性混合方法研究序列设计的定性阶段，需要仔细考虑如何选择样本从而得出更具转化性的定性结果，以形成更稳健的整体结论。在聚敛式设计中，研究者可能需要同时考虑当样本为嵌入、独立或多层次的情况时，如何为小样本的定性结果制定可转化性计划。如果研究具有较大样本量，那么也需要考虑外推性。在完成混合数据分析后，研究人员需要报告定性结果如何转化到更大的群体或人群中。

外推指从初始定性阶段得到的结果和结论，扩展到随后的定量研究阶段，在具有代表性的样本中开展定量研究，通过统计学推断进行评估（Creswell & Plano Clark，2018）。这是探索性混合方法研究序列设计的目的之一，即先定性地探索感兴趣的现象，然后进行后续的数据收集，以便在更广泛的人群中对定性结果进行更深入的了解。在完成混合数据分析后，研究者可能会报告定量结果是如何外推到目标人群的。

混合方法研究中辅助数据收集的整合流程

除上述的整合策略之外，研究者也使用过其他辅助性的混合方法，即便这些方法策略对于整个研究来说是辅助性的，但对于执行严格的混合方法研究也是至关重要的（工作表 10.4）。这里讨论的 3 个策略包括明确需求、优化和监查。这些整合过程最常见于纵向研究，尤其是干预性研究。

工作表 10.4　混合方法研究中辅助数据收集的整合过程

整合类型	聚敛式设计、序列设计或两者都有	说明
☐ 明确需求	常用于序列设计	使用任意一种类型的数据明确进一步研究的必要性
☐ 优化	常用于序列设计	使用任意一种类型的数据为主要数据的收集做准备，调整数据收集过程
☐ 监查	两者都有	使用任意一种类型的数据以检查研究实施与研究方案和流程的吻合程度

练习：确定你的混合方法研究中使用的辅助策略

回顾工作表 10.4，考虑在你的混合方法研究中使用辅助性混合方法整合策略的可能性。这些策略应用于序列研究和聚敛式研究均可。当你回顾工作表 10.4 中对各种策略的解释时，关注那些可能应用于你研究的策略。发现潜在的相关性将有助于你完成本章后面的流程图。

1. **明确需求**指在开展混合方法研究的主研究之前收集定性或混合方法数据，以记录研究的需求或确认调查或评估事实（Creswell、Fetters、Plano Clark 和 Morales，2009）。许多基于社区的混合方法研究都采用这种整合策略。虽然这不一定是研究的重点，但不提前进行评估的后果可能相当严重。有一个这样的例子，研究者在没有清楚地了解试验中目标人群的观点和需求的情况下，根据研究者假设的需求就进行了干预（Catalo，Jack，Ciliska & MacMillan，2013）。数据收集完成后，研究者可以报告说，某种数据收集的目的是确定需求。

2. **优化**是在混合方法研究早期，使用定性或混合方法进行数据收集和分析，以确保有效地开发研究工具或干预措施。优化针对研究计划内的工作开展，如招募参与者或研究场所，了解参与者、研究背景和环境，以确保干预措施或流程得到优化（Creswell et al.，2009）。这个方法可用于核心设计（第 7 章）以及脚手架式设计（第 8 章）。研究者可以报告说，某种数据收集的目的是优化数据收集工具、干预策略等。

3. **监查**指使用定性或混合方法进行数据收集和分析，以观察混合方法研究项目的实施情况。该策略可以研究对参与者的影响，包括预期外的经历（好的或坏的）；记录可能对研究产生影响的预期或非预期事件；确定可促进或阻碍研究进行的资源；核查研究实施与方案的吻合程度；以及识别研究过程中可能影响研究结果的潜在中介或调节因素，或阐明可能与解释研究结果有关的信息（Creswell et al.，2009）。研究者可以报告在研究过程中如何收集数据对研究各个方面进行监查。

在混合方法研究流程图中加入整合目的

在设计流程图时，你需要根据目的考虑流程图的详细程度。例如，你可能会在书籍或发表的文章中提供更详细的信息，在口头报告时则提供较少的细节。添加整合目的可以使混合方法方案更为清晰，特别是在撰写混合方法学术论文或标书时。此时，请尽可能多地提供细节，因为删除细节比以后添加细节更容易。这些练习将帮助你有逻辑地设计流程图。如果你的数据收集或分析流程已经完成，那么使用之前制定的数据收集和分析策略效率更高。

绘制流程图

下面的工作表示例和工作表涵盖了 3 种核心设计。由于脚手架式设计（第 8 章）也是由核心设计（第 7 章）组合而成的，因此，你可以使用核心设计的流程图来构建脚手架式设计的流程图。你的任务是参考工作表示例 10.5.1 进行解释性混合方法研究序列设计，参考工作表示例 10.6.1 进行探索性序列设计，参考工作表示例 10.7.1 用于聚敛式设计。这些工作表示例是第 7 章中流程图工作表的修改版。工作表 10.5.2、工作表 10.6.2 和工作表 10.7.2 也已经过修改，这些工作表来自以前的设计图，并添加了整合策略，图中留出空白以便让你添加数据收集阶段的整合策略。工作表如果在进行完两个阶段（即解释性序列设计中的先定量后定性和探索性序列设计中的先定性后定量）的研究后不考虑整合，那么序列设计流程图是不完整的。通常情况下，最后的整合步骤被称为“合并”，包含了数据收集和分析过程中的整合。

解释性混合方法研究序列设计中数据收集和分析的整合策略

工作表示例 10.5.1 提供了 Harper（2016）研究团队使用的解释性序列混合方法设计的整合过程。他试图了解校长如何通过改善校园文化提高学生成绩。Harper 调查了阿拉巴马州 218 所中学中的 26 所，用于评估两者间的关系（Harper，2016）。如工作表示例 10.5.1 中的整合菱形方框所示，他使用连结的整合过程来确定后续访谈的样本，并构建访谈内容。基于统计建模，他发现学业乐观是学业成绩的预测因素，因此他随后通过对 11 位优秀中学校长的访谈，定性地探讨了学业乐观的 3 个维度，即教师信任、集体效能和学业重视程度与学生成绩有关联。如工作表示例 10.5.1 中的第二个整合菱形方框所示，Harper 使用了扩展和确证策略用于数据分析（Harper，2016）。

工作表示例 10.5.1　教育领域解释性混合方法研究序列设计中数据整合和分析策略

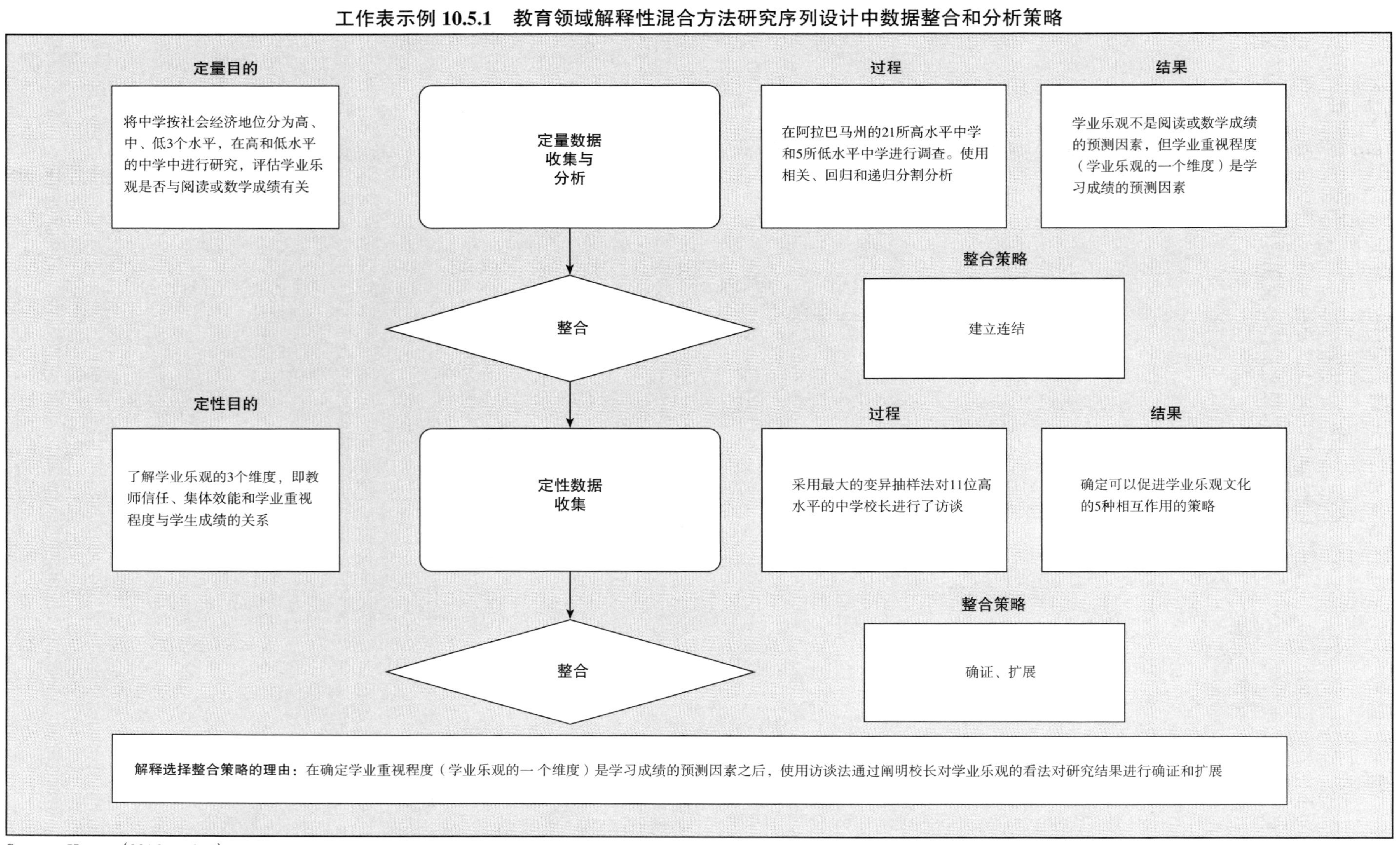

Source：Harper（2016，P.210）with adaptations by the Mixed Methods Research Workbook author.

练习：确定你的研究中与解释性混合方法研究序列设计相关的整合策略

工作表 10.5.2 为解释性混合方法研究序列设计提供了一个模板。有效完成工作表的方式是先写下你的定量部分目的、过程和结果。然后写定性部分的目的、过程和结果。参考工作表 10.1 至工作表 10.4 提供的定义，确定在定量研究阶段之后你要使用哪些整合策略。在菱形框中填写后续定性阶段的整合策略。

工作表 10.5.2 用于解释性混合方法研究序列设计的数据收集和分析整合策略

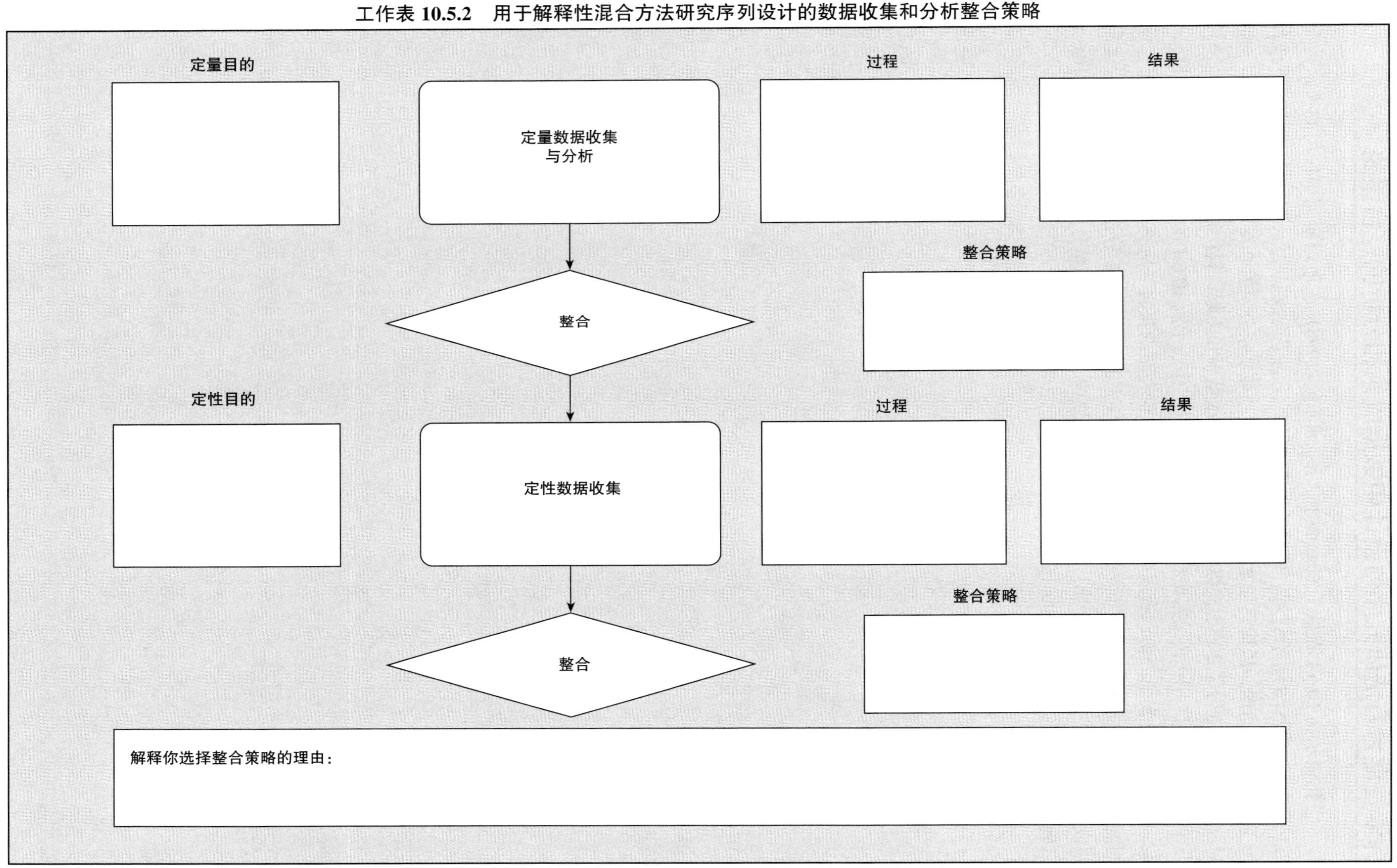

探索性混合方法研究序列设计中数据收集和分析的整合策略

工作表示例 10.6.1 提供了 Sharma 和 Vredenburg（1998）在他们研究中使用的探索性混合方法研究序列设计的整合过程。他们首先进行了广泛的定性数据收集，对高级和中级管理者进行了 19 次深入访谈，以构建加拿大石油与天然气产业 7 家公司的个案研究。然后，在 1.5 年内对 27 名管理者进行了 2 ~ 5 次纵向访谈。基于访谈结果和文献资料构建了调查问卷。在这一阶段中，他们产生了用于后续定量检验的研究假设（工作表示例 10.6.1 的第一个整合菱形框）。然后，研究者们分发了一份调查问卷，并收到了 99 份完整的报告（应答率 90%），这些报告使他们能够对加拿大石油和天然气产业的环境战略进行评估。这些定量数据检验了第一阶段提出的假设。分析过程中，进一步比较了他们的混合研究结果（见第二个整合菱形框，工作表 10.6.1），以确证和扩展研究的发现（Sharma & Vredenburg，1998）。

工作表示例 10.6.1　商业领域探索性混合方法研究序列设计的整合策略

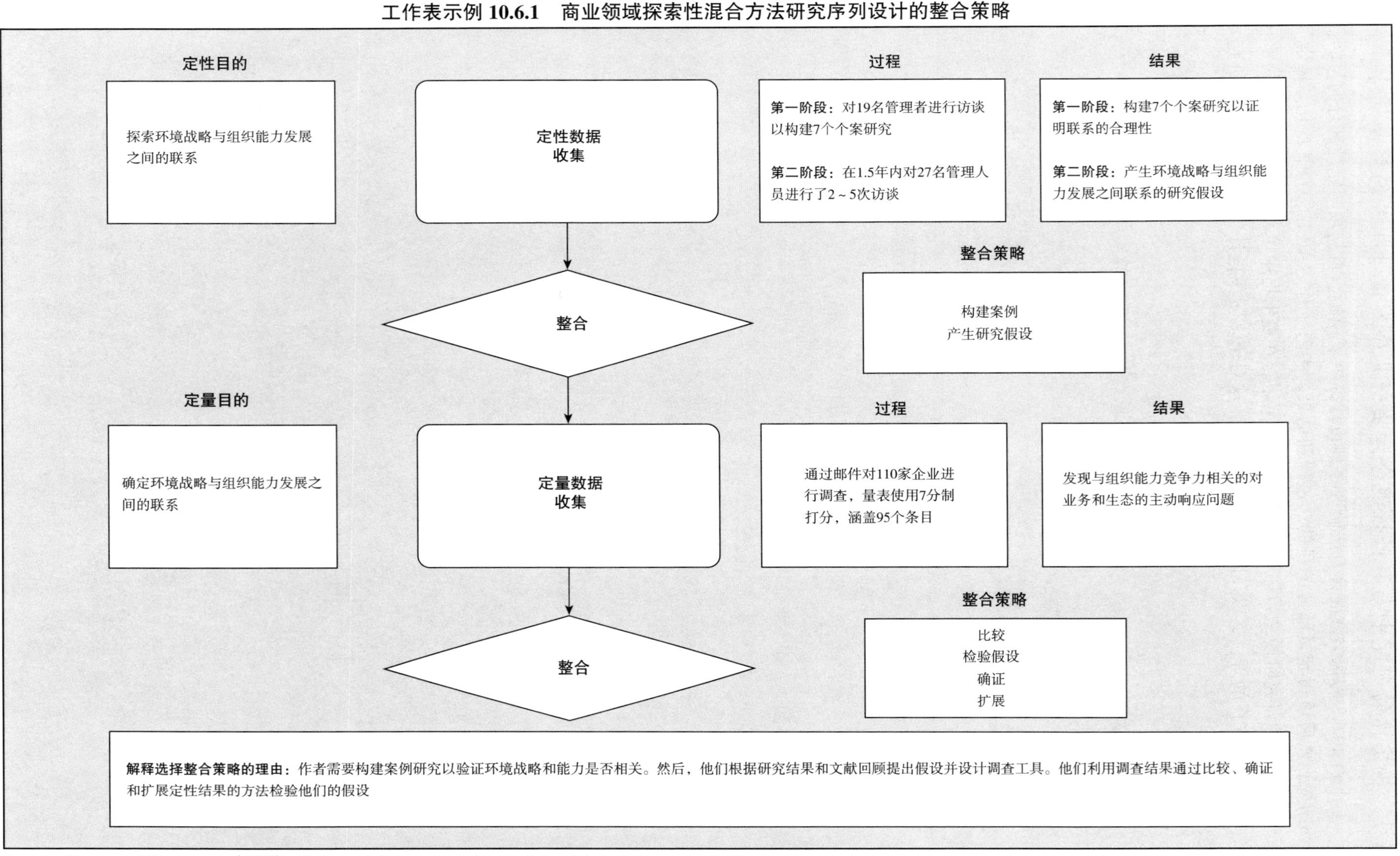

Source：Sharma and Vredenburg（1998）. Procedural diagram created by the Mixed Methods Research Workbook author.

练习：确定你的研究中与解释性混合方法研究序列设计相关的整合策略

工作表 10.6.2 为探索性混合方法研究序列设计提供了模板。首先填写定性部分的目的、过程和结果。然后填写定量部分的目的、过程和结果。参考工作表 10.1 至工作表 10.4 提供的定义，确定在定性研究阶段之后你要使用哪些整合策略。在菱形框中填写后续定量阶段的整合策略，然后解释选择的理由，以及随后的研究计划。这对于多阶段设计以及规划未来的研究尤为重要。

工作表 10.6.2 用于探索性混合方法研究序列设计的数据收集整合策略

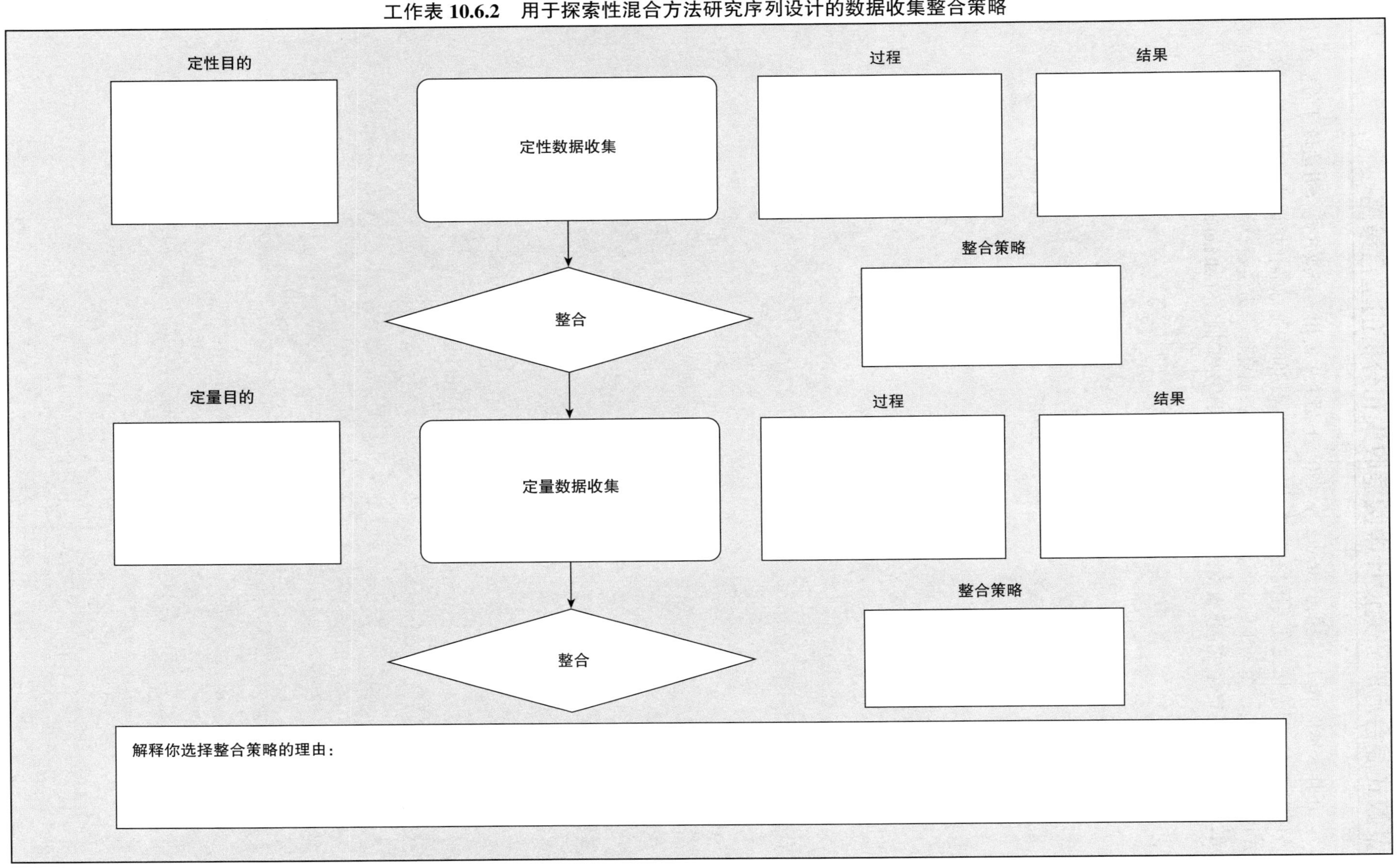

聚敛式混合方法研究设计中数据收集和分析的整合策略

工作表示例 10.7.1 提供了 Shultz 等（2015）研究中使用的聚敛式混合方法设计的整合过程。该研究评估了日本医生在美国参加国际培训选修课期间参加标准化培训课程的获益。除了聚敛式设计外，还有一个基于调查案例框架的重叠个案研究混合方法设计。如图中的整合菱形框所示，他们比较了定性和定量数据，并基于这些结果构建案例（Shultz et al.，2015）。

工作表示例 10.7.1 医学教育领域聚敛式混合方法研究设计的整合策略

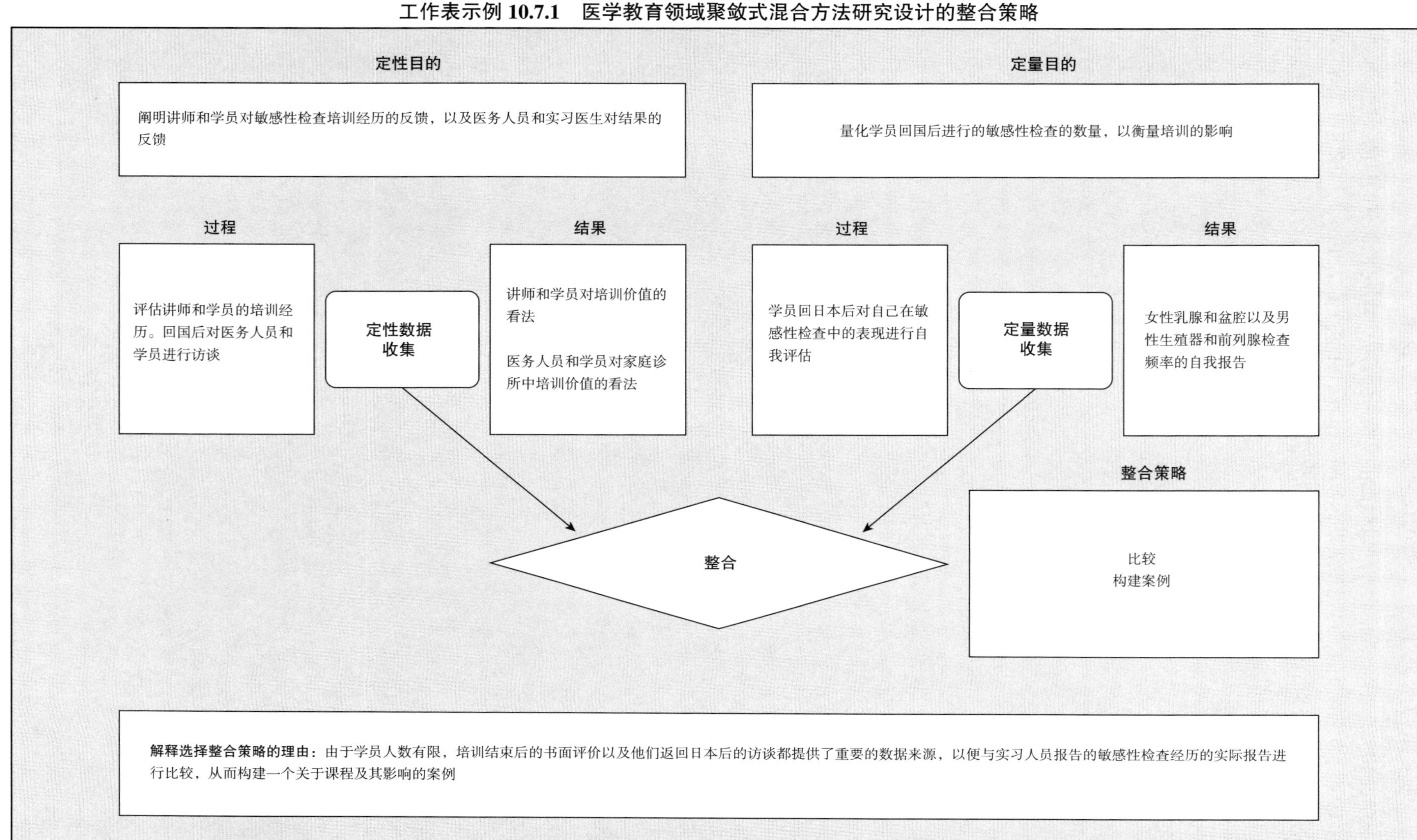

Source：Shultz et al.（2015）Procedural diagram created by the Mixed Methods Research Workbook author.

练习：确定你的研究中与聚敛式设计相关的整合策略

工作表 10.7.2 为聚敛式混合方法设计提供了模板。首先填写定性部分的目的、过程和结果。然后填写定量部分的目的、过程和结果。参考工作表 10.1 至工作表 10.4 提供的定义，确定两个层面的整合策略，然后填写整合目的。解释你选择的理由以及随后的研究计划。这对于多阶段设计以及规划未来的研究尤为重要。

工作表 10.7.2 你用于聚敛式混合方法研究设计的数据收集整合策略

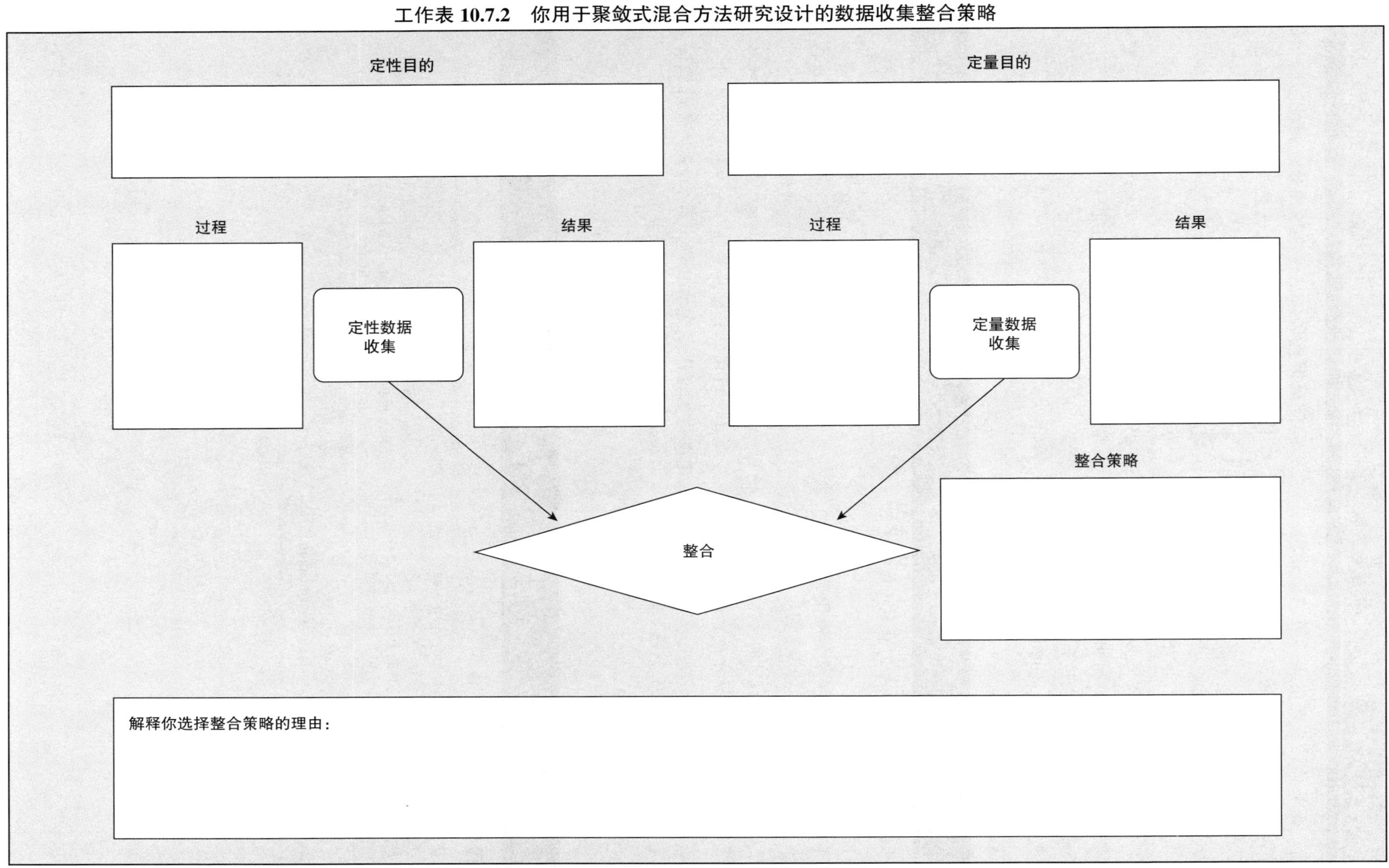

应用练习

1. **同伴反馈**。如果你是在课堂或学习班，请找一位同伴导师，花5～10分钟与他讨论你的整合策略，重点关注所选的整合策略。在与你的合作伙伴快速审阅总体流程后，进行最具挑战性的步骤——确定整合策略。与你的合作伙伴确认如下内容：所选择的整合策略是否合理？是否需要补充其他整合策略？列出的每一种整合策略是否都涉及你混合方法设计中定性和定量数据的连接？轮流讨论你们的项目并给出反馈。
2. **同伴反馈指导**。继续磨炼你的评判技巧。你的目标是帮助合作伙伴改进整合策略。评估整合策略是否合适，是否完整，策略是否存在缺失，是否所有列出的策略都与定性和定量数据收集和研究设计有关。
3. **小组汇报**。如果有时间，让一部分人在课堂或学习班上展示他们的流程图和整合策略。

总结思考

使用下列清单来评估你这一章的学习目标达成情况：

- □ 我知道了混合方法研究数据收集阶段的7种整合目的。
- □ 我思考了用于混合方法序列设计的两种整合目的。
- □ 我学习了混合方法项目数据分析阶段的6种整合过程。
- □ 我了解了混合方法项目辅助数据收集的3种整合过程。
- □ 在混合方法项目的数据收集和分析过程中，我根据自己的目的选择了整合策略。
- □ 在数据收集和分析过程中，我将具体的整合规划纳入了我的混合方法流程图中。
- □ 我与同行或同事一起回顾了第10章的整合方法，以完善数据收集和分析中的整合规划。

现在你已经达成这些目标，第11章将帮助你制定一个混合方法研究项目的实施矩阵。

拓展阅读

数据收集阶段整合的拓展阅读

- Creamer, E. G. (2018). *An introduction to fully integrated mixed methods research*. Thousand Oaks, CA: Sage.
- Creswell, J. W., & Plano Clark, V. L. (2018). *Designing and conducting mixed methods research* (3rd ed.). Thousand Oaks, CA: Sage.
- Fetters, M. D., Curry, L. A., & Creswell, J. W. (2013). Achieving integration in mixed methods designs-principles and practices. *Health Services Research, 48*, 2134–2156. doi:10.1111/1475-6773.12117
- Fetters, M. D., & Molina-Azorin, J. F. (2017). The journal of mixed methods research starts a new decade: The mixed methods research integration trilogy and its dimensions. *Journal of Mixed Methods Research, 11*, 291–307. doi:10.1177/1558689817714066

第 11 章

创建混合方法研究实施矩阵

混合方法研究项目是非常复杂的，因为涉及多种形式数据的收集和分析，而且经常发生在实施过程中的多个阶段。你可能会面临某些困难，例如如何描述不同混合方法研究的实施步骤，它们如何与研究问题或研究目的形成关联，如何收集数据以达到预期结果。实施矩阵可以简明扼要地呈现和总结研究目的、实施流程、数据分析计划和预期结果。本章节和相应的练习将帮助你理解这个矩阵的功能和用途、其他研究者如何形成自己项目的实施矩阵，了解它与你设计的混合方法研究之间的潜在关联，以及为你开发混合方法研究提供一个实施矩阵的参考。本章节的最终目的是帮助你制定一个符合自己混合方法研究的实施矩阵。

学习目标

为了了解如何在一个矩阵或表格中体现混合方法研究设计方案的细节，本章将帮助你

- 认清混合方法研究实施矩阵的价值，包括如何撰写研究方案，在审核过程中如何将你的研究流程准确传递给其他研究者或评审人员，如何指导项目的实施，以及在发表时如何呈现研究结果
- 探索不同混合研究方法实施矩阵的差别，并考虑将其作为你研究项目的潜在模型
- 开发一个属于你自己研究项目的实施矩阵

实施矩阵是什么？

实施矩阵是指可以简单明了展示混合方法研究概要的一个表格。实施矩阵的主要要素包括研究目的或阶段、实施过程、期望得到的产出或结局。例如，图 11.1 是一个使用在“医学成果互动转化研究”资金申请中的实施矩阵，它的研究资金是由美国国立卫生研究院国家医学实验室资助的。该研究资金是为了建立一个鼓励公众个人参与研究的合作组织。图 11.1 中共有 3 列：阶段、过程和每个阶段的产出。通过本章节其他部分，你将学到更多关于使用和建立混合方法研究实施矩阵的知识，在此之前，你需要先理解实施矩阵和流程图的区别。

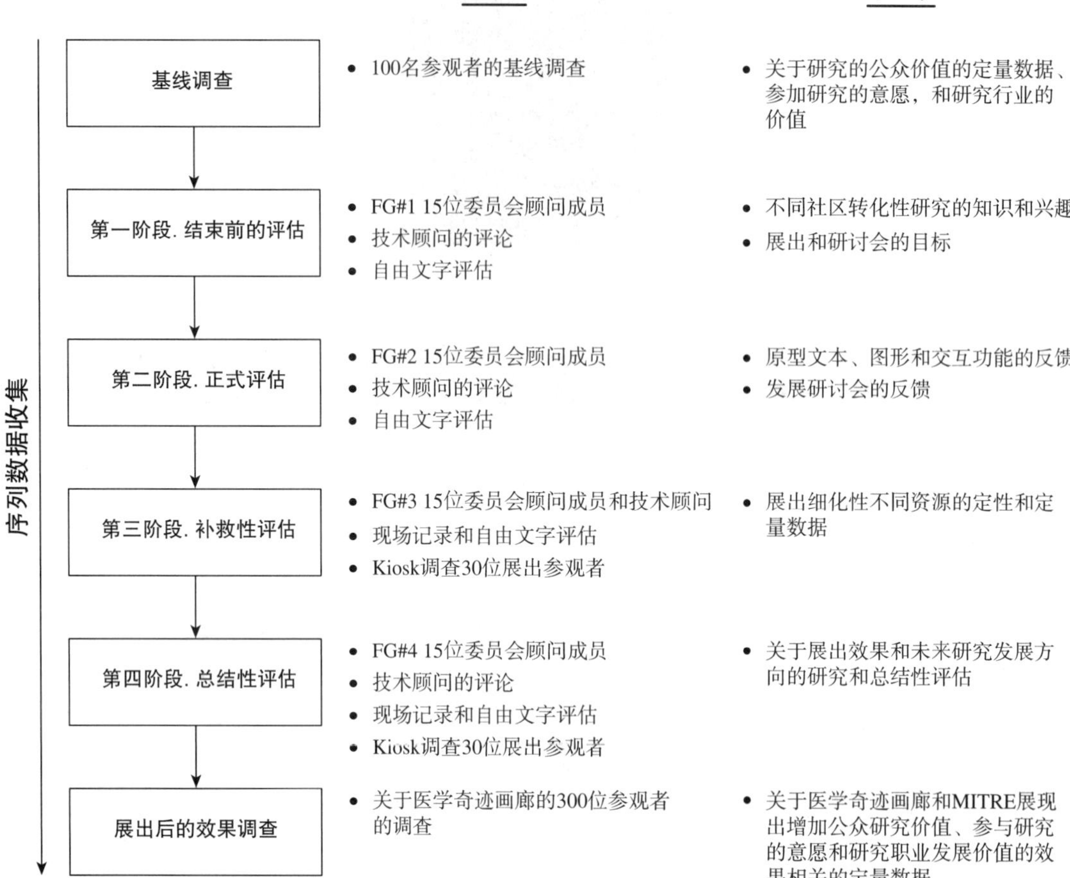

图 11.1 混合方法研究实施矩阵的 3 个基本特征

Source：Fetters，M.D. and Detroit Science Center.（2008-2011）. Medical Marvels Interactive Translational Research Experience. National Library of Medicine/NIH，R03 LM010052-02.

流程图和实施矩阵间的区别

实施矩阵与流程图有几分相似（参见第 7 章和第 8 章）。不过流程图更简洁和动态化，通常有箭头指示出相互关系和其他特征，以表明关系或方向。流程图和实施矩阵具有不同的目的。流程图从“鸟瞰”的视角，以研究整体更全面的角度去理解，体现的细节比较少（图 11.2）。相反，实施矩阵提供的是“森林层面”的视角，即研究方法如何实施的细节。研究叙事作为一个

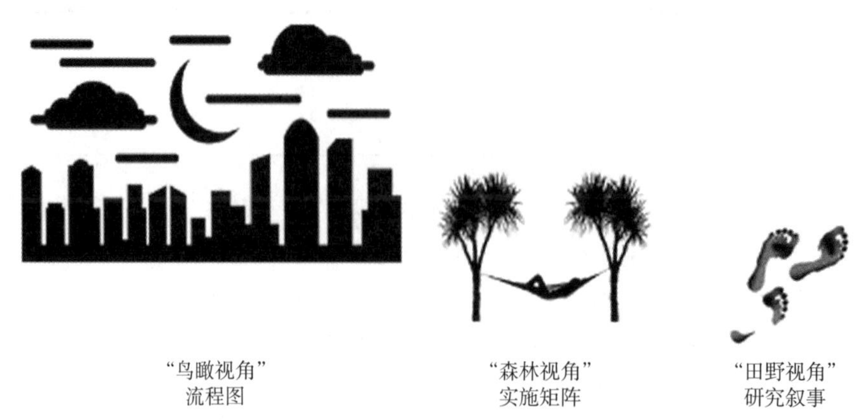

图 11.2 流程图、实施矩阵和研究叙事对于理解一个混合方法研究细节的角度

项目方案或最终以文章的形式发表，使研究从“田野层面”被呈现出来。如果你还没有制定混合方法研究的流程图，请回看第 7 章或第 8 章，因为流程图有助于你构建实施矩阵。

如何应用实施矩阵?

混合方法研究项目通常比较复杂，制定一个实施矩阵可以在研究项目实施过程中多次使用。从明确概念到写成科研文章，实施矩阵可以用于：①撰写混合方法研究的方案；②将复杂的混合方法研究流程简洁全面地传达给方案评审的专家；③在获得资金后的项目实施过程中可随时使用；④发表和撰写研究方法学的报告。下面将会提供更多细节并举出一些实例。

如果一幅图价值 1 千美元，那么一个实施矩阵可能价值 10 万美元或更多。

1. 撰写混合方法研究的方案

在撰写混合方法研究的方案时，使用实施矩阵有助于你制定如何开展研究的细节。在撰写文章或大论文时，也可以先拟定大概一页纸的实施矩阵来阐述研究计划和实施细节，与其他人讨论以寻求建议和指导，这时你会发现这个交流讨论过程将变得更容易。如果你发现需要做出修改，只需要在矩阵中修改并再次分享讨论，这一切都很容易做到。但如果你已经费尽心思写了很多内容才给他们看，可能你仅仅会得到满篇的红墨水点，就像水痘一样，让你感到悲伤和沮丧。通过打印或共享实施矩阵的电子版，你的导师 / 顾问 / 指导教师都可以在同一个草稿上编辑。

我的写作方法在多年撰写研究方案的经历中已经有所提高。我通常从制定一个详细的实施矩阵开始，然后再通过解释实施矩阵的内容撰写方案正文，而非一上来就写研究方案的提纲。在撰写研究方案或做项目预算时，研究方案可能因很多原因而改变，包括修改科研计划，或由于预算有限而涉及原来研究方案的可行性等问题。实施矩阵从根本上是一个项目概览，可基于此随时增加或更改方案内容。此外，很多混合方法研究都是多位研究者一起合作的，因此，制定一个大概一页纸的实施矩阵可以为整个团队提供文字和图形上统一的概念。因此，在撰写混合方法研究方案时，制定实施矩阵一方面有助于不同领域的调查者全面了解项目细节，团队合作时更易于沟通，也可作为方案修改的有力抓手。研究轶事 11.1 讲述了一个重要的经历，体现出实施矩阵指导混合方法研究的价值。这一经历中提到的实施矩阵见图 11.3。

研究轶事 11.1

在申请资金的混合方法研究中使用实施矩阵阐述研究方法的用处：ADAPT-IT 项目

我被邀请参与一个资金申请，那项申请计划使用适应性临床试验设计开展神经系统急症的临床试验（Meurer et al.，2012）。在会议开始时，我了解到申请截止时间是 3 周后，我的任务是制定一个两页纸的评估计划。我们用一个半小时的时间拟定了一个实施矩阵，包括评估目的、数据收集流程、参与者数量和评估结局。1 周后的第二次会议，我们再次基于实施矩阵进行了讨论，以保证研究目的、流程和结局的一致性。以终版的实施矩阵做指导，我撰写了评估部分的内容。在征得团队成员对于初版评估内容的反馈后，这部分就完成了。提交的申请在国立卫生研究院的 U01 机制下得以成功资助。这个经验显示了使用图形和文字表述的实施矩阵的价值，让所有评审人员在评估时掌握了统一的标准。

目的	方法	数据收集	预期结局
通过面对面（FTF）会议，包括研究设计开始前（FTF-1前）和完成后实质上的设计后（FTF-4前），了解人们的关注点和决策	• 采用VAS对适应性临床试验特征进行评价 • 3个专家评审组的会前小型焦点小组访谈(MFGI)： 1．NETT临床领导团队 2．NETT统计领导团队 3．参与适应性临床试验设计的统计师	• 每人一共7个视觉模拟法量表（VAS），对于适应性临床试验的一般特征进行评价（14个人，两轮面对面会议） • $N=6$个小型焦点小组访谈（FTF-1前有3个小型焦点小组访谈，FTF-4前有3个）	• 在面对面会议前后对适应性临床试验的7个特征进行定量评估 • 了解专家关于适应性临床试验的潜在价值、障碍、风险和优势的观点 • 建立对于适应性临床试验的基线观点以解释在参加设计过程后这些观点如何改变
了解开发适应性临床试验方案的面对面会议中的互动情况	通过对4个面对面会议的非结构化的观察和语音记录，评估参与者的非语言反应	32个小时的直接观察（4个面对面会议，每个会议历时约5小时）	• 使用结构化和非结构化方法的过程评价以解决在适应性临床试验方案开发过程中不一致的意见
使用定性和定量的方法，对每个参与者提出的适应性临床试验方案的优势、劣势及成功的概率进行评估，以做出决定	• 在4次面对面会议上，每个提交的ACT讨论后进行VAS评分 • 所有参与者在每次面对面会议中留存记录、简短回答和定性评估	• 每个试验每人有6个VAS（每次会议有14个人和两个试验，共4个会议） • $N=72$，每次会议有18个记录，共4次会议	• 每个ACT的6个特征的定量评估 • 所有参与者对于研究设计和会议过程的评估 • 基于VAS结果进行支持或反对的定性评估
了解项目外的利益相关者对于项目的观点	• 利益相关者的访谈，包括国立卫生研究院和食品药品监督管理局的专家、患者代表和同行评议专家	$N=12$，在第1和第2年对12位关键信息提供者进行半结构化电话访谈	利益相关者对于ACTS的认知及对其潜在价值、实施阻碍、风险和适应性临床试验优势的观点
引发参与者对ACT设计过程的评估	在2年结束时使用个人访谈做总结性评估	$N=12$，在第3年早期做12个评估	临床试验设计开发过程的全面评估
评估资金评审员对提交适应性临床试验的反应	通过对提交给基金部分的4项试验的文件分析，进行总结陈述	$N=4$，在第3年每项研究大约有6页的记录文件	资金评审员对于ACTs的认知及对其潜在价值、实施阻碍、风险和适应性临床试验优势的观点
* 18人将参与到面对面的会议讨论，但预期只有14人参与每一项临床试验的讨论。			

注：该图片修订后的版本见Widom和Fetters的著作（2015，P.324）。

Source：Barsan，W.（2010-14）. Accelerating Drug and Device Evaluation through Innovative Clinical Trial Design-Adaptive Design Trial. National Institutes of Health Common Fund，1U01NS073476.

图11.3　帮助一项适应性临床试验（ACT）成功申请资金的实施矩阵

2．让混合方法研究的评审人员了解你的研究流程

如果你准备提交一个方案，例如资金申请的方案或博士课题方案等，你必须非常清楚你的研究计划。国家资金评审员是非常有威望的人，但经常非常忙碌。在资金申请过程中，他们有责任评估所有方案的科学严谨性并提供意见。但是时间有限，所以时间压力让他们需要很快抓住你研究计划的要点。实施矩阵可以提供简洁但充分的细节以体现项目全部的过程和结局。

实施矩阵为评审员了解你项目的内容和研究方法提供了一个抓手。表11.2的故事提供了一

个我在审查国立卫生研究院资金申请时的例子。一位申请者在他的方案中没有提供任何类型的表格或实施矩阵，而且方案存在一些不一致和矛盾的地方。如果申请者使用实施矩阵，研究流程和预期结局可能会更加清楚。方案被拒绝更可能是因为评审员对你的混合方法研究方案不理解而产生疑惑。

研究轶事 11.2

对基金评审中困惑根源的观察

当第一次成为国立卫生研究院基金评审委员会的一员，对项目进行评估并给方案打分排名时，我观察到评审员必须快速决定他们是否继续进一步仔细审阅某一申请方案。第一步是将申请进行分类，拒绝将那些有太多缺陷的申请进行进一步的全文评审。有些申请确实是会让评审人员赶到困惑，比如作者在研究流程和纳入受试者的部分写得很不一致。这些困惑造成评审员会直接拒绝那些申请。实施矩阵不能保证被授予资金，但可以较好地保证研究各部分的一致性，保证你的方案可以让评审员清楚地知道你想要做的事情，进入下一步的全文评审。

通过我自己申请的例子来看，建立一个实施矩阵的价值还是很明显的。在我一个早期被批准的方案中，评审员赞赏了我在方案中列出的实施矩阵。请看研究轶事 11.3 中的故事，这是一个被国立卫生研究院成功资助的利用混合方法研究开展的“小型企业科技转化项目”。

研究轶事 11.3

对在一个已获资助的项目中使用实施矩阵的反馈

对联邦基金申请来说，大多数评审员不会给予非常多积极的评价，因为他们的工作就是提出批评和意见，告诉你你的方案哪些地方有错误，或告诉你不应该这么做。在不同的项目中使用了实施矩阵后，我们注意到一些评审员提到实施矩阵对于理解项目是多么有用。我们对一些积极的评论感到非常惊讶。例如，一个评审员提到：“在展示你打算做的和什么是可以做的之间的区别时，图表是非常有用的，而案例展示也是非常有效的。”（Wisdom & Fetters，2015，P.327）

3. 实施一项混合方法研究

混合方法研究的复杂性不仅在设计阶段，也在实施阶段。在开展多个混合方法研究过程中，我们发现实施矩阵可作为一个快速参考，对于指导项目实施有很多好处。尽管有最佳且清晰的设计方案，很多项目还是需要在实施流程中有所调整。研究轶事 11.4 展示的混合方法调查的过程，是我和卡塔尔的同事合作开展的一个项目。在项目实施过程中，我们会不断参考实施矩阵来讨论实施进展和下一步计划。

研究轶事 11.4

项目实施过程中使用实施矩阵

我所从事的最复杂、最有挑战性，也是最有趣的项目是我和卡塔尔的同事一起工作的卡塔尔健康计划调查项目的消费者评估。项目资金主要由卡塔尔国家研究基金会资助。这个项目的原始数据使用 4 种语言收集：阿拉伯语、英语、印地语和乌尔都语（Hammoud et al.，2012）。我们有多名成员进行健康质量工具的文化适应性改造，并对工具进行测试。根据方案中的实施矩阵，该基金申请涉及 5 个具体的目的（图 11.4）。与我合作开展这个项目的研究者工作地点在卡塔尔，这个项目的原始数据在卡塔尔收集，我的工作地点在美国，因此实施期间，我多次前往卡塔尔，我们也通过远程合作的方式一起工作。在很多情况下，我们参考实施矩阵评估项目进展，组织数据收集和考虑下一步的计划。

在图 11.4 所展示的项目流程中，实施矩阵作为申请卡塔尔国家研究基金方案中的一部分，可以供大家参考。我们用 4 种语言来实施这个很有挑战的项目：阿拉伯语、英语、印度语、乌尔都语。实施矩阵中有 3 列：步骤、流程和产出，在矩阵的每一步都标明该步骤实施方法的简洁信息，使用哪些方法，会有哪些产出。在这个矩阵里，“步骤”列和 5 个具体的研究目的直接相关。“流程”列显示的是哪些事情已经完成了。例如，第一步中，研究团队翻译了一个调查工具，并将其本土化。最后一列“产出”，总结了第一步的两个首要研究结果，以及这些结果如何为第二步的工作进行铺垫。往后的每个步骤也都是如此。这种表述方式清晰地传达了每一个信息，即每一步都提供研究结果以形成下一步的计划。有一点需要注意的是，这种方法应该避免提到上一步必须产生阳性结局或实现某个特定目标，才能建立下一步计划或目标。如果因为没有出现阳性结局而使下一步发生显著变化，评审员会认为流程的科学性可能存在缺陷。

在流程中，矩阵包含翻译流程、定性评估、使用定性访谈进行有效性评价和问卷调查。第三列列出了预期产出。这也可以根据你的喜好，当地学术文化或资金机构的倾向性而视为产生的结局。第一步的产出是为了发现有哪些术语和概念是很难翻译的，即所谓的“翻译困境”。第二步描述的是如何通过门诊访视患者获得他们对翻译困境的反馈。因此，每一步都是有流程和产出的。实施矩阵显示第二步将会影响并形成第三步的流程和产出，而第四步的流程和产出形成第五步。第五步的最终产出就是研究计划的终点。

4. 撰写和发表混合方法研究

作为第 4 个原因，实施矩阵可以在学术会议，或发表的论文、书籍或其他出版物中作为研究的信息进行宣传和推广。

使用实施矩阵阐述你的研究。实施矩阵对于阐述研究内容来说是一种非常有效的方法。在演讲中，我通常鼓励学员使用一个水平设计的实施矩阵解释他们的混合方法研究。讲稿的维度是一种更为容易展现研究全貌的方式，这是一种水平的、逐渐展开的表达方式。这种全貌概览的实施矩阵（参见 Wisdom & Fetters，2015，P. 324 的例子）可使用海报的方式有效地予以展示。

在撰写用于发表的混合方法研究文章中使用实施矩阵。发表混合方法研究文章时通常也会使用实施矩阵。根据你的需要和目的，可能需要在发表的文章中选择详细的实施矩阵或概览式的流程图来呈现你的研究。在一项原始研究论文中，使用一个简练的图表是最可行的。对于方法学研究的文章，读者更喜欢了解方法学的详细内容，所以使用更全面的实施矩阵应该是最合适的。在 *Journal of Mixed Methods Research* 中，作者被鼓励画出图表，如实施矩阵，以加强方法学细节。方法学研究文章的读者想了解具体的内容，包括开展该研究的原因、做了多少工作、和多少人员共同工作、分析过程是什么，以及研究结局是什么。实施矩阵应把重要的研究信息放置在容易看到的地方。

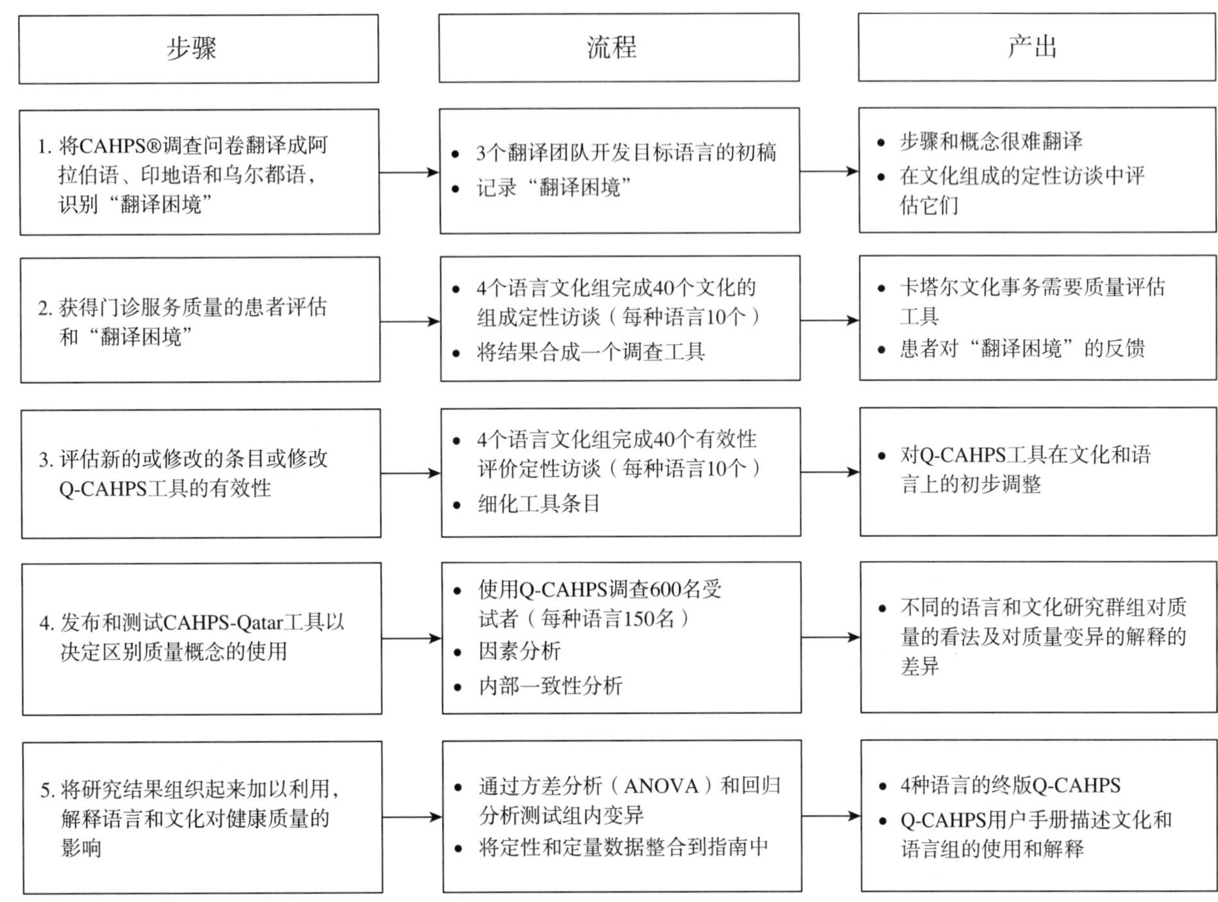

图 11.4 实施矩阵在一项交叉文化的项目中指导评价健康质量的项目实施

Source：Fetters，M.D. and Khidir，A.(2009-12). Providing Culturally Appropriate Health Care Services in Qatar：Development of a Multilingual “Patient Cultural Assessment of Quality” Instrument. Qatar Foundation，NPRP08-530-3-116.

制定一个实施矩阵

本章主要目的是制定一个实施矩阵。你可以在图 11.1、图 11.3 或图 11.4 中的每一步加上分析作为示例。工作表示例 11.1.1 展示了一个序列式混合方法研究设计的实施矩阵。这个实施矩阵展现的是 Harper 的教育领导研究调查，校长如何通过改善学校文化环境来提高学生成绩。工作表示例 11.1.2 展示的是一个序列和聚敛式多阶段设计的混合方法研究实施矩阵。在这个例子中，Simões、Dibb 和 Fisk（2005）是商界人士，他们寻求开发一个企业形象管理的跨学科方法。

一项解释性混合方法研究序列设计的实施矩阵

Harper 开展了一项解释性混合方法研究序列设计（先定量后定性的序列设计）。工作表示例 11.1.1 中，有 4 列内容：阶段、流程、分析和产出。对比图 11.4，这个例子有两个不同的地方，这个实施矩阵包含使用的是阶段，而不是步骤。对于第一和第二阶段，实施矩阵包括第一阶段的定量的研究问题和第二阶段定性的研究问题。它的分析列显示了第一和第二阶段的分析流程。

工作表示例 11.1.1　基于一个教育学项目展示混合方法研究流程的实施矩阵

题目：调查校长怎样通过改善学校文化环境提高学生成绩：解释性混合方法研究序列设计的实施矩阵			
阶段	流程	分析	产出
1. 定量研究阶段问题： （a）在阿拉巴马州中学，学生数学和阅读成绩与学业乐观主义之间的关系是什么？ （b）学术乐观主义的 3 个维度（教师信任、集体效能和重视学业）和学生数学及阅读成绩学习成绩之间的关系是什么？	• 阿拉巴马州的 218 所中学按照学生阅读和数学成绩分为高和低两层 • 学校按照午餐免费和减少费用两种形式，将学生分为高、中、低 3 层社会经济状态 • 来自 26 个学校的老师使用学校学业乐观主义量表完成每个学校的学业乐观主义程度的测量	使用相关分析、回归和递归分析测量学业乐观主义在调整社会经济状态（SES）后如何预测阅读或数学成绩	• 明确学业乐观主义的不同维度如何预测学生成绩 • 回归确认学业效能（学业乐观主义的维度之一）是一个学生成绩的重要预测因素 • 识别出成绩优良的学校，为后续第二阶段的访谈提供具有代表性的校长样本
2. 定性研究阶段问题： 阿拉巴马州中学的校长们使用什么策略创造一个学业乐观主义的文化氛围以提高学生学习成绩？ 子问题： （a）使用什么策略来加强学术重视和学业成绩之间的关联？ （b）校长采用什么策略来发展教师信任？ （c）校长采用什么策略来发展集体效能？	• 使用目的性最大差异抽样识别出成绩优良学校的 11 位校长	• 编码归纳分析识别出 3 个主题和类别：教师信任、集体效能和学业重视 • 访谈资料分析过程中，领导风格成为第 4 个主题 • 使用 NVivo 10 软件辅助分析	• 确定发展学业乐观主义的策略，以促进学生成绩 1）教师信任源于规范的社会互动，在这种互动中，校长是关心教师、言行一致和具有协作精神的 2）集体效能来自校长的培养支持 3）重视学业的策略包括制定目标、为学生提供额外帮助，以及为取得好成绩庆祝 3 方面 4）领导风格影响以上 3 个维度

Acronyms：SES，socioeconomic status

Source：Harper（2016）. Implementation matrix created by the *Mixed Methods Research Workbook* author.

阶段。阶段是指研究的步骤，也可以根据你的研究领域或你的导师、同事或自己的喜好，命名为目的、步骤、问题、假设或任务（任务可能更多出现在工程学方案里）（参见工作表 11.2）。如果是撰写一个基金申请方案，需要根据不同领域的行规，使用不同专业的语言。模板提供了一个组织框架，可以按照实际情况予以适当修改。Harper 的研究分为有两个阶段，开始的定量阶段会解决两个研究问题，随后的定性阶段会关注 1 个主要问题和 3 个次要问题。

流程。在实施矩阵的第二列是流程部分。这部分是撰写关于数据如何收集的重要信息，以及各阶段有多少受试者参与。在 Haper 的研究第一阶段，流程部分描述了他如何找到阿拉巴马州的 218 所学校，如何将它们分层，如何对 26 所学校的老师调查学业乐观主义的问题。在第二阶段，Harper 对 11 名来自学习成绩好的学校校长进行了访谈。

分析。第三列是统计分析，对统计方法和信息做简明扼要的汇总。在第一阶段，Harper 计划分析控制社会经济状态后，学业乐观主义如何预测阅读或数学成绩。第二阶段，他在定性分析时，使用 3 个事先确定的主题和 1 个新出现的主题来编码数据，并通过电脑软件协助分析。

产出。产出列描述了通过分析产生的结果。例如，在 Harper 的研究中，他在第一阶段识别了学业乐观主义的不同维度如何预测学习成绩，以及最合适的预测因子，并识别出第二阶段进行随访的问题，以及如何将结果整合。在第二阶段，识别出校长鼓励学业乐观主义的 4 个策略。

聚敛式混合方法研究的实施矩阵

为聚敛式混合方法研究制定实施矩阵是有挑战的，因为定性和定量数据收集和分析经常同时发生。因此，经常需要抉择定性和定量的数据收集是列在同一行还是不同的行。选择列在同一行的情况是使用方法内数据收集时，也就是说，定性和定量数据收集使用的是同一个流程。另一种选择列在同一行的情况是定性和定量数据收集的样本是相同的。当定性和定量数据使用不同收集流程时，一般会选择列在两行中。虽然关于如何建立一个聚敛式混合方法研究的实施矩阵充满挑战，但是也不用太担心，实施矩阵的结构是可以根据不同项目的需要随时进行调整的。

多阶段聚敛式混合方法研究的实施矩阵

工作表示例 11.1.2 展示了一个多阶段混合方法研究。在这个研究中，Simões 等（2005）实施了一个三阶段混合方法研究，每个阶段对应不同的研究目的。对于每个阶段的目的，设计了不同的数据收集表格。因此，这个实施矩阵的每一行内展现了不同的数据收集流程。

阶段。实施矩阵可以展现更多的细节，甚至在每一阶段使用不同数据收集表来实现不同的研究目的。Simões 等（2005）的研究中的 3 个研究目的说明了这一点。在第一阶段，计划通过定性研究“了解合作身份”。在第二阶段，计划使用探索性混合方法研究序列设计来开发和测试一个调查工具。在第三阶段，使用聚敛式混合方法研究去验证、解释、升华和拓展研究结果。

流程。流程部分描述了数据收集方法，包括计划纳入研究的参与者数量。当使用同步收集定性和定量数据的策略，将定性和定量数据收集流程列在同一列即可（如均通过 100 人的问卷调查收集数据）。当使用不同数据收集流程时，应该分别列出。例如，如果要开展结构化的问卷调查和焦点小组访谈，就应该将定性的问卷调查和焦点小组访谈分列列出。在 Simões 等（2005）的研究中，第一阶段的定性数据来源有 3 个，即已发表的文献资料、网页资料和对 18 位专家的访谈。在第二阶段，他们先初拟了一个调查问卷的条目池，然后进行定性访谈、预试验和对新工具的测试。第三阶段，研究者通过对 10 位管理者进行访谈、对 110 位管理者进行邮件调查，同步收集定性和定量数据。

分析。当每个阶段有多个数据收集过程时，在实施矩阵中描述各个数据收集过程对应的数据分析非常有挑战性。例如，在 Simões 等（2005）的研究中对第一阶段的分析，作者着重于 3 个量表的开发：①产品和服务认同，品牌开发和沟通；②酒店产业环境；③企业形象和品牌合作如何在酒店集团层面得以开发或管理。在第二阶段，他们对调查工具的开发和验证涉及多个步骤。在第三阶段，他们的分析集中在验证、解释和结果的进一步拓展。

产出。根据各阶段的不同目的，产出这列可能复杂程度会有所不同。在 Simões 等（2005）的研究中，第一阶段的产出包括可能与企业形象管理相关的条目信息。相反，第二阶段的两个关键产出包括一个功能强大的工具和应用该工具获取的心理测量特征信息。第三个阶段的产出是该工具的研究结果及潜在应用。

工作表示例 11.1.2　商业领域的序列与聚敛式相结合的多阶段混合方法研究的实施矩阵

题目：企业形象管理跨学科测量工具的开发：多阶段设计的实施矩阵			
阶段和目的	**流程**	**分析**	**产出**
目的一：获得企业形象管理（CIM）的深度理解	• 收集已发表的文献和旅游与酒店产业环境相关的材料、深度访谈（18 名专家）	• 分析：①产品和服务认同，品牌开发和沟通；②酒店产业环境；③企业形象和品牌合作如何在酒店集团层面得以开发或管理；④企业形象管理量表开发和进一步细化	• 可纳入第二阶段的量表开发的信息
目的二：开发和测试一个企业形象管理调查问卷	• 基于目的一的结果和文献检索，开发一个包含 70 个条目的 Likert 量表 • 3 轮访谈 • 5 名学术专家将问卷条目减少到 44 项 • 10 名酒店 / 量表市场专家将问卷条目减少到 31 项 • 24 名利益相关者 • 对 14 名酒店经理进行预试验 • 对 533 名酒店总经理进行问卷调查	• 条目精简 • 测试者间信度评估 • 观察者间信度评估 • 酒店、参与者和人口学特征的描述性统计 • 探索性因子分析 • 验证阶段分析 • 收敛和判别有效性检验 • 内部一致性评估	• 开发较好的包括以下 3 个部分的企业形象管理调查：凝聚力、沟通和视觉形象 • 新开发工具的心理测量特征的令人信服的统计分析
目的三：验证、解释和企业形象管理（CIM）调查结果的拓展	• 第一部分：对 10 名酒店经理，进行企业形象管理（CIM）量表的认知访谈 • 第二部分：将问卷邮寄给 110 名酒店经理，让他们代表酒店填写企业形象管理量表，进行总体评估	• 将访谈和调查的结果汇总，完善调查工具	• 细化企业形象调查工具，用于： • 企业形象管理活动中需要注意的问题 • 对企业形象管理活动进行诊断 • 监督 / 评估企业形象管理项目 / 活动

Source：Simões C.，Dibb S.，& Fisk R. P.（2005）. Implementation matrix created by the Mixed Methods Research Workbook author.

创建一个混合方法研究实施矩阵

看了这些实施矩阵的例子（图 11.1、图 11.3 或图 11.4），你现在可以基于之前介绍的两个工作表示例（11.1.1 和 11.1.2），为你的项目构建一个实施矩阵了。

练习：构建你的实施矩阵

实施矩阵模板（工作表 11.1.3）是通用的，可以被用于任何混合方法研究。这个模板有 5 个标题，不过你创建实施矩阵时，不必拘泥于这五个标题。你可以根据自己的需要和领域的使用方式进行修改。最后那一列“备注”，提供必要的空间记录任何你的关注、问题、想法和犹豫等。在下表的基础上，你可以根据需要进行增减。可以选择打印出来填写，也可以直接做成电子版。

工作表 11.1.3　创建你项目的实施矩阵

阶段 / 目的 / 研究问题	流程	分析	产出	备注
1				
2				
3				
4				
5				

如果你已经将研究目的、流程、分析和产出的细节概念化，你可以直接填写各部分内容。如果你已经写好方案，也可以在其中加上实施矩阵，便于理解你的实施流程。或者很多人还没有完成研究方案，那么，就可以使用实施矩阵来帮助你开发或扩展你的混合方法研究流程了。如果你已经完成第 7 章和第 8 章介绍的混合方法研究设计，你就可以开始完成实施矩阵的制作了。工作表 11.2 提供了一个核对表帮助你完成混合方法实施矩阵。

工作表 11.2　完成混合方法研究实施矩阵的核对表

在开发实施矩阵过程中根据完成的情况检查每一步：

- □ 将已有的文件集中到一起
- □ 为你的实施矩阵加上标题
- □ 列出研究阶段、每个阶段的目的、研究问题和（或）研究假设
- □ 完成实施矩阵中最容易的部分
- □ 备注列记录所有相关的疑虑
- □ 填充空白区域
- □ 明确和更新你的选择
- □ 更新叙述性内容
- □ 编辑实施矩阵尺寸以达到最优
- □ 把外观编辑得更加美观

创建实施矩阵的步骤

以下 10 步将帮助你创建实施矩阵。

1. *将已有的文件集中到一起*。把研究相关的资料集中起来放到可以随手获取的地方，便于高效地填写表格。如果书中有你需要使用的表格，可以使用便笺纸贴在相关书页，并标注好内容。使用电子版或纸质版均可，电子版最好全部版本保存在一个文件夹内便于获取，纸质版用容易涂改的铅笔或钢笔。
2. *为你的实施矩阵加上标题*。建议先写上主题内容，再说明这是一个实施矩阵。大多数读者首先是被主题所吸引。然后加上支持开展这一主题研究的方法。可以参考你在第 1 章构建，在第 5 章精炼后的标题。
3. *列出研究阶段、每个阶段的目的、研究问题和（或）研究假设*。你应该将研究目的、问题和假设加到“阶段”列中。可以使用你在第 6 章构建的问题或假设，也可进行修改完善。
4. *完成实施矩阵中最容易的部分*。你会发现填写这些已经确定的信息是最高效的。在研讨会上，我经常发现人们通常已经找到他们想要使用的方法（如访谈、调查、资料分析、观察、二手数据分析）。先把这些信息填上。比较困难的是，估计每种类型的数据需要收集多少。对于不太熟悉定性方法的研究人员来说，一个常见的错误是高估了参与者的数量。
5. *备注列记录所有相关的疑虑*。“备注”列是有助于提醒你去确定某些问题，如可能遇到的任何困难，不确定的问题和可行性问题等。也可以记录你需要做一些把握度分析来判断样本量，或者思考别人为你的研究提出的建议，或者伦理委员会提出的问题或建议。总之，你可以根据自己需要使用“备注”列。
6. *填充空白区域*。根据你不断地阅读或采纳别人的意见，逐渐填入更多的内容或问题。
7. *明确和更新你的选择*。迭代性地增加和更新你的内容。与他人讨论明确你的实施矩阵中是否为读者提供了充分的内容，足以让他们理解你项目中定性、定量和混合方法的流程。
8. *更新叙述性内容*。如果你正在撰写研究方案或文章的内容，请你首先养成更新实施矩阵的习惯，然后再迭代性地更新对应的叙述文字。确保实施矩阵是一个最新想法和内容的知识宝库，有助于避免信息的冲突。
9. *编辑实施矩阵尺寸以达到最优*。当你在实施矩阵中加上越来越多的信息时，你可能发现某一部分内容有些冗长。例如，流程部分可能看上去非常长，你需要不断编辑尽可能把它缩短。如果在文字处理程序中使用电子版表格，可以通过修改列宽把它变短。
10. *把外观编辑得更加美观*。最后一步，从可视化的角度来编辑实施矩阵，使其更加美观。漂亮的矩阵更吸引眼球，让评阅人更愿意看你的文章。大写和标点符号的使用一致吗？合理使用分行分段了吗？同一列内容的段落格式都一样吗？评阅人很可能通过矩阵迅速抓住你的研究要点，他们可能会在更感兴趣的段落花更多时间。例如，当你计划做访谈时，他们可能通过矩阵找到访谈关注的要点，直接跳到相应的段落。在这种情况下，矩阵有点类似扩展的索引。

可加入实施矩阵的其他元素

除本章之前所述内容，实施矩阵中还可以根据你的研究具体情况，加入其他很多元素。当你想把这些相关内容都以列的形式加入到矩阵中时，情况就会变得比较复杂。因此，需要在增加多少列这个问题上做出权衡。当加上很多列内容时，那就需将垂直表格转为水平的了而有几个其他元素是可以加到矩阵中的，包括我们接下来要讨论的理论、整合节点和效度风险。

理论。理论可以添加在混合方法研究实施矩阵中的第二列。这是 Justine Wu 申请一项职业发展基金时，在一项关于提高伤残妇女使用避孕方法的混合方法研究中介绍的（Wu et al.，2018）。她想在每一步都强调研究目的如何与生育公平理论紧密相连。如果你的研究中也有一个理论与研究的每一个步骤紧密相关，这是很值得花时间思考的。如果使用的理论比较宽泛、语言重复，那就没必要单独成列了。

整合节点。将整合节点放在实施矩阵的最后一列是 Justine Wu 在她研究中提出的另一个观点（Wu et al.，2018）。我喜欢这个标题，因为它关注了方法学。因此，在混合方法课程中重点学习整合是非常有帮助的。而对文章发表或基金评审成员来说，他们可能对于研究内容更感兴趣。在这种情况下，整合节点这一列的作用就不大了。

效度风险。当给国立卫生研究院项目官员展示项目的实施矩阵时，Justine Wu 建议增加效度风险作为最后一列（Wu et al.，2018）。评审人员越来越希望在方案的研究内容部分，申请者可以提供这些可能的威胁。关于在实施矩阵或研究内容中是否加上这一列将取决于你自己。如果你决定加上，应该简明扼要地陈述效度风险，并解释你的选择是合理的。虽然我不喜欢在这样一个引人注意的地方强调局限性，但这也是一种选择。

应用练习

1. **同伴反馈**。如果是参加课堂或学习班，请找一位同伴导师，花 5 ~ 10 分钟与他讨论你的实施矩阵。也可参考第 5 章，评估一下你在第 5 章提出的定性、定量和混合方法的问题在实施矩阵中是如何体现的。此外，关于混合方法设计，可参考第 7、8 章。轮流讨论你们的项目并给出反馈。如果有时间，可以在课堂或研讨会上展示一个构建好的序列和聚敛式的实施矩阵。
2. **汇报者指导**。应该关注实施计划的整体逻辑和流程。在和你的同伴快速浏览整个流程后，转到你认为不容易解决的地方，向你的同伴寻求帮助。将你的研究问题聚焦于如何优化实施矩阵上。尊重和节省同伴的工作时间。
3. **同伴反馈指导**。继续磨炼你的评判技巧。你的目标是帮助合作伙伴细化实施矩阵。实施矩阵中的缺陷是什么？数据收集过程清晰吗？受试者人数有多少？是否清晰描述了重要的研究结局？现有的方法和样本量可以达到预期结局吗？对于序列设计，后续研究部分的目的 / 问题建立在前一个研究部分的目的 / 问题上是否有意义？
4. **小组汇报**。如果你在教室或一个团体中，可以请一个志愿者展示他们的实施矩阵。其他人可以此为参考对自己的实施矩阵做适当修改。

总结思考

使用下列清单来评估你这一章的学习目标达成情况：

□ 我了解了实施矩阵的目的和价值。

□ 我探索了实施矩阵中的内容，并考虑了将其应用于我研究的潜在可能。

□ 我给自己的项目创建了实施矩阵。

□ 我和同伴讨论了第 11 章实施矩阵以提炼混合方法流程。

你已经达成这些目标，第 12 章将帮助你考虑伦理方面的事项，并完成混合方法研究方案。

拓展阅读

混合方法研究中的矩阵、网格和表格相关的拓展阅读

- Patton M. Q. (2015). *Qualitative research and evaluation methods* (4th ed.). Thousand Oaks, CA: Sage.
- Wisdom, J. P., & Fetters, M. D. (2015). Funding for mixed methods research: Sources and strategies. In S. Hesse-Biber & R. B. Johnson (eds.), *The Oxford handbook of multimethod and mixed methods research inquiry* (pp. 314–332). New York, NY: Oxford University Press.

第 12 章

保证研究伦理，确定混合方法研究方案

本章介绍了研究者在采用混合方法时，在考虑涉人研究所需遵循的伦理规范和提交伦理委员会申请时所遇到的特殊挑战。即使你是位经验丰富的研究者，法规的要求及其复杂性也会让你感受到巨大的压力。本章及其所列活动将帮助你了解混合方法研究遵循涉人研究相关法规的重要性、明白可能免除审查的标准、知道可能的特殊伦理考量、比较法规中人类受试者和参与者的用词区别、回顾研究方案的组成要素、考虑研究方案申请书的内容，构建一个可提交给伦理委员会的研究方案。完成一份可提交给伦理委员会的混合方法研究方案将是本章最主要的收获。

学习目标

本章旨在指导你了解涉人研究伦理审查流程，以及如何制定研究方案，以便能够：

- 符合涉人研究的相关法规
- 确定你的混合方法研究是否属于免除审查之列
- 了解混合方法研究有关的特殊伦理考量，以及如何在方案中陈述相关问题
- 比较用于描述参与混合方法研究的个人时，使用“人类受试者”（human subjects）和“参与者”（participants）在法规用语中的区别
- 回顾构成混合方法研究方案的要素
- 考虑研究方案申请书的内容
- 了解研究方案的要素会根据研究目的而有所不同
- 启动撰写涉人研究方案申请书

为什么遵守涉人研究法规很重要?

所有参与涉人研究的研究者都需要充分了解研究的伦理原则和合规性要求。在这些原则被确立之前，在医学和社会科学领域，都出现过大量严重侵害人类受试者的先例（McNeill，1993；Rothman，1991）。大多数国家的研究资助机构，例如美国国立卫生研究院（NIH，2012）、美国国家科学基金会，英国统筹管理全国健康的健康服务体系（National Health Service，2017）的健康研究管理局（Health Research Authority，HRA），以及加拿大卫生研究院（Canadian Institutes of Health Research，2015），都要求研究人员经过培训能充分了解开展涉人研究的伦理原则，并且获得证书。此外，绝大多数的国际期刊都要求确认涉人研究已获伦理批准。

在大多数情况下，主要研究人员需要提供已接受了伦理规范培训的证明，这里包括参与受试者招募、入组和知情同意过程，数据收集和分析的所有研究人员和提供主要支持的人员。例如，我所在的机构，按大学、州和联邦法规要求，提供一系列“负责任地开展研究”的在线课程。全球成千上万的机构接受“合作机构培训计划”（CITI）所提供的涉人研究的伦理培训。NIH 校外研究办公室提供免费的研究伦理指导以保护受试者权益，包括西班牙语版本（NIH，2016），但未做强制要求。

该研究是否能够免于监管?

许多在商业、教育、社会科学和健康科学领域的研究人员所开展的研究不在涉人研究的伦理委员会审查范围之列。例如，美国卫生和人类服务部的人类受试者保护办公室制定了卫生和公共服务相关研究的指导政策。表 12.1 列出了是否可被免除审查的研究判断标准。例如，根据研究保护政策办公室的标准（1），MPathic-VR 研究在我所在机构可以“免除审查”（Kron et al.，2017）。

重要的是，即使你认为自己的涉人研究符合“免除审查”标准，你仍需要向所在机构的伦理审查委员会申请免除审查。如果你希望研究发表，这将尤为重要，因为出版社可能会要求有正式的批准文件。各国对于研究免除审查的标准会有所不同。你应该在所在地确定你的研究是否需要审查，并获得相应批准。此外，由于对免除审查标准的解释差异很大，你应该了解你所在机构的具体规定。

表 12.1　研究是否可被免除审查的判断标准，根据美国卫生和人类服务部的人类受试者保护办公室发布关于受试者保护的政策（2009）
（1）在日常教育环境中进行的研究，涉及常规的教育实践，如（i）常规和特殊教育教学策略的研究，或（ii）教学技术、课程或班级管理方式的效果评估或比较研究
（2）研究涉及使用教育测试（认知、诊断、能力、成就）、问卷调查、访谈或公共行为观察的研究，除非： （i）所获得的信息能够直接或通过相关联的标识符识别受试者；以及（ii）在研究之外披露受试者的回答可能使受试者承担刑事或民事责任的风险，或对受试者的财务状况、就业能力或声誉造成损害
（3）涉及使用教育测试（认知、诊断、能力、成就）、问卷调查、访谈或公共行为观察的研究，但有如下情况存在是不能免除审查的： （i）受试者是政府官员或政府官员候选人，或（ii）有联邦法规要求在整个研究过程中以及结束之后都要对个人可识别身份信息保密的
（4）涉及收集或研究现有数据、文件、记录、病理标本或诊断标本的研究，如果这些信息来源是公开可以获取的，或如果研究者记录信息的方式不能直接或通过与其相关的标识符识别

续表

(5) 获得部门或机构负责人批准，旨在：设计一项，评估项目研究、或其他： (i) 开展公益或服务项目 (ii) 评价获取这类项目收益或服务的流程 (iii) 评价这类项目或流程可能发生的变化或替代方案 (iv) 评价这类项目获得收益或服务的支付方式或水平可能发生的变化
(6) 食物口味和食品质量评估以及消费者接受度研究，(i) 是否不含添加剂的健康食品消费情况，或 (ii) 如果食品中所含成分、农用化学品或环境污染物的含量水平等于或低于安全等级水平则被认为是安全的，且为美国食品和药品管理局、环境保护署或美国农业部食品安全与检验局批准的产品

为什么混合方法研究中的人类受试者保护很重要?

美国国立卫生研究院行为与社会科学研究室（OBSSR）成立于 1993 年，以应对 20 世纪 80 年代人们对行为、社会和生物因素给健康带来影响的认识（NIH Office of Behavioral and Social Sciences Research，n.d.）。正如在行为与社会科学混合方法研究办公室发布的“最佳实践指南”中所示，第一版（Creswell et al.，2011）和第二版（NIH Office of Social and Behavioral Research，2018）采用混合方法开展涉人研究时会出现一些特有的问题。首先，混合方法研究者需要有意识地去关注在进行定性和定量研究中可能出现的伦理问题。例如，定量研究可能会控制实施条件；而在定性研究中，通过故事讲述、观察和视听记录的方式获取的详细个人信息，受试者的身份可能会被识别出来。作为研究人员，如何保护你的受试者是一个关键问题（Creswell et al，2011；NIH Office of Social and Behavioral Research，2018）。

在进行混合方法研究之前，研究人员应充分考虑用混合方法收集数据给受试者带来的额外负担是否能为项目产生附加价值。换言之，混合方法研究收集两种类型的数据以及给受试者带来的负担与收益相比是否合理？其次，在进行倡导性和参与式研究（例如变革性设计）时，研究者需要仔细选择可以代表目标人群的社区成员。以下内容将讨论参加混合方法研究潜在的受试者风险和受益。它虽然没有兼顾到清单的全面性，但会就混合方法研究特有的问题进行重点讨论。

人类受试者参与混合方法研究的潜在风险是什么?

针对混合方法研究伦理考量的相关文献相对较少。我回顾并补充了行为与社会科学研究办公室（Creswell et al.，2011；NIH Office of Social and Behavioral Research，2018）发布的《混合方法研究最佳实践指南》中提出的考量。第一，在知情同意方面，与仅收集一种类型数据相比，同时参与定性和定量两种数据收集的受试者将需要了解，他参与的研究程序比只参与一种数据收集更为复杂。这可能会使知情同意的获得更复杂、更繁琐，也更具挑战性。第二，同时提供定性和定量数据信息的受试者要比只参与一种数据收集过程承担更大负担。第三，混合方法研究可能要求收集其他研究类型不要求的身份识别信息。例如，当采用调查问卷收集定量数据时，可能不需要收集个人信息。而在混合方法研究中，如果使用解释性混合方法研究序列设计，研究者可能需要收集可识别信息，以便在定性研究阶段进行受试者随访。第四，混合方法研究需要受试者付出更多时间来接受后续的访谈。第五，从事参与式或变革性混合方法研究的研究人员需要考虑那些为他人辩护的个人所面临的风险。

关于“以人为对象”和“人作为参与者”的用语讨论

术语“人类受试者”（human subjects）已成为研究相关规范的用词。许多**机构伦理审查委员会**都将参与研究的对象称为“人类受试者”。如果有要求，你则必须这样使用。但我尽量避免使用这一用词，因为其带有不必要的负面含义，即人是研究的“对象”（object）。例如，作为动词，“subject”的意思是“使或强迫经历”。随着知情同意和相关权益保护的出现，我更愿意使用“参与者”（participant）的说法，因为它体现了受试者是否是自愿的细微差别。然而，在许多既往关于研究伦理讨论中，表述确实是“人类受试者”，而不是“参与者”。由于关于用词的进一步深入讨论超出了本章目的，为了与法规用词保持一致，在本章中使用“人类受试者”。你所在研究机构可能会使用或要求使用“人类受试者”或“参与者”。

练习：识别混合方法研究中潜在的受试者风险

工作表示例 12.1.1 提供了 MPathic-VR 混合方法“虚拟人沟通教学研究”项目申请中识别的潜在风险范例。你可以参考本示例，在工作表 12.1.2 中表述自己的混合方法研究。

工作表示例 12.1.1　MPathic-VR 混合方法研究医学教育项目的潜在风险

预期属于最小风险。隐私泄露的风险可能性很小，即使发生了隐私泄露，潜在的危害也很小。与正常教育活动相比，使用该教学系统并未增加对学生的潜在风险。

Source：Kron et al.（2017）and Fetters，M.D. and Kron，F.W.（2012-15）. Modeling Professional Attitudes and Teaching Humanistic Communication in Virtual Reality（MPathic-VRII）. National Center for Advancing Translational Science/NIH 9R44TR000360-04.

根据你目前的方案，在工作表 12.1.2 中列出参与你的混合方法研究项目可能给受试者带来的潜在风险，你应该考虑以上所列的所有可能性，但记住可能还有其他潜在风险未被列出。

工作表 12.1.2　MPathic-VR 混合方法研究医学教育项目的潜在风险

混合方法研究参与者的潜在获益

在研究获益方面，参与混合方法研究的获益更加有限，可能比潜在风险还少。首先，为研究提供定性和定量信息的受试者可能会有实质获益。受试者可能会发现，选择参与混合方法研究能够通过提供定性和定量的信息更完整地分享自己的情况或故事，这对个人具有一定的意义。其次，如果一个受试者加入参与式或变革性混合方法研究，他会认为，混合方法研究（例如，变革性、基于社区的参与式研究或行动研究）中代表社区的利益，并为那些没有发言权的人发言是有意义的。

练习：识别参与混合方法研究的受试者潜在获益

工作表示例 12.2.1 提供了一个例子，即 MPathic-VR 混合方法研究医学教育的潜在获益。你可以参考本示例，在工作表 12.2.2 中根据自己的混合方法研究项目做相应的描述。

工作表示例 12.2.1　MPathic-VR 混合方法研究医学教育的受试者潜在获益

受试者将在医疗培训期间学习到有用的信息。许多受试者发现，有机会为科学研究提供意见、推动科学发展是有意义的。

Sources：Kron et al.（2017）and Fetters，M.D. and Kron，F.W.（2012-15）. Modeling Professional Attitudes and Teaching Humanistic Communication in Virtual Reality（MPathic-VRII）. National Center for Advancing Translational Science/NIH 9R44TR000360-04.

根据你当前的研究方案，在工作表 12.2.2 中列出参与你的混合方法研究项目的受试者的潜在获益。你应该考虑本章之前列出来的所有可能性，但记住可能还有其他潜在获益未被列出。

工作表 12.2.2　你的混合方法研究项目中的受试者的潜在获益

参与混合方法研究的受试者潜在获益是什么？

最后一个问题，在“最佳实践指南”（Creswell et al.，2011；NIH Office of Social and Behavioral Research，2018）中也提到了，即有必要对涉人研究的伦理审查委员会进行培训，使其了解 MMR 的特点和质量评价要求。虽然混合方法的使用呈指数级增长，但伦理审查委员们对其可能并不熟悉。因此，在你的研究申请中最好加上对研究方法的概括性描述，说明你采用了包括定性和定量数据收集、分析以及整合的混合方法研究，这样有助于审查人员了解你的研究方案。

在申请涉人研究伦理审查时，申请人应尽量减少术语，并对混合研究方法进行具体的描述。例如，当介绍探索性混合方法研究序列设计时，可表述为首先使用定性的方法收集信息，基于定性的信息进行后续的定量调查，这样可能比单纯地介绍是一项探索性混合方法研究序列设计更容易理解，可避免不熟悉混合方法研究的审查者再查找混合方法研究的相关信息，导致延迟项目的审查和批准。

阐明混合方法研究潜在的特殊伦理问题，包括本章已谈及或你可能发现的其他问题，尤其为了减少受试者风险和负担而采取的措施，将有助于减少伦理审查委员会的后续提问，也有助于为不熟悉混合方法研究的委员提供一些相关信息。例如，在一项采用了问卷、访谈和观察的聚敛式混合方法研究中，需考虑多种数据收集过程给参与者带来的额外负担。因此，研究者可能需要注明，给受试者的补偿会随负担增加而增多，同时为避免受试者疲劳，数据的收集将被分开进行。或者，如果开展一个参与式项目，例如基于社区参与式或变革性项目，你可以强调参与你的混合方法项目对参与者的益处，如能使他们在政策变化和宣传过程中拥有发言权。

什么是混合方法研究方案？

为了便于读者在本混合方法研究手册中理解和使用，混合方法研究方案在本书中以表格形式呈现，涵盖实施混合研究的全部核心内容，包括背景、立题依据、目标和目的、研究设计、研究方法、数据、文本或影音分析与统计，以及实施过程。**研究方案**设计类型多样，但不同的分类方式其核心内容是相似的。例如，世界卫生组织所列的研究方案需要包含的要素（表12.1），其重点关注临床而不是社会科学。如你所在机构对方案格式未作具体规定，你可以根据自己的需求制定方案。随着你经验的增多，可以根据所开展的混合方法研究类型，制定自己的关键要素列表。如果你正在撰写论文，强烈建议你根据机构要求对论文进行核对，也可以咨询导师或同行的意见。

表 12.1　世界卫生组织推荐的研究方案要素

第一部分
• 项目摘要（300 字以内） • 一般信息 　○ 研究方案的标题、版本号和日期 　○ 资助方名称和地址 　○ 研究者姓名、职务和具体联系方式 　○ 涉及的技术 / 实验室的名称和联系信息 • 立题依据和研究背景 • 参考文献 • 研究设计 • 研究方法 • 安全性考虑 • 随访内容 • 质量保证 • 预期的研究结果 • 研究结果的发表与出版政策 • 项目期限 • 预期的问题 • 项目管理 • 伦理考量 • 知情同意书
第二部分
• 经费预算 • 项目获得的其他支持 • 与其他研究者或研究机构的合作 • 与其他项目的关联 • 研究者简历 • 研究者的其他研究开展情况 • 资助经费和保险

为什么要有一个混合方法研究方案？

混合方法研究方案可以在很多方面起到作用。第一，研究方案包含了研究相关的一系列关键要素，且撰写过程中你会考虑如何计划与实施研究。第二，研究方案和实施矩阵图表一样（第 11 章），有助于确保所有混合方法研究团队成员充分理解并同意方案中提到的项目实施流程。第三，当与资助机构、合作者、导师等人员沟通时，可能需要用到或被要求提供研究方案。第四，你可以通过研究方案将准备申请所需的所有文件汇总在一起。请参考我早些年对方案不熟悉时的关于“预方案”的经历（研究轶事 12.1）。第五，在准备数据收集时，研究方案有助于确保项目启动的全面准备。

研究轶事 12.1

研究方案的重要性

回想我第一次着手准备研究项目，那是在提交论文的时候，也是那会儿开始了第一次伦理申请。我按照数页的申请指南，花了很长时间去从头到尾整理材料、回答问题并补充了一些之前没有的文件，如知情同意书、招募广告。整个过程效率很低，因为我每次需要重复两个步骤，在填写申请时按要求确定相关的材料和问题，再回退到创建申请资料的文件。伦理申请现在大部分都在线上申请，但仍然需要事先准备好提交材料。这段经历促使我之后开展新项目时，先制定和完善研究方案。我相信这样可以为许多研究者节省宝贵的时间！

练习：撰写一份混合方法研究方案

下面的工作表示例 12.3.1 提供了一个“MPathic-VR 混合方法医学教育研究”的方案（Kron et al.，2017）。在制定你的第一份研究方案初稿时，对于不确定的内容可以参考本示例。你可以在本手册的工作表 12.3.2 中直接填写，或者用 Word 软件草拟。值得一提的是，本方案模板内容涵盖全面，鉴于多次向伦理审查委员会提供方案的经验，拟定方案内容不用严格拘泥于模板所列顺序，本格式旨在供你和审核方案的伦理委员会参考。

工作表示例 12.3.1 MPathic-VR 混合方法医学教育研究方案

项目名称	在 VR（MPathic-VR）Ⅱ阶段中进行职业态度塑造和沟通交流教学的研究
日期	2012-8-20
资助来源	国家转化科学促进中心（NCATS）
资助编号	国家转化科学促进中心项目编号：2 R44 CA141987-02A1 密歇根大学伦理编号：UM00067336
项目期限	09/01/2012—06/31/2015
摘要	研究人员先前开发并测试了一个 MPathic 虚拟现实原型，使用一个虚拟人教学系统来培训沟通技巧。在第二阶段，调查人员将提高系统的教育广度和技术水平。该小组将在东弗吉尼亚医学院（EVMS）、密歇根大学（UM）医学院和弗吉尼亚大学（UVa）医学院进行单盲、混合方法、随机对照试验严格评估该项目的应用效果
项目成员	共同研究者：Dr. Frederick Kron、fkron@email.edub 共同研究者：Dr. Michael Fetters、mfetters@email.edub

哲学立场	实用主义
总体目标	探讨 MPathic 虚拟人沟通教学系统是否能有效地培训高级的沟通技能以及作用机制
具体目标 / 问题 / 假设	研究人员将检验这些假设： ①随机分配去学习 MPathic-VR 的学生通过在沟通场景中身临其境、得到反馈和对反馈意见的第二次应用，将提高其沟通能力； ②通过 MPathic-VR 获得的知识将具有弹性（即学生将学习的内容融入到他们的沟通方式中），受 MPathic-VR 培训的学生在随后的高级沟通客观结构化临床考试（OSCE）中评估得分将高于接受传统计算机学习（CBL）培训的学生。为了比较 MPathic-VR 学习和传统计算机学习（CBL）体验与经历，研究人员将提出混合方法研究的问题，即如何根据对学生反思性评论的定性发现以及对态度调查所得的定量结果来比较 Mpathic-VR 和传统计算机学习（CBL）的学习体验
研究背景	医学教育工作者在语言沟通和非言语沟通技巧方面面临很大困难。虽然标准化的患者指导员（SPI）可以评估这些能力，但耗时、成本高，而且在多次评估中表现不一致。需要一种有效的、作用机制清晰的、创新的可提高医学生沟通能力的教学方法
研究设计 / 方法	在 3 所医学院进行单盲、混合方法、随机对照试验验证 MPathic-VR 沟通教学项目的应用效果。调查人员将采用民族志方法，研究学生在学习课程时的体验
研究实施地点	东弗吉尼亚医学院（EVMS）、密歇根大学医学院（UM）和弗吉尼亚大学医学院（UVa）
研究人群	2014—2015 学年东弗吉尼亚医学院、密歇根大学医学院和弗吉尼亚大学医学院二年级学生的所有班级
抽样方法	3 所医学院所有参加课程的学生代表进行定量和定性数据收集的研究人群
入组方法	在培训前向医学生发出招募通知
干预措施	使用 MPathic-VR 课程 vs. 最新的 CBL 课程
定量数据收集流程	①对在两个学习场景中进行的第一次和第二次表现均进行评分；②干预后态度调查，以了解其清晰度、目的、实用性和推荐可能性；③在试验结束后 OSCE 得分，以评估在现实场景中的应用表现
定性数据收集流程	收集干预组和对照组所有学生在干预后的反思性写作数据
项目表格 / 工具	定量：① MPathic-VR 系统的评分标准；②采用李克特 7 分法对 12 项态度调查表进行评分；③包含 4 个方面的 OSCE 评估：开放性 / 防御性，协作性 / 竞争性，非言语交流和临场表现 定性：关于模块如何改进的反思小结，3 个学习到的最重要内容，与系统的互动如何影响其对患者 - 家属 - 医务工作者互动、与系统的互动如何影响其对非言语沟通 其他：培训流程的通知文件，课程学习说明文件 知情同意：不适用，豁免
受试者数量	约有 480 名来自 3 个医学院的符合条件的二年级医学生
入选标准	男性或女性，最小年龄 18 岁，同意使用在学校的医学教育研究过程中产生的数据
排除标准	①受试者从医学院退学；②受试者选择退出研究；③ EVMS、UM 或 UVa 教师不同意学生参加
补偿	无
预期的社会获益	该研究的数据将有助于设计教学系统，该系统可利用虚拟人和患者培训医学生在对待面临癌症诊断的患者和家属时，需要的沟通技巧、专业精神以及以患者为中心的技能。创建 MPathic-VR 教学系统是为了改进当前的课程。了解 MPathic-VR 教学系统是否有效，将帮助医学教育者提高学生沟通能力

对公众 / 社区的风险	无
知情同意书类型	豁免：每个医学院的主要研究者均获得了各自医学院伦理审查委员会的豁免批准
可预见的受试者获益	通过参与活动，预期受试者们将学习到有助于其医学训练的信息。许多受试者认为，在研究过程中有机会提出意见，并帮助开发教育工具是有意义的
可预见的受试者风险	预期属于最小风险。隐私泄露的风险可能性很小，即使发生了隐私泄露，潜在的危害也很小。与正常教育活动相比，使用该教学系统并未增加对学生的潜在风险
为什么风险 / 收益比的合理性	学生从 MPathi-VR 干预组和 CBL 对照组均可能学习到有价值的信息，伤害风险不大于最小风险
结果反馈给受试者	延后反馈
数据分析过程	定量数据：对所有人口学资料进行描述性统计。对于 MPathic-VR 能够提升技能的这一假设，将采用重复测量方差分析（ANOVA）方法比较跨文化和跨专业场景的每一轮的分数，来评估通过系统的额外练习所获得的能力。对于第二个研究假设，即比较 MPathic-VR 组和对照组的培训效果，同时进行一个多元方差分析（MANOVA）和以 OSCE 的 4 个维度得分为因变量、组别（干预或对照）为自变量的多个单变量方差分析(ANOVA)。关于最后一个研究假设,即学生对 MPathic-VR 和 CBL 学习态度的差异，将使用独立样本 t 检验比较对每个课程各个评分项目汇总的的平均得分。所有分析取 α 为 0.05，除非另有说明 定性数据：所有定性数据将被录入到一个文件中。使用 MAXQDA 软件辅助分析。两名调查人员将阅读文本文件并进行编码。在通读整个定性数据库之后，将根据浮现的编码主题，识别文本片段并分配一个代码，这个过程将生成一个初始代码本。分析人员将回顾和讨论每一个代码，以校准代码，并互相讨论达成共识，然后完善和确定代码。对所有文本进行编码后，将相关代码组织成为主题。第三位研究人员将审查编码数据，以进行效度检验。分析主题将侧重于学生使用 MPathic-VR 或者 CBL 模块的体验 混合方法：在完成定性和定量分析后，学习者对其经历进行反思性写作的定性结果将与态度量表的定量结果相结合。目的在于比较这两种数据来源，以便更全面地了解学习者的经历和体会。对于定性和定量整合后的分析和结果解释将通过可视化的联合显示呈现
研究结束后数据将如何处理?	定性和定量：完成主要和次要分析后，数据将被销毁
预期结果	1．我们预计，使用 MPathic-VR 虚拟人沟通教学课程的学生将在第一次练习和第二次练习之间有所改善 2．我们预期接受 MPathic-VR（干预组）学生的 OSCE 交流技能得分比接受传统教学的对照组高，并提供有力证据，证明 MPathic-VR 在帮助学生学习关键交流技能的教学方法方面提供了额外价值 3．我们预期学生会发现 MPathic-VR 课程比标准的基于计算机的学习课程更具交互性的优势 4．总体而言，我们预期混合方法试验将为使用虚拟人培训医学生的医患沟通技能提供支持，并通过进一步的研究，为医生 - 家庭和医护沟通提供支持
研究意义	这项研究将为使用虚拟人模拟训练沟通技能提供证据。可以预期，研究结果将证明，通过 MPathic-VR 培训，沟通能力得到提高，并且成功地将从 MPathic-VR 获得的沟通技能转移到了一个不同的、具有临床现实意义的沟通场景。由于采用了交互方法，因此学生参与 MPathic-VR 培训的体验将优于比传统的 CBL。这将为教育工作者提供一种有效和更有吸引力的培训高级沟通技能的方法

[a] 这是原方案的简化版本，用于展示 MPathic-VR 医学教育试验中混合方法研究方案的特征（Kron et al.，2017）。

[b] 邮件地址是虚构的，仅用于示例。

Sources：Kron et al.（2017）and Fetters，M.D. and Kron，F.W. *Modeling Professional Attitudes and Teaching Humanistic Communication in Virtual Reality*（*MPathic-VRII*）. National Center for Advancing Translational Science/NIH 9R44TR000360-04.

从研究方案的长度可以看出，在准备提交研究伦理批准和实施时需要考虑许多问题。虽然列表看起来令人生畏，但大多数内容很简明，并不需要太长的阐释。如果你在开始递交伦理审查委员会（IRB）审查之前创建了此文档，则可以高效地完成申请过程。可能有一些与你的研究无关的类别，可以跳过或忽略。

你可能还发现，本模板中的定性、定量和混合方法顺序，所列的项目表格 / 工具包括受试者数量、纳入标准、排除标准、补偿方法、可预见风险、数据分析方法和研究完成后的主要数据管理等，这些内容不一定全都适用于你的研究。例如，如果要开展解释性混合方法研究序列设计，首先收集定量数据，然后收集定性数据，则可能需要更改顺序。一般来说，按照收集数据的时间顺序列出最为合理。同行 / 机构 / 资助方如有相关要求，你也应该添加。下面的说明将有助于理解不清楚的内容。

工作表 12.3.2　撰写混合方法研究方案[*]

项目名称	
日期	
资助来源	
资助编号	
项目期限	
摘要	
项目成员	
哲学立场	
总体目标	
具体目标 / 问题 / 假设	
研究背景	
研究设计 / 方法	
研究实施地点	
研究人群	
抽样方法	定性 定量
入组方法	
干预措施	
定量数据收集流程	
定性数据收集流程	
项目表格 / 工具	定性 定量 混合研究
受试者数量	定性 定量
入选标准	定性 定量

排除标准	定性 定量
补偿	定性 定量
预期的社会获益	
对公众 / 社区的风险	
知情同意书类型	
可预见的受试者获益	
可预见的受试者风险	定性 定量
风险 / 获益比的合理性	
将结果反馈给受试者	
数据分析过程	定性 定量 混合研究
研究结束后数据将如何处理	定性 定量
预期结果	
研究意义	

* 添加或删除选项来自定义你的模块。

如何填写研究方案框架？

工作表示例 12.3.1 的研究方案格式与工作表 12.3.2 略有不同。这是为了说明研究方案可以有变化，具体说明如下：

项目名称。填写项目标题。如果标题很长，则可能还需要考虑创建一个较短的标题，写在文档的页眉。

日期。插入日期。许多研究者喜欢在所有研究文档中使用 YYYY-MM-DD 格式，特别在保存的文档标题中。与拼写日期不同，插入日期可以按时间顺序列出文档。

资助来源。列出资助机构的名称和地址。如果不止一个资助来源，则可以都列出；如果没有资助来源，则可以声明“无”或删除该行。

资助编号。可以列出资助机构或伦理委员会分配的项目编号，或同时列出两者。由于有两个与 MPathic-VR 混合方法虚拟人际沟通教学试验相关的项目编号，因此列出了资助编号和 IRB 编号。

项目期限。填写项目的期限日期。理想情况下，日期显示应保持格式一致。

研究摘要。提供不超过 250 字的研究摘要。尽管你会倾向于使用较长的摘要，但保持简短为宜，特别是许多将来可能会使用的在线网站，都有字数或空间限制。如果能够以少于 250 字来表达清楚要点，那也是可以的。

项目成员。列出项目组成员，至少应填写电子邮件等联系信息。这有助于你方便地查询联系信息。

哲学立场。对于许多健康科学领域的研究者来说，这一部分可能被认为是选填的。不过在社会科学中，这一信息内容通常被认为是最重要的。你认为医学研究人员和社会科学家有不同的文化背景吗（见第 6 章）？如果你觉得你的项目涉及的定性和定量遵循不同的哲学立场，你不确定在这里写什么，你可以两者都列出。

总体目标。填写你希望通过混合方法研究实现的主要目标。严格的混合方法研究将至少说明该研究所做出的定性和定量贡献。在工作表 12.3.2 的目标中“有效性”一词指的是试验的定量评估，而其“原因”则是定性评估的主要组成部分。

研究目的 / 问题 / 假设。记录你的混合方法研究的研究目的、问题和（或）假说。如第 2 章所示，你可以在定量部分使用目的或假设，在定性部分使用研究问题。使用混合方法预示研究完成后能够做出**综合推断**。我们在 MPathic-VR 混合方法虚拟人沟通教学试验中，使用了研究假设和混合研究问题。

研究背景。用 3 ～ 5 句话说明开展研究的重要原因。根据你在第 4 章背景部分所写的内容来修改。研究方案中的这一部分应该至少包括“从社会学或公共卫生角度，你的主题为何重要”表述，然后说明为什么要收集定性和定量数据。

研究设计 / 方法。请描述你将使用的具体混合研究方法设计。可以参考第 7 章的核心设计或第 8 章提到的高阶设计。请记住，其他人并不一定具备相关专业知识，因此，在本节最好通俗易懂地解释你计划使用的方法。一般而言，没有必要重复后续会提到的要素（如地点、人群），以免产生不必要的冗余。

研究实施地点。描述项目开展的具体地点。混合方法研究的两类研究实施地点可能相同也可能不同。如果相同，则不需要分别列出定性和定量实施的地点。如工作表示例 12.3.1 所示，定性和定量数据采集地点没有变化。如果不同，则需要分别列出其实施地点。

研究人群。与实施地点一样，定性和定量的研究人群可能是相同的目标人群，也可能是不相同的，需要根据具体情况列出。

抽样方法。在混合方法研究中，定性数据和定量数据收集的样本会很可能不同。一般情况下，定性部分的样本数量比定量部分的样本数量小。在你的方案中，应该明确说明定性研究和定量研究的样本人群。你可以参考第 9 章中关于抽样和抽样关系的内容来完成本部分。

入组方法。描述你将如何招募研究受试者。一般需要分别说明定性和定量研究的招募流程。

干预措施。如果你正在进行一项有干预措施的研究，则需要在这里介绍干预措施相关信息。

定性数据收集流程。记录你将如何收集定性数据，例如访谈类型、观察、文档分析等。可参阅第 5 章的数据来源部分。在工作表 12.3.2 中，由于先进行了定量数据采集，方案中将定量数据采集过程放在了前面。

定量数据收集流程。记录你将如何收集定量数据（如结构化的问卷调查、结构化的观察、文档分析）。如果使用现有数据库，则可能需要描述如何获取该数据集及对数据的清理过程。可参阅第 5 章“数据来源”。如工作表 12.3.2 所示，由于定性数据的采集发生在定量数据采集之后，方案中将定性数据采集过程放到了第二项。

项目表格 / 工具。虽然这部分内容看起来很简单，但要完成这一部分，尤其是作为申请材料的一部分，你需要付出很多努力。这是研究方案中很有用的部分之一，是你第一次对所有与研究相关的文件进行全面考虑。为了更全面，请按照收集数据的顺序考虑需要的文档。首先，可能有招募海报、招募文件（如果进行电话或在线调查）、广播公告或招募期间使用的其他文本。如果你需要一个收集田野观察数据的方案，请考虑 3Cs 方法和模板（Fetters & Rubinstein，n.d.）。其次，考虑招募和入组需要哪些具体文件。通常，这需要从知情同意书和表格开始，也可能需要提供给受试者项目摘要总结表。接下来是数据收集。需要列出你的数据收集工具，包括调查问卷、访谈提纲和观察方案。我建议所有项目都制定一个现场笔记记录方案并一起提交，以确保可以记录任何可能影响研究的事件。如果你正在进行视听数据收集（如视频录制），你也需要说明这一点。研究结束时，你可能拥有大量文档。在工作表 12.3.2 中，已为其他必需的文档添加了其他子类别。

受试者数量。你需要先确定收集定性和定量数据的受试者数量。这一要求常常使那些主要从事定性研究的人员感到不悦，因为他们难以提前知道数量，通常是一直收集数据直到达到信息饱和，也就是没有所关注现象的实质性新信息产生时。尽管这是定性研究的传统方法，但伦理委员会仍然需要提供受试者的数量，这常常让定性研究人员有挫败感。我建议你列出预期参加定性研究的最大受试者数量。如果你招募的受试者比预期多，可能会引起伦理委员会警觉。大多数医学科研伦理委员会受理的都是临床试验的审查，伦理委员会有责任确保不入组过多受试者来实现试验目的。因此，从合规性角度来看，如果你多估计参加定性研究的受试者数量，那是比较可行的。

入选标准。定性和定量两部分都应该有相应的受试者入选标准。如果工作表 12.3.2 所示的定性和定量数据收集是相同的入选标准，则不需要分开填写。如果不一样，则需反映出定性和定量两部分的差异和设计。

排除标准。对于定性和定量两部分，你都应该列出相应的受试者排除标准。请注意，不需要将“不符合纳入标准的受试者”再列为排除标准。如工作表 12.3.2 所示，如果定性和定量数据收集是相同的排除标准，则不需要分别描述。

补偿。如有，则列出拟提供给受试者的补偿。如果定性和定量部分的受试者相同，则不需要单独列出。也有可能在混合方法研究中，定性部分由于收集数据确实需要受试者更多时间，因此会涉及补偿。

预期的社会获益。请写下研究可能给社会带来的潜在获益。获益可能包括开发一种能改进当前实践的技术、验证干预措施效果，或者获得推动一个领域发展的知识等。

对公众 / 社区的风险。与前一项的内容相同，这可能需要更多的思考。研究人员在边缘化的社区，对严重社会问题（如吸毒、酗酒或性行为）的具体发现可能会导致污名化的问题。混合方法研究的综合性可能会错误地导致一个群体进一步被边缘化和污名化。

可预见的受试者风险。是否会因为信息收集而使参与者处于危险中？例如，从事危险行为（如非法吸毒）的人是否有可能因为参与定性研究提供了信息、声音、照片、披露经历等而被识别？同样，如果定量研究收集的细节过多，特别是在较小的样本中（如聚敛式设计），也可能被识别。

风险 / 获益比的合理性。本内容要求研究者对风险获益比是否合理进行客观评估，包括社会和个人角度。混合方法数据收集的优势在于能够对研究主题进行全面和可靠的评估。

将结果反馈给受试者。如果你计划将研究结果反馈给受试者，那么你应该对反馈过程进行描述。例如，你可以通过信件或电话单独发送研究结果小结，也可以通过公共论坛进行反馈。

数据分析过程。记录研究中的定性、定量和混合方法的具体分析流程。对于混合方法数据分析，可参考第 13、14 和 15 章中涉及混合方法分析的过程和方法。如工作表 12.3.2 所示，定量、定性和混合方法的顺序与研究中数据收集和分析的时间顺序一致。

研究完成后，数据如何处理。收集研究数据后，你需要描述是否有计划销毁原始数据，特别是那些具有识别信息的材料。定性数据更可能有此类风险。对于定量数据，可能仅涉及在将数据录入分析软件后销毁原始数据（如使用碎纸机和其他服务等）。

预期结果。记录研究完成后可能获得的研究结果。

研究意义。记录研究结果可能带来的影响。例如，你预测混合方法研究的结果将如何显著改变或改善当前的某一方法和（或）流程？

应用练习

1. **同伴反馈**。如果你是在课堂上或在学习班上设计方案，请与同伴专家组成小组。其中一人用大约 5 分钟谈论研究主题后，所有人轮流讨论方案并提出反馈意见。讨论中最有价值的部分就是你最苦恼无助的部分。特别要注意方案中的混合方法部分，这些内容通常最具挑战性，并且合作伙伴可能最感兴趣。如果你是自己设计研究方案，可以与同事或导师分享你的研究方案。
2. **同伴反馈指导**。当你倾听同伴的方案时，集中精力学习和磨炼批判的技巧。你的目标是帮助你的同伴完善研究方案，尤其是方案的混合方法部分。专注于你的同伴最需要听到反馈的部分，看看是否存在不合理或不可行之处。
3. **小组汇报**。如果你是在教室或分组活动中，请志愿者介绍研究方案中的最困难之处，并思考类似问题在你自己的项目中如何解决。

总结思考

使用下列清单来评估你这一章的学习目标达成情况：

- □ 我了解遵守涉人研究法规的必要性。
- □ 我确定了我的混合方法研究是否可以免除审查。
- □ 我认识到进行混合方法研究特殊的伦理考量，以及如何解决我方案中的这些问题。
- □ 我可以区分混合方法研究中的“人类受试者”和“参与者”在法规中的用词。
- □ 我回顾了构成研究方案的所有要素。
- □ 我了解到研究方案潜在的多种作用。
- □ 我考虑了研究方案的所有要素以及这些要素随研究目的不同是可以变化的。
- □ 我制定了一个混合方法研究的研究方案。
- □ 我邀请同行或同事来帮助我审阅并完善我的研究方案。
- □ 我使用研究规程将涉人研究的方案提交到了伦理审查委员会。

现在你已经达成这些目标，第 13 章将帮助你进行混合方法研究项目的数据分析。

拓展阅读

1. 关于研究方案要素的拓展阅读

- Recommended format for research protocol. (2019). World Health Organization. Retrieved from http: //www.who.int/rpc/research_ethics/format_rp/en/.

2. 关于混合方法研究独特的伦理考量的拓展阅读

- NIH Office of Behavioral and Social Sciences. (2018). Best practices for mixed methods research in the health sciences (2nd ed.). Bethesda, MD: National Institutes of Health. Retrieved May 10, 2019, from https://obssr.od.nih.gov/wp-content/uploads/2018/01/Best-Practices-for-Mixed-Methods-Research-in-the-Health-Sciences-2018-01-25.pdf.

3. 涉人研究相关的美国法规拓展阅读

- U.S. Department of Health & Human Services. (2009). Title 45 public welfare. Part 46: Protection of human subjects. *Code of federal regulations*. Retrieved from https://www.hhs.gov/ohrp/regulations-and-policy/regulations#.

4. 关于规划研究方案概要的拓展阅读

- Maxwell, J. A. (2013). *Qualitative research design: An interactive approach* (3rd ed.). Thousand Oaks, CA: Sage.

第13章

混合数据分析的基本步骤

混合数据分析包括一系列基本步骤，与定性、定量数据的分析方法具有相似之处。由于混合方法研究自身的复杂性，导致混合数据的分析就像黑匣子一样。因此，本章节将帮助你：①整理混合方法数据收集清单，从而发现数据中的空白，采取措施解决数据之间差异；②产生与具体假设和研究问题相对应的混合方法数据；③识别数据中潜在的模型；④利用组织架构总结归纳研究结果；⑤比较和检查不同类型数据结果的不一致、异常或矛盾之处；⑥整理组织研究结果以便更好地传播；⑦通过合理的写作步骤，精炼阐述混合方法研究结果。混合方法研究的数据分析以定性和定量数据分析方法为基础。本章将带你完成混合研究中重要的一步，即制定混合方法数据分析计划。

学习目标

通过本章讲述的数据分析关键步骤，你可以制定一个混合方法研究项目的数据分析计划，你可以学会：

- 将混合方法数据分析7个基本步骤应用于混合方法研究项目中
- 集合并汇总数据集，比较不同数据来源之间的差异，寻找数据的不足之处，考虑对数据进行必要的归约
- 评估混合方法数据与具体的研究假设和研究问题的相关性，使用独立或归纳分析法，识别通过合并以后的新的混合方法问题
- 描述相关的研究结果和组织结构之间的关系模型
- 了解研究者对于定性和定量的结果整合的叙述方式
- 评估将定性和定量数据整合到一起的合理性，如定性和定量之间的关系时聚敛、互补和（或）扩展等
- 使用图表精炼或重新建构混合结果
- 通过一个逻辑化结构，或者是一个独立的、“连续的”或“交织的”结构，将定性和定量的发现进行整合和阐释

为什么要找到定性和定量数据间的共同点

20 世纪 80 年代后期，现代 MMR 概念自提出以来不断发展（Bryman，1988；Greene，Caracelli & Graham，1989），其数据的产生或整合一直在引起 MMR 方法学家的关注。进入 21 世纪初期，混合方法的整合研究落后于混合方法发展的其他方面（Bryman，2006，2007）。当代学者强调整合的重要性，并以此作为混合研究方法论的一个显著特征（Bazeley，2018；Creamer，2018；Creswell & Plano Clark，2018；Fetters & Molina-Azorin，2017c）。

Bazeley 和 Kemp（2012）提出了概念化整合分析的关键思想，并将其描述为分析是否涉及“数据结构的变化过程，从而引发对数据进一步探索的可能性”（Bazeley & Kemp，2012）。本书介绍的数据分析方法，是混合方法基本分析步骤，不涉及数据结构变化的数据分析。第 14 章讨论了联合展示的特殊情况，虽然在混合方法研究过程中是个非必需的环节，但可能会改变数据的结构。在混合数据分析进阶（第 15 章）中介绍了涉及数据结构变化的整合分析策略。本章主要讨论不涉及数据结构变化的策略。

在这里，**混合方法数据分析**指的是通过比较定性和定量研究结果，确定两者之间的关联及其共性结构的过程，从而更深入、更详细、更全面地理解对研究问题做出的新的解释或多元推断。完成本章的阅读和练习将有助于完成你的 MMR 混合方法数据分析。

混合方法数据分析的 7 个基本步骤

作者在主持众多研讨会和研究项目咨询过程中法发现，无论初级还是高级研究员，通常都不太确定如何在混合方法研究中将收集的数据进行整合。为了解释这一过程，表 13.1 说明了主要定性数据分析、定量数据分析和混合方法数据分析的步骤是如何并行的，即：①数据录入、数据整理和数据**一致性处理**；②根据研究目的构建分析框架；③进行初步的描述性分析；④利用组织结构总结初步研究结果；⑤检查不一致的地方；⑥整合研究结果以便宣传和传播；⑦解释研究发现并撰写研究成果。如第 14 章和第 15 章所示，许多研究使用进阶技术进行其他分析（Bazeley，2018；Curry & Nunez-Smith，2015）。

表 13.1 定性、定量和混合方法数据主要分析步骤比较

主要步骤	定性数据	定量数据	混合方法数据
第 1 步 录入、整理和处理数据中的差异或不足	组织、转录（相关的）、审核、整理音频记录、审核其他文字或图像的定性数据以确保准确性，并评估数据集的完整性	整理所有不同的数据来源，核查异常值，并采取措施来纠正不明确的、缺失的或矛盾的数据	收集数据、整理数据、考虑定性和定量数据来源的差异，并采取措施解决不足之处
第 2 步 根据研究目的构建分析框架	描述性目的，如理论验证、开发或评价，构建框架，并收集额外的数据以达到饱和	确认与假设或研究问题相关的自变量与因变量之间的关系，并整合已有变量创建新的变量	考虑与具体假设和问题相关的混合方法数据，进一步明确通过合并数据提出的新的混合方法问题
第 3 步 识别数据中潜在的关系模型	进行编码，收集数据以构建和提炼编码框架，发展定性主题	进行描述性统计，如平均值、中位数、交叉表等	使用螺旋式的迭代分析确定两类数据之间的共性，通过线性或迭代循环产生相关发现
第 4 步 利用组织架构汇总研究结果	构建一个主题表、模型或理论，并给予说明	根据不同维度或条目的主要结果，制作一系列便于理解的表格	采用叙述或联合展示的方法，整合相关的定性和定量发现（第 14 章）

主要步骤	定性数据	定量数据	混合方法数据
第 5 步 核查不一致、异常值或矛盾之处	核查调查结果的连贯性和完整性，以及引言与解释的一致性	检验总体趋势，发现研究结果之间的一致性和差异，并解释意外的发现	将定性和定量数据整合到一起，以便聚敛、互补、扩展和（或）分歧等
第 6 步 整合研究成果以便传播	基于主题，构建图表或图形	调整图表、图形、热点图和其他可视化数据	使用图表和数字来精炼或重构混合结果
第 7 步 撰写研究成果时解释研究发现	以主题、模型或理论为基础，使用说明性的例子和引言进行研究叙述	基于统计表中发现的趋势来报告结果，并进行后续的解释	通过一个逻辑化组织结构，或者是一个独立的、“连续的”或“交织的”结构，将定性和定量的结果进行整合

大量关于定量和定性分析的书籍和资源（Creswell，2016；Miles，Huberman & Saldana，2014；Patton，2015）描述的分析方法超出了本章的范围，本章将对混合方法研究中最基本、通用的分析步骤进行充分、详细的说明。此外，目前越来越多的软件和程序支持定量统计分析、定性分析和混合方法分析（Guetterman et al.，2015）。许多混合方法研究人员通常借助统计软件来进行混合方法分析，不过在研究过程中是否使用软件需要与其他研究团队成员共同决定。无论你是否使用软件协助分析，下面所描述的七步分析仍然是数据分析的主要步骤。

第 1 步 基于数据收集清单进行数据的录入、清理，发现数据的缺口或不足

MMR 数据分析的第一步涉及录入不同来源的数据，检查是否有录入错误的数据，并处理模糊、缺失或不一致的数据。**数据收集清单**用于汇总定性和定量数据收集情况。在录入之后，研究者可能希望删除与研究目的无关的数据资料，这一过程称为数据归约（Johnson & Christensen，2017）。

在研讨会和日常咨询中，许多对 MMR 数据分析有疑问的研究者通常会整理一个数据资源清单，或者不断地思考如何进行混合方法数据收集。然而，整理数据收集清单这一步骤不同于对定性和定量数据的初始“数据清理”步骤。数据收集清单的整理需要更高层次的分析，超出传统的定量的“数据清理”（如解决缺失数据、双重数据录入核对等）和定性的数据资料整理［（如仔细核查遗漏数据资料、“美化”补充完善表述不完整的句子或修改语法等）］。进行混合方法数据收集清单整理时，允许对某个维度进行数据资料内容的组织，以及对数据资料进行“清理”。此外，整理的过程提供了一个寻找两类数据之间的差异的机会，如是否需要收集更多的定性数据，或是否基于现有的定性主题建立定量数据收集工具。通过数据归约，可以明确用于定性论文中的主要数据（由于缺乏相关的定量数据），或用于定量论文中的数据（由于缺乏相关的定性数据）。此外，可能还会收集到一些超出研究目的范围的数据。

数据分析的方法论考量

分析的方法论是指在进行整合分析时，如何考虑定量和定性部分的权重（Moseholm & Fetters，2017），包括定性驱动、定量驱动和混合方法研究的等效驱动（Johnson，2015；Johnson et al.，2007；Moseholm & Fetters，2017）。这些方法论可能与哲学立场相关（第 4 章），定性驱动是建构主义为导向，定量驱动是后实证主义为导向，以及定性、定量地位平等的等效驱动。这对混合方法数据收集的结构有影响。如果你的立场是定量的，首先用定量条目来构造你的数据收集清单。如果你的立场是定性的，首先用定性的内容来构建你的数据收集清单。如果你的立场是等效的，选择一个基于你项目的具体结构。

混合方法数据收集清单

工作表示例 13.1.1 提供了一个来自 MPathic-VR 混合方法试验的混合方法数据收集清单的例子，这是一项医学教育研究，用于验证一种虚拟人沟通技巧教学的干预效果（Kron et al., 2017）。定量数据来源包含随机参与虚拟人沟通模拟的干预组和基于计算机学习模块的对照组学生，完成干预或对照措施后立即完成 Likert 量表评分问卷以及标准化患者指导员在试验后的客观结构化临床考试（OSCE）中的各条目。定性数据来源包括鼓励医学生在接触干预或对照后立即写出的反思性文章，其写作的详细程度取决于学习情况和个人选择。数据收集清单表最初可能类似于数据来源表（见第 6 章），随后的版本会变得更加详细。随着相关数据的汇总整理，数据收集清单有助于更清晰地展示相关的数据及可能的关系模型。

工作表示例 13.1.1　MPathic-VR 混合方法医学教育研究的数据收集清单

定量数据来源	定性数据来源
态度调查条目	反思性文章问题（学生随机分到不同的问题）
1．培训的目标明确	□ 问题 1. 用 75 ~ 500 字，思考一下你认为这种学习高级沟通技能的经验可以如何改进，在你的回答中使用具体的例子
2．内容适合我的学习水平	
3．培训内容吸引人	
4．培训对学习语言沟通技巧有效	□ 问题 2. 用 75 ~ 500 字，反思你从这次互动中学到的 3 个最重要的东西，在你的回答中使用具体的例子
5．培训对学习非语言沟通技巧有效	
6．培训对学习如何处理紧张情绪有效	
7．培训将帮助我提高临床技能	□ 问题 3. 用 75 ~ 500 字，请反思与系统的交互如何影响了你对人际交互的看法（例如，跨专业、患者 - 提供者、家庭 - 提供者、患者 - 家庭），在你的回答中使用具体的例子
8．通过学习，我的沟通能力得到提高	
9．视觉媒体对材料学习有效	
10．互动的感觉比较真实	
11．对我表现的反馈质量很高	□ 问题 4. 用 75 ~ 500 字，请反思与系统的互动是如何影响你对非语言交际的理解的，在你的回答中使用具体的例子
12．总的来说这是一次很好的学习经历	
13．我会把它推荐给和我一样水平的人	
14．我将来也想参加类似的学习活动	
OSCE 得分	考官在试验过程中的手写记录
	第一个现场的记录
1．自我介绍	第二个现场的记录
2．改述临床助手，关注相互理解	第三个现场的记录
3．要求说明问题，以更好地了解情况	
4．承认知识不足	试验期间干预组的视频记录
5．说出情绪 / 承认感觉（共情）	
6．从积极的角度对情况进行陈述	学生与虚拟患者互动时的视频记录
7．提供陈述支持 / 协作声明	
8．提供尊重声明（致谢）	评价者对临床考试的评价
9．用语言表达歉意	
11．开放性 / 防御性	10．"用语言表达歉意"的评论
13．合作 / 竞争	12．"开放性 / 防御性"的评论
15．非语言沟通	14．"合作 / 竞争"的评论
17．仪态	16．"非语言沟通"的评论
	18．"仪态"的评论

Sources：Kronetal.（2017）and Fetters，M.D. and Kron，F.W.（2012-15）. *Modeling Professional Attitudesand Teaching Humanistic Communication in Virtual Reality*（*MPathic-VRII*）. National Center for Advancing Translational Science/ NIH9R44TR000360-04.

练习：构建混合方法数据收集清单

以工作表示例 13.1.1 为例，完成工作表 13.1.2，并为你的项目创建混合方法数据收集清单。根据具体的混合方法设计类型，你可以将排列顺序转换为定性和定量。如果你已经完成了一个数据来源表（见第 6 章），那么可以基于这个表格进行补充。从你的研究文件夹中，找出用于最佳或最新的定性和定量数据收集工具。如果有不相关的数据来源（如过程中的测量或其他类型的反馈），你可以先忽略这些内容。如果计划将一种类型的数据与另一种类型的数据相匹配，那么为了提高效率，将项目按类似的顺序放置是可取的，但在开始时这并不重要。再看看这两种类型的数据，你能找到任何空白或缺失的信息吗？你是否可以将来自其他数据来源的信息带入一起分析？

数据收集清单结构的变异

数据收集清单不是固定不变的，而可根据你的需要进行修改和完善。可能发生的变化包括在顶部添加研究目标，或添加一列备注列。这样就可以备注数据存储的位置、数据收集的日期等。另一种选择是在中间列出用于指导项目的理论。在许多项目中，每个列中的顺序可能会不同。最初的版本可能反映收集的时间顺序，而后来的版本可能反映相关的领域。对于序列设计，可以将上半部分作为第一阶段的数据收集，将下半部分作为第二阶段的数据收集。结构化是为了给研究者更好地提供帮助，而不是产生阻碍，所以建议根据项目的具体细节和需求进行调整。关键是在开始组织定性和定量数据的过程中，发掘定性和定量数据之间的关系。

工作表 13.1.2　创建混合方法数据收集清单

定量数据来源	定性数据来源

第 2 步 根据研究目的构建分析框架

下一步是根据研究目的构建分析框架。可结合工作表 13.1.2 的内容进行分析框架的构建。首先考虑与特定的研究假设和研究问题相关的混合数据。

研究目的／目标

首先，将数据分析与研究目的和目标相结合。请回顾并参考第 5 章提出的研究目标或问题。如果你还没有明确的研究目的，可以考虑复习一下第 5 章的内容。混合方法项目的研究目的应同时反映定量和定性研究的目的。简单地说，你想分别通过定量和定性研究完成哪些内容？工作表示例 13.2.1 描述了 MPathic-VR 试验，这是一项医学教育研究，通过混合方法验证通过虚拟人系统培训沟通技能的效果（Kron et al.，2017）。该案例中总体的定量目的是在教学中，相比基于计算机的学习模块，虚拟人沟通系统是否能使学生更好地学习沟通技巧？工作表示例也提供了总体的定性目的，即解释为什么。通过对于定性和定量部分的描述阐明定性和定量的目的之间的关联。

研究问题／假说

在 MMR 项目的定量部分，你将提出定量的研究假设或问题。同样地，也会提出定性和混合方法对应的研究问题。工作表示例 13.2.1 说明了在 MPathic-VR 医学教育混合方法试验中的 3 个假设（Kron et al.，2017）。定性问题涉及理解参与者对虚拟人模拟沟通或基于计算机学习模块的体验。混合方法问题是使用 Likert 量表（工作表示例 13.1.1）测量医学生对他们培训的态度的定量数据，与定性地反映培训经历的反思性写作之间的比较。

工作表示例 13.2.1 MPathic-VR 混合方法医学教育研究中混合方法的数据整合分析

总体目标、研究目的：
本研究旨在验证 MPathic-VR 培训系统是否有助于提高沟通技巧以及原因。
研究问题 / 假说：
定量：
假说 1：随机接受 MPathic-VR 学习的学生在参与一个交流场景后，可提高他们的沟通表现，并获得关于沟通过程的反馈，再接受反馈后进行第二轮的两个不同的虚拟场景中的第二次模拟练习。
假说 2：学生可以将从 MPathic-VR 中获得的知识应用到他们的临床实践沟通中，这可通过评估学生在后续的 OSCE 中的表现证明通过 MPathic-VR 学习的学生比以计算机为基础学习的学生表现更好。
问题：比较接受虚拟人培训干预的学生和对照组学生对于试验的体验 / 经历有怎样的态度？
定性：
使用虚拟人培训沟通技巧的医学生有何体验？
混合方法研究问题：
通过定性的反思性评论和定量的态度调查问卷，比较接受虚拟人培训干预的学生和对照组学生对于试验的反应如何？
混合方法数据分析的过程（选择一种）和合理性：
独立分析策略：
定量和定性数据将同时收集，因此不存在采用交互分析策略的机会和优势。
交互分析策略：
不适用。

Source：Kron et al.（2017）.

练习：研究目的／目标和研究问题／假说

下一步，填写定量部分的研究问题 / 假说，以及定性部分和混合方法的问题。以工作表示例 13.2.1 作为参考，完成工作表 13.2.2 中的内容。如果你的研究假设和问题的撰写遇到困难，请先复习并完成第 5 章中的任务。这将有助于编写和完善你的定量、定性和混合方法问题或研究假设。如果你已经完成第 5 章，可直接复制到方框中的相应部分。很有可能经过后面章节的联系，你对问题的思考以及总体的研究思路变得更加清晰，对研究问题的把握变得更加敏锐，这时你可以更新相关的表格内容。

工作表 13.2.2 混合方法数据的整合分析

总体目标、研究目的： 研究问题 / 假说： 定量：   定性：   混合方法研究问题：   混合方法数据分析的过程（选择一种）和合理性： 独立分析策略：   交互分析策略：

混合方法数据的分析过程和合理性

对于混合方法的数据分析中，需要决定采用独立的还是交互的方法进行分析。Moseholm 和 Fetters（2017）将其称为混合方法分析的**关系维度**，描述了在分析过程中，研究人员对定性和定量进行交互的程度。**独立数据分析**（称之为独立法）是指在整合定性和定量这两种类型数据的结果得出总体阐释之前，分别对定性和定量数据进行独立的检验、探索和阐释，从而推断混合分析结果意义的过程。而**交互数据分析**是基于对两种类型数据结果的实时理解来收集和分析数据，通过迭代性的检验、探索和阐释来推断混合分析结果意义的过程。如图 13.1 所示，这两种方法代表了可能性范围中的两个极点。实际上，这个过程经常落在连续体的某个地方。根据作者的经验，独立过程要更为常见。

独立方法内分析 ⟵⟶ 交互方法内分析

图 13.1 独立和交互的混合方法数据分析谱

独立分析

独立数据分析是指对定性数据和定量数据分别进行严格、公正的检查，作为定性和定量发现整合分析的前期工作。图 13.2 描述了独立分析的概念。从图中可以看出，定性数据的收集和分析与定量数据的收集和分析是分开的。此外，图中通过定性链中的双头箭头说明了定性数据的收集和分析是迭代进行的。一旦从这两个部分的数据收集和分析得到结果，数据就被整合到一个描述性分析中。这在混合方法研究的聚敛式设计中最常见但非唯一。

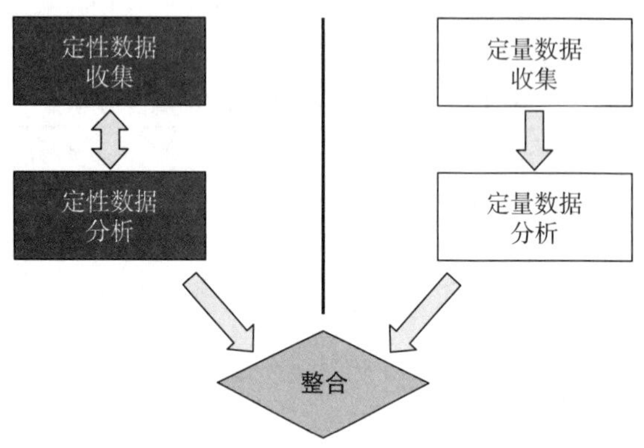

图 13.2　混合方法数据的独立分析

交互分析

交互数据分析指在混合方法数据收集中，对定性和定量数据进行迭代性的收集、检验、探索和阐释。也就是说，在数据收集和分析过程中，研究人员有意地、反复地进行数据的相互“对话”，以调整数据收集流程并推断总体意义。这种方法可以在进行混合数据整合的时候产生新的混合方法问题。图 13.3 说明了交互分析的概念（见研究轶事 13.1）。与图 13.2 内容不同，虚线强调在交互分析中，定性和定量之间的检验和探索同时迭代发生，如图中两个横向放置的双头箭头所示。

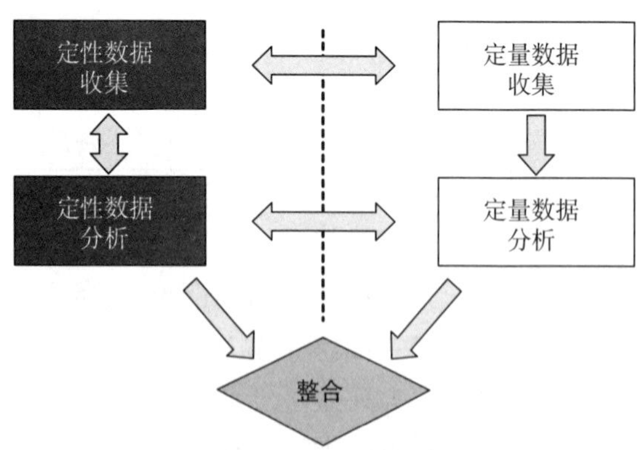

图 13.3　混合方法数据的交互分析

选择独立分析方法和交互分析方法时的注意事项

在进行交互分析时，研究人员必须注意研究的完整性，不能对任何一种数据收集的有效性或完整性造成威胁。一些方法学家使用定性驱动研究的语言，其研究完整性的理念将由定性驱动（Johnson，2015；Johnson et al.，2007；Moseholm & Fetters，2017）。在定性研究中，需要迭代收集和分析数据，因此交互分析自然更具有吸引力。也有一些学者开展混合方法研究时是以定量驱动（Johnson，2015；Johnson et al.，2007；Moseholm & Fetters，2017），这种情况下，强调数据分开收集和分析对于保证研究的完整性是非常重要的，因此独立分析可能更恰当。

研究轶事 13.1

混合方法数据交互分析

这是一个介绍混合方法数据分析的交互过程的例子。医学人类学家 Benjamin F. Crabtree 是混合方法研究的一位早期倡导者，他在健康科学领域进行了大量的混合方法研究，包括混合方法的多个案研究、实验和评价研究等。Crabtree 等通过开发和验证初级卫生保健实践干预措施，来研究如何提供最优质的保健服务。他还谈到定量数据和定性数据之间是如何相互作用，进而对调查工具和定性评估进行迭代并对关键问题做出修改的。也就是说，定量数据收集工具的类型或范围可能会随着定性评估的结果而扩大。在评价研究中，定性数据分析得出的模式可能影响定量调查的问题设置。此外，在实践中，定性数据的收集可能会因定量测量结果而发生变化。例如，某些疫苗的免疫接种率非常好或非常差的表现，可能引发对这种情况发生的原因进行更深入的定性评估。

练习：混合方法数据的分析过程和合理性

参考工作表示例 13.2.1，在工作表 13.2.2 中选择使用独立分析过程或交互分析过程。你可以从以下两个关键内容来阐明你选择独立分析或交互分析的合理性。

独立分析的合理性

在大多数情况下，序列设计类型如探索性序列和解释性序列设计一般使用独立分析过程。由于第二阶段通常是基于第一阶段的结果进行构建、选择研究对象，或者是验证第一阶段开发的模型或提出研究假说，因此，一般情况下，第二阶段只有在第一阶段完成后才开展。在一般的以定量为驱动的研究或者是研究者和（或）受试者均保持盲态的聚敛式设计中，为了保证研究的效度，保持独立的方法内分析是至关重要的。实际上，这种方法可能更容易，因为定量和定性数据的分析可以按照常规的方式进行，而不需要定性或定量分析人员考虑对其他类型数据的分析。

交互分析的合理性

这种方法在聚敛式混合方法设计中是值得考虑的。如果使用迭代性的数据收集和分析进行定性研究，那么研究团队可以持续获取研究信息。在以定性为驱动的研究中，一般认为交互分析过程可能是最合适的。虽然这种分析过程不太常见，但也有一些使用场景和例子，包括：①开展多个案研究混合方法；②开发干预措施；③基于社区或学校进行干预。在这些情况下，初始数据收集是高度迭代的，且两种形式的数据之间是交互的，为另一种类型的数据收集提供信息（见研究轶事 13.1）。这种方式将遇到同时完成两项工作需要足够的时间和团队的专业知识的挑战。

同时运用独立和交互分析的合理性

如果正在开展的是多阶段研究，那么可能包含有序列和聚敛的内容，且可能同时有定量驱动和定性驱动的方法。如果你的研究是一项定性和定量关联的多阶段研究，那么你对不同分析过程的选择可以基于不同阶段的需求，可能只有一种方法就可满足需求，也可能两种都需要。在这种情况下，一定要明确在不同阶段使用的是什么方法。

第 3 步　描述数据模式

混合方法描述分析如表 13.1，因为下一个任务是识别两种数据之间的共性，并将它们合并在一起。这就需要对数据进行比较和对比（Creswell & Plano Clark，2018；Johnson & Christensen，2017）。工作表示例 13.3.1 提供了用于验证虚拟人培训沟通技巧效果的 MPathic-VR 混合方法试验，并说明了其中定量、定性和混合方法分析步骤（Kron et al.，2017）。**描述性混合方法数据分析**是指寻找定性和定量数据之间联系的有用的分析策略。从根本上说，整合分析需要比较和对比这两种类型的数据。这是混合方法研究的一个核心内容，但是目前缺少关于如何描述此步骤的公认术语。许多作者用比喻的方式尝试将这个过程概念化（Bazeley，2012；Bazeley & Kemp，2012；Fetters & Molina-Azorin，2017；O 'Cathain，Murphy& Nicholl，2010）。在这里，我提供了 3 种使用比喻进行概念化的方法，希望能帮助大家理解这一在混合方法研究中不断发展的概念。

工作表示例 13.3.1　识别混合数据的模式：以 MPathic-VR 混合方法的医学教育研究为例

描述性分析方法：

定量分析：

我们对人口学特征变量进行描述性统计，并对干预组和对照组的学生特征进行了比较，以便了解干预组和对照组学生之间是否存在差异，是否具有可比性。

假设 1：我们分析检验了虚拟人模拟干预组学生在第一次和第二次两个场景（一个是跨文化交流，另一个是跨专业交流）演练中获得的平均分数的变化。

假设 2：计算学生在高级结构化临床考试的平均成绩，比较 MPathic-VR 计算机模拟干预组和计算机学习模块对照组的成绩。

试验后的态度调查：计算 12 条态度调查条目的平均得分，比较 MPathic-VR 计算机模拟干预组和计算机学习模块对照组的得分。

定性分析：

定性数据合并成一个文件，导入用于数据管理和协助分析的 MAXQDA 软件。先由两名研究团队成员各自沉浸在资料进行标记和编码。根据编码方案和初步的编码框架，识别相关的片段并标记代码。然后回顾和讨论代码，并达成编码标记共识。具有关联的代码组合成重要主题。

混合数据分析导向维度：

☑ 定量驱动

☐ 定性驱动

☐ 共同驱动

解释：该研究的混合方法数据分析是定量驱动的分析框架。研究的主要目的是检验两组统计学上的差异，以验证研究假说。此外，学生经历体验的比较也是通过态度调查数据为主导进行分析。

混合方法数据分析

☑ 螺旋分析：我们会循环往复地考虑定量研究的态度得分与定性研究的主题、引言之间的共同点，不断降维以获取定性和定量之间的共同主题。

☑ 找到一条共同主线：确定“对培训系统的体验”作为主线，在两个数据集中寻找共同关注的内容。

☑ 往复分析：迭代往复地考虑定性文本数据和定量态度调查各个条目得分的关系。

Source：Kron et al.（2017）.

作为混合方法分析的一部分，定量分析涉及描述性分析，如均数、中位数和表格，以提供研究人群的基本特征和研究问题的描述性信息（Johnson & Christensen，2017；Patton，2015）。如工作表示例 13.3.1 所示，MPathic-VR 研究开始使用均数、中位数等对研究对象的人口学特征及调查问卷的条目得分进行了描述性统计。而定性分析是一个系统方法，涉及迭代性地收集和检查研究资料，包括对文本资料、观察内容、视频资料或通过其他媒体收集到的资料等。在资料收集和检查过程中，对已收集到的数据资料进行迭代性的编码，以更全面地理解和解释研究所关注的现象（Creswell，2016；Miles et al.，2014；Patton，2015）。通常，此过程会生成由主题、代码和示例文本说明组成的编码方案。可通过节点代码识别相关材料，甚至链接不同代码。鉴于定性分析的迭代性质，编码方案通常会在项目开展过程中持续地修改和完善。可以在表 13.2 中看到从 MPathic-VR 研究中截取的部分编码方案。通过对编码主题的进一步描述，可以构建出对主要结果进行叙述性描述的结构。许多定性研究的论文都以这种水平的描述性分析结束，不过高级定性研究人员可能会使用更高级的分析方法。

表 13.2 MPathic-VR 混合方法医学教育研究中的定性编码主题（Kron et al.，2017）

主题 1. 共情沟通
1．敞开心扉
2．团队合作
3．文化视角
4．反思性语言
5．情绪充电
6．开放式的问题
7．家庭政治专业人士
主题 2. 交互学习
1．客观评价
2．做好准备
3．更多的学习动机
4．教学方法
5．需要更多练习
主题 3. 沟通交流
1．标准沟通提高效率
2．根据具体情况沟通
3．“演讲者和听众”的角色
4．不同的沟通方式
主题 4. 语言和非语言的沟通技巧
1．识别非语言线索
2．沟通方式
3．沟通用语的选择
4．在紧张的情况下使用非语言沟通
5．微笑与沟通
6．模仿他人的面部表情
7．记住非语言沟通
8．记住沟通中出错的地方
9．团队沟通的标准方式
10．了解“助记符”

Source：Kron et al，（2017）.

本文介绍的3种描述性混合方法数据分析步骤包括螺旋、寻找一条共同主线和往复分析（Bazeley &Kemp，2012；Fetters&Molina-Azorin，2017）。这几种方法都有助于探索混合数据中的链接，将各主题进行结构化整合，从而发展为叙述性的研究结果。

练习：混合方法数据分析方法

以工作表示例13.3.1作为参考，完成对工作表13.3.2中定量、定性和混合方法数据的分析计划。可以根据你的项目内容调整工作表中定性、定量及混合方法的顺序。尽可能对预期的对定性、定量和混合方法数据分析的过程和已经完成的内容进行详细的记录。

描述螺旋比较、寻找一条共同主线和往复分析的细节，可帮助你更清晰地选择一种或多种分析方法。

在进行混合方法分析时，还需要考虑分析的导向维度。Moseholm 和 Fetters（2017）将**导向维度**描述为：混合数据分析是否是单向驱动的，即以定量数据或定性数据为驱动形成分析框架；或者是否使用双向驱动的方法，即定量和定性同时驱动形成数据分析框架。如果你有一个定量驱动的项目，就像在本章的 MPathic-VR 虚拟人沟通系统研究中一样，你的导向维度将是量化的，当这一点确定以后，就为后续混合方法分析奠定了一个好的开始。如果你有一个定性驱动的项目，那么你的导向维度将是定性的，明确了这一点也同样为后续的混合方法分析奠定了好的起点。如果你有一个双向共同驱动的项目，那么根据 NIIT 的研究的具体设计，任何一种数据来源都可以作为起点。

工作表 13.3.2　识别混合方法研究的数据模式

描述性分析方法 定量分析 定性分析 混合数据分析的导向维度 ☐ 定量驱动 ☐ 定性驱动 ☐ 共同驱动 解释： 混合方法数据分析 ☐ 螺旋分析 ☐ 寻找一条共同主线 ☐ 往复分析 ☐ 其他

螺旋比较分析

采用螺旋式比较的混合方法描述分析是指循环往复地考虑对定性和定量进行方法内分析的结果（Fetters & Molina-Azorin，2017c）。这个过程并不是一个单纯的循环，随着迭代往复分析，定性和定量研究结果之间的关系越来越清晰，新迭代的迭代范围也逐渐缩小。在 MPathic-VR 研究中，通过对两类数据的检查，逐步发现定性和定量之间的关联和共性。混合方法分析人员通过在两类数据共同的主题、维度或领域内进行比较。这通常发生在螺旋比较的宽泛的底部，而螺旋比较分析的关键特征是从底部到尖端，这一特点象征着不断比较定性和定量数据、找到关联、形成主题，最后产生主要结果（图13.4）。这与连续重复的循环往复相反，螺旋是指向一个聚焦的点。通过螺旋混合数据分析，最终形成一个共同的结构。

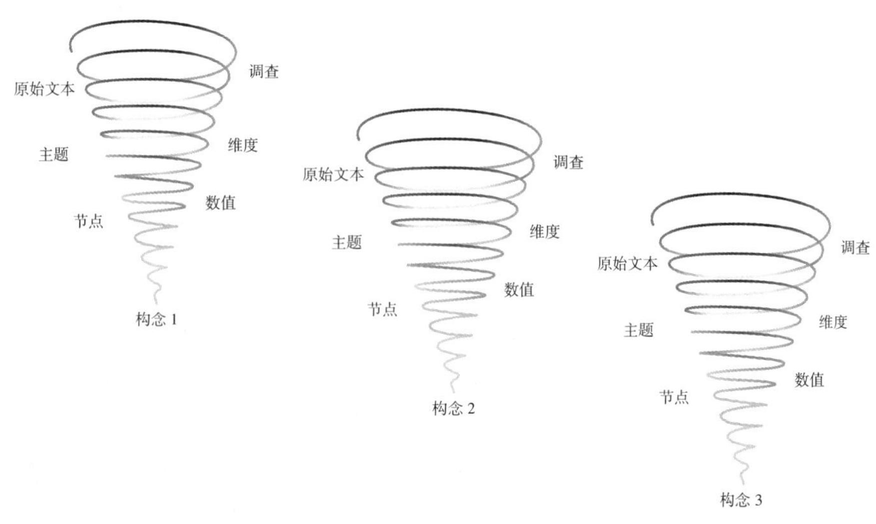

图 13.4　螺旋比较定量和定性的结果，以形成一系列相关的结构

遵循一条主线

2004 年，在经济和社会研究理事会（ESRC）研究方法项目的一次演讲中，Moran-Ellis 等首次描述了遵循主线这一思路，并在两年后发表了一篇使用该方法的论文（Moran-Ellis et al.，2006）。他们收集了定量、访谈、叙述、视觉（地图、照片）和多媒体（视频）数据，以探索英格兰南部一个城镇的安全隐患。Cronin、Alexander、Fielding、Moran-Ellis 和 Thomas（2008）详细阐释了该方法的 4 个步骤。第一，对于所收集的不同类型的数据，作者使用了对应数据类型的分析方法进行方法内分析，得到初步的结果并发现其中问题，以便进一步分析。第二，在一个数据集中探索了一个有意思的结果作为主线（P.576），并以此为主线链接到其他数据集。这一步骤的特点是从研究问题或数据探索发现引发出一个共同的研究主线，随后把数据集放在一起，以确定值得进一步探索的关键主题和分析问题。第三，基于初步结果、类别和与主线相关的代码创建数据库（发现的类别）。第四，确定一个主线，并将数据集中的其他相似主线内容进行整合（Cronin et al.，2008）。在他们的安全隐患研究中，发现并遵循的共同主线是人身安全。

正如 Moran-Ellis 等（2006）所描述的那样，这种综合分析方法的价值在于允许对分析采用归纳方法，保留开放、探索性、定性探究的价值，同时合并了定量数据的聚焦性和细节性（P.54）。

往复交换分析

往复交换分析（Bazeley & Kemp，2012）基本上传达了数据相互对话的概念。这种方法传达了从分析中产生的思路与分析者的思维相互作用的概念。这个过程可以帮助我们更好地理解每种类型的数据描述的有趣现象。实际上，这一过程涉及反复查看定性和定量数据。以 Weiss、Kreider、Mayer、Hencke 和 Vaughan（2005）为例，Bazeley 和 Kemp（2012）描述了在定性和定量数据中发现的相关概念的交互搜索。Bazeley 解释说，这种往复交换过程可以被概念化，就像一组生物统计学家和一组人类学家之间的讨论，他们试图找到共同点。最终，目标是根据相关的发现将数据合并在一起。将定性问题、观察或其他来源的数据与定量量表、条目或其他形式数据相匹配（见工作表 13.1.2），使得分析过程考虑了两种数据之间的关联。

第 4 步　利用组织架构汇总研究结果

混合方法数据分析的下一步需要组织相关的定性和定量研究结果。组织方法可以包括叙述方法（Fetters，Curry & Creswell，2013）或可视化手段，如表格、图或其他形式。越来越多的混合方法研究人员会使用联合展示方式（Guetterman，Fetters & Creswell，2015）。Fetters 等（2013）描述了联合展示的目的，即通过可视化的方法将数据整合在一起，获得比单独分析和展示定性或定量数据更多的信息（P.10，见第 4 章）。定性研究的这一步是创建一个主题表或图形来描绘一个模型或理论。通常是以表格的形式，混合方法的结果被描述并通过说明性的引用展示更多的细微差别。有了定量数据，就可根据项目的主要发现，放置在一系列的表格中，并在表格中整理这些发现。

第 5 步　核查不一致、异常值或者矛盾之处

混合方法分析的下一步是观察定性数据和定量数据的关系，包括聚敛、互补、扩展和（或）发散（Fetters et al.，2013）。在聚敛式设计中，定性和定量的发现有时也被称为验证，即两部分数据阐释了相同的结果。部分作者已经开始将这种定性和定量结果之间的关系作为他们混合方法研究发现的一部分（Bustamante，2017；Moseholm，Rydahl-Hansen，Lindhardt，& Fetters，2017）。当定性和定量数据的发现有所不同，但也不冲突时，可认为是互补。当定性和定量数据结果既有核心重合，又提供了更宽泛的非重叠的解释时，可认为是扩展。因此，扩展表示验证和互补的混合。当定性和定量数据之间是相互矛盾的解释时，就会出现分歧，有时也称为不一致（Fetters et al.，2013；Fetters & Molina-Azorin，2017c）。

定性和定量结果有分歧或不一致时的处理方法

混合方法学家考虑了处理分歧或不一致的结果的多种方法（图 13.5）。研究者可以：①收集额外的数据；②重新分析现有的数据看是否能解决差异；③从理论的角度看是否能解释这种分歧或不一致；④检查研究结果的效度；⑤识别潜在的偏倚来源；⑥进一步开展研究来解释（Moffatt，White，Mackintosh，& Howel，2006；Pluye，Grad，Levine，& Nicolau，2009）。

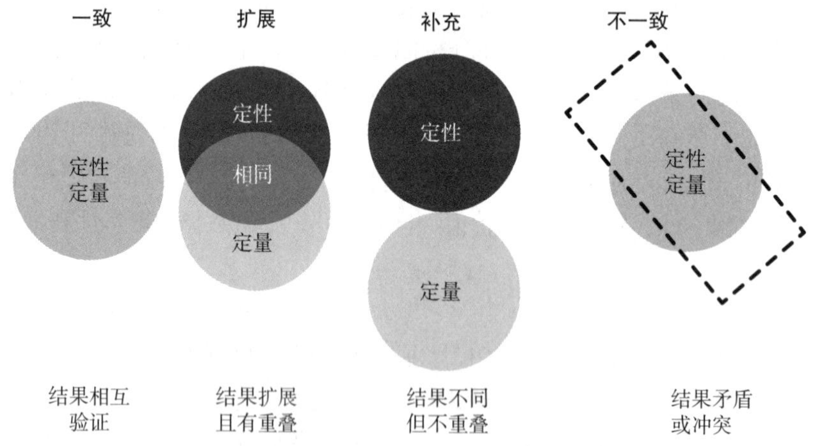

图 13.5　4 种可能的组合配合定性和定量的结果

第 6 步　整合研究成果以便传播

在这个步骤中，研究人员使用表格或图示来改进或重构混合结果。这个步骤与步骤 4 不同，因为现在的目的是将数据组织为一种最能解释它的格式。在这个阶段，混合方法研究人员可能基于最初的表格，创建或修改新的图表。这一步的关键是提出问题，如何重新排列、排序、可视化或整理混合数据，以使观众或读者理解得更好？重构过程中又会进行一次定性和定量结果的比较，因此，你可能还会有一些新的发现和见解。定性研究人员可能对初始的编码方案进行

了更新，开发了基于多个主题的表格或图示，这个过程包括确定说明性的文字或引言，以及对不同来源引文范围的平衡。此外，还可以通过扩展或合并代码来创建新的代码。同样，定量研究人员可以重新创建或调整表格、图、曲线、热图和其他可视化的定量数据呈现方式。许多混合方法研究人员认为联合展示是呈现混合数据结果的关键工具。考虑到它的重要性，第 14 章将仔细介绍联合展示这一主题。

第 7 步　撰写研究成果时解释和表述研究发现

混合方法分析的最后一步涉及使用逻辑组织结构来撰写对混合结果的阐释。这一步骤与定性和定量研究方法撰写结果阐释的步骤类似，即根据关键发现撰写有意义的叙述或报告。有两种方法可以使用，包括独立的、“连续的”或“交织的结构”（Fetters et al.，2013）。连续的结构是指在论文结果的不同部分分别报告定性和定量的结果，对于定性和定量研究结果的阐释可以在后续的第三部分报告，也可以在讨论部分报告。第二种方法是交织的结构，对于每个研究发现的主题均呈现定性和定量的发现。通过这种方式，将一系列具有定性和定量结果的结构依次呈现在论文的结果部分。本书第 18 章提供了更多相关细节。

应用练习

1. **同伴反馈**。如果你是在课堂上或在学习班上，请与同伴组成小组进行讨论。其中一人用大约 5 分钟介绍混合方法数据分析策略。然后交换介绍对方的混合方法数据分析策略，并互相给出反馈意见。独立分析还是交互分析更适合？是否需要其他更高级的分析方法？如果你是自己完成研究方案设计，可以与同事或导师分享你完成的与混合数据分析相关工作表。
2. **同伴反馈指导**。当你倾听同伴的方案时，集中精力学习和磨炼如何提出批判的技巧。你的目标是帮助搭档完善混合方法数据分析策略。回顾混合方法数据分析步骤，考虑你的分析策略是否合适？
3. **小组汇报**。如果你是在教室或分组活动中，听取分享者们介绍的混合方法数据分析步骤，并考虑你的分析策略如何帮助你阐释清楚混合方法研究项目的研究问题。

总结思考

使用下列清单来评估你这一章的学习目标达成情况：

- □ 我在自己的混合方法研究中采用了混合方法数据分析的 7 个步骤。
- □ 将不同类型的数据进行了汇总，梳理了混合数据收集清单，考虑了不同数据来源之间的差异，并考虑了数据归约。
- □ 评估了混合方法数据与研究假说及研究问题的关系，使用了独立分析或交互分析的方法，并尝试探索新的混合方法问题。
- □ 通过对混合方法数据的分析，识别了两种数据类型之间的共性。
- □ 通过叙述或可视化的方法，将定性和定量数据进行了关联。
- □ 我检查了定性和定量整合后的关系，包括验证、补充、扩展和（或）不一致。
- □ 使用表格或图示对混合方法研究结果进行了凝练和（或）重构。
- □ 使用了独立、“连续的”或者“交织的”结构对定性和定量结果进行阐释和撰写。
- □ 我和我的同伴或者小组成员回顾了我的混合方法分析流程。

现在你已经达成这些目标，第 14 章将会讲解混合方法研究的联合展示。

拓展阅读

1. 混合方法研究整合的拓展阅读

- Creamer, E. G. (2018). *An introduction to fully integrated mixed methods research*. Thousand Oaks, CA: Sage.
- Easterby-Smith, M., Thorpe, R., & Jackson, P. (2015). *Management and business research* (5th ed.). Thousand Oaks, CA: Sage.
- Fetters, M. D., & Molina-Azorin, J. F. (2017). The *Journal of Mixed Methods Research* starts a new decade: The mixed methods research integration trilogy and its dimensions. *Journal of Mixed Methods Research, 11*(3), 291–307. doi:10.1177/1558689817714066

2. 混合方法研究分析策略的拓展阅读

- Bazeley, P. (2012). Integrative analysis strategies for mixed data sources. *American Behavioral Scientist, 56*(6), 814–828. doi:10.1177/0002764211426330 .
- Bazeley, P., & Kemp, L. (2012). Mosaics, triangles, and DNA: Metaphors for integrated analysis in mixed methods research. *Journal of Mixed Methods Research, 6*(1), 55–72. doi:10.1177/1558689811419514.
- Bazeley, P. (2018). *Integrating analysis in mixed methods research*. Thousand Oaks, CA: Sage.
- Guetterman, T. C., Fetters, M. D., & Creswell, J. W. (2015). Integrating quantitative and qualitative results in health science mixed methods research through joint displays. *Annals of Family Medicine, 13*(6), 554–561. doi:10.1370/afm.1865.
- Johnson, R. B., & Christensen, L. (2017). *Educational research: Quantitative, qualitative, and mixed approaches* (6th ed.). Thousand Oaks, CA: Sage.
- O'Cathain, A., Murphy, E., & Nicholl, J. (2010). Three techniques for integrating data in mixed methods studies. *BMJ, 341*, c4587. doi:10.1136/bmj.c4587.

3. 定性分析的拓展阅读

- Creswell, J. W. (2016). *30 essential skills for the qualitative researcher*. Thousand Oaks, CA: Sage.
- Miles, M. B., Huberman, A. M., & Saldaña, J. (2014). *Qualitative data analysis* (3rd ed.). Thousand Oaks, CA: Sage.
- O'Reilly, M., & Kiyimba, N. (2015). *Advanced qualitative research: A guide to using theory*. Thousand Oaks, CA: Sage.
- Patton, M. Q. (2015). *Qualitative research and evaluation methods* (4th ed.). Thousand Oaks, CA: Sage.

4. 定量分析的拓展阅读

- Carlson, K. A., & Winquist, J. R. (2017). *An introduction to statistics: An active learning approach* (2nd ed.). Thousand Oaks, CA: Sage.
- Salkind, N. J. (2017). *Statistics for people who (think they) hate statistics* (6th ed.). Thousand Oaks, CA: Sage.
- Tokunaga, H. T. (2016). *Fundamental statistics for the social and behavioral sciences*. Thousand Oaks, CA: Sage.

第14章

开发联合展示

联合展示越来越多地被认为是一种先进的方法，用于混合方法研究中规划数据收集、合并定性和定量数据，并展示研究结果。如何使用联合展示来进行规划、分析和解释似乎比较模糊，不过本章讲述的内容及对应的练习将帮助你了解联合展示的特征、结构和应用如何随不同的混合方法设计而变化。学习如何通过联合展示规划混合方法数据收集、联合展示分析、识别定性和定量数据关联的方法、根据数据关联创建联合展示的结构、阐释如何考虑量两种类型的数据进行综合推论等。作为本章的关键成果，你将基于自己的项目设计开发一个或多个联合展示，以说明混合方法数据收集过程和（或）混合方法研究的结果。

学习目标

为了帮助你创建一个混合方法研究的联合展示，本章讲述联合展示的关键概念和步骤，以便你可以：

- 区分不同混合方法研究设计类型联合展示的结构
- 基于联合展示计划构建混合方法数据收集方法，并匹配定性和定量数据链，以进行关联
- 学习如何总体把控联合展示分析，以更好地解释混合方法数据
- 探索如何在已收集的定性和定量数据之间找到关联
- 掌握从混合数据关联中创建结构的技能，以反映每个结构的总体思想、属性、意义、工作假设或理论
- 同时考虑两种类型的数据进行综合推论和阐释
- 开发一个或多个联合展示来呈现混合数据

什么是联合展示？

联合展示已被广泛认为是整合定性和定量数据的高效工具（Creswell & PlanoClark，2018）。联合展示及其发展是混合方法文献中的一个热门话题。例如，Guetterman、Fetters和Creswell

（2015）在重要的方法学和医学科学期刊发表文章，以说明各种研究中不同类型的联合展示及其应用，以及发展联合展示的建议。Johnson、Grove 和 Clarke（2017）报告了支柱集成作为一种联合展示构建技术，可以在混合方法研究中集成数据。Guetterman、Creswell 和 Kuckartz（2015）提供了如何使用软件创建联合展示的详细信息。Creswell 和 Plano Clark（2018）根据核心设计、聚敛式设计、探索性序列、解释性序列以及几种复杂的（又称先进的、脚手架式的）设计，即个案研究混合方法、混合方法评估、干预 / 实验混合方法和参与式社会公平性研究设计，说明了联合展示的变化。

联合展示的定义

正如 Creswell 和 PlanoClark（2018）所描述的：

联合展示（或整合展示）是一种通过将定量和定性数据排列在单个表或图中呈现整合数据分析的方法。这种方法有助于对结果进行更清晰和细致的比较。实际上，该展示合并了两种形式的数据（P.228）。

在这里，我使用了一个扩展的定义。**联合展示**（joint display）是一个表或图，即将混合数据的收集和分析通过表格、矩阵或图形呈现出来：①可用于展示项目中定性和定量数据链的收集或结果；②包括或隐含着定性和定量链之间的特定关联或共性范围，可表示为结构或维度；③包含同时考虑两种类型结果的解释，通常称为综合推论。

本章的关键概念

联合展示计划（joint display planning）通过创建图表或矩阵，用于并置和匹配定性和定量数据的分析结构，以确保两种类型的数据可关联起来。**混合方法数据收集的联合展示**（joint display of mixed methods data collection）指一个表格或矩阵，用于描述如何对定性和定量数据收集过程进行匹配，以确保收集的数据满足（或将满足）相应的研究结构的图表或矩阵；或者对于序贯设计，如何通过一种类型的数据结构影响随后的其他类型的数据收集的结构。**联合展示分析（joint display analysis）**通过多次迭代性的构建定性和定量结果图表或矩阵，整理定性和定量之间的关联和组织架构，以更好地理解混合方法的结果和意义的过程。这个构建联合展示和不断迭代的过程可能会引起新的思考，产生新的数据分析维度及对数据含义的阐释。**联合展示关联（joint display linkage activity）**是发现定性和定量数据之间的共性并将发现组织成一个表格、矩阵或图形的过程。**连接**（linking）是在定性和定量数据之间积极寻找共性的过程。**关联**（linkage）表示定性和定量数据之间共同的内容，构成了关联、联系或关系的纽带。**构念**（construct）是一种用于展示关联的概念、属性、精神抽象、工作假设或理论。**领域**（domain），即总体领域、活动或思想范围。虽然构念和领域有时是交替使用的，但领域指更广泛的概念，通常包括很多个结构。

不同混合方法设计的联合展示

表 14.1 展示了根据混合方法的 3 种核心设计（第 7 章）和数据收集的时间来创建的用于描述混合方法数据收集的联合展示的多种情况。

表 14.1 根据混合方法设计的 3 种核心类型创建混合方法数据收集的联合展示

设计类型	考虑数据关联的时机	解释
聚敛式混合方法设计	数据收集开始前	研究人员在数据收集开始之前，预先说明了混合数据收集将如何推动定性和定量数据链的关联
	完成定量和定性数据收集后	在描述定性和定量数据收集内容或条目时，研究人员说明了混合数据收集如何连接的具体情况
解释性混合方法研究序列设计	数据收集开始前	通过预先描述第一阶段定量数据收集的结构与第二阶段定性数据收集的关系，研究人员预先说明了两个阶段的数据收集预设的关联
	获得第一阶段定量结果后，确定第二阶段定性数据收集计划	通过描述已完成的第一阶段定量数据收集和拟定的第二阶段定性数据收集，研究人员说明将要如何构建两类数据之间的具体关联
	完成第一阶段定量和第二阶段定性数据收集后	通过描述完成的第一阶段定量数据收集和第二阶段定性数据收集，研究人员说明两部分数据中的具体维度是如何建立关联的
探索性混合方法研究序列设计	数据收集开始前	通过预先描述第一阶段定性数据收集的结构与第二阶段定量数据收集的关系，研究人员预先说明了两个阶段的数据收集预设的关联
	获得第一阶段定性结果后，确定第二阶段定量数据收集计划	通过描述已完成的第一阶定性数据收集和拟定的第二阶段定量数据收集，研究人员说明将要如何构建两类数据之间的具体关联
	完成第一阶段定性和第二阶段定量数据收集后	通过描述完成的第一阶段定性数据收集和第二阶段定量数据收集，研究人员说明两部分数据中的具体维度是如何建立关联的

联合展示计划

联合展示计划在不同的研究设计类型，如聚敛式设计、解释性序列设计和探索性序列设计中，会有一些不同。

创建聚敛式设计中混合方法数据收集的联合展示计划

在聚敛式混合方法设计中，对于混合方法数据收集的联合展示的规划可以在混合方法数据收集开始前，也可以在两种形式的数据收集后。联合展示可以更详细地展示第 10 章描述的整合策略。也就是说，数据收集的联合展示可以呈现两种数据类型之间的匹配、扩展、分解，或嵌入式抽样策略等（第 10 章）。

如果是在聚敛式混合方法设计的数据收集开始前确定混合方法数据收集的联合展示计划，研究人员在预先考虑定性和定量数据收集的结构时，应明确地说明如何规划数据收集完成后的定性和定量数据链的连接。

如果是在完成聚敛式混合方法设计的数据收集后考虑混合方法数据收集的联合展示，并说明定性和定量结构的关联，研究人员需要明确说明混合方法数据收集与定性和定量数据的连接具体情况，例如，定性访谈问题或观察内容与定量调查条目或维度如何连接。

创建解释性序列设计中混合方法数据收集的联合展示计划

在解释性混合方法研究序列设计中，混合方法数据收集的联合展示的 3 个应用是：①在初始定量数据收集开始前；②在初始定量数据收集后；③在所有数据收集完成后。回顾图 10.1 的概念模型，提供了开发联合展示的基础，用于描述定量结构和定性问题的关联。考虑第 10 章对整合目的的描述，可能是将定性和定量数据的内容一对一地进行匹配，或者分解、扩展，或者通过定性数据验证定量数据中生成的假设，或者是模型的定量开发和定性验证。其他方面，如明确需求、优化和监查的辅助策略也可以在联合展示中描述。

如果是在数据收集开始前确定混合方法数据收集的联合展示计划，描述数据收集来源（例如，第一阶段定量数据的维度或条目和第二阶段在数据收集前定性的研究问题或观察内容），说明将如何建立两个阶段不同类型数据收集的关联，从而明确两种类型数据分析时的构架。

如果是获得第一阶段定量结果后确定后续第二阶段的联合数据收集展示计划，那么描述已完成的定量数据收集来源（例如，第一阶段收集的维度或条目），并拟定第二阶段的定性数据收集计划（例如，访谈问题或观察计划），说明如何建立具体的定量和定性的关联。

如果是在完成第一阶段定量和第二阶段定性数据收集后确定混合方法数据收集的联合展示计划，描述混合方法数据收集中完成的第一阶段定量数据收集（例如，调查维度或条目）和第二阶段的定性数据收集（例如，联合展示中的访谈问题或观察），说明是如何建立两部分数据收集的结构关联的。解释性混合方法研究序列设计中的混合方法数据收集的联合展示，可以描述如何将第一阶段的定量数据结构连接到第二阶段的定性数据，形成相同的数据收集结构。

创建探索性序列设计中混合方法数据收集的联合展示计划

创建探索性序列设计中混合方法数据收集的联合展示规划在探索性混合方法研究序列设计中，混合方法数据收集的联合展示的 3 个应用时点分别是：①在初始定性数据收集开始前；②在初始定性数据收集后；③在定性和后续定量数据收集后。回顾图 10.2 的概念模型，提供了开发联合展示的基础，用于描述定量结构和定性问题的关联。考虑第 10 章对整合目的的描述，可能是将定性和定量数据的内容一对一地进行匹配，或者分解、扩展，或者是通过定性数据验证定量数据中生成的假设，或者是模型的定量开发和定性验证。其他的，如明确需求、优化和监查的辅助策略也可以在联合展示中描述。

如果是在数据收集开始前确定混合方法数据收集的联合展示计划，描述混合方法数据收集的联合展示的第一阶段定性数据收集的结构（例如，访谈问题或观察内容）和第二阶段定量数据收集的结构，说明预期的两个阶段数据收集结构的关联。

如果是获得第一阶段定性结果后确定后续第二阶段的定量数据收集计划，那么应描述已完成的定性数据收集来源（例如，访谈问题或观察内容），并拟定第二阶段的定量数据收集计划（例如，调查问卷的维度或条目），说明如何建立具体的定性和定量的关联。当初始的定性部分已经分析出研究结果，那么使用混合方法数据收集的联合展示可用于系统地描述在随后的定量阶段的数据收集的问题和数据来源。

如果是在完成第一阶段定性和第二阶段定量数据收集后确定混合方法数据收集的联合展示计划，描述混合方法数据收集中完成的第一阶段定性数据收集（例如，访谈问题或观察内容）和第二阶段的定性数据收集（例如，调查问卷的维度或条目），说明是如何建立两部分数据收集的结构关联的。

什么时候可以使用混合方法数据收集的联合展示？

在对上述不同设计类型的研究进行数据收集前，混合方法数据收集的联合展示对于撰写论文计划、研究方案或基金申请项目书都非常有用。当数据收集完成后，混合方法数据收集的联合展示可以用于论文、评估报告或文章的撰写，如 Wu 等的混合方法研究所示（2018）。

一项关于改善慢性病妇女患者的避孕管理的多阶段混合方法调查中的混合方法数据收集的联合展示示例

一个以改善患有慢性病的妇女避孕护理为目的的多阶段混合方法调查研究中的混合方法数据收集的联合展示实例 Wu 等（2018）获得一项基金资助，该基金项目关注患有慢性病（例如，糖尿病和高血压）的妇女获得避孕护理的障碍。研究者设计和实施了一个以理论为基础、基于网络的工具，用于根据国家对避孕护理措施的推荐建议为患有慢性病的妇女提供服务（工作表示例 14.1.1）。在三阶段研究的第一阶段，作者提出在社区医疗办公室对受慢性疾病影响的妇女、她们的医生和工作人员进行评估。他们开发了一种理论驱动的数据收集联合展示（Wu 称之为混合方法矩阵），其特点是理论与混合数据收集是匹配的。示例 14.1.1 由原先更复杂的图修改而来，展示了数据收集策略的一个组成部分。他们使用了行为改变的跨理论模型（第 1 列；Prochaska，2008），来确定用于收集定量数据的针对医疗提供者的 19 个条目的调查问题（第 2 列），和基于临床场景应对的定性数据（第 3 列）。

如示例中所示，基于理论中的 3 个维度，Wu 等（2018）开发了特定的定量和定性数据收集策略，而该数据收集联合展示可用于资金申请书中。如混合方法数据收集展示所示，定量和定性问题没有精确的一一匹配，而是显示了 3 个维度中定量调查问题与定性访谈问题的关联。

工作表示例 14.1.1　混合方法数据收集的联合展示（Wu et al.，2018）

总体理论维度	定量数据收集来源	定性数据收集来源
知识：熟悉慢性病妇女避孕措施使用指南	通过 4 种假设场景来评估临床医生是否会在不同的医疗情况下推荐宫内节育器（对 4 种情况的回答：是的、不是、我不知道）	场景 1：一位患有糖尿病和肥胖的妇女进行健康体检 问题：“你通常会如何完成这次访视？” 场景 2：场景 1 中的同一个妇女，来和你讨论她的糖尿病护理和药物治疗 问题：“你通常会如何完成这次访视？” 关于计划生育的随访提示
	通过 4 种假设场景来评估临床医生是否会在不同的医疗情况下推荐口服避孕药（对 4 种情况的回答：是的、不是、我不知道）	
	单一问题：关于临床医生是否听说过针对不同医疗条件妇女的国家节育建议	
技能：可实施的节育措施的范围	多个问题：询问临床医生自己可以实施的节育措施范围，包括自己完成节育措施，以及转诊给其他医疗提供者	
信念：关于提供节育措施的能力	多个问题：询问临床医生是如何讨论具体的节育方法的	讨论这些方法时你需要什么信息？
		是否还有其他更具挑战性的问题？请解释

Source：Modified based on Wu et al.（2018）and Wu，J.（2017-22）. *Improving Contraceptive Care for Women with Chronic Conditions：A Novel：Web-Based Decision Aid in Primary Care*. National Institute of Child Development and Human Health. 1 K23 HD084744-01A1 with permission.

练习：创建混合方法数据收集的联合展示

工作表示例 14.1.1 提供了一个混合数据收集的联合展示实例，以指导你完成工作表 14.1.2 中自己的联合展示。根据工作表 14.2 中的清单完成练习。

工作表 14.1.2 创建混合方法数据收集的联合展示

标题：在关于__________的__________项目中采用__________混合方法设计进行数据收集的联合展示		
理论维度	定量或定性（选择一个）数据收集来源	定性或定量（选择一个）数据收集来源

工作表 14.2 创建混合方法数据收集的联合展示的检查清单

参照以下步骤核对你完成混合方法数据收集的联合展示计划的情况：

- □ 完成标题
- □ 根据你的设计和当前的数据收集状态，从表 14.1 中选择相应阶段
- □ 在横标目上确定定量和定性数据收集来源的顺序
- □ 根据理论或概念模型确定第 1 列中使用的维度
- □ 完成定量数据收集来源列，以匹配第 1 列中每个维度的定量数据收集
- □ 完成定性数据收集来源列，以匹配第 1 列中每个维度的定性数据收集

创建混合方法数据收集的联合展示工作表的步骤

1. **完成标题**。在第一个空格中，填入研究的主题。在第二个空格中，填入项目的标题。在第三个空格中，填入研究主题。
2. **根据你的设计和当前的数据收集状态，从表 14.1 中选择相应阶段**。根据目前所处设计阶段、数据收集完成情况（收集中 / 已完成），确定工作表 14.1.2 中所填写的内容是已经完成的还是预计要完成的。
3. **在横标目上确定定量和定性数据收集来源的顺序**。如果你正在计划一项解释性混合方法研究序列设计（定量到定性）或一项定量驱动的聚敛式设计（定量 + 定性），使用工作表 14.1.2。如果你正在计划一项探索性混合方法研究序列设计（定性到定量）或定性驱动的聚敛式设计（定性 + 定量），将第 2 列和第 3 列的顺序分别改为“定性数据收集来源”和“定量数据收集来源”。
4. **确定第 1 列中使用的维度**。理论模型（社会科学）或概念模型（健康科学）通常有多个维度。虽然有些武断，但遵循与理论或概念模型的开发人员提出的维度相同的顺序是很好的做法。
5. **完成定量数据收集来源列，以匹配第 1 列中每个维度的定量数据收集**。回顾第 6 章中的定量数据来源表，并结合其他内容（例如，理论或概念模型的图表），在第 2 列中填写将在你的混合方法数据收集中进行对应维度的定量数据收集的条目。如果你使用了已有的量表，可以填入量表名称。如果你开发了一个更详细的版本，也可以添加所有相关的问题。
6. **完成定性数据收集来源列，以匹配第 1 列中每个维度的定性数据收集**。回顾第 6 章中的定性数据来源表，并结合其他内容（例如，理论或概念模型的图表），在第 3 列中填写将在你的混合方法数据收集中进行对应维度的定性数据收集的问题。如果有多个定性数据收集来源（例如，访谈、观察、已有文件），则对每个问题 / 来源及相关维度遵循相同的顺序（因为这反映了你的研究逻辑）。

数据收集计划的其他特征

工作表 14.1.2 的联合展示练习描述了数据收集的联合展示的基本特征。在此基础上，还可以添加其他特征，例如，Wu 等（2018）在其联合展示中增加了具体条目和问题编号。这里提供的是一个基本框架。你可以根据项目需要进行修改。

联合展示分析

除了用于说明混合方法研究中的数据收集来源之外，联合展示还可用于构建、重组和展示混合方法的结果。现在，你将学习用于分析和描述混合方法结果的联合展示的关键要素。之后，你将学习如何在已收集的定性和定量数据之间发现关联，再对每个结果的维度进行标记，以反映基于两种类型数据的共性的总体思想、属性、抽象意义、研究假设或理论。完成该练习后，你就为开发一个良好的联合展示做好准备工作了，下一步就能展示你的混合方法数据结果了。

混合方法研究联合展示分析的要素

图 14.1 说明了联合展示分析的要素。改编自 Legocki 等（2015）及 Fetters 和 Guetterman，这一改编是 Legocki 等的主要发表的文章中使用的 6 种联合展示之一（2015）。在这个项目中，团队评估了多个利益相关者使用适应性设计开发随机对照试验的过程（Guetterman，Fetters，Legocki et al.，2015；Meurer et al.，2012）。适应性设计仍然存在争议，因为一些学者支持适应性设计，而另一些学者则持怀疑态度。研究团队对适应性研究的开发过程进行了评估，并提供了改进的建议。评估的内容之一包括对参与到适应性试验开发过程的 4 组人员在伦理方面的态

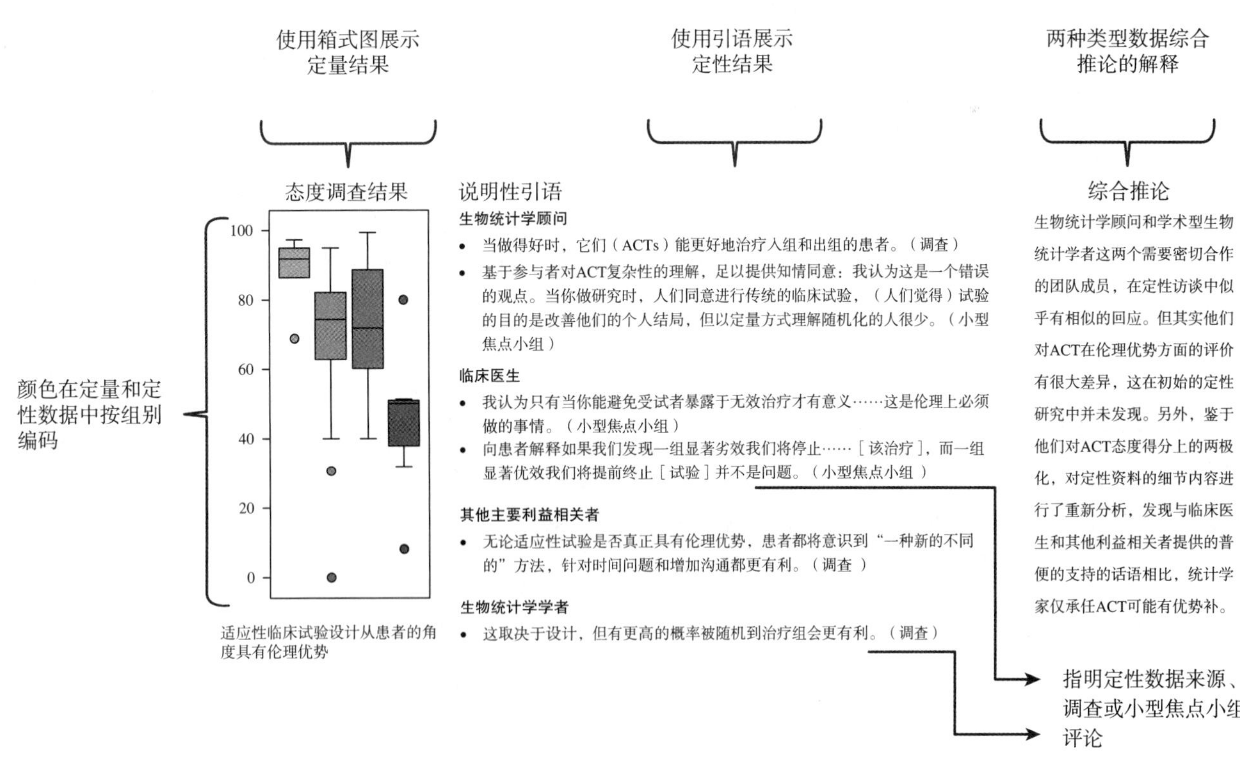

图 14.1　一个评估开发适应性临床试验项目的联合展示

Source：Fetters，M. D.，& Guetterman，T. C.（forthcoming，2020）Development of a joint display as mixed analysis. In T. Onwuegbuzie & R. B. Johnson（Eds.），*Reviewer's guide for mixed methods research analysis*. Routledge.

Adapted from Legocki，L. J.，Meurer，W. J.，Frederiksen，S.，Lewis，R. J.，Durkalski，V. L.，Berry，D. A.，... Fetters，M. D.（2015）. Clinical trialist perspectives on the ethics of adaptive clinical trials：A mixed-methods analysis. *BMC Medical Ethics*，16（1），27. doi：10.1186/s12910-015-0022-z

度（研究轶事 14.1）。伦理方面的态度是研究人员两极分化的一个争论点，调查人员针对这一点，评估了参与者对适应性设计伦理方面的态度和讨论 / 反思（Legocki et al.，2015）。4 个群体的态度得分提供了定量数据，而小型的焦点小组讨论和对调查问卷中的开放式问题收集的资料作为定性数据。

图 14.1 联合展示的特征

根据 Guetterman、Fetters 和 Creswell（2015）的建议，该图说明了 3 个关键要素。前两列被标记为定性和定量的结果，并与设计和方法的顺序一致。最后一列展示对结果的解释或综合推论。从左到右，这个联合展示中的第一个部分是定量结果，作者在一个 100 分视觉模拟量表上用箱式图表示对单个问题的回答的分布情况。联合展示的中间部分描述了 4 个关键利益相关群体的定性访谈引言：生物统计学顾问、临床医生、其他利益相关者和生物统计专家。定性部分的信息源来自调查问卷中的开放式问题收集的资料或小型焦点小组讨论提供的资料，括号中注明了详细的数据来源以示透明性。如果翻看电子版的发表文章的彩图，可以看到箱式图的颜色与 4 个利益相关群体的定性数据的颜色是一致的。最右边的是对两种数据结果的综合推论和阐释。研究轶事 14.1 提供了关于这个创新的联合展示的其他背景。如本例所示，定量数据从其数值形式转变为可视化形式，提供了一个联合展示如何涉及数据结构变化的实例，从而满足 Bazeley 和 Kemp（2012）关于进阶分析的标准（另见第 13 章和第 15 章）。

混合方法项目中联合展示分析的例子

如 Fetters 和 Guetterman（即将出版，2020）所描述，最终的表或图往往是经过定量和定性数据的多次迭代往复匹配的过程产生的，虽然这个过程在已发表的过程中难以看到。在联合展示分析的过程中，发现两种类型数据间的共性是非常关键的（Kron et al.，2017）。在建立 ADAPT-IT 项目的联合展示时，首先计算了态度得分，并用均值和标准差描述，然后分析了通过小型焦点小组讨论和开放式问题收集的定性资料。定量数据用箱式图表示，并将横轴纵轴转换。分析中有 4 组成员，说明性的文本内容通过颜色与箱式图关联（颜色变化见原文），然后对箱式图进行重组以说明各组之间的趋势。最后一步涉及分析两种类型的数据结果以得出综合推论（见研究轶事 14.1）。

研究轶事 14.1

一个创新的基于混合方法数据结果的联合展示

使用不同的对应颜色描述定性和定量数据的关联并进行综合推论

美国国立卫生研究院资助了我们一个项目，对基于贝叶斯的随机对照试验进行混合方法评估，我们通过小型焦点小组访谈和基线调查问卷中的开放式问题收集了定性数据。此外，还通过对 6 个条目进行 0 到 100 的视觉模拟量表收集定量数据，从 3 类人群（患者、研究人员和社会公众）的角度对此研究设计的伦理优缺点的同意程度进行排名。这一混合方法研究结果的展示经过了 6 次的迭代修改，最终研究结果的联合展示如图 14.1 所示。该图很快成为通过箱式图呈现定量数据特征并行对应的定性数据的引言来共同展示定性和定量数据的典范（Fetters，Curry，& Creswell，2013）。在撰写这一章节中的数据分析时，我们决定添加一列综合推论，以强调联合展示分析最新的完整内容。在考虑综合推论列中的结果时，出现了新的解释。可见，创建综合推论列促使我们从新的角度考虑整合定性和定量结果的意义。

发现联合展示分析的定性和定量数据之间的关联

在混合数据中发现关联可以通过工作表示例 14.3.1.1 和 14.3.1.2 混合方法数据连接练习实现。工作表 14.3.2 中混合方法数据连接练习的目的是寻找和组织定性和定量数据来源及结果相关的主题。这样做可以确定定性主题与定量维度之间的关联。

工作表示例 14.3.1.1　连接 MPathic-VR 混合方法医学教育研究中的混合方法数据

定性数据收集来源	定性数据结果	连线	定量数据结果来源	定量数据收集来源
学生	**主题**		**调查条目**	**调查领域**
反馈	移情			培训
			1. 培训目的	
	交流			语言交流
如何改进			2. 内容适当	非言语交流
体验				情绪状态
			3. 培训很吸引人	
	互动			系统体验
学到的 3 个	学习		4. 学习语言交流	
重要的东西			5. 学习非语言交流	
对人际互动观点	交流		6. 处理情绪激动的情况	
的影响			7. 提高临床技能.	
	有用的语言			
对理解非语言	和非语言		8. 提高沟通技能	
交流的影响	交流技巧		9. 视觉媒体有效	
			10. 真实的互动	
接收器	系统特性			
观察			11. 反馈质量	
			12. 总体体验	
			13. 向别人推荐	

Sources：Kron et al.（2017）and Fetters，M.D. and Kron，F.W.（2012-15）. *Modeling Professional Attitudes and Teaching Humanistic Communication in Virtual Reality*（*MPathic-VRII*）. National Center for Advancing Translational Science/NIH 9R44TR000360-04. Workbox Illustration created by the Mixed Methods Research Workbook author.

工作表示例 14.3.1.2　MPathic-VR 混合方法医学教育项目的混合方法数据连接

工作表示例 14.3.1.1 提供了混合方法数据连接练习的完整实例。该实例基于 MPathy-VR 虚拟人的多中心混合方法随机对照试验，比较虚拟人计算机模拟培训系统与使用基于计算机的学习模块进行培训的效果（Kron et al.，2017）。

定性数据链。在第一列中填写项目的定性数据收集来源。相关数据为学生暴露于干预或对照后所反馈的反思性评论，以及培训期间在场人员对于培训过程的观察笔记。从这些定性数据收集来源中分析提炼了定性结果，即第二列中关于移情交流、互动学习、交流、有用的语言和非语言交流技能及对培训系统的体验这一系列主要主题。上述每一个主题都有额外的 5 ~ 7 个未囊括进上述表格中的有意思的亚主题。

定量数据链。填入第五列的是定量数据收集来源的信息，即暴露于干预或对照后态度量表。由于目前主要关注学生对系统态度和体验的混合方法问题，因此有些数据来源未被列出，包括客观结构化临床考试（objective-structured clinical examination，OSCE）评分（通过模拟患者的体验评估学生技能）和对照组的学生评分（Kron et al.，2017）。第四列说明的是定量数据结果，即调查条目，包含学生对于移情、言语、非言语体验的态度，以及对过程和与系统互动的体验的条目。

连接定性主题和定量调查条目。中间列将相关定性主题和定量调查条目之间进行连线，形成关联结构。例如，定性主题的移情交流与定量调查条目“培训对学习处理激烈情绪状态有效”存在共性，那么这两个数据来源就可以在这一点为联合展示提供一个恰当的匹配点。

定性研究结果中的第二个主题是关于互动学习的，包含了以下子主题：“客观学习”“准备”“有动力学习更多”和“需要更多的实践”。其中的互动学习在定量调查的几个条目中都有相关体现，即条目 3 “培训很吸引人”、条目 7 “提高临床技能”和条目 10 “真实的互动”。将定性提炼的互动学习与定量问卷调查条目“培训很吸引人”“提高临床技能”和“互动现实”进行连线以反映两部分数据之间的关联。就这样通过定性数据和结果之间的互动，形成总体的框架结构。这两个例子说明了定性或定量结果间可以存在一对一关联或一对多条目的关联。该练习的起源在研究轶事 14.2 中有所讲述。

Sources：Kron et al.（2017）and Fetters，M.D. and Kron，F.W.（2012-15）. *Modeling Professional Attitudes and Teaching Humanistic Communication in Virtual Reality*（*MPathic-VRII*）. National Center for Advancing Translational Science/NIH 9R44TR000360-04.

练习：混合方法数据的连接

工作表 14.3.2 的“混合方法数据连接”练习，最左边一列是定性数据收集来源，最右边一列是定量数据收集来源。你可以使用此结构，或根据你的研究设计中定性和定量的不同顺序进行顺序的调整。工作表 14.4 提供了一个用于完成这项练习步骤清单。

工作表 14.3.2　混合方法数据连接

定性数据收集来源	定性数据结果	连线	定量数据结果	定量数据收集来源

工作表 14.4　完成混合方法数据连接练习的检查清单

在完成混合方法数据连接练习时，检查以下步骤：

☐ 组织与定性数据链（包括数据收集来源和结果）和定量数据链（包括数据收集来源和结果）相关的信息
☐ 完成定性数据收集来源列
☐ 完成定性数据结果列
☐ 完成定量数据收集来源列
☐ 完成定量数据结果列
☐ 将相关的定性数据结果和定量数据结果连线

混合方法数据连接练习

以下 6 个步骤将帮助你完成工作表 14.4 的混合方法数据连接。

1. **组织与定性链（包括数据收集来源和结果）和定量链（包括数据收集来源和结果）相关的信息**。对于定性和定量数据收集来源，你可以回顾第 6 章的数据来源表和第 13 章数据收集清单。填写定性数据结果列时，项目编码方案可能是有关定性主题和亚主题的最佳信息来源。而对于定量数据结果，一个很好的信息来源是调查条目或维度（如果你有多个调查维度）。
2. **完成定性数据收集来源列**。在定性数据收集来源列中，填写项目中相关定性数据收集来源，可能包括访谈、定性观察或文件，在填入的每个来源之间留出足够的空间。
3. **完成定性数据结果列**。对于每个定性数据收集来源对应的地方，填入相关的定性数据结果。如果你使用完整的编码方案，那么定性数据结果与数据来源可能无法完全匹配。然而，在某些情况下，不同数据来源对应的定性数据结果可能不同（例如，观察结果与访谈可能会有不同的主题和亚主题，甚至这之间是没有重合的）。通常有超额发现（主题而非亚主题）的地方是最容易开始的地方，首先添加从定性数据分析确定的主题，在对整体关联有更好的了解之后，再添加亚主题。
4. **完成定量数据收集来源列**。在定量数量收集来源列中，填写不同定量数据来源，如量表、测量工具等。在填入的每个来源之间留足够的空间。
5. **完成定量数据结果列**。在每个定量数据收集来源对应的地方，填入相关的定量数据结果。通常有超额发现（量表而非条目）的地方是最容易的地方。例如，如果你收集了很多调查问卷条目和量表，你可能想从调查的具体条目开始，但或许从更概括的层面开始更容易。
6. **将相关的定性数据结果和定量数据结果连线**。思考定性数据结果和定量数据结果，并使用“关联线”连接相关的定性结果和定量结果。关联反映了基于两种类型数据共性的思想、属性、抽象意义、研究假设或理论。正如工作表示例 14.3.1.2 的讨论所示，在某些情况下，一个主题可能会链接多个维度或条目，一个维度或条目也可能会连接多个定性主题。当你找到较宽泛层面的关联层级后，可以继续创建其他连接，深入到更详细的子主题或维度中的条目。对于细节的可靠性和要求程度取决于项目本身。

完成连接练习，现在准备创建联合展示。

连接混合数据，构建或重构混合方法数据的联合展示

当两种数据之间的关联被识别并标记为一个维度，两种类型的数据就可以构建为第一次迭代的联合展示。在联合展示的第一次迭代中，分析人员以合理的方式将连接的定性和定量数据组织在矩阵、表格或图形中，如工作表示例 14.3.1.1 所示。在创建第一个联合展示后，你可以进行调整以便更容易理解。可以尝试不同的呈现定量数据的方法，如具体数值、饼图、条图和箱式图等。我发现在完成一个版本后，过几天再尝试一下能否进行调整，这样是比较有效的。以“最容易让读者理解的组织结构”为标准。

在 MPathic-VR 混合方法医学教育项目中创建联合展示

如工作表示例 14.5.1 所示，可以基于连接练习创建联合展示表格（Kron et al.，2017）。作为提醒，MPathic-VR 研究试图证明通过虚拟人系统培训提高沟通技能的潜在益处。医学生被随机分为虚拟现实培训模块的干预组或标准的计算机学习模块的对照组，以确定接受虚拟现实培训

是否能获得更好的沟通技能。

选择逻辑顺序和结构。在回顾定性主题和定量结构后，考虑列的排序。在本研究中，将定性结果放在第一列，定量结果放在第二列更符合逻辑。第三列用来记录这两种类型的结果相对于彼此的意义的初步解释。

定性结果。定性结果填入第一列。主题的顺序是语言交流、非语言交流、吸引力、有效性和提高临床技能。将这些内容作为主题是有意义的，涉及用户参与、效果体验以及获得的技能等，这些都适用于将来对模拟培训系统进行效果评价。

定量结果。定量结果在定性结果之后填写。态度这一条目是让学生在一个 7 分 Likert 量表中根据其培训体验评分的结果。在 7 分 Likert 量表上，较高的分数表示积极的含义。由于有干预组和对照组两组，因此将两组的态度条目的平均值和标准差呈现在不同的行。

解释混合数据中的相关性

第三阶段涉及同时考虑两种类型的数据结果以得出综合推论，即对两种类型的结果进行总体解释。工作表示例 14.5.1 提供了综合推论的实例，可作为你填写工作表 14.5.2 的参考。综合推论需要将这两种类型的信息进行比较和综合分析。

MPathic-VR 混合方法医学教育研究中通过综合推论阐释两类数据的结果

如下所示，对定性和定量数据的关系（fit）进行了初步评估（见下文，以及第 13 章），并解释了这里的关系（fit）的含义。在 MPathy-VR 研究中，作者在 5 个维度中，发现其中的 4 个维度中定性和定量结果是趋同的，1 个维度是不一致的（Kron et al.，2017）。

工作表示例 14.5.1　在 MPathy-VR 混合方法医学教育项目中创建相关定性主题和定量调查条目的联合展示

定性主题	定量调查条目均值（标准差）	评论（综合推论）
1．语言交流	条目 4. 语言交流 干预：5.02（1.62） 对照：3.89（1.67）	趋同的——在定性数据中，与对照组相比，干预组对内容有更深的理解，这一点被定量结果中较高的态度评分证实
2．非语言交流	条目 5. 学习非语言交流 干预：4.11（1.85） 对照：2.77（1.45）	趋同的——定性数据体现了干预组对于学习非语言交流的的价值的认可，这一点被定量结果中较高的态度评分证实
3．培训吸引力 / 对学习体验的即时反应	条目 3. 培训很吸引人 干预：5.43（1.55） 对照：3.69（1.62）	趋同的——干预组的定性回顾反映出培训具有吸引力，而对照组的评论提出培训需要有互动；这一差异在定量评分中得到证实
4．学习处理激烈情绪状态的有效性	条目 6. 培训对于学习处理激烈情绪状态有效 干预：5.13（1.48） 对照：2.34（1.35）	趋同的——干预组的评论表明他们通过培训有了处理激烈情绪状态下沟通的意识，而对照组的评论表明这方面还需要额外的培训；这一点被定量结果中的态度评分证实
5．提高临床技能	条目 7. 培训将帮助我提高临床技能 干预：4.93（1.57） 对照：4.62（1.40）	不一致——定性评论说明，相比于对照组，干预措施有助于提高实践中的临床沟通技能；这一点在定量结果中未发现统计学差异

Source：Kron et al.（2017）. Workbox Illustration adapted by the Mixed Methods Research Workbook author.

练习：实施联合展示分析

完成关联练习，了解研究中的联合展示分析如何发生，现在准备使用联合展示分析来创建你项目的联合展示。注意工作表 14.5.2 的横标目中定性和定量结果之间可以选择，书序与项目中一致即可。根据定性结果或定量结果按照适合项目的顺序组织数据关联。工作表 14.6 提供了一个步骤清单以帮助你创建联合展示。

工作表 14.5.2 使用联合展示分析创建相关定性和定量结果的联合展示

维度	定性或定量结果（选择一个）	定量或定性结果（选择另一个）	评论（综合推论）
1.			
2.			
3.			
4.			
5.			
6.			
7.			

工作表 14.6 使用联合展示分析创建联合展示的检查清单

当你完成混合数据关联练习时，检查以下步骤：

- □ 确定每种类型数据对应的各个维度的潜在含义
- □ 考虑在你的展示中是先组织定量还是定性结果
- □ 对定性和定量之间有关联的维度进行标记
- □ 明确具有关联的维度之间的逻辑顺序
- □ 将通过匹配定性和定量结果而创建出的维度填入表中的第一列
- □ 重新考虑已有维度及通过关联定性和定量创建出的新维度的顺序
- □ 优化各列的顺序和内容
- □ 同时解释定性和定量结果以得出综合推论
- □ 考虑数据的其他呈现形式

应用联合展示分析创建联合展示的步骤

以下 9 个步骤有助于你完成创建联合展示工作表 14.5.2。

1. **确定每种类型数据对应的各个维度的潜在含义。**首先需要确定定性和定量结果对应同一维度的问题。在此之前，先花点时间从方法内的角度考虑这两种类型的数据收集的质量。如果与预期有差异，或两种类型数据结果似乎不一致，那么重新考虑数据收集和分析程序的严谨性，以确定这种差异是否可以解释。

2. **考虑在你的展示中是先组织定量还是定性结果**。正如 Guetterman、Fetters 和 Creswell（2015）所描述的，根据研究设计构建联合展示往往是有意义的。例如，在解释性序列设计或以定量为驱动的聚敛式设计中，通常是在定性结果之前罗列定量结果。在探索性序列设计中，基于定性结果构建定量数据收集，因此，通常先列出定性结果，这同样适用于以定性为驱动的聚敛式设计。
3. **对定性和定量之间有关联的维度进行标记**。在确定了定性和定量结果之间的关联后，下一步是为由此产生的维度设置标签。使用记事本或文字处理器列出具有关联的维度。在某些情况下，你可以选择使用已有的定性主题作为总体框架和维度。或者，如果你的研究中使用了成熟了量表或调查问卷，其中已有成熟的框架和维度，你可以选择这些作为总体框架和维度。另一种选择可能是创建一个新标签来标记新构建的维度。例如，当一个主题与多个条目匹配时，你应该考虑每个关联的维度标签。在定性驱动的研究中，主题往往成为维度。在定量驱动的研究中，量表框架或调查主题往往可成为维度。最终，我建议“扎根于数据”，即让数据中浮现的结果来驱动你的选择。一旦确定了定性和定量数据的共同维度，你就可以排序这些结构进入联合展示。
4. **明确具有关联的维度之间的逻辑顺序**。根据具有关联的维度，确定各维度间的逻辑关系，然后列入联合展示表中。这个过程需要发挥你的判断力和创造力。如果你的项目中使用了既有理论，这个理论可能有助于提供一个维度框架。正如之前讨论的，根据研究设计确定各列各行的顺序。例如，定量到定性的解释性序列设计通常先列出定量数据，定性到定量的探索性序列设计通常先列出定性数据。
5. **将可关联定性和定量结果的维度填入表中的第一列**。将维度按逻辑顺序排列后，定性和定量结果可以添加到联合展示表中（参见工作表示例 14.5.1）。大多数研究人员发现，基于他们研究的数据量，可以有多种联合展示的选择。如果你是第一次创建联合展示，我建议你将条目控制在 5 ~ 7 项。如果几种不同联合展示都有可能，从最直观的那个开始。在许多研讨会的课程中，参与者发现，如果有多个联合展示，最容易的是遵循定性或定量列的顺序。
6. **重新考虑已有维度及通过关联定性和定量创建出的新维度的顺序**。需要考虑根据目前的顺序进行结果的叙述是否逻辑清晰。由于定性部分的编码方案就是通过循环迭代形成的，其组织结构通常已有较好的逻辑性，可以很好地为联合展示提供整体框架。如果有潜在的理论，可以更好地优化总体结构和逻辑顺序。而定量的量表或问卷本身也可能具备了较好的组织框架。
7. **优化各行各列的顺序和内容**。重新考虑定性和定量结果以及各维度的排列顺序。想想先列定性还是定量更能阐明研究结果。
8. **同时解释定性和定量结果以得出综合推论**。在梳理好一个令人满意的顺序后，需要在最后一列对每一行进行综合推论。将定性结果和定量结果进行比较（Fetters et al.，2013；Fetters & Molina-Azorin，2017c；Greene，Caracelli，& Graham，1989），考虑两种数据结果的契合度（第 13 章）。可能会有以下几种情况：趋同（也称为确认或一致）。表示当两个数据来源的结果本质上相互确认，互补，如 Greene 等所描述（1989），分解表示定性和定量数据结果阐述有所不同也互不冲突［见 Uprichard 和 Dawney（2016）有关的相关概念］；扩展，表示当定性和定量数据结果有主要内容的重叠以及更宽泛的非重叠（确认和互补情况的综合）；不一致（或分歧），表示定性和定量数据相互冲突时的情况。

当综合推论冲突时，有文献提供了处理这种结果的指导原则（Bazeley，2018；Moffatt，White，Mackintosh，& Howel，2006；Pluye et al.，2009）（见第 13 章）。

9. **考虑数据的其他呈现形式**。在创建了联合展示草稿后，考虑整体的可视化效果。已经形成的联合展示是否能够准确地传达研究结果？你能从定性链中添加有代表性的引语来帮助阐述定性结果吗？如研究轶事 14.1 所示，在创建联合展示的过程中，你可能经历多次迭代性地调整数据展示或图片。研究者在进行这部分练习时，经常发现单个联合展示是不够的，最终可能创建了多个联合展示。

从联合展示草稿到联合展示成稿

MPathic-VR 是一项单盲的多中心随机对照试验（Kron et al.，2017）。工作表示例 14.5.1 中的联合展示在第一列中说明了总体结构中的各个维度。第二列说明了干预组的结果，但定量结果为数字评分，定性结果为代表性引语。第三列说明了对照组的结果，同样以定量评分和代表性定性主题表示。最后一列为综合推论。此外，还有其他不同的联合展示（工作表示例 14.7），回顾本章开篇的图 14.1，它说明了如何使用箱式图展示定量数据。有关联合展示的其他示例，请参见 Guetterman、Fetters 和 Creswell（2015）。

联合展示创新：环形联合展示

混合方法研究人员正在持续创新地推进该领域的发展，包括使用可视化的数据解释和呈现。联合展示领域的一个创新是使用环形联合展示。Bustamante（2017）在进行个案研究混合方法时创建了一个理论驱动的联合展示（图 14.2）。这种联合展示的独特形式是一个渐进的半圆环。核心是重叠的圆圈和片段，其理论要素与调查量表相关。此外，她使用“切片”创建了相关的定量和定性数据部分。通过从核心向外移动，Bustamante 添加了定性分析结果的环，首先是定性主题，然后另一个环中是说明性引语。在最外层的环中，她添加了她对定性和定量部分的契合度评估，即定性和定量数据是趋同、扩展还是不一致。她用黑色表示定量数据，白色表示定性数据，灰色表示综合推断。她还使用交叉阴影线分别说明了不显著或阴性的定量和定性结果。尽管在本例中没有显示，Bustamante 可能还为环形图的每个切片添加了另一个包含综合推论的环。

工作表示例 14.7　MPathic-VR 混合方法医学教育研究中的联合展示

维度	干预组		对照组		综合推论
干预措施	Mpathy-VR		CBL		
	态度条目均值（标准差）	定性反思的说明性引语	态度条目均值（标准差）	定性反思说明性引语	混合方法结果阐释
语言交流	4.11（1.85）	“如何在不预设患者和家庭的文化背景的情况下进行自我介绍”	2.77（1.45）	“这一教育模块有助于阐明 SBAR 的作用，并探讨小组成员如何通过更好的沟通技巧改善对患者的照护”	干预组的评论表明，与对照组中使用记忆和助记符的教学方式相比，干预组对内容的理解更深入，定量的态度得分也证实了这一点
非语言交流	5.13（1.48）	“有效的沟通涉及非语言的面部表情，如微笑和点头”	2.34（1.35）	无	干预组的评论体现了学习非语言交流的价值，这一差异被态度评分证实
培训很有参与感	5.43（1.55）	“回顾视频能看到我的面部表情，这促使我第二次提高了相关技能”	3.69（1.62）	“这种体验可以通过更积极的参与来改善。例如，在某些情况下，我们必须根据 SBAR 指南选择恰当的交流信息”	干预组培训后的反馈显示培训很有参与感，而对照组的评论表明需要互动，定量的态度得分证实了这一点

MPathic-VR：Modeling Professional Attitudes and Teaching Humanistic Communication in Virtual Reality；Computer-based learning；SBAR：Situation，Background，Assessment，Recommendation
Source：Adapted from Kron et al.（2017）with permission from Rightslink

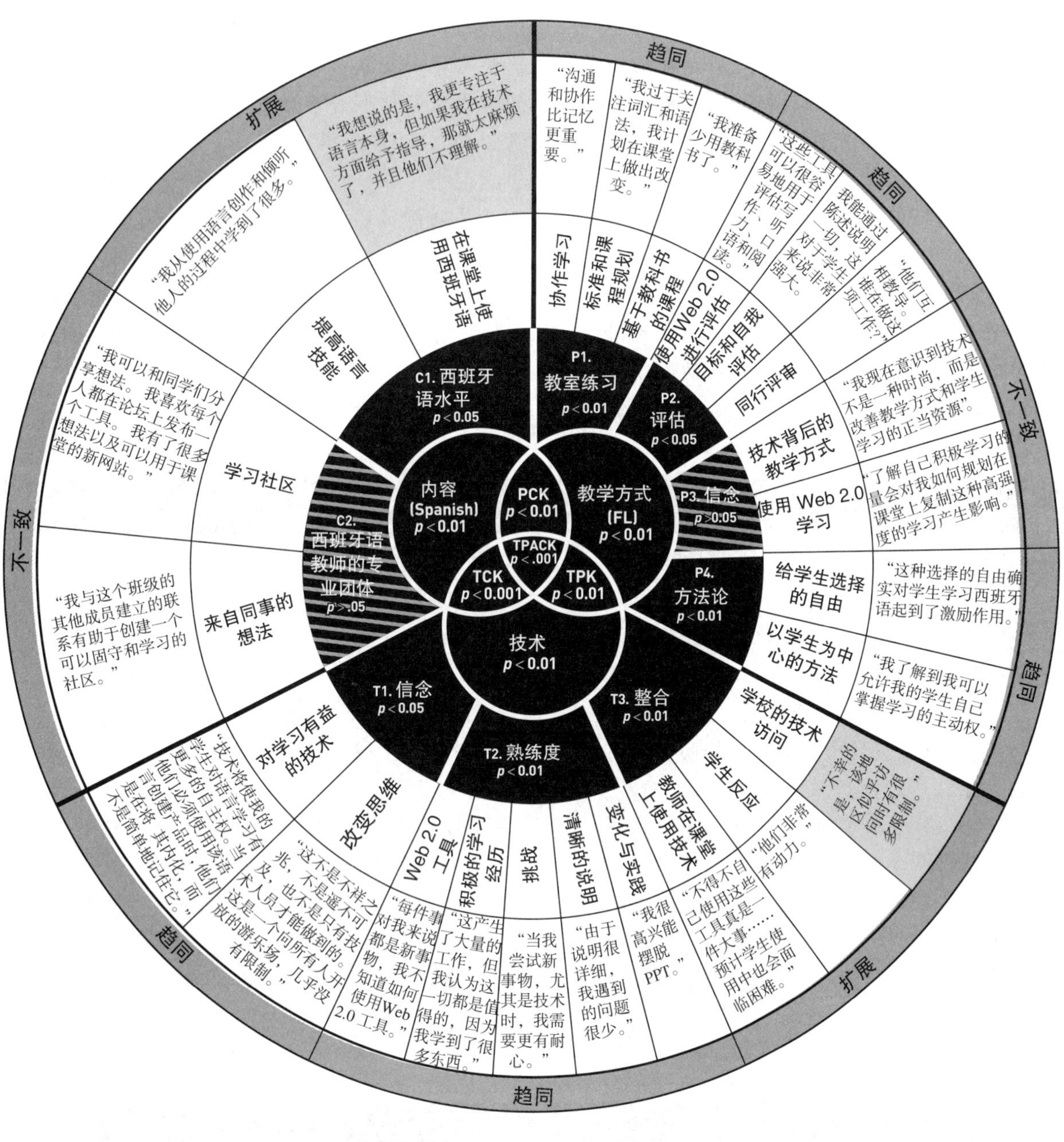

■ 调查量表
▨ 干预前和随访结果相比无统计学差异
□ 主题和引数
▨ 阴性结果
▨ 定性和定量数据整合的契合度

图 14.2 环形联合展示示例

Source：Bustamante（2017）. With permission.

应用练习

1. **同伴反馈**。如果你是在课堂上或在学习班上，请与同伴组成小组。其中一人用大约 5 分钟介绍你的关联练习和联合展示。轮流展示并给出反馈。重点讨论你最拿不准的部分。特别要关注列的排序、维度及其顺序，以及得出的综合推断。你的搭档认为容易理解吗？如果你是独立工作，请与同事或导师分享你的工作表。
2. **同伴反馈指导**。当你倾听同伴的方案时，集中精力学习和磨炼如何提出批判的技巧。你的目标是帮助你的搭档完善联合展示。关注你的搭档最需要获得反馈的部分或维度。帮助他专注于展示的有效性。从左到右的顺序是否适合这个设计？从上到下的组织结构是否有意义？在综合推论单元中你的搭档是否充分考虑了两种类型数据的含义？你是否能想出其他更有意义的方式来呈现联合展示？是否有什么部分没有意义或似乎不可行？
3. **小组汇报**。在一个组中，让每个参与者按顺序展示关联练习图及完成的联合展示。参与者可以解释如何建立关联，以及如何将其转化为联合展示。对数据的其他展示形式提供建设性的反馈。反思自己的项目中是否存在同样的问题，如何改进。

总结思考

使用下列清单来评估你这一章的学习目标达成情况：

- □ 我了解了联合展示结构如何随混合方法研究设计类型而变化。
- □ 我创建了一个混合方法数据收集的联合展示，以确保在定性和定量链中收集的数据间有共同的结构。
- □ 我学习了混合方法数据联合展示分析的整个过程。
- □ 我发现了在定性和定量链中收集（或预测）数据之间的关联，并为每个关联做了标记，以确定一个合适的维度，可以基于两种类型数据中的共性，构建能够反映总体思想、属性、抽象意义、研究假设或理论的框架。
- □ 我把具有共性关联的部分标记为维度，以反映总体思想、属性、抽象意义、研究假设或理论。
- □ 我同时解释了两种类型的数据以得出综合推论，并检查了其他不明显的结果。
- □ 我开发了一个或多个联合展示或联合展示草稿，以展示我的混合方法数据收集或结果。
- □ 我与一位同行或同事回顾并讨论了我的第 14 章联合展示练习和成果，以进一步完善我的联合展示。

现在你已经达成这些目标，第 15 章将帮助你考虑其他的进阶分析方法。

拓展阅读

1. 不同混合方法设计的联合展示
   - Creswell, J. W., & Plano Clark, V. L. (2018). *Designing and conducting mixed methods research* (3rd ed.). Thousand Oaks, CA: Sage.
2. 各种联合展示的说明
   - Guetterman, T. C., Fetters, M. D., & Creswell, J. W. (2015). Integrating quantitative and qualitative results in health science mixed methods research through joint displays. *Annals of Family Medicine, 13*(6), 554–561. doi:10.1370/afm.1865
3. 创建联合展示的方法
   - Guetterman, T., Creswell, J. W., & Kuckartz, U. (2015). Using joint displays and MAXQDA software to represent the results of mixed methods research. In M. McCrudden, G. Schraw, & C. Buckendahl (Eds.), *Use of visual displays in research and testing: Coding, interpreting, and reporting data* (pp. 145–175). Charlotte, NC: Information Age Publishing.
   - Johnson, R. E., Grove, A. L., & Clarke, A. (2017). Pillar integration process: A joint display technique to integrate data in mixed methods research. *Journal of Mixed Methods Research*. doi:10.1177/1558689817743108

第 15 章

混合数据分析进阶

为了在描述性分析上更进一步，越来越多的混合方法研究人员在混合数据分析中提出并使用进阶方法。由于大多混合数据分析方法在过去几年才刚刚出现，你可能不熟悉它们在你的混合方法研究中的潜在作用。本章及对应的练习将帮助你学习：混合数据分析进阶方法的 3 个特征；多种进阶分析方法，例如量化（即将定性数据转换为定量数据）、质化（即将定量数据转换为定性数据）、定性比较分析、地理信息系统映射、社会网络分析、汇编栅格分析、模拟游戏；并确定不同方法在你的混合方法研究中的适用情况。作为本章的关键成果，你将进一步探索可用于研究项目的一种或多种混合方法数据分析进阶方法。

学习目标

本章将在第 14 章的联合展示分析之外，介绍 7 种混合方法数据分析的进阶方法，你可以：

- 学习混合方法分析进阶方法的 3 个特征
- 探索多种混合方法数据分析进阶方法
- 确定不同方法在你的混合方法研究中的适用情况

什么是混合方法数据分析的进阶方法

正如 Bazeley 和 Kemp（2012）所述，由于对设计类型及使用预先和临时性混合方法设计缺乏共识，混合方法研究的不同分析方法难以归类。此外，对混合方法描述性分析所使用的修辞也缺乏共识。Bazeley 和 Kemp（2012）通过回顾他人及其自身工作，认为混合方法数据分析的进阶方法具有以下 3 个关键特征：①分析不只是描述性的，而是着重于从描述性工作中得出更深层次的推论，包括进阶理论的构建或通过使用定性和定量数据来研究、探索、评价以获得更深入的理解；②该过程涉及数据类型或结构发生实质性地改变；③过程极为复杂，在两种类型的数据间进行了广泛的更改和交换。这些特征表明进阶分析中高度整合的可能性和潜在的复杂性。

为什么使用混合方法数据分析进阶方法

许多研究人员希望在描述性混合方法分析的基础上做进一步的分析（第 13 章）。本章将把讨论扩展至联合展示分析（第 14 章）之外，提出另外 7 种混合方法数据的进阶分析方法。如今，研究复杂性的提高和软件的进步使研究人员能够以此前无法实现的方式来组合和探索数据。在一项研究中，基础的混合分析方法必不可少，混合方法数据分析的进阶方法是可选的。在一项混合方法研究中，基础的混合数据分析方法一般都会适用，但通常不会在同一研究中使用多个混合方法数据分析的进阶方法。

确定是否需要进阶分析方法

本章的首要任务是评估是否需要采用进阶分析方法。进阶分析可以分别应用于定性（Creswell，2016；Miles et al.，2014；Patton，2015）、定量（Johnson & Christensen，2017）和混合方法数据（Creswell & Plano Clark，2018；Johnson & Christensen，2017）。也可能在一项研究中仅应用于其中一种类型的数据，或者都不用。

定量驱动的混合方法研究（quantitatively driven mixed methods studies）通常涉及高级的统计分析和建模，而此类研究中定性部分的分析相对简单。同理，在**定性驱动的混合方法项目**（qualitatively driven mixed methods projects）中，定性分析的进阶方法可能是使用特定的定性方法论（Creswell & Poth，2018）或在整个数据收集和分析过程中使用理论（O' Reilly & Kiyimba，2015）。在定性驱动的项目中，定量分析一般是简单的描述性统计或两组比较。通过第三种**等效驱动的混合方法分析**（equivalently driven mixed methods analysis），定性和定量数据可以基于混合方法数据分析的进阶方法连接到一起（Moseholm & Fetters，2017）。

定性、定量和混合方法研究的进阶分析比较

进阶定性分析（advanced qualitative analysis）使用特定方法论［如扎根理论、民族志，并在整个过程中融入理论和（或）创建新的理论或模型］。**进阶定量分析**（advanced quantitative analysis）使用统计分析方法来建模、预测、判断因果关系及关联趋势的研究问题。混合方法数据的进阶分析扩展到了描述性解释之外，涉及通过研究、探索、评估或理论构建来建立对问题更深层次的理解，从而得出综合推论。这些更深层次的理解改变了数据结构，并随着混合数据之间的大量变化和交互而变得高度复杂。工作表示例 15.1.1 展示了 MPathic-VR 虚拟人模拟试验中的进阶分析方法。在最后的步骤中，作者使用进阶定量数据分析进行假设检验。定性数据步骤未包括理论或特定定性方法论的使用。进阶混合方法研究采用联合展示分析。

工作表示例 15.1.1 MPathic-VR 混合方法医学教育研究的进阶分析方法

进阶分析方法*
定量数据： 研究团队使用 SAS 9.3 进行定量分析。结局评估设定显著性水平 α 为 0.05。 假设 1*：为了检验 MPathic-VR 模拟过程中的改进，研究人员采用重复测量方差分析（analysis of variance，ANOVA）比较了每个跨文化和跨专业场景下多个时间点的得分，以评估与虚拟人体仿真培训系统互动中获得的学习效果。 假设 2*：为了比较干预组和对照组的效果，研究人员对 4 个客观结构化临床考试评分量表条目进行了多变量和单变量的方差分析，其中干预或对照的分组作为自变量。 试验结束后的态度调查：为了比较学生对 MPathic-VR 学习和 CBL 学习的态度，研究人员采用独立样本 t 检验比较了评分量表中各模块汇总的平均得分。
定性数据： 研究人员在使用 MPathic-VR 的干预组和基于计算机学习的对照组学生提供的文本资料中，采用 MAXQDA 软件来识别与学生体验有关的文本段落。
混合数据： 在完成定性和定量分析后，研究人员将学习者对自己体验反馈的定性结果与态度量表的定量结果关联在一起。混合方法数据分析的目的是通过比较两种数据来源以全面了解学习者的体验，并采用可视化联合展示的方法展示其混合数据的分析和结果解读。

* 符合进阶分析方法的标准。
Source：Kron et al.（2017）.

练习：混合方法数据的进阶分析方法

以工作表示例 15.1.1 作为参考，添加你对你项目的定量和定性数据进行进阶分析的计划。将你已经选择的任何进阶分析方法添加到工作表 15.1.2 的混合方法数据部分。如示例所示，进阶定量数据分析涉及使用 ANOVA/MANOVA 方法检验 3 个假设。对于定性数据分析，并未使用进阶的方法（如应用或构建理论），而是使用定性数据分析软件来协助组织和分析文本并得出有关医学生使用该系统体验的结论，以回答研究问题。对于混合数据的进阶分析方法，联合展示分析涉及创建两列针对干预组的定量和定性数据及两列基于对照组的定量和定性数据。最后一列用于解释干预和对照的两种数据类型的含义（第 14 章，图 14.1）。

工作表 15.1.2 混合方法数据分析的进阶方法

进阶分析方法
定量数据：
定性数据：
混合方法数据：

不同类型的混合方法数据的进阶分析方法

本书在多种混合方法数据分析的进阶方法中选择了其中 8 种，详见表 15.1，包括：①联合展示分析（第 14 章）；②量化（将定性数据转换为定量数据）；③质化（将定量数据转换为定性数据）；④定性比较分析；⑤地理信息系统（geographic information system，GIS）映射；⑥社会网络分析；⑦汇编栅格分析；⑧模拟游戏。工作表 15.2.2 中的练习可以用于评估 8 种混合数据进阶分析方法的相关性。

表 15.1 八种用于混合方法研究的混合方法数据进阶分析方法

方法	过程	应用	举例	使用方法
1）联合展示分析（第 14 章）	将定性和定量结果汇总到一个表格、矩阵或图片中	具有共性维度的定性和定量数据的混合方法项目	Moseholm 和 Fetters（2017）在对可能与癌症相关的非特异性症状患者进行检查时评估了健康生活质量的变化	基于量表和定性引言，为功能、症状和生活质量维度创建了 3 个联合展示，评估健康水平并得出综合推论
2）量化——将定性数据转换为定量数据	将定性数据转换为定量数据，并将转换后的定量结果与其他定量结果整合	将转换后的定性数据合并到可用于统计建模的定量数据库中	Plano Clark 等（2010）试图了解 STEM* 研究生教育计划的校友如何看待参与该教育计划对他们的影响	将定性条目量化，并创建一个新变量纳入统计分析
3）质化——将定量数据转换为定性数据	将定量数据转换为定性数据，并将转换后的定性结果与其他定性数据整合	将转换后的文本分析和结果解释与项目中的其他定性数据共同使用	Bradt 等（2015）试图比较音乐治疗师疗法和单纯播放音乐干预对癌症患者心理和疼痛的影响，并进一步了解患者对两种类型的音乐干预的体验	基于 4 个量表创建了一个 4 个组的综合量表，以比较音乐疗法（交互式选择）和音乐给药（预先录制）的效果
4）定性比较分析	通过明确因果关系来解决研究问题	进行统计分析以确定获得特定结果的必要和充分条件	Holtrop、Green 和 Fetters（2016）试图采用混合方法比较两个新型护理看护管理项目的效果	使用定性比较分析方法（QCA），并确定护理管理成功的必要和（或）充分条件
5）地理信息系统映射	通过使用存储、管理、分析和展示空间信息的数字技术来解决地理分布问题（Elwood & Cope，2009）	使用数字数据、技术和软件来回答以空间为驱动的问题	Jones（2017）使用 GIS 方法绘制了西非萨赫勒地区不同种子系统间的空间关系图	基于系统、种子和获取方式的类型确定了农民决策的 5 种组合方式
6）社会网络分析	构建社会关系的图像以揭示无法观察到的模式，并研究关系结构特征及其对社会行为的影响（Scott，2017）	调查亲属关系模式、社区结构和紧密联结的管理关系	Martinez、Dimitriadis、Rubia、Gómez 和 de la Fuente（2003）引入了基于项目的计算机系统学习课程，并通过整合定量统计、定性数据分析和社会网络分析进行了混合评估	在混合方法评估中使用社会网络分析，并证明课程鼓励通过共享信息合作的重要性
7）汇编栅格分析	阐明针对某主题或现象的个人构想	基于参与者对某个主题、问题或现象的看法得到不同的含义、原理或选择	市场研究人员 Rogers 和 Ryals（2007）试图了解客户经理如何评估长期业务关系的有效性	使用七步汇编栅格过程来表明私人关系是与客户建立长期业务关系的最佳指标
8）模仿游戏	通过使用“跨专业知识”探索文化理解，以研究不同文化或经验群体间的关系	一种研究方法“游戏”，通过提问和解释回答来生成有关文化现象的定性和定量数据	Collins 和 Evans（2014）对色盲志愿者和视力正常者进行研究，以检验色盲患者是否能够更好地描述色盲的生活	证明色盲志愿者可以识别多数色盲文化特征，而视力正常者无法区分色盲特征

* 科学（Science）、技术（Technology）、工程（Engineering）和数学（Math）。

练习：选择混合方法数据分析的进阶方法

利用工作表 15.2.2，在你的项目中考虑这 8 种方法的适用性。基于你的混合方法研究，选择最合适的分析方法。你也可能最终决定不需要使用进阶的分析方法。对于为何使用某种进阶分析方法或者不使用任何分析的一种进阶方法，应有合理的解释。当你学习每种方法时，请在与项目的潜在相关性一列中做标记，例如非常相关、有一定相关或完全不相关，并使用备注框记录你的想法或可以联系以获取更多信息的人。

工作表 15.2.2　为项目选择混合方法数据的进阶分析方法

方法	与项目的潜在相关性*	备注
1）联合展示分析（第 14 章）		
2）量化——将定性数据转换为定量数据		
3）质化——将定量数据转换为定性数据		
4）定性比较分析		
5）地理信息系统映射		
6）社会网络分析		
7）汇编栅格分析		
8）模拟游戏		
其他方法		

* 建议选项："非常相关""有一定相关""完全不相关"。

联合展示分析

第 14 章对联合展示分析进行了全面的介绍。详细信息参见第 14 章。

量化——将定性数据转换为定量数据后进行整合分析

数据量化　混合方法数据分析的数据量化（quantizing data）涉及将定性数据转换为定量格式（Tashakkori & Teddlie，1998）。该过程涉及两个步骤，包括将分析的定性数据转换为分类或连续数据（量化），以及将量化的数据与定量数据库合并进行统计分析（Creswell & Plano Clark，2018）。量化包括将定性数据转换为名义、有序数据、区间数据和比率数据。此外，临时出现的主题下可将每个参与者的信息编码为有或无（Driscoll，Appiah-Yeboah，Salib，& Rupert，2007）。研究人员可以对与特定主题相关的编码进行计数。该过程基于参与者对主题的强调，有助于理解主题的显著性或重要性（Collingridge，2013）。该过程的变化形式包括统计主题的频率（Driscoll et al.，2007）。如 Bazeley（2018，P. 209）所述，量化方法还可以用于识别数据中的关联模式，例如，"揭示数据的关联和维度结构"。有许多多元分析方法可用于此目的，例如聚类分析（cluster analysis，Byrne & Uprichard，2013）、多维标度分析（multidimensional scaling，Arabie，Carroll，& DeSarbo，1987；Borg & Groenen，2005）或对应分析（correspondence analysis，Roux & Rouanet，2009）。

核心概念。当研究人员打算使用定性和定量两种数据进行描述性统计或建模时，通常会使用量化方法。定性和定量数据的合并分析为定性分析进行了补充，而非替代定性分析。将定性数据量化的一个潜在优势是将参与者自愿提供的信息进行量化，而非研究者为参与者预先设定的选项范围（Bazeley，2018）。数据转换区别于内容分析的优势在于，可以在统计分析中将转换为定量的数据与项目中其他定量数据整合在一起。未转换的定性数据可以用于阐释转换数据的结果，而合并数据可以用于统计分析（Bazeley，2018）。分析二分类数据可以使用卡方检验或 t 检验、将二分类的主题与二元或连续变量关联，以及在二元 logistic 回归中将二分类主题当作结局变量进行分析（Collingridge，2013）。对于编码计数，Collingridge（2013）建议使用置换检验（permutation test），而非传统的参数和非参数检验。不过，Collingridge 也建议谨慎对待置换检验，因为它在处理小样本及以非系统方式收集的定性数据时可能也不是那么可靠。

举例。Plano Clark、Garrett 和 Leslie-Pelecky（2010）对美国国家科学基金教育计划的研究生校友进行了混合方法调查。该计划旨在提高未来 STEM（科学、技术、教育、数学）领导者对 K-12 教育中挑战的认知。研究人员的主要研究问题是了解 STEM 研究生计划的毕业生如何看待参与该计划对他们的影响。研究人员发布了包含封闭式问题和开放式问题的网络调查问卷。36 人（应答率 85.7%）完成了该调查。研究人员的初步分析发现，在定性分析结果中呈现的一个很重要的反映负面体验的新变量，在调查问卷的定量问题中没有涉及。因此，他们使用两个带有负面特征的定性子主题来量化数据，即“计划紧张”和“缺乏学科经验”，将其组合为定量分析的新变量。通过将此变量加入相关分析，研究人员发现将自己的经历评价为“非常积极”的人群与评价为“积极”的人群分布之间存在差异。后者的积极性因对负面影响的认知而减弱，这种负面影响是在将定性结果量化分析以后发现的。

混合方法注意事项。除了将转换后的数据用于描述性统计之外，Bazeley（2018）还提出了另外 4 种方法：①案例变量矩阵，可以独立存在或与其他数据关联；②概况矩阵，与其他分类或量表数据交叉制表；③模式矩阵，涉及将一组分类与另一组分类匹配；④相似性矩阵，一个概念的维度或子分类与另一个概念的维度或分类交叉制表。量化数据的风险来自对内容的过度依赖和对定性数据含义的忽视。

质化——将定量数据转换为定性数据进行整合分析

混合方法研究中的**质化**（qualitizing）涉及将定量数据转换为定性数据（Tashakkori & Teddlie，1998）。数据转换和整合涉及两个步骤：①将分析过的定量数据转换为定性文本数据如编码、主题或描述；②将转换后的数据（定量到定性）与其他定性数据共同整合使用（Creswell & Plano Clark，2018）。这种类型的转换相对较为少见，并且最常用于从复杂的定量数据中创建描述性案例或分类。

核心概念。质化要求将定量数据转换为与项目中其他定性数据的分析或解释兼容的文本格式。该过程的作用在于从复杂定量数据中创建描述性分类或案例。

举例。在一项比较音乐疗法（有音乐治疗师）和单纯播放音乐（仅播放预先录好的音乐，无音乐治疗师参与）对癌症患者心理结局和疼痛影响的混合方法随机交叉试验中，Bradt 等（2015）通过给予交互式“音乐疗法”干预和预先录制的“音乐”干预，研究对 31 名癌症患者心理结局和疼痛的影响。定量数据收集涉及情绪、焦虑、放松和疼痛的量表，而定性数据收集是在接受不同干预措施之后的访谈。作者想要探讨相比于单纯播放音乐，某些患者是否以及为何从音乐治疗中获益，反之亦然。他们为每位参与者计算了音乐疗法和播放音乐干预后的 Z 得分。定性到定量的数据转换是将综合结果转换为 4 组类型，即使用 2×2 表格来反映分别接受两种干预措施之后的得分高低，形成 4 组。然后将从定量质化后的定性数据与现有的定性访谈数据整合。作者采用联合展示分析，将定性访谈内容与 4 个分组相匹配。在最终的联合展示中展现了通过定量创建的 4 种类型患者的不同体验。

混合方法注意事项。研究人员通常使用质化方法将复杂的数据集转换为更容易理解的描述性或叙述性格式。Saint Arnault 提出了 5 种用于质化的方法：①通过数据转换创建新变量；②因子分析；③聚类分析；④多维标度分析；⑤潜在类别分析（Saint Arnault，personal communication，April 25，2019)。上述方法可用于描述不同的案例或群体（Bazeley，2018)。其主要局限性在于，它对许多研究人员（特别是定性研究人员）不够直观，并且质化的信息看起来更像主题或变量，缺乏故事性或丰富描述定性结果的特征。

定性比较分析

定性比较分析（qualitative comparative analysis，QCA）是一种理论驱动的方法，旨在通过研究不同条件的贡献并了解它们如何导致给定的结果来寻找问题的解决方案。QCA依赖于定量和定性方法，最终进行统计分析以确定特定结果的必要和充分条件。在记录与观察到的结果相关的不同条件后，使用最小化方法来确定导致观察到的结果存在与否的最简单条件集（Kahwati & Kane，2020)。

核心概念。在QCA中，研究人员必须同时指定结果和可能与该结果相关的一个或多个条件（变量）(Ragin, Shulman, Weinberg, & Gran, 2003)。QCA对于中等大小的数据集很有用，即“大多数社会科学家认为，该数量对于应用常用的多元统计方法（如多元回归）来说太少了，但是对于深入的、以案例为导向的分析来说太多了”(Ragin et al.，2003)。结果和条件都必须量化（数据转换）。在明确集QCA（crisp set QCA，csQCA）中，条件被二分类为不存在（0）或存在（1)。在模糊集QCA（fuzzy set QCA，fsQCA）中，条件以集合隶属程度的形式存在，且取值范围在0到1之间。定性和定量数据用于创建值为0/1的组合“条件”。在fsQCA中，研究人员将变量转换为集合。在多值QCA（multivalue QCA，mvQCA）中，条件为数据的多个值。QCA接受同等结局的可能性，即多种途径可以导致相同的结果。基于案例是否或何种程度满足每个结果或条件的标准来分配集合成员。QCA与回归分析相反，回归分析发现变量对结果的影响、程度、方向及模型中其他变量的净效应。研究人员通常使用Boolean符号来展示结果。

举例。Holtrop等（2016）进行了一项研究新型护理计划的混合方法调查。他们比较了医保计划雇员中基于实践的护理者和基于计划的护理者。研究人员从2 592位接受实践护理的患者、1 128位接受健康计划护理实践的患者中提取病例并得到索赔数据，同时对51个试点实践的医生和患者进行调查。此外，他们与10名实践组织领导者和25名实践成员进行了定性访谈、70次观察；与3位健康计划护理管理实施者进行了访谈。他们使用fsQCA进行必要和充分分析，并确定了复杂、简单和折中的解决方案。研究的主要结果是确定了护理成功的必要和（或）充分的实践特征（即环境、护理计划和实施）。

混合方法注意事项。QCA既涉及将定性数据转换为定量数据，也涉及将定量数据转换为另一种定量格式（Kahwati & Kane，2020)。Bazeley（2018）认为QCA是一种固有的混合方法数据分析方法。QCA使用定性和定量数据，并主要输出统计数据。此外，QCA分析需要有相应的软件支持。

地理信息系统映射

地理信息系统映射（geographic information system mapping）描述了通过使用存储、管理、分析和展示空间信息的数字技术来解决空间问题的过程（Elwood & Cope，2009)。GIS可用于创建整合检索、分析空间信息和编辑数据。混合方法GIS将定性数据与地图结合在一起，以提供有关位置的信息。

核心概念。这是一个整合、存储、编辑、分析、共享和展示地理信息的信息系统（Elwood & Cope，2009)。典型产出是变量映射地图。在地理信息中添加定性数据可创建出混合方法的解释。

举例。Jones（2017）试图了解西非萨赫勒地区的农民如何以及为何要引入新的种子品种，如何针对不同的社会 / 空间特征做决策，以及市场导向的方法如何影响不同的环境和社会背景。研究者使用多阶段数据抽样，同时收集定性、定量和空间数据。Jones 进行了半结构化访谈，使用了参与性制图方法、村庄 GPS 定位、二次数据来源及可公开获得的地理坐标。该研究基于现有理论对定性数据进行编码，以构建模式和结构方程模型，从而检验假设：不同种子系统可以基于系统内的参与和决策反映出随时间推移的特征。Jones 使用数字 GIS 方法绘制了种子系统的空间关系图，并用农民绘制的地图证实了这些关系。她基于系统、种子和对农村地区种子系统发展有利的获取方式类型，确定了农民决策的 5 种组合。她使用混合方法研究了西非萨赫勒地区不断变化的种子系统，说明了混合方法 GIS 研究复杂社会、空间和时间现象的潜力。

混合方法注意事项。GIS 方法使用多种知识来源来改善传统制图所产生的定量计算和分布，它通过引入故事、解释、多种含义、身份信息和地理位置特征来增加传统制图的价值。混合方法 GIS 尤其适用于需考虑地理空间因素以及当地条件和环境的时候。

社会网络分析

社会网络分析（social network analysis，SNA）是指研究人员构建社会关系的图像和图表以揭示观察不到的模式并研究结构特性及其对社会行为影响的过程（Scott，2017）。在混合社会网络分析中，研究人员创建社会图或映射以说明各种社会模式或网络，并定性地探索这种关系。

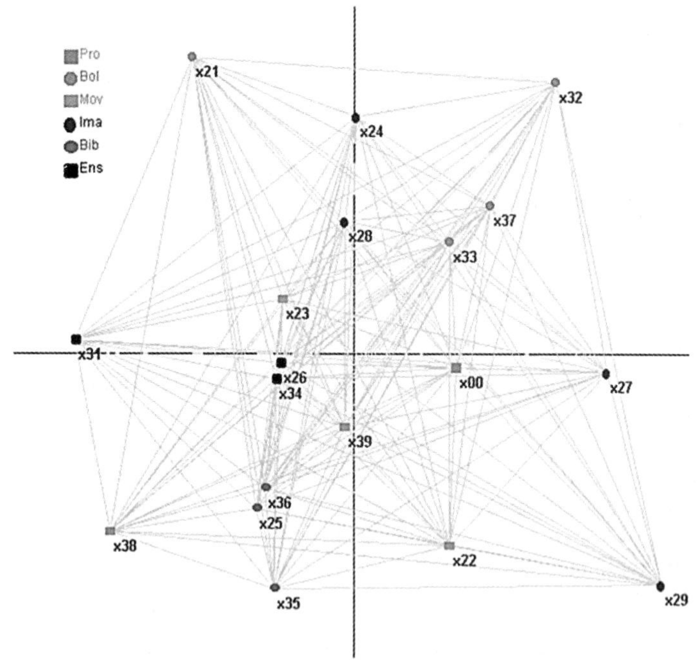

图 15.1 Martinez 等（2003）[*]，使用社会网络分析创建的社会关系图，展示通过共享信息达成协作

[*] SNA 展示了通过在计算机体系课程中与教师（x00）之外的其他 4 对学生（x26，x34，x23，x39）共享信息以达成协作。

Source：Martinez et al.（2003）with permission by Elsevier and Copyright Clearance Center.

核心概念。SNA 使用两种主要数据类型：属性数据和关系数据。属性数据将态度、观点和行为表示为属性、性能或特征。关系数据表示一个代理与另一个代理间的联系、联结、关联、组间相关和集合。SNA 还可能包括概念数据，即与行动相关的含义、动机、定义和类型（Scott，2017）。

举例。Martinez 等（2003）利用 3 年时间在计算机体系课程中引入了基于项目的学习，旨在提供情境化、综合、有意义的知识，并促进主动、有目的和协作式的学习。他们进行了混合方法评估，使用了包含开放式和封闭式项目的问卷、学生事后评论、焦点小组和非参与者观察等方法，以理解高等本科课程中如何通过共享信息达成协作及其效果。他们的社会关系图显示了从其他数据来源中观察不到的联结。如图 15.1 所示，除了老师是最主要的角色（节点 x00）外，还有其他角色在图中处于中心位置，本案例中是几对学生（x26、x34、x23、x39），他们发布笔记并成为其他人的信息共享来源。通过社会网络分析表明，将撰写联合报告作为一项课堂活动，有助于学生通过共享信息达成协作，该结果也被定性访谈证实。

混合方法注意事项。Bazeley（2018）提供了社会网络分析的 6 种潜在的混合方法，包括：①使用定性方法来理解文化和语言环境，以收集有关社会关系的数据；②使用不同方法来创建单个现象的映射；③收集定性数据以了解网络内部关系的特质，如谁发起了联结；④使用启发式访谈中的映射网络来鼓励参与者讨论一个已经创建的网络或参与者在网络中的位置；⑤使用网络映射来鼓励有关主题的讨论；⑥使用这些方法来解释网络随时间推移发生的变化。当需要了解不同的、需要被链接或映射，并使用背景定性信息来解释的社会关系模式时，SNA 可用于各种混合方法研究。

汇编栅格分析

汇编栅格分析（repertory grid analysis）是指一种认知映射工具。该方法利用访谈来启发人们用自己的语言表达想法或观点，以理解他们如何看待现实。作为心理学家和咨询师的 George Kelly 首次提出了个人构念理论（personal construct theory）作为一种心理咨询技术，以解释受访者的情感触发因素（Kelly，1955）。构念主义的方法是，个人通过自己的“个人构念系统”（personal construct system）来解释和理解过往经历并预测未来事件（Bernard & Flitman，2002）。自 20 世纪 60 年代以来，商业研究人员就将该工具用于人力资源、市场营销、组织行为和管理发展的研究，例如，评估培训和职业咨询的影响（Rogers & Ryals，2007）。

核心概念

汇编栅格（repertory grid 或 RepGrid）是一种书面结构，用于阐明人们对某个主题的看法，以此作为认知映射工具。访谈人员在访谈时将 RepGrid 模板用作基础结构，启发人们用自己的语言表达想法或观点，以理解他们如何看待现实。

构念（constructs）是经过检验具有两个极端的维度，使受访者可以表述、组织和理解要素（Caputi & Reddy，1999；Rogers & Ryals，2007）。**要素**（elements）是主题的示例（即人物、对象或事件）。**关联**（linkages）表示每个构念中要素的描述方式。构念必须是具有两个极端的维度，或者在谱系的两端都有锚定的思想。可以使用三元或二元方法得出个人构念。在**三元方法**（triadic approach）中，受访者比较 3 个要素并解释其中两个要素如何相似而第三个要素如何不同。在**二元方法**（dyadic approach）中，访谈仅对比两个要素。

一旦阐明了一系列要素和具有极端维度的构念，便构建了栅格（RepGrid）（图 15.2）。栅格（RepGrid）在顶部呈现要素，每个要素形成一列。考虑对消费者进行市场调查，以了解在哪里购物。受访者将列出要素——要比较的商店。然后调查者要求受访者定义构念（如清洁度、质量、费用、员工热情度、规模、停车、洗手间清洁度）用于比较。每个构念形成一行，位于栅格的两侧，每一行都由受访者形成极端维度并填写（例如，清洁度的极端维度可以是店面整洁和店面脏乱）。最后，受访者使用 Likert 量表对每个要素（商店）的每个构念（整洁或脏乱等）在单元格中评分。调查者得出选择的合理性。在多个受访者之间，按要素和构念的选择进行比较。

举例。市场研究人员 Rogers 和 Ryals（2007）想了解为什么长期、重要的客户关系是有效的。他们进行了 10 次汇编栅格访谈并确定了 39 种构念。他们的分析表明，客户经理认为密切

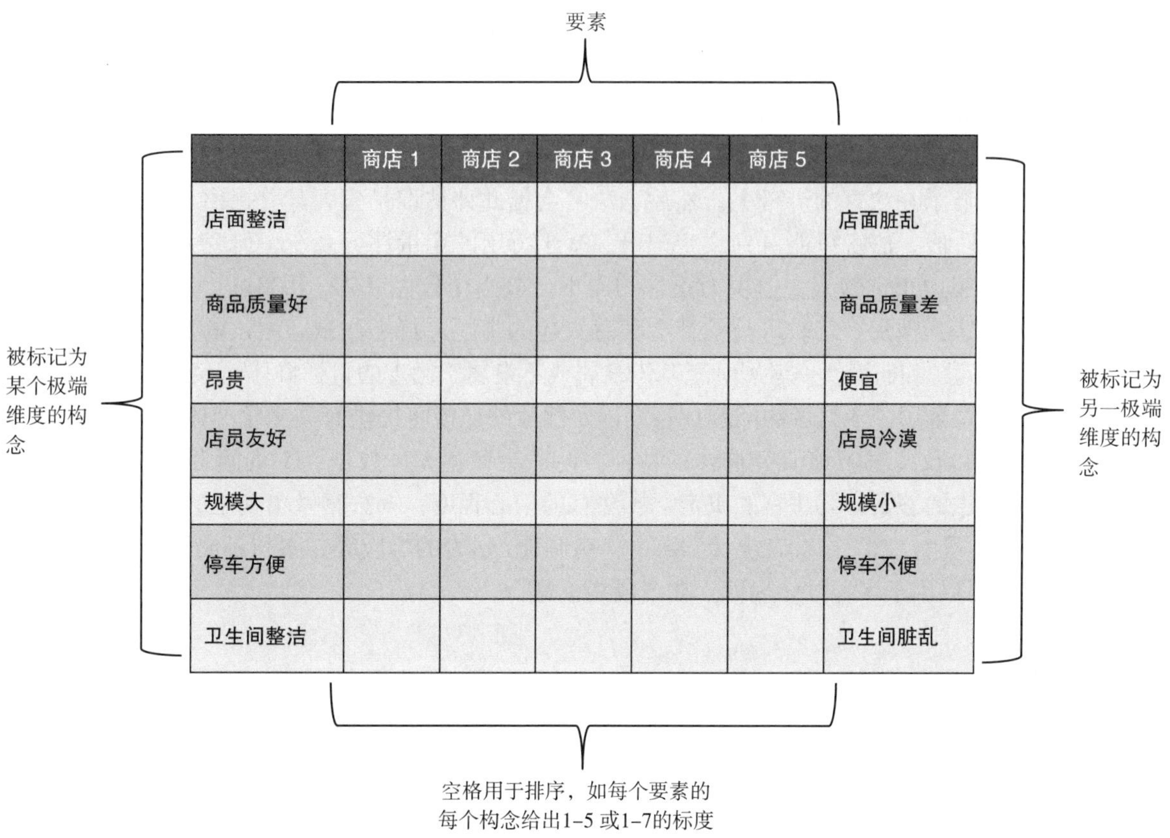

图 15.2　某位受访者完成的部分汇编栅格，使用假设研究来理解不同杂货店的受欢迎特征

的私人关系是有效性的最佳指征。其次，他们发现简单的产品需求比复杂的产品或流程设计更有效。在分析时发现，排序中显示最重要的条目，未包含访谈中最常提及的主题内容，因此证明了同时使用排序和访谈是很有价值的。

混合方法注意事项。从汇编栅格中，可以进行一系列混合方法分析。例如，研究人员可以汇总个人的汇编栅格以创建提及特定构念的简单频数统计。对于大样本，可能需要将构念归类。接下来，分析构念中的变异，例如，构念间的蔓延。最后，研究人员可以汇总评分。在整个过程中都可以进行访谈，以提供有关个人构念的背景信息。构念对于不同人可能有不同含义（Rogers & Ryals，2007）。该过程涉及进行多次访谈，因此如何分析多个人的混合结果也是一个挑战。

模仿游戏

模仿游戏（imitation game）是社会学中一种固有的混合方法，它使研究人员能够探索现象的文化层面。该方法使用一种生成定性和定量数据的技术（Collins et al.，2017）。模仿游戏的灵感来源于旨在检查计算机智能的“Turing 测试”（Collins & Evans，2014）。该方法的吸引力在于，在收集数据之前，研究人员不必成为文化探索方面的专家。

核心概念。每个模仿游戏都有 3 个参与者，这些参与者通过计算机连接在一起，并且不知道其他人的身份。首先由研究目标群体中的一位参与者充当“询问者 / 法官”，负责提出问题并发送给其他两位参与者——一位是研究目标群体的成员，即“非伪装者”，他会自然回答；另一位是“伪装者”，他不是目标群体的成员，但被要求假装是目标群体的成员回答问题。法官提出一系列 6 ～ 8 个问题，并负责确定谁是伪装者，以及谁是目标文化群体的真正成员。这其中也可以有一些变化，即询问者 / 法官的职位可以由两个人担任，一个是询问者，另一个是法官。

举例。Collins 和 Evans（2014）招募了 5 位盲人志愿者。由视力正常的法官提出有关盲人无法实践或观看的成人生活经验的问题。法官被告知另外两名参与者中的一人是伪装的，其任务是根据答案确定伪装的参与者。法官被要求提出他们认为可以区分参与者有无视力的问题。对问题的回答同时显示在法官的屏幕上。然后，法官会据此评估谁是盲人，并提出其他问题或结束游戏。在第二阶段，法官只能看到文字记录。基于特定的定量评分系统，研究人员最终证明盲人可能被当作视力正常的人，但视力正常的人不会被当作盲人（$P < 0.001$）。研究人员还基于色盲、绝对音感、性别、宗教等其他社会学感兴趣的主题进行了测试。测试的定性部分分析文字记录、所提问题和回答。作者展示了基于隶属或不隶属于调查的目标群体而存在的差异。

混合方法注意事项。参与者的问题和答案以及随后的访谈将提供有关文化群体的多种答案，并且研究人员可以反复学习该研究群体的特征。游戏会产生 5 种数据：①询问者提出的问题；②两名参与者提供的答案；③法官的决定；④法官的信心程度；⑤法官做出决定的原因。此外，参与者可能提供其他数据，如人口统计学数据、对调查 / 量表的响应等。参与者成为了“代理研究人员”。游戏可以用于多种群体规模，在线或线下进行。

其他方法

混合数据的进阶分析方法的完整论述不在本书的论述范围之内。另外两个已知的与汇编栅格分析（RepGrid）类似的“混合策略”为概念映射（Windsor，2013）和 Q 方法（Franz et al.，2013），它们都可以用于识别和验证关系结构。Pat Bazeley（2018）的 *Intergrating Annlyses in Mixed Methods Research*（《混合方法研究中的整合分析》）一书包含了关于其他可能性的深入讨论。随着新软件和基于数字的计算策略的提出，很多进阶方法不断涌现，使得该领域不断发展壮大。大胆地进行尝试，并考虑你的工作将如何推进混合数据整合领域的发展。

应用练习

1. **同伴反馈**。如果你在课堂或研讨会上，请与一位同伴导师配对，每人用约 5 分钟的时间轮流谈论自己的混合方法数据的进阶分析计划，并提供反馈。如果你是独立工作，与同事或导师分享你的计划以获得反馈。
2. **同伴反馈指导**。当你聆听你的同伴时，你应当着重于学习和磨炼宝贵的批判性技能。你的目标是帮助同伴改善混合方法数据的进阶分析计划。
3. **小组汇报**。选择志愿者介绍他们的混合方法数据的进阶分析计划。思考这些问题可能会如何出现在你自己的项目中。

总结思考

使用下列清单来评估你这一章的学习目标达成情况：

- □ 我了解了混合方法数据的进阶分析方法的 3 个特征。
- □ 我探索了广泛的混合方法数据的进阶分析方法。
- □ 我评估了不同方法与我自己项目的潜在相关性。
- □ 我与一位同行或同事回顾了我的混合方法数据的进阶分析方法，以完善我的项目计划。

现在你已经达成这些目标，第 16 章将帮助你考虑混合方法研究完整性的问题。

拓展阅读

1. 分析中的数据整合

- Bazeley, P. (2009). Integrating data analyses in mixed methods research. *Journal of Mixed Methods Research, 3*(3), 203–207. doi:10.1177/1558689809334443
- Bazeley, P. (2018). *Integrating analyses in mixed methods research.* Thousand Oaks, CA: Sage.
- Fielding, N. G. (2012). Triangulation and mixed methods designs: Data integration with new research technologies. *Journal of Mixed Methods Research, 6*(2), 124–136. doi:10.1177/1558689812437101
- Plano Clark, V. L., Garrett, A. L., & Leslie-Pelecky, D. L. (2010). Applying three strategies for integrating quantitative and qualitative databases in a mixed methods study of a nontraditional graduate education program. *Field Methods, 22*(2), 154–174. doi:10.1177/1525822X09357174

2. 定性数据量化的数据转换

- Collingridge, D. S. (2013). A primer on quantitized data analysis and permutation testing. *Journal of Mixed Methods Research, 7*(1), 81–97. doi:10.1177/1558689812454457
- Driscoll, D. L., Appiah-Yeboah, A., Salib, P., & Rupert, D. J. (2007). Merging qualitative and quantitative data in mixed methods research: How to and why not. *Ecological and Environmental Anthropology, 3*(1), 19–28.

3. 定量数据质化的数据转换

- Bazeley, P. (2018). Integration through transformation 2: Exploratory, blended and narrative approaches. In *Integrating analyses in mixed methods research* (pp. 208–234). Thousand Oaks, CA: Sage.

4. 地理信息系统映射

- Albrecht, J. (2007). *Key concepts and techniques in GIS.* Thousand Oaks, CA: Sage.
- Elwood, S., & Cope, M. (2009). Introduction: Qualitative GIS: Forging mixed methods through representations, analytical innovations, and conceptual engagements. In *Qualitative GIS: A mixed methods approach* (pp. 1–12). Thousand Oaks, CA: Sage.

5. 社会网络分析

- Scott. J. (2017). *Social network analysis* (4th ed.). Thousand Oaks, CA: Sage.
- Yang, S., Keller, F. B., & Zheng, L. (2017). *Social network analysis: Methods and examples.* Thousand Oaks, CA: Sage.

6. 定性比较分析

- de Block, D., & Vis, B. (2018). Addressing the challenges related to transforming qualitative into quantitative data in qualitative comparative analysis. *Journal of Mixed Methods Research*, 1–33. doi:10.1177/1558689818770061
- Holtrop, J. S., Potworowski, G., Green, L. A., & Fetters, M. D. (2016). Analysis of novel care management programs in primary care. *Journal of Mixed Methods Research*, 1–28. doi:10.1177/1558689816668689
- Kahwati, L., & Kane, H. (2020). *Qualitative comparative analysis in mixed methods research and evaluation.* Thousand Oaks, CA: Sage.

7. 汇编栅格分析

- Bernard, T., & Flitman, A. (2002). Using repertory grid analysis to gather qualitative data for information systems research. *ACIS 2002 Proceedings*, 98.
- Kington, A., Sammons, P., Day, C., & Regan, E. (2011). Stories and statistics: Describing a mixed methods study of effective classroom practice. *Journal of Mixed Methods Research, 5*(2), 103–125. doi:10.1177/1558689810396092

8. 模仿游戏

- Collins, H., & Evans, R. (2014). Quantifying the tacit: The imitation game and social fluency. *Sociology, 48*(1), 3–19. doi:10.1177/0038038512455735
- Collins, H., Evans, R., Weinel, M., Lyttleton-Smith, J., Bartlett, A., & Hall, M. (2017). The imitation game and the nature of mixed methods. *Journal of Mixed Methods Research, 11*(4), 510–527. doi:10.1177/1558689815619824

第 16 章

确保混合方法研究的研究诚信：混合方法研究的质量考虑

混合方法研究的质量包括定性方法、定量方法以及混合方法有关的研究质量问题。你可能不清楚要如何将混合方法研究的质量风险概念化并进行评估。本章内容及其练习将帮助你从可靠性的角度评估定性研究部分的质量风险；从效度、信度、外推性以及可重复性的角度评估定量研究部分的质量风险；基于特定的混合方法设计识别可能存在的质量风险；确定可能与该项目有关的合理性要素；在不同的方法中基于项目质量考量做出选择。你学习本章的主要目的是系统地考虑与你的混合方法研究有关的定性、定量以及混合方法的质量问题。

学习目标

为了帮助你解决有关确保混合方法研究质量和严谨性的重要问题，本章将：

- 从可靠性角度评估你项目中定性研究部分的质量风险
- 从效度、信度、外推性以及可重复性的角度评估定量研究部分的质量风险
- 根据你的混合方法设计，识别可能存在的质量风险
- 确定与你项目质量风险有关的合理性要素及一系列混合方法论的质量标准
- 选择不同的方法来评价你的混合方法项目质量

质量和混合方法研究

混合方法学者一致认为，采取一定的措施来确保混合方法研究质量非常重要。除了这一关键意见一致外，对于在如何将混合方法研究质量进行概念化及评估方面还存在多种不同观点。Bryman 通过与社会科学家一起开展混合方法调查研究，基于经验发展了一种早期的分类方法（Bryman，Becker，& Sempik，2008）。针对该领域的一些经典书籍或版本的早期探索，也有一些解释（Teddlie & Tashakkori，2009）。其中提出的一种框架——正当性，已经经历了从最初

版本（Onwuegbuzie & Johnson，2006），到包括 5 个框架的相对全面的版本（Collins，2015），再到如今的综合版本的演变过程（Johnson & Christensen，2017）。这些差异来源于参考框架的不同。比如，合理性分类侧重于方法论，Creswell 和 Plano Clark（2018）以方法作为导向。O′Cathain（2010）则认为整个调查研究是在单一的框架下进行的。另一种分类是作为混合研究的系统评价，涉及整合研究时质量标准的制定和应用（Fàbregues，Paré，& Meneses，2018；Hong & Pluye，2018；Pluye & Hong，2014）。后者是一个特殊类别，不在本章的讨论范围内。

混合方法研究质量的 3 种概念体系

Alicia O'Cathain 的著作介绍了一种简洁的混合方法研究质量概念体系，她提出了 3 种观点（O'Cathain，2010）。①质量的一般问题应根据不同设计类型的特点考虑对应的质量标准。②质量的专门问题指定性和定量部分都各自坚持严谨的质量标准，以确保混合方法的质量。③混合方法部分的质量强调混合方法研究自身独有的特点，需要引起注意，以保证研究质量。当前，越来越多的共识认为需要关注定性、定量研究的质量问题，以及混合方法过程的特性（Collins，2015；Johnson & Christensen，2017）。

混合方法研究的质量

就本章目的而言，混合方法研究的质量代表混合方法研究在定性部分、定量部分及混合方法论整合维度的概念、实施和阐释方面的严谨性和质量。图 16.1 用 3 个椭圆说明了混合方法研究以及评价质量的概念。大圆内的 3 个小椭圆分别是定量研究部分的质量、定性研究部分的质量以及混合方法的质量。外部关于混合方法论质量的大圆包含了定量、定性，以及混合方法的过程，同时扩展至包含了哲学、理论两个维度的混合方法论层面。混合方法的质量除了需要混合方法研究者必须考虑到定量研究、定性研究以及混合方法的内部质量问题，还需考虑到混合方法论的质量问题。

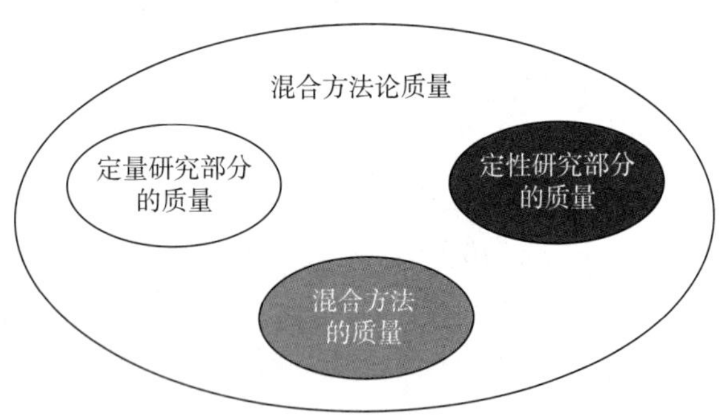

图 16.1　混合方法研究中的主要研究质量问题

与定性和定量研究有关的质量问题考量

尽管混合方法研究者在细节上尚未达成一致，但在定量研究、定性研究以及混合方法研究的很多总体风险或标准上已形成共识。对于定量数据的收集，效度和信度的概念显得尤为重要。在定性研究中，很多学者使用可信度这一重要概念（Lincoln & Guba，1985）。

Creswell 和 Plano Clark（2018）使用混合方法效度一词来评价混合方法研究质量。接下来的两部分内容旨在充分说明定性、定量研究中的质量问题，以便你可以应用到自己的项目中。许多参考文献都包含了相关信息，因此我们不会在本章进行深入讨论。此外，因为这些细节和差异因学科而不同，所以这些简短的概述和表格将主要作为考量质量标准的出发点。在完成对定性和定量研究部分质量标准的讨论后，本章的剩余部分将主要深入讨论混合方法部分。

评估定性研究质量：可信度

定性研究的质量问题已经得到了广泛的关注。很多研究者引用 Lincoln 和 Guba（1985）的著作，因为这两位学者为定性研究的质量评估奠定了扎实的基础。表 16.1 提供了 Creswell（2016）发表的一个列表，并加上了定性研究文献中常见的其他概念。定性研究质量诠释的差异，部分来源于定性研究有多种不同的传统派系（Creswell & Poth，2018）。在这一部分，本书尽量为你提供足够的信息，以便于你识别项目中定性研究部分的潜在质量风险。需要注意的是，定性研究的质量风险是基于情景的，需结合研究背景来识别。你可能需要补充阅读相关材料以充分理解并评估相关内容。

Creswell（2016）的定性研究质量考量框架：研究者、参与者、读者/评审人的视角

很多定性研究者用可信度这一词汇来评估定性研究的质量风险。与其他研究者一样，Creswell 明确指出效度可作为定性研究和混合方法研究质量的总体概念。在 Creswell（2016）的 *30 Essential Skills for Qualitative Researchers*（《定性研究者 30 项重要技能》）一书中，他从研究者、参与者、读者 / 评审人的视角来对定性研究的质量概念化。表 16.1 总结了这八个方面并附加了来自 O'Cathain（2010）和 Bryman、Becker 和 Sempik（2008）的两条额外标准。

表 16.1　定性研究的质量标准评估策略：从研究者、参与者和评审人 / 读者的视角

类别	方面	过程
研究者视角	反身性	反思或梳理自己可能影响本研究开展的价值观和信仰
	三角互证	对多个来源的数据进行三角互证或汇总，以评估数据解释的一致性
	反面证据	寻找与初步研究发现相矛盾或冲突的证据
参与者视角	和参与者合作	让参与者参与到你的研究中，以便他们为该研究做出贡献
	长期参与	通过访谈、观察以及其他形式的数据收集来拓展或延长现场调研时间
	参与者核查	将研究结果反馈给研究参与者，以评估该结果是否充分涵盖了他们对于所研究现象的看法
读者 / 评审人视角	丰富描述	就调查现象提供详细的、有说服力的解释
	同行评议	让研究内容或相关领域的同行或专家阅读你的描述，并就研究发现提出不同意见
其他 1	透明度（O'Cathain，2010）	详细清晰地描绘研究实施的步骤和过程，使读者可以深入地了解研究是如何实施的
其他 2	使用者相关性（Bryman et al.，2008）	深入分析那些多数研究者可以理解并且有意义的主题或问题

Source：Adapted from Creswell's（2016）30 *Essential Skills for the Qualitative Researcher* with permission with expansion by Mixed Methods Research Workbook author.

练习：识别定性研究的质量风险和促进可信度的策略

在回顾了表 16.1 中可信度的组成部分之后，以工作表示例 16.1.1 为参考，完成工作表 16.1.2。从 Creswell 建议的 3 个视角——研究者、参与者、读者 / 评审人，来系统地考虑可信度的潜在风险。填写你的项目所涉及的要素以及你计划实施（或者已经实施）的用于降低可信度风险的策略。在以定性研究为主的混合方法研究项目中，你需要对此有更全面的思考。而以定量研究为主的项目中，你可能不用考虑地那么全面。

工作表示例 16.1.1 定性研究部分的可信度评估：以 MPathic-VR 混合方法医疗教育项目为例

类型	MPathic-VR 项目中降低风险的策略
反身性	由两个主编码人以外的第三人单独审查编码
三角互证	收集学生体验、监考笔记，以及现场日记
反面证据	在进行分析时寻找其他的解释
和参与者合作	通过对现实人物的访谈，提高资料分析的保真度
长期参与	不适用
参与者核查	为参与者提供核查机会，但医学院拒绝了
丰富描述	在最后的联合结果展示中使用学生的叙述
同行评议	提交给外部同行审查
透明度	聚焦于最终论文叙述的清晰度上
使用者相关性	收集试验后的反思
其他	开发开放式问题并由多位研究人员进行讨论 分析特定的大问题，同时也对资料中新出现的问题持开放的态度

Source：Kron et al.（2017）.

工作表 16.1.2 你项目中定性研究部分的质量风险评估

类型	将你项目中质量风险最小化的策略

评估定量研究质量：效度、信度、外推性、可重现性及可重复性

与定性研究一样，许多研究者已经考虑了定量研究的质量风险问题（Johnson & Christensen，2017；Salkind，2017；Teddlie & Tashakkori，2009）。定量研究在众多学科中都有所应用，研究者对于确保质量以及严谨性的总体考虑已经达成共识，但是不同领域有不同的侧重点，术语使用上也有所差异。在这一部分，我们试图为你提供充足的信息，以便你可以识别项目中定量研究部分的潜在质量风险。你可能需要通过扩展阅读来充分理解和彻底评估相关问题。有很多相关的资源可供你学习，如果你是一名研究生，你可能至少还需要上一门生物统计课程。

定量研究中最常讨论的两个标准是效度和信度。效度是指研究或测量工具能否测出它所期望测量的事物。信度是指采取某一工具或仪器对感兴趣的现象能否一致地进行测量，并得出相同的结果。

测量效度反映了数据采集工具对拟测量的属性实际能够测量到的程度（Teddlie & Tashakkori，2009）。Teddlie 和 Tashakkori（2009）介绍了在实施定量研究部分时应考虑的测量效度的 6 个方面，详见表 16.2。

测量信度是指测量工具一致地和准确地反映了拟测量构念的真实程度或质量（Teddlie & Tashakkori，2009）。如表 16.3 所示，Teddlie 和 Tashakkori（2009）描述了测量信度的 5 个方面，供你的混合方法研究参考。

如表 16.4 所示，在实施定量研究时，还需考虑其他潜在的内部或外部效度风险，如混杂变量或风险。

外推性，有时也称为外部效度，是指来自研究人群的定量研究结果可外推到更广泛人群的程度。如表 16.5 所示，Johnson 和 Christensen（2017）找出了可用于你的混合方法研究的 6 个外推性和外部效度的考虑因素。

表 16.2 定量研究方法的测量效度（Teddlie & Tashakkori，2009）

方面	需要考虑什么？
内部效度	是否可以确定因果关系？
历史效度	研究之前预计有什么事件会影响到研究结果吗？
内容效度	测量工具在多大程度上测量了某一特定的属性？
聚合效度	概念的测量在多大程度上与该概念的另一个测量或不同测量相关或相似？
共时效度	本测验与使用相同测量工具在其他时间测量的结果在多大程度上相关（聚合效度的一种类型）？
预测效度	测量工具所测得的结果在多大程度上与它应该测得的结果高度相关（聚合效度的一种类型）？
工具效度	在研究过程中某一研究工具是否测量了它应该测量的概念？
结构效度	变量是否充分测量了它应该要测量的结构？
效标效度	所选择的测量在多大程度上预测了另一种测量的相同结果？
表面效度	变量和所要测量事物之间是否有逻辑关系？
成熟效度	参与者在研究期间是否发生了任何可能影响结果的变化？
区分度	测验在多大程度上可以区别本不同的那些群体？
已知群体效度	预期测量结果不同的群体在实际测量结果中有多大程度上的不同（区分效度的一种类型）？
结论效度	基于数据得出变量间关系的结论在多大程度上是合理的？

Source：Teddlie and Tashakkori（2009）.

表 16.3 定量研究方法的测量信度（Teddlie & Tashakkori，2009）	
类型	需要考虑什么？
重测信度	测量工具的重复评估在多大程度上可以一致地区分群体？
分半信度	当一个群体被分成两半时，这两部分群体的测量在多大程度上是相关的？
复本信度	同一测试的两种形式所测结果的相似程度
内部一致性	在检测某一测试的所有条目的相关性时，所有条目的得分在多大程度上相关？
评分者（观察者间）信度	两个或多个评分者评分的相关程度？

Source：Teddlie and Tashakkori（2009）.

练习：识别你的混合方法研究项目中定量研究部分的质量风险

在回顾了定量研究部分的潜在质量风险后（表 16.2 关于测量效度，表 16.3 关于测量信度，表 16.4 关于内部和外部效度风险，表 16.5 关于外推性），你可以用工作表示例 16.2.1 作为参考，完成工作表 16.2.2。你应该考虑每一个特征，然后在工作表 16.2.2 中表述出你计划（或已经）如何解决。

表 16.4 定量研究的内部和外部效度风险（Johnson & Christensen，2017）	
类别	需要考虑什么？
混杂变量	某一变量是否和自变量、因变量都相关？
选择偏倚	被选中的研究样本人群与未被选中的人群之间是否存在系统性差异？
选择 - 成熟交互作用	比较组的选择是否与研究过程中发生的变化存在交互作用，从而影响研究结果？
测试偏倚	基线测试或者预测试是否会影响参与者在后续测试中的表现？
向均数回归	结果的离群值在多大程度上受到向均数回归的影响？
可重现性	另一个研究人员对你的研究数据进行分析，是否会得出与你的分析报告中相同的结论？
可重复性	当他人在类似的环境中实施测试时，是否会得出相似的研究结果？

Source：Johnson and Christensen（2017）.

表 16.5 定量研究方法的研究外推性风险（Johnson & Christensen，2017）	
类型	需要考虑什么？
外部效度	来自研究人群的发现是否可以推广至目标人群、目标环境、不同时间、结果或者不同的治疗措施（第 10 章概述中所述）？
人群效度	研究结果是否可以被推论至未参与研究的人群？
生态效度	研究结果在多大程度上可以推论到多个环境？
时间效度	研究结果在多大程度上是可推论到不同时间？
治疗变异效度	治疗结果在多大程度上可以被推论至没有接受治疗以及没有在控制环境下的个体？
结果效度	研究结果在多大程度上可以被推论到不同但是相关的因变量？

Source：Johnson and Christensen（2017）.

工作表示例 16.2.1 定量研究部分的质量风险评估：以 MPathic-VR 混合方法医学教育项目为例

类型	MPathic-VR 项目中降低质量风险的策略
效度	使用表面效度 考虑内容效度
信度	进行内部一致性信度测试
外推性	选择 3 个有差异的区域实施研究（如一所中西部医学院和两所南部医学院）
可重现性	通过比较 3 个不同区域的结果来评估，也就是 3 所不同的医学院分开，以及合并的情况
可重复性	没有应用

Source：Kron et al.（2017）.

工作表 16.2.2 你项目中定量研究部分的质量风险评估

类型	用于将降低你项目质量风险的策略
效度	
信度	
外推性	
可重现性	
可重复性	

评估混合方法研究的质量

实际上对混合方法研究的质量考虑超出了方法层面。Creswell 和 Plano Clark（2018）的混合方法指导中提到，确定混合方法设计的具体问题后，下一步需要聚焦于方法论的质量。Johnson 和 Christensen(2017）的框架从更综合性的角度扩展至混合方法的方法论层面。O'Cathain(2010）的方法全面地拓展到整个调查过程，从概念化和有争议的资助，直至最终的发表阶段。根据你的混合方法研究项目，有选择性地决定你考虑这些问题的全面程度。在下面的练习中，你将有机会从每一个角度进行系统地思考。

研究诚信：方法层面的质量评价

Creswell 和 Plano Clark（2018）在他们的著作中以方法为导向，提倡使用“混合方法研究效度”的概念（P. 249）。

他们建议将效度作为一种总体的、统一的语言，用于定量、定性和混合方法研究的质量讨论。他们认为效度是一个统一的术语，因为人们普遍熟悉和接受这个概念（Creswell & Plano Clark，2018）。支持使用这一概念的进一步论据包括，不同的方法论专家都使用了与定量研究的效度相似的表述，这有利于其他人基于已经熟悉的概念对此得到更好的理解。

表 16.6 根据关注点、学科、研究质量概念和专家来源对混合方法研究项目进行质量评估的 3 种策略

关注点	学科	研究质量概念	混合方法专家来源
方法	教育学、物理学和教育心理学	效度	Creswell 和 Plano Clark（2018）
方法论	研究、评价、测量和统计、心理学、社会学、公共管理和心理学	效度 / 合理性	Johnson 和 Christensen（2017）
调查项目	卫生服务研究	混合方法研究的质量维度	O' Cathain（2010）

练习：识别你的研究项目中方法方面的研究质量风险

从工作表示例中做出选择，以识别你的混合方法研究项目中方法部分的质量风险。工作表示例 16.3.1.1 是一项聚敛式混合方法设计，工作表示例 16.3.1.2 是解释性序列设计，工作表示例 16.3.1.3 是探索性序列设计，工作表示例 16.3.1.4 是一项混合方法评估设计。如果要用更高级的、脚手架式或更复杂的混合方法设计，请根据最适合该项目的核心设计来选择。你也可以查阅 Creswell 和 Plano Clark（2018）关于混合方法实验设计、个案研究混合方法设计和混合方法参与式设计方面的资料。在回顾了以上示例后，完成工作表 16.3.2。

聚敛式混合方法设计

根据工作表示例 16.3.1.1，检查风险和将风险降至最低的策略。该例子采用 Kron 等（2017）的混合方法多中心随机对照试验，比较虚拟人沟通培训系统和基于计算机的学习模块的效果（附录 1）。试验结束后，学生填写态度问卷、撰写培训体验的反思性论文，以此来评价干预组和对照组的培训效果。在回顾工作表示例 16.3.1.1 之后，根据聚敛式混合方法设计完成工作表 16.3.2。

工作表示例 16.3.1.1 聚敛式混合方法设计的研究质量风险：以 MPathic-VR 混合方法医学教育研究为例

设计类型：聚敛式混合方法设计		
风险类型	**最小化风险的策略**	**MPathic-VR 研究中的举例**
在定量数据和定性数据收集中不使用平行概念	针对同一概念创建平行问题	针对相同的概念，将定性和定量数据收集相匹配
样本量不同	如果需要每位参与者的数据，在定性和定量部分使用相同或不同样本量的用意（例如，将群体平均值与个人体验进行比较）	定性和定量数据收集的样本相同。随机对照试验的两组参与者数量相似：干预组 $n = 210$，对照组 $n = 211$
将来自不同数据库的结果分开	使用混合数据分析整合策略（例如，联合显示或并排比较定量和定性数据）	构建了一个联合展示来呈现学生试验期间的重要结果，并在联合展示中比较两组的定性和定量结果，进一步进行了综合推论（P.7）
无法解决不一致的结果	使用一些策略来理解和解释不一致的结果（例如，新的分析）	虽然研究人员没有发现不一致的结果，但是对于“改善临床技能”维度，他们注意到态度得分没有反映出显著差异，而这点是得到定性研究结果的支持的

Sources：Table structure：Creswell and Plano Clark（2018）with permission by SAGE Publications；content from Kron et al.，2017 adapted with permission.

解释性混合方法研究序列设计

根据工作表示例 16.3.1.2，识别风险和将风险最小化的策略。该例子突出了 Harper（2016）的研究特点，探讨学校的学业乐观主义文化如何与学业成就相关。对阿拉巴马州 218 所中学就社会经济状况进行分层，选取其中 26 所学校，通过相关、回归和递归分区分析（附录 2）评估两者的关系。为了进一步解释研究结果，作者与 11 位成绩优异的中学校长进行访谈，定性探讨学业乐观主义的 3 个维度如何与学生成就相关。在回顾工作表示例 16.3.1.2 后，根据你的解释性混合方法研究序列设计完成工作表 16.4.2。

工作表示例 16.3.1.2　解释性混合方法研究序列设计中的质量风险：以学校学业乐观主义文化研究为例

设计类型：解释性混合方法研究序列设计		
风险的类型	最小化风险的策略	Harper（2016）的学业乐观主义和学业成绩的研究举例
未识别出需要解释的重要定量结果	考虑结果解释的所有可能方面（例如，有和无统计学意义的预测因子）	本研究定量部分的调查问题是针对教师的，其研究结果帮助开发了校长研究方案，目的是探索校长如何通过对学业乐观主义各个维度的影响来培养高成就学生。这样，定量研究问题和结果指导了校长访谈方案的制定（P.88）
未用定性资料解释异质的、矛盾的定量结果	设计定性资料收集问题，探究奇怪的或矛盾的定量结果	定量研究结果显示，学业乐观主义和学生成绩之间只有很小或中等的联系，但学业强调和学生成绩之间有很强的联系，这有助于提炼定性研究问题，指导选取校长访谈样本，指导校长访谈方案的制定（P.86）
未将最初的定量结果与之后的定性结果相关联	用定量结果来有目的地选择定性研究样本，从定量研究参与者中选取能够提供最佳解释的参与者	按最大差异原则，从不同社会经济地位、地理位置的高成就学校中有目的地选择校长，帮助研究者尽可能从多角度理解定量研究结果（P.86）

Sources：Table structure：Creswell and Plano Clark（2018）with permission by SAGE Publications；content from Harper（2016）adapted with permission.

探索性混合方法研究序列设计

回顾工作表示例 16.3.1.3，识别风险和将风险最小化的策略。该例子来自 Sharma 和 Vredenburg（1998）的研究，该研究通过对中高层管理人员进行 19 次深度访谈来创建个案研究，并在调查问卷前发送邮件，对其他高管进行纵向访谈（附录 3），以探讨企业环境对组织能力和绩效的响应。根据 Sharma 和 Vredenburg（1998）的混合方法路径，作者展示了对商业和生态问题之间的不确定性做出前瞻性的反应策略与影响企业竞争力的独特的组织能力有关。在回顾了工作表示例 16.3.1.3 后，根据你的探索性混合方法研究序列设计完成工作表 16.3.2。

工作表示例 16.3.1.3 探索性混合方法研究序列设计中的研究质量 / 效度风险：以企业环境对组织能力和绩效响应的关系研究为例

设计类型：探索性混合方法研究序列设计		
风险类型	最小化风险的策略	应用于你的混合方法研究
未基于定性结果构建定量调查的条目	明确每个主要的定性结果如何用来了解特定的定量要素的开发	构成量表的条目是基于探索性研究中确定和使用的 11 个维度（P.743）
未构建严谨的定量调查工具	使用系统化流程设计定量部分（例如，使用成熟的心理测量设计步骤或对干预措施进行预试验）	定量测量工具经过了讨论和预试验。信度检验（使用 Cronbach's α）结果为高信度。并使用最小斜交法进行了因子分析（P.743-744）
定量研究中选取了定性研究中的受试者	选取与定性研究参与者不同的大样本的对象作为定量研究的研究对象	对中高级管理人员进行定性访谈。虽然文章中未明确说明，不过从数量上看调查对象中有足够数量的经理、主管和首席执行官，因此不会对结论的有效性构成威胁（P.746）

Sources：Table structure：Creswell and Plano Clark（2018）with permission by SAGE Publications；content from Sharma and Vredenburg 1998 adapted with permission.

混合方法设计评价

回顾工作表示例 16.3.1.4，以识别风险和将风险最小化的策略。这个例子展示了 Martinez、Dimitriadis、Rubia、Gomez 和 de la Fuente（2003）对计算机支持下的协作学习系统的混合方法评估研究，以检验该项目在高级本科计算机体系结构课程中以信息共享方式促进协作的有效性。研究人员收集并分析了问卷数据，包括开放式和封闭式问题、学生事后评论和批评、焦点小组、非参与式观察以及社会网络分析。在回顾工作表 16.3.1.4 后，完成工作表 16.3.2。

工作表示例 16.3.1.4 混合方法评估研究中方法质量风险：以一项使用计算机支持的协作学习系统的研究为例（Martinez et al.，2003）

设计类型：混合方法评价研究		
风险类型	最小化风险的策略	应用于你的混合方法项目
缺乏构建评估研究的模型	清楚地阐明研究项目的总体目标和评价步骤	使用 DELFOS（一种面向学习情境的远程教育分层框架）课程开发模型构建计算机支持的协作学习系统，并使用个案研究混合方法进行评价，包括社会网络分析方法
未将评价过程中的步骤相承接，使下一个步骤建立在前一个步骤的基础上	清楚评价过程中的步骤如何连接，构建一个共同的目标	采用了一种详细的方法来收集数据，包括开放式问卷、观察、焦点小组、封闭式问卷和社会网络分析，数据收集迭代反复进行，为后续的纵向调查提供信息
未指出贯穿评价过程各个阶段的核心设计	将核心设计流程绘制到评价过程中，以明确如何使用，强调产生连接和构建的整合点	尽管未明确指出整合策略，但展示了数据收集和分析的详细整合过程

Sources：Table structure：Creswell and Plano Clark（2018）with permission by SAGE Publications；permission from Elsevier and Copyright Clearance Center for the content from Martinez et al.（2003）.

工作表 16.3.2 评估你的混合方法研究中方法部分的质量风险

设计类型：		
风险类型	最小化风险的策略	应用于你的混合方法研究

从方法论的角度考虑研究的完整性问题：框架的合理性

混合方法研究另一部分的质量考虑是将范围从方法拓展到混合方法研究的整个方法论。随着时间的推移，关于合理性的研究在几位作者的努力中得到了发展。例如，比较 Onwuegbuzie 和 Johnson（2006）、Collins、Onwuegbuzie 和 Johnson（2012）、Johnson 和 Christensen（2017）。不过对这些标准的全面解释超出了本章的范围，这里提供了充分的信息来帮助你理解概念并考虑其与你研究的相关性。

混合方法研究中方法论质量的合理性视角

在 Onwuegbuzie 和 Johnson（2006）原有的 9 个合理性标准的基础上增加了两个标准。尽管他们的工作有创新，但没有达成一致的定义，有时还将该术语与效度交换使用（Johnson & Christensen，2017）。表 16.7 展示了混合方法质量方法论方面合理性的 11 个方面。

表 16.7 基于 Johnson 和 Christensen（2017）分类学的混合方法研究方法论合理性的 11 个质量特征的说明

方面	描述	评论
1. 内部 - 外部合理性	指研究者准确理解、使用和呈现参与者的主观内部或“本土”观点（主位）和研究人员的客观外部观点（客位）的程度	另一种说法是逐步进入和退出内部和外部两种观点。混合方法研究者需要同时代表两种观点并建立第三种混合方法研究观点。这强调需要综合推论，即基于两种类型的数据进行解释
2. 范式 / 哲学合理性	说明混合方法研究者解释其混合方法范式的程度	7 个明确的世界观或哲学观包括实用主义、参与式 / 变革主义、批判现实主义、后现代主义、阴阳、辨证多元论和表演范式。第 4 章的练习会帮助你明确自己研究的哲学立场
3. 近似通约性的合理性	讨论混合方法研究者在定性研究者和定量研究者两种视角之间的转换程度，并将这两种观点整合成一个“综合的”或第三种观点	强调在定性和定量之间来回转换对成为一名混合方法研究者非常必要。近似通约性效度可能需要研究团队具有定性、定量和混合方法研究专业知识
4. 缺陷最小化的合理性	描述一个研究部分、方法或路径的限制被另一个研究部分、方法或路径的优势所补偿的程度	混合方法研究者可以利用定量和定性部分互补，减少总体缺陷，避免非重叠的弱点。这可能包括使用定量或定性部分来解决其他部分未回答的空白点
5. 序列合理性	代表混合方法研究者基于早期定性和定量阶段，恰当处理和（或）建立效果评价、理解、知识或发现的程度	它适用于两种序列混合方法的设计（第 7 章）。如果数据收集和分析的顺序是相反的，思考结果会在多大程度上有所不同，会有什么不良影响。思考如何在前一研究阶段的基础上进行后续研究阶段的构建

方面	描述	评论
6. 转换合理性	应用于混合方法研究者在混合方法研究中将一种形式的数据转换成另一种形式以评估数据转换的准确性或质量时	转换效度适用于定性资料的量化，偶尔适用于定量数据的质化。在这些情况下，应对转换后的数据做出适当的解释（见第 15 章）
7. 抽样整合合理性	反映了混合方法研究者从混合样本中得出适当的结论、归纳和综合推论的程度，即定性样本和定量样本的组合	统计推广源自随机抽样的样本。与之相反，目的抽样可以了解意义和研究经验，同时也要考虑样本量较小时研究结果的可转化性。
8. 实践合理性	指研究者达到研究目的、回答研究问题的程度，并阐明研究结果后可能采取行动的程度	这一标准尤其适用于应用性研究，并从实践的角度了解目的、问题、结果和后续的行为在多大程度上增加了研究的价值
9. 整合合理性	指研究人员在整个项目中实现整合的程度，可以从哲学、合理性、具体的混合方法研究问题、设计、抽样、数据分析、解释和结论等多个维度进行	混合方法研究者可以通过绘制基于这两种数据的解释或所谓的综合推论来实现整合效度
10. 社会政治合理性	想象混合方法研究者在研究过程中处理多个立场和利益相关者的兴趣、价值观和观点的程度	关注社会政治效度的混合方法研究者将考虑和重视弱势的或不公正的受害者的立场和观点。研究人员将会注意到无发言权或有妥协意见的利益相关者的需求（参见社会正义 / 参与式设计，例如，第 15 章）
11. 多重效度合理性	描述混合方法研究者处理定性研究（如可信度）、定量研究（如效度、信度、外推性）和混合方法研究质量问题的程度	这个概念非常接近混合方法研究质量的概念

对于任何一个特定的研究，通常只会关注其中一部分的合理性特征。Johnson 和 Christensen（2017）强调多重效度合理性是最重要的，这一强调证实了混合方法研究质量概念的重要性。你可能记得，Harper（2016）试图了解中学学业乐观主义与学业表现之间的关系。工作表示例 16.4.1 说明了如何将 11 个标准中的 6 个应用于 Harper（2016）关于校长在创造学业乐观主义文化的角色作用的混合方法研究中。

工作表示例 16.4.1 混合方法研究中研究合理性的例子：
以校长在创造学业乐观主义文化中的角色作用研究为例（Harper，2016）

类型和描述	降低风险的策略	解释
抽样整合：“定量和定性抽样设计之间的关系产生高质量的元推论的程度”（Onwuegbuzie & Johnson，2006）	从定量样本中选取定性样本，应用最大差异策略的定性目的抽样，认真核查样本的符合情况	从包含了较多学校数量的定量样本中选择少量校长，从而深入讨论问题和主题。只有在 SA 测试时在学校工作的教师和校长才有资格参加
内部 - 外部：“以描述和解释等为目的，研究者准确呈现和恰当利用局内人和观察者观点的程度”（Onwuegbuzie & Johnson，2006）	局外人观点：论文评审委员会审查复核，外部校长评论 局内人观点：成员核查	论文评审委员会成员的审查确保了准确的局外人观点和角度。校长访谈方案是根据一位不参与的校长的预访谈反馈修订的，增强了其合理性。校长们核对了他们的采访逐字记录稿。被调查的教师在网上独立完成调查，时间充足，以避免差错。这些策略提高了调查数据的可信度，增强了综合推论的合理性

类型和描述	降低风险的策略	解释
缺陷最小化："一种方法的缺陷被另一种方法的优势所弥补的程度"（Onwuegbuzie & Johnson，2006）	序列式的定量定性混合方法设计，优势互补，以平衡定量或定性研究的缺点	为了克服教师调查中无法获知校长行动是如何创造学业乐观主义，并影响学业乐观主义的 3 个维度（FT,CE,AE）的洞见和知识这一局限，对校长进行了开放式的定性访谈。与之相反，为了识别学校是否存在学业乐观主义及其对学生成绩的影响，对教师进行了定量调查，这点是定性调查无法做到的
研究范式混合："作为定量和定性方法的基础，研究者的认识论、本体论、价值论、方法论和修辞学上的信念，在多大程度上被成功地结合或混合成一个可用的组合"（Onwuegbuzie & Johnson，2006）	在范式混合时，假设并保持实用主义立场从而揭示那些被认为是合理的推论	如前一节所述，研究者仔细考虑并陈述了本研究的哲学假设。这些假设的特征是中立的，而非极端的
通约性："做出的综合推论在多大程度上反映了基于格式塔转换和整合的认知过程的混合世界观"（Onwuegbuzie & Johnson，2006）	接受混合方法研究过程的非排他性路径，承认定性和定量世界观产生知识的能力，从而产生第三种混合的世界观	一旦这项研究接受实用主义作为它的哲学基础（在研究开始的时候），就是承认混合的世界观，接受兼容的论点
多重效度："研究中定量和定性成分的合理性程度取决于不同种类定量、定性和混合方法效度的应用，从而产生高质量的综合推论"（Onwuegbuzie & Johnson，2006）	运用相关策略，最大限度地提高定量和定性方法和技术的有效性和合理性，以得出能回答研究问题的综合推论	采用相关程序提升定量研究信度和效度，以及定性研究的信度和效度

练习：识别合理性风险并将风险最小化的策略

当你完成工作表 16.4.2 时，使用工作表示例 16.4.1 来考虑你的混合方法研究中相关的合理性（表 16.7）。如工作表示例 16.4.1 所示，首先填写合理性标准的类型和描述。然后，填写你计划或已使用的用来降低影响的策略。在最后一栏给出解释。重要的是，Harper（2016）只找出了 9 点中的 6 点与他的项目相关的合理性类型。要评估合理性与你研究的相关性，需要对每一点进行系统的考虑，并解释那些适用的点。

工作表 16.4.2 你的混合方法研究的合理性风险

类型和描述	降低风险的策略	解释

关于混合方法质量的一个项目：O’Cathain 的研究和质量评价

O’Cathain（2010）将关于质量的讨论扩展到考虑整个研究。在全面分析各混合方法论专家和实例的背景下，她在其著作中考虑了研究的 6 个方面：计划、实施、解释、整合、报告和在真实世界中的应用（工作表示例 16.5.1）。她从这 6 个维度出发，综合了 8 个方面的重要质量问题。这种综合方法有其内在优势，但缺点在于过于全面。这一更为全面的框架可能对那些设计大型项目以获得资助的个人尤其适用。根据你的研究范围，研究可能只有几个维度相关，你可以只考虑那些与你研究相关的维度。

工作表示例 16.5.1 混合方法研究质量的 8 个维度示例（O'Cathain，2010）

阶段	维度	描述
计划	1．计划质量	基础要素、原理的透明度、计划的透明度和可行性
实施	2．设计质量	设计的透明度、设计的合理性、设计的优势、设计的严谨性
	3．数据质量	透明度、严谨性 / 设计保真度、抽样的充分性、分析的充分性、整合严谨性
解释	4．解释严谨性	解释的透明性、解释的一贯性、理论的一致性、解释的一致性、解释的独特性、解释的有效性、解释偏倚的减少、解释的对应性
整合	5．干预的可转移性	生态可转移性、种群可转移性、时间可转移性、理论可转移性
报告	6．报告质量	报告可获得性、报告的透明度、报告的说服力
在真实世界的应用	7．可综合性	15 条质量标准：6 条适用于定性部分，6 条适用于定量部分，3 条适用于混合方法部分
	8．实用性	效用质量，即研究结果指导政策或实践改变的程度

活动：为你的混合方法研究找出质量评估的维度域

参考工作表示例 16.5.1，考虑质量的 8 个维度与你的混合方法研究的相关性，完成工作表 16.5.2。这个练习可作为你考虑潜在相关性的一个"筛选器"。在完成本活动时，请选择与你研究直接相关的阶段，考虑并记录适用于你研究的维度。确定相关维度后，你可根据目前的相关性进一步深入探讨。

工作表 16.5.2 混合方法研究质量的 8 个维度与你研究的相关性（O 'Cathain，2010）

阶段	维度	你的研究
计划	1．计划质量	
实施	2．设计质量	
	3．数据质量	
解释	4．解释严谨性	
整合	5．干预的可转移性	
报告	6．报告质量	
在真实世界的应用	7．可综合性	
	8．实用性	

应用练习

1. **同伴反馈**。如果你的项目是作为课程的一部分或在一个工作坊上进行的，可以与一位同伴导师配对，其中一人大约花 5 分钟的时间谈论混合方法研究的质量风险。轮流谈论你们项目中的质量风险，以及降低风险的策略，并给出反馈。如果你是独自工作，和同事或导师分享你的方案。
2. **同伴反馈指导**。当你倾听同伴时，应该集中精力学习和磨炼批判的技巧。你的目标是帮助同伴改进对质量问题的考虑。帮助他们反思对质量风险的评估。专注于你的同伴最需要反馈的部分。有没有哪些部分是没有意义或者看起来不可行的？
3. **小组汇报**。如果在教室或大的团体环境中，让成员自愿展示在他们的混合方法研究中的质量风险评估。思考自己的项目中是否有同样的问题。

总结思考

使用下列清单来评估你这一章学习目标的达成情况：

- □ 我从可信度角度评估了我的项目中定性研究部分的质量风险。
- □ 我从效度、信度、外推性和可重复性的角度评估了我项目中定量部分的质量风险。
- □ 基于我的混合方法设计，找出了混合方法中的可能的质量风险。
- □ 我确定了我的项目中与质量风险相关的合理性因素。
- □ 我确定了我的项目总体研究路径与质量的相关性。
- □ 我与同行或同事一起回顾了第 16 章的研究质量风险和降低风险的策略，从而优化了我的混合方法研究流程。

现在你已经达成这些目标，第 17 章将帮助你准备提交混合方法研究论文。

拓展阅读

1. 混合方法研究的拓展阅读

- Collins, K. M. T. (2015). Validity in multimethod and mixed research. In S. N. Hesse-Biber & B. Johnson (Eds.), *The Oxford handbook of multimethod and mixed methods research inquiry* (pp. 240–256). New York, NY: Oxford University Press.
- Creswell, J. W. (2016). Implementing validity checks. In *30 essential skills for the qualitative researcher* (pp. 190–195). Thousand Oaks, CA: Sage.
- O'Cathain, A. (2010). Assessing the quality of mixed methods research toward a comprehensive framework. In A. Tashakkori & C. Teddlie (Eds.), *SAGE handbook of mixed methods in social & behavioral research* (2nd ed., pp. 531–558). Thousand Oaks, CA: Sage.
- Teddlie, C., & Tashakkori, A. (2009). Considerations before collecting your data. In *Foundations of mixed methods research: Integrating quantitative and qualitative approaches in the social and behavioral sciences* (pp. 197–216). Thousand Oaks, CA: Sage.

2. 合理性的拓展阅读

- Collins, K. M. T., Onwuegbuzie, A. J., & Johnson, R. B. (2012). Securing a place at the table: A review and extension of legitimation criteria for the conduct of mixed research. *American Behavioral Scientist, 56*(6), 849–865. doi:10.1177/0002764211433799
- Johnson, R. B., & Christensen, L. (2017).Validity of research results in quantitative, qualitative and mixed methods research. In *Educational Research Quantitative, Qualitative, and Mixed Approaches* (6th ed., pp. 281–313). Thousand Oaks, CA: Sage.
- Onwuegbuzie, A. J., & Johnson, R. B. (2006). The validity issue in mixed research. *Research in the Schools, 13*(1), 48–63.

3. 混合方法研究系统综述的拓展阅读

- Hong, Q. N., & Pluye, P. (2018). A conceptual framework for critical appraisal in systematic mixed studies reviews. *Journal of Mixed Methods Research*, 1–15. doi:10.1177/1558689818770058
- Pluye, P., & Hong, Q. N. (2014). Combining the power of stories and the power of numbers: Mixed methods research and mixed studies reviews. *Annual Review of Public Health, 35*(1), 29–45. doi:10.1146/annurev-publhealth-032013-182440
- Sandelowski M., Voils, C. I., & Barroso, J. (2006). Defining and designing mixed research synthesis studies. *Research in the Schools, 13*(1), 29–44.

第 17 章

撰写混合方法研究文章的准备工作

开展混合方法研究可以在多种平台发表论文。在实施混合方法研究的艰难过程中，研究者可能只关注了研究过程的推进，而忽视了对研究论文发表的准备。本章会帮助研究者：识别多种发表选择，进行项目盘点以确定好论文发表策略，列出可选择的候选期刊，进行排序并选出理想的投稿期刊，进而建立一个全面的混合方法研究论文发表计划。学习完本章内容，研究者将能够完成一份混合方法论文的组织架构，确定拟投稿的期刊，并完成一份全面的论文发表计划。

学习目标

建议如下：

- 了解可接收混合方法研究论文的期刊
- 制定供发表用的项目清单，即根据研究项目的优势、局限性和文章发表类型来制定发表策略，并确定投稿期刊排序的原则
- 对候选期刊按照“最佳选择”“合适选择”和“保险选择”进行分类排序，并按照此顺序进行投稿
- 确定拟投稿期刊，并对其进行评定
- 制定一个全面的混合方法研究发表计划

混合方法研究的论文发表机会

但凡从事学术研究或应用研究的研究者都希望能够有发表研究成果的机会并成功发表。发表论文的原因有很多，包括完成学位论文或博士后培养项目。当然这也是工作的敲门砖。发表的论文往往能确定一个学者在其专业领域的学术和权威地位。论文的发表同时也有益于信息的传播，能够指导当前实践或揭示影响政策的诸多问题。很多学术机构的职称或薪级评估会在一定程度上参考研究者发表论文的情况。当研究者开展的研究是混合方法研究时，其论文发表应

该优先考虑实证性混合方法研究论文，也就是论著。

开展混合方法研究可为研究成果的发表提供绝佳机会（Stange Crabtree，& Miller，2006）。发表途径包括期刊、书籍章节或专著。混合方法研究者可以发表 4 种类型的文章（图 17.1）。混合方法研究实证性论文可整合来自上述 3 个章节所获得的研究结果，如基本分析程序（第 13 章）、联合展示（第 14 章）或混合数据进阶分析（第 15 章）得出的整合结果。此外，混合方法研究也可以发表两种类型任一单独方法类型的论文：定性部分和定量部分的论文。如果研究者已经完成了第 14 章的混合方法数据联合展示的工作表，研究者可能会发现定性主题或者定量结构没有办法获得互相匹配的数据。在这种情况下，研究者可以发表纯实证性定性或纯实证性定量的论文。如果可能的话，还是更鼓励研究者写混合方法论文，但是当这两种类型的内容不能以有意义的方式连接时，写单一方法的论文对研究者也有所帮助。第四类发表途径为涉及混合方法的方法学论文。

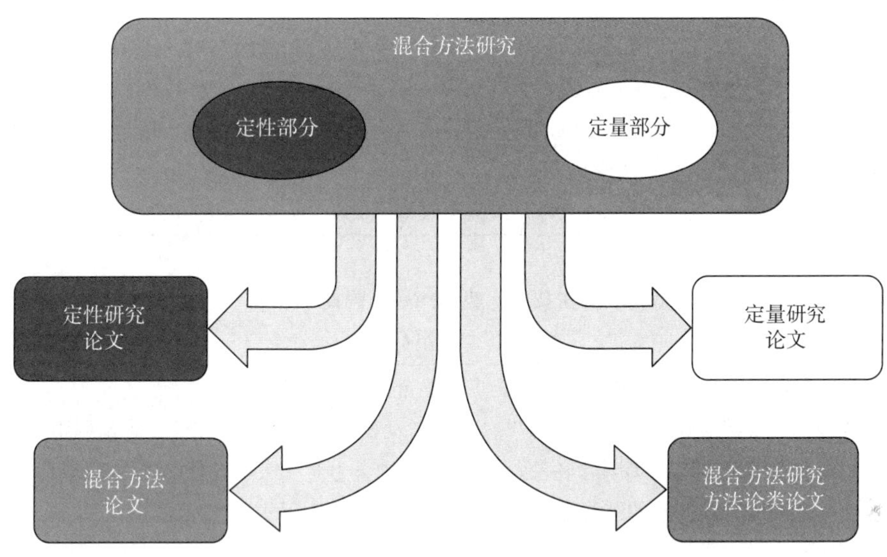

图 17.1 混合方法研究论文的发表选择

应该撰写实证性研究文章还是方法学研究文章?

“应该写实证性研究文章还是方法学研究文章？”对这一问题的回答是：如果可以，两种都写！如果你已收集和分析了定性和定量数据，应该写一篇或多篇实证混合方法研究文章。实证性研究文章和方法学文章具有许多相似之处，但也有一些重要差别。实证性研究文章侧重发表综合定性和定量数据的论文。方法学研究文章则侧重有关混合方法的研究过程、理论或方法学。许多研究人员没有发现发表方法学论文的契机。在实施研究项目的过程中，如果研究者遇到方法学难题，无法从现有的文献中得到明确指导，可考虑撰写方法学文章。当你开发出一种创新的方法来解决混合方法研究中众多维度的整合问题，你就可以撰写方法学文章。

判断是否创新，其关键在于是否在该领域概念方面开发了一种理论层面的独特方法，一种创新的理论概念，一种新颖的方法论或方法（例如，与混合方法研究有关的数据收集，分析和呈现）。与实证性研究论文相比，方法学论文需要更多研究方法学细节信息。此外，在首次发表方法学论文时，作者可以截取实证论文的方法部分，引用以往成功发表的同行评议论文的方法学内容。由于有多种发表混合方法文章的选择，因此确定发表哪种类型论文的期刊也是一个挑战。项目清单有助于你了解相关信息。

制定项目清单有助于厘清发表思路

在制定项目清单时，考虑研究项目的优势、局限性、期刊的目标以及提交顺序的理由将对制定发表计划大有裨益。制定**供发表用的项目清单**旨在捋清研究项目的优势、局限性、期刊顺序以及提交顺序的理由。工作表示例 17.1.1 以 MPathic-VR 项目为例，讲述了医学生运用虚拟人干预的干预实验混合方法。这个项目获得了两次资助。该项目起始于一项未获资助的小型研究，这个小型研究，为获得第一笔小额资助打下基础，证明该研究的可行性。进而，由该小型项目发表的文章作为“预试验数据”的结果吸引了更大的资助。该工作表记录了该研究的优势、劣势和确定的发表策略以及相应的理由。

工作表示例 17.1.1 混合方法发表计划项目清单，来自 MPathic-VR 研究的案例

研究项目的发表优势是什么？ 在受资助前，资助期间的第一阶段研究以及获得其他资助后，该研究进行了一系列预试验工作。这为论文发表提供了许多机会，其中包括医学生对模拟游戏的态度（Kron，Gjerde，Sen & Fetters，2010），护理学生对模拟游戏的态度（Lynch-Sauer et al.，2011），调查问卷的结构效度论文（Guetterman et al，2017），混合方法研究试验（Kron et al.，2017）和方法学论文（Fetters，Guetterman，Scerbo & Kron，2017）。研究的优势在于该团队在实施多中心，单盲混合方法随机对照试验中取得了成功。
有哪些局限性？ 由于资源有限，以及早期关注竞争领域潜在技术优势的问题，因此未发表早期发现，尤其是与干预开发有关的定性结果。
哪种发表顺序最能展示研究工作（例如，定性、定量、混合方法、方法学）？ 这项研究中最重要的论文是关于试验的主要结果。但是，发表顺序涉及一些在基金申请中引用的初步研究。准备研究需要进行 3 项试点研究，即定量研究医学生和护理学学生对在医学教育中使用虚拟模拟游戏的态度，以及通过调查医学生测试调查问卷的结构效度研究。前两项研究证明人群的需求。第三项研究证明了研究的严谨性，并将证实的效用扩展到住院医生这一群体。
为什么是这样的顺序 首先发表医学生（Kron et al.，2010）和护理学学生对医学教育中使用游戏的态度（Lynch-Sauer et al.，2011）的调查结果是由数据的收集顺序决定的，此外，我们需要发表合适的预试验数据以申请基金资助。该项目虽然是关于医学生教育问题，但研究团队中包括一个希望有发表记录的初创企业。从商业角度，这一发表记录对建立该企业的可信度非常有用。因此，另一篇以高水平学习者、住院医生为对象的有关结构效度的研究发表得以推进，进一步拓展了研究的作品集（Guetterman et al.，2017）。而试验结果（Kron et al.，2017）的发表首先从学术角度出发，以传播研究信息，另外，鉴于上述提及的初创企业的目标，论文发表也有从商业收益角度出发的。随后才形成混合方法学论文（Fetters et al.，2017）。虽然我们希望早日出版方法学论文，但我们一直在等待试验数据的发表。

练习：混合方法研究发表项目清单

在参考工作表示例 17.1.1 的同时，填写工作表 17.1.2 的 4 个部分，以便研究者考虑混合方法研究的发表优势。第一部分为优势，请考虑你发表不同类型文章的能力：实证性定性研究，实证性定量研究，实证性混合方法论文和方法学论文。你可以先发表一篇方法论文或研究方案论文，为后续论文提供参考吗？你的论文合作者中是否有可及性受限或有退出计划，因此需考虑优先发表某篇特定论文？你的某篇论文在前沿话题方面是否具有竞争力？你是否在快速发表其中一类论文中更有优势？你是否要尝试特定类型的论文以满足特定受众或会议的需要？

第二部分为局限性，请考虑与发表有关的局限性。你的研究是否处于前沿领域，发表文章是否会影响正在进行的其他研究？在你的团队中，是否有导师或同事在休假或联系不到？你所在的机构是否有规定要求博士生未完成答辩不得发表论文？是否存在关于文章作者授权和署名的困惑？

第三部分为发表顺序，请考虑论文的发表顺序。发表是否有逻辑顺序？例如，序列设计，先收集一种类型的数据，再收集另一种类型的数据。是否考虑了最佳发表顺序？是否在先进行定性或定量部分的数据收集和分析论文发表后，再考虑发表混合方法学论文？

第四部分为发表顺序的安排理由，如果该顺序有特定的理由，请描述。也许你是遵循研究开展的顺序。另外，你也可以参加学术会议，以促进那些需要后期继续收集数据的论文的早期传播。或者，某篇论文对于职位变更、获得博士后职位或得到第一份教学工作至关重要。

工作表 17.1.2　混合方法研究发表计划的项目清单

你的项目在发表方面有什么优势？
发表局限性有哪些？
什么样的发表顺序能够最好地展示你的研究（例如，定性、定量、混合方法、方法学）？
为什么是该顺序？

选择提交混合方法研究的目标期刊

在单独进行混合方法研究咨询以及参与研讨会的过程中，经常有人会问我如何选择目标期刊的问题，向我寻求在何处投稿的建议。**目标期刊**指的是为了传播混合方法研究论文而选取的期刊。如果你还刚开始研究生生涯，那么这将是个探索感兴趣期刊的机会，可以探寻这些期刊与你的研究及方法是否相匹配。准备写作时，你需要有个选择目标投稿期刊的框架。表 17.1 提供了准备选择期刊时所要考虑的 3 个层面。我经常花 2 ~ 3 个小时去研究一篇论文可以投稿的期刊。对于仅在单个学科领域发表研究的研究人员来说，常见期刊及其排名可能已非常熟悉。但是，如果你对本学科领域刊物的了解刚刚入门或者不太熟悉，那么可能需要做些功课。导师或小组成员是寻求期刊投稿推荐意见的绝佳资源。通常，我会按照表 17.1 列出至少 3 个层面的目标期刊列表（另见研究轶事 17.1）。之所以开发出这种方法，部分原因是基于我的观察：作为投稿新手的研究人员通常并不完全了解选择目标期刊的挑战和策略。

表 17.1　混合方法论文投稿的 3 类目标期刊

适配性	等级	难度	成功可能性评估	录用的可能性
力争期刊	高	高难	不大可能	10% ~ 30%
适配期刊	中上	适中	较为可能	40% ~ 60%
保底期刊	低	简单	很有可能	70%

当你开始搜索期刊时，不要只选择一个期刊，最重要的任务是完成上述表格，创建一个包含 3 ~ 4 个选项的列表，并为选择列表排出优先等级。花 2 ~ 3 个小时提前确定要投稿的期刊，这样起码比第一份期刊遭到拒绝后第二次再花费 2 ~ 3 个小时找期刊要好。

大多数研究人员的投稿目标是顶级期刊。我喜欢这样的格言："如果你不往顶级期刊投稿，你永远也不会有文章发表在顶级期刊上。"然而结果是，给顶级期刊投稿时，论文被拒绝的概率很高。为每种论文类别预先选择多个期刊的优势在于，如果一篇论文被顶级期刊拒绝，就无需花费额外的 1 ~ 2 个小时来重新考虑投向哪里（请参阅第 18 章）。如果你被一本期刊拒稿了，你可以尽快将论文转投到其他地方。有了一开始就创建好的期刊排名列表，大多数论文都可以在 1 周或更短的时间内重新排好格式、重新提交。

识别文章投稿的候选期刊并进行排序

对预计完成的论文有了一定的了解，确定投稿的相对优先级，接下来的挑战是究竟要在哪里提交论文。**候选期刊**是指可用于发表混合方法研究论文的刊物。

如上所述，为评估投稿目标杂志所花费的时间是值得的，尤其是当你通过评估确定 3 或 4 份期刊时。关于为什么要花很长时间去考虑，请参见工作表示例 17.2.1，其中包括经验丰富的作者在制定投稿策略时经常考虑的多个标准。该示例参考了 MPathic-VR 的随机对照试验（Kron et al.,2017）而填写。投稿等级是指期刊投稿的顺序。第二行是期刊的名称，其后是适配性的分类：力争期刊、适配期刊或保底期刊。影响因子描述了期刊的影响力，其实是一个简单的比率计算，其中分子是该期刊的当年引文数，分母是该期刊在过去两年中发表的文章数。我们也需要了解文章是在线的、纸版的还是两者兼而有之，尤其是需要考虑到目前在线刊物的选择越来越多。某些在线期刊在文章接收后会收费，或者可能会提供付款后的开放获取。如果期刊要收费，但金额却不明确，那么很可能这是个"掠夺性期刊"（predatory journal），需要警惕（请参见工作表 17.2 及其后面的研究轶事 17.1）。字数限制是一个非常重要的考虑因素，因为如果需要重新提交其他期刊（如果首先投给力争期刊，这种可能性很高），那么你可能不愿意花费过多的时间去编辑文本。理想情况下，排出来的候选期刊最好字数要求都一致，但这很少见。如果可能的话，将论文的字数差异保持在不超过 500 ~ 1 000 字。对于 MPathic-VR 投稿列表而言，随着排名下降，字数限制实际是上升了的。每个期刊都有说明（如图所示，每个期刊的关注点有所不同）。关于是否有类似论文的问题很重要，应该从内容的角度以及混合方法的角度来回答。网站链接将帮助你返回上一级，而评论区则可灵活记录你的想法或顾虑。

寻找候选期刊

若你是研究新手或是方法学家，确定期刊可能会充满挑战。JANE 是 Journal / Author Name Estimator 网站的缩写，网址是 http：//jane.biosemantics.org。这是一个由荷兰生物信息学中心支持的网站，该中心是“活跃于研究、教育和支持领域的荷兰生物信息学专家网络”（The Biosemantics Group，2007）。用户可以在其中输入标题、摘要或其他信息，然后只需单击一个按钮即可查找期刊、作者或类似内容（The Biosemantics Group，2007）。其“查找期刊”的搜索结果能列出多达 40 种可能适配的期刊，并通过匹配程度、文章影响力等级进行评分和排名，并附上相关文章链接。期刊列表中能够显示该刊物是否为高质量开源获取或 Medline 索引，或是否收录在 PubMed 之中。

探索期刊选项的另一个常用资源是 Scimago 机构排名网站（https：//www.scimagojr.com/journalsearch.php）。该门户网站是 Scimago Lab 开发，利用了 Scopus 的信息，由可搜索和评估全球的大学和研究机构组成（Scimago，2007）。根据不同的科学指标和维度，用户可以比较或分析数据库中的期刊。该门户网站可满足 27 个主要主题领域和 313 个主题类别的搜索，甚至能够满足研究人员按国别搜索的需求。在其网站上，Scimago 组织自称为“研究小组”，其成员来自致力于应用可视化技术的信息分析、呈现和检索的西班牙科学研究委员会、格拉纳达大学，埃斯特雷马杜拉大学，卡洛斯三世（马德里）和 阿尔卡拉大学。

EndNote 用户现在可以通过科睿唯安信息分析公司（Clarivatc Analytics）获得商业资源。该工具称为“原稿适配器”（Manuscript Matcher）。它声称其适配功能将根据主题和参考文献确定论文投稿的最佳候选期刊。

练习：确定拟投稿期刊并进行排序

完成工作表 17.2，识别出拟投稿期刊并对其进行排名，从而确认投稿目标。你可能需要复制此工作表，并将表应用于实证定性、实证定量、实证混合方法、混合方法学等不同类型的文章中。选择一个期刊并完成表格的填写。大多数情况下，我们可以从互联网上获得全部信息。输入期刊名称，综合考虑相关因素后，最终的投稿评分可显示在第一行。如果没有列出影响因子，则说明该期刊可能没有影响因子。对声称具有较高影响因子的期刊我们要保持谨慎，尤其是对于新期刊或从未听说过的期刊。“钓鱼期刊”有很多，而新期刊能拿到高影响因子通常是不太可能的。某些期刊，尤其是在线发表期刊，可能没有字数限制。期刊的计数方式会有所不同：有些期刊使用全文中的总单词量计数；有些期刊对图形和表格的数量也有限制，通常是 5 个；而有些期刊除了正文的单词计数，对于图形或表格也会分配一定的单词计数比例限制；还有一些期刊是使用页数计算。如有必要，请在底部的注释部分中进行标注。或者如果要对你的工作表进行文字处理，请在该行下方添加注释。

期刊的主旨部分可能会有些冗余，你可能只需关注基本信息。如果未明确说明，则可能需要读者自行推断。推断线索可以看其是否为专业的官方期刊。如果期刊网站具有搜索功能，那么使用你论文中的关键词进行搜索会比较高效。阅读过去 2 ~ 3 年发表的文章通常就足够了，通常编辑人员对更陈旧的内容已经不太感兴趣了。另外，在搜索混合方法时可能会显示出在方法学上相似的文章，但请注意，并非所有自称为混合方法的文章都是真正的混合方法文章，而且某些使用混合方法的文章可能并没有在文章中使用此术语。如果你最终选择提交到某一期刊，则要注意是否有相似内容或方法的文章，这可能对你有所帮助。完成每一列的填写之后，请考虑投稿的排序。

工作表 17.2 识别论文投稿的目标期刊并进行排序

拟投稿期刊评分				
期刊名称				
适配度				
影响因子				
在线 / 纸版				
付费情况				
字数限制				
期刊主旨				
读者				
相似的内容和方法				
作者须知链接				
注释				

警惕"掠夺性期刊"

随着在线出版物的发展和创收机会的出现，出版商和期刊数量激增（Berger，2017）。"掠夺性期刊"是指一些出版组织或期刊，同行评议很少甚至没有，却对发表收取高昂的费用。在某些情况下，这种出版组织或期刊甚至从不发布文章以供公众访问。图书馆家杰弗里·比尔（Jeffrey Beall）创建的在线清单是曝光"掠夺性期刊"比较早的资源，正是他开启了对这些清单上期刊的追踪（"Beall' s List of Predatory Journals and Publishers"，2018）。尽管他的列表清单会定期更新，但不幸的是出版商和独立期刊的数量如此之多，以致于该列表难以保持更新速度。此外，鉴于某些期刊可能曾被他不公平地归类为"掠夺性期刊"，该清单也引起了一些争议。值得庆幸的是，主要的专业组织已经开始采取措施，使研究人员能够认识到这种"掠夺性期刊"的存在，但实际制约行动却很难实现（Federal Trade Commission，2016）。

研究轶事 17.1

警惕“掠夺性期刊”

在线的“掠夺性期刊”是真正的威胁。我们在 2014 年“掠夺性期刊”兴起之际几乎差点儿陷进去。我们当时收到一封电子邮件，看信件里的介绍内容，很符合我们正在开展的一项研究的投稿需求，之后我们将研究论文发送给了该期刊。发表在这一期刊上是需要付费的，不过这对于在线期刊来说很普遍，而且团队希望尽快发表该项目的第一篇论文。与该期刊沟通的人是来自团队的一位新手。我们很快收到了审阅意见，反馈速度令人惊讶，并且审阅意见很短、评语很积极，还说明了发表需付的费用。我的同事对我们的论文收到的审阅意见如此之好持怀疑态度，而且着实对其毫无深度的审阅意见感到失望。他听说过“掠夺性期刊”，并在 Beall 的清单上找到了该期刊，然后立即写信回复了该期刊，提出我们撤回稿件，不再做进一步审稿的建议。

两年后，另一位同事绝望地给我写信寻求建议。她发现自己不知不觉地陷入了“掠夺性期刊”的陷阱。我建议她立即回复期刊并撤回该文章。然后，该期刊回信让她为同行评议过程付费，因此在撤回该文章后还是被要求付费。我们再次讨论了这种情况，她写了一封简短的回绝信，幸运的是我们没有再收到期刊的回复。

除了留意“掠夺性期刊”外，还有一些其他需要注意的地方（见研究轶事 17.1）。有些“掠夺性期刊”会盗用真实印刷刊物上的资料创建一个虚假网站来收取高昂的费用，而论文却从未发表过。在评估期刊是否具有“掠夺性”时，Berger 列出了 15 点要考虑的问题（Berger，2017）。以我的经验，最重要的危险信号包括：①该期刊不是由老牌出版商发行的；②期刊的邀请函在垃圾邮件中；③邀请函充满敬语或拼写错误；④未明确规定投稿费用；⑤同行评议过程不明确；⑥该期刊在征集投稿或主题论文的同时提供编辑职位；⑦该期刊是新期刊或首次发行的期刊。如果直觉上有任何疑问，请咨询同事、同行和导师。或者你可以到图书馆或媒体中心，寻求信息科学领域同事的帮助。

期刊“安全清单”

最好的期刊资源是“安全清单”上的刊物，清单上的期刊已通过审查，并且证明其不参与掠夺性出版（Oren，2017）。不幸的是，现在通常用来描述期刊安全清单的语言成了“白名单”，而掠夺性期刊则称为“黑名单”。我会尽量避免使用这种语言，因为它会冒犯到不同背景的个人。开放获取期刊目录（DOAJ）是检查“掠夺性”状态的绝佳资源（DOAJ，n.d.）。DOAJ 网站是一个独立的组织，其功能多种多样，可用于识别合法期刊和文章。美国国立卫生研究院发布了一份关于预防“掠夺性期刊”的文件（NIH，2017），并且有一个名为“思考、检查再提交”的指导资源（“Think. Check. Submit.”，2018）。

制定全面的发表计划

在对你的研究项目就优势、潜在局限性、发表顺序和理由建立了清单之后，下一步是为实际写作制定全面的发表计划。在许多研究项目，特别是大型项目中，经验丰富的研究人员会尽早制定发表计划。在工作表示例 17.3.1 中你可以找到 MPathic-VR 虚拟人基金项目的发表计划。制定这样的计划将有助于指导你的发表进度。虽然混合方法研究可能具有发表多篇文章的潜力，但这些文章不可能自行完成撰写。如图所示，示例中也考虑了发表多篇论文。

工作表示例 17.3.1 制定全面的混合方法发表计划：以医学教育研究领域的 MPathic-VR 混合方法研究为例

文章类型	内容	第一作者[1]	期刊类别	力争型（ST）、适配型（GF）、保底型（SA）期刊[2]
定性研究	医学生和教育者对如何将虚拟人沟通培训教学融入医学院课程的看法	NG	医学教育	ST：Acad Med GF：Teach Learn Med SA：BMC Med Educ
定量研究	医学生对视频游戏和新媒体医学教育的态度	GL	医学教育	ST：JAMA ST：Acad Med ST：Teach Learn Med ST：Med Teach GF：BMC Fam Pract GF：BMC Med Educ（Kron et al.，2010） SA：Adv Med Educ Pract
定量研究	护理学生对视频游戏和新媒体技术的态度	HM	护理教育	ST：J Nurs Educ（Lynch- Sauer et al.，2011） ST：Nurse Educ Today GF J Contin Educ Nurs SA：Nurs Educ Perspect
定量研究	虚拟人应用在告知癌症患者坏消息时的能力评估问卷的结构效度	UH	医学教育	GF：Med Teach SA：Adv Med Educ Pract（Guetterman et al.，2017）
混合方法研究	试验结果、干预和对照学生在客观结构化临床考试中的区别	GL	医学教育	ST：JAMA ST：Acad Med GF：Patient Educ Couns（Kron et al.，2017）SA Med Teach
方法学	使用联合展示进行分析：MPathic-VR 混合方法随机对照试验	UH	家庭医学	ST：Ann Fam Med GF：Fam Med SA：BMC Fam Pract SA：BMC Med Educ
方法学	带有选择模式的交互式视频游戏的计分	NT	游戏	ST：J Med Internet Res GF：Simul Healthc SA：Games Health J
方法学	两阶段混合方法研究：开发用于教授高级沟通技巧的虚拟人干预系统，以及后续验证干预系统有效性的盲法混合方法临床试验	NG	混合方法	GF：Int J Mult Res Approaches（invited submission）

[1] 首字母均为假名。

[2] ST，力争期刊；GF，适配期刊；SA，保底期刊。

Source：Fetters，M.D. and Kron，F.W.（2012-15）. *Modeling Professional Attitudes and Teaching Humanistic Communication in Virtual Reality*（*MPathic-VRII*）. National Center for Advancing Translational Science/NIH 9R44TR000360-04.

练习：制定一份全面的混合方法研究发表计划

以工作表示例 17.3.1 作为参考，完成工作表 17.3.2。工作表示例包括文章类型、内容、谁将担任第一作者、期刊类型以及适配性。该工作表有一个附加栏目——拟提交的目标日期。这里既可以填写实际日期，也可以填写时间顺序。重要的是需要考虑期刊的类型和具体内容，且应尽早开始考虑。

该工作表的每一栏都包含两行，每行分别用于潜在的定性、定量、混合方法和方法学的论文。这可以或多或少地适应任何类别的单个研究。在每个类别中考虑至少两篇论文，也可能会引出更多的讨论或想法。内容划分可能具有挑战性，因为特定主题经常彼此重叠，而且如果没有精心计划的话，两篇不同文章的第一作者对文章的设想可能会有较多重叠。

另外，需要作者们共同来完成论文撰写。对于学位论文而言，通常是研究生主导论文撰写。在通常由研究生或博士后教师组成的混合方法团队中，如果两个不同的团队成员都认为他们应该就某一特定主题担任第一作者，那么尽早确定谁将担任哪篇论文的第一作者可以极大地解决后顾之忧，分配作者之后明确谁将负责哪一篇论文。之后的工作是识别期刊类型，最终得出力争期刊、适配期刊和保底期刊的名单。

工作表 17.3.2　制定一份全面的混合方法研究发表计划

文章类型	内容	第一作者	期刊类别	力争（ST）期刊、适配（GF）期刊、保底（SA）期刊	拟提交的目标日期
定性研究					
定性研究					
定量研究					
定量研究					
混合方法研究					
混合方法研究					
方法学					
方法学					

应用练习

1. **同伴反馈**。如果你是参与课堂或研讨会，你可以找一个搭档做你的同伴顾问，每人 5 分钟相互讲述自己的发表计划，并彼此给出反馈意见。讨论一下最难执行的部分，这样会有很大的帮助。如果你是独自进行研究工作，可以和你的同事、导师、项目组成员或论文委员会成员分享你的发表计划。
2. **同伴反馈指导**。听你的同伴讲述时，你应该专注于学习和提高自己的评论 / 批判技巧。你的目标是帮助你的同伴优化发表计划。专注于你的同伴最需要反馈的部分。目标期刊是否适合他的研究？
3. **小组汇报**。如果你是在课堂或研讨会中，请成员自愿展示论文类型和考虑的目标投稿期刊。反思这些问题与你的研究项目的相关性。

总结思考

使用下列清单来评估你这一章的学习目标达成情况：

- □ 我能清楚认识我的混合方法研究发表选择，包括实证性定性、实证性定量、实证性混合方法和方法学论文。
- □ 根据我研究的优势、局限性、相关的发表类型，我梳理了发表策略清单，并说明了制定发表顺序的理由。
- □ 我拟定了一个发表混合方法研究论文的期刊名单，并按照“力争选项”“适配选项”和“保底选项”进行分类。
- □ 我识别出拟投稿的期刊列表，并将它们按照投稿目标进行评分。
- □ 我建立了一个全面的混合方法研究论文发表计划。
- □ 我让一位同行、同事或导师审查了我的混合方法研究论文发表计划。

现在你已经达成这些目标，第 18 章将帮助你如何基于你的混合方法研究发表一篇或多篇论文。

拓展阅读

1. 关于一个项目发表多篇文章的拓展阅读

- Stange, K. C., Crabtree, B. F., & Miller, W. L. (2006). Publishing multimethod research. *Annals of Family Medicine, 4*(4), 292–294. doi:10.1370/afm.615

2. 关于混合方法文章实证性、理论性和哲学立场差别的拓展阅读

- Fetters, M. D., & Freshwater, D. (2015). Publishing a methodological mixed methods research article. *Journal of Mixed Methods Research, 9*(3), 203–213. doi: 10.2147/AMEP.S138380

3. 关于如何避免“掠夺性期刊”的拓展阅读

- Bowman, D. E., & Wallace, M. B. (2017). Predatory journals: A serious complication in the scholarly publishing landscape. *Gastrointestinal Endoscopy, 87*(1), 273–274. doi:10.1016/j.gie.2017.09.019
- Hunziker, R. (2017). Avoiding predatory publishers in the post-Beall world: Tips for writers and editors. *American Medical Writers Association Journal, 32*(3), 113–115. doi:10.3389/fmars.2018.00106
- Pisanski, K., Sorokowski, P., & Kulczycki, E. (2017). Predatory journals recruit fake editor. *Nature, 543*, 481–483.
- Vence T. (2017). On blacklists and whitelists. Retrieved from https://www.the-scientist.com/?articles.view/articleNo/49903/title/On-Blacklists-and-Whitelists/.

第18章 基于沙漏模式撰写混合方法研究文章

撰写混合方法研究文章会遇到一些特别的挑战，合理利用沙漏模式可以帮助你减少一些挑战。对于是要写定性的、定量的，还是混合方法的文章，甚至你的文章是否具备方法学论文的特色，你可能还不确定。本章及其相应练习将帮助你捋清写作优势，利用4个要素撰写混合方法研究标题，使用沙漏模式撰写论文，利用写作模板撰写全文，评估论文摘要和正文中是否包含混合方法研究的基本要素，并应用模板撰写混合方法研究的毕业论文。作为一个关键的产出，你需要写一篇能够代表你混合方法研究的文章；如果你是在撰写一篇毕业论文，则需制定总体的写作策略。

学习目标

本章的观点和写作练习会帮助你：

- 确定你的写作优势并为你的论文制定一个写作策略
- 捋清和应用4个要素来撰写混合方法研究文章标题
- 使用沙漏模式撰写混合方法研究文章
- 选择和利用适当的模板来撰写混合方法研究论文/章节
- 评估和确认是否将混合方法研究的基本要素纳入摘要，为提交同行评议做准备
- 评估混合方法研究的基本要素是否纳入论文，为提交做准备
- 使用模板撰写混合方法研究的毕业论文

混合方法研究文章的发表格式是什么

混合方法研究可以产出实证性定性、实证性定量、实证性混合方法和方法学文章（第17章），无论是实证性还是方法学流派，文章、书籍章节和学位论文都具有相似的特点。在本章

中，作为惯例，我使用术语“论文”来简约地反映所有这些不同的文章类型。虽然每一种策略和方法都有其独特之处，但这些策略和方法仍然具有普适性。

捋清自己写作的优势和策略：尽早写，经常写

入门可能看起来令人望而生畏（见研究轶事 18.1）。我经常问非常多产的作家，“你是怎么写的？”答案千差万别（这是我喜欢提问的原因之一）。一些人回答说，他们在早上写得最好，因为这时分心的事情最少。有些人说，在停止接收电子邮件，遛完狗，孩子们都睡着的夜晚开始写作。还有一些人说，他们白天坐在最喜欢的咖啡馆里，喝着一杯特浓拿铁，在安静的环境和好似漫长的时光中写作。写作风格千差万别，当你找到最适合你的写作风格时，你会变得更有效率。我最喜欢的建议来自混合方法研究的一位先驱大卫·摩根（David Morgan），他建议说：“准备好了就写吧。”归根结底，你必须找到自己的方法，因为写作没有一个统一秘诀。

研究轶事 18.1

尽早写，经常写

我还记得当我还是一个初级研究人员时开展项目的很多场景。通常在获得研究结果后，我会听到：“好的，是时候开始写了！”这似乎是一项任重道远的任务。但我会建议所有的学员们尽早开始写，而不是等待结果出来。提前发表通常意味着你会获得较好的学术成果。特别是博士前的学位文章发表（von Bartheld，Houmanar，&Candido，2015），发表的顶级期刊越多，你的待遇就越好（Gomez-Mejia & Balkin，2017）！如果你还没有开始写，别担心，早都是相对的！

撰写能反映混合方法独有特点和策略的标题

研究标题是论文中最重要的组成部分，因为它将是混合方法研究最常被阅读的部分。许多作者在写作过程中多次修改研究标题，因为他们想要一个对潜在读者非常有吸引力且朗朗上口的标题。最好的标题是简洁的，但考虑到混合方法研究的复杂主题和方法，这一点可能很难做到。Creswell 和 Plano Clark（2018，P. 144）建议标题不超过 12 个字，并且需要包括 4 个要素：主题、研究对象、地点和混合方法设计。

练习：混合方法研究标题的要素

以工作表 18.1 作为参考，填写标题中 4 个要素内容，这样可以清晰确定拟包含在混合方法研究标题中的关键要素。

练习：构建混合方法研究标题

由于案例中的标题不一定涵盖本章建议的 4 个标题元素，因此，请参考工作表 18.1 中的信息，在工作表 18.2 的第三列构建替代标题。在构建完这三个案例的标题后，在最后一行为你自己的项目起草一个标题。

工作表 18.1　以不同学科发表的混合方法研究为例来确定混合方法研究标题的要素

作者	1．目的	2．研究对象	3．地点	4．混合研究方法
Sharma 和 Vredenburg（1998）（商业领域）	积极主动的环境战略和有竞争力的企业战略	中高层管理人员	大型石油公司	探索性混合方法研究序列设计
Harper（2016）（教育）	校长在创造学业乐观文化中的作用	校长，教师	中学	从定量到定性的混合方法研究序列设计
Kron 等（2017）（健康科学）	使用虚拟人模拟沟通培训教学	二年级医学生	多地点	混合方法随机对照试验
你的研究				

工作表 18.2　以不同学科发表的混合方法研究为例来构思混合方法研究标题

作者	实际的标题	潜在的修改后标题*（基于工作表 18.1）
Sharma 和 Vredenburg（1998）（商科）	积极主动的企业环境战略和具有竞争力的组织能力的发展	
Harper（2016）（教育）	探讨校长在营造学业乐观文化中的作用：一项从定量到定性的混合方法研究序列设计	
Kron 等（2017）（健康科学）	使用计算机模拟人沟通培训教学：一项多中心、盲法、混合方法随机对照试验	
你的研究		

* 本章结束页列出该工作表的答案供参考。

什么是写作的沙漏模式

正如第 5 章所介绍的，沙漏模式为写作提供了一种结构策略，这种写作结构的基础是沙漏，上面和底部都有宽大像灯泡形状的空间，上方和下方均有狭窄的漏斗连接。无论你是在写一篇实证性或是方法学 / 理论的文章，沙漏模式的总体结构均可以指导你的写作。两个模式有一些细微的区别，如图 18.1 所示。

沙漏顶部表示对于研究主题更为广泛的背景和基本原理的介绍。然后就像灯泡变窄一样，将内容聚焦于特定的上下文和研究目标。对于实证性研究来说，狭长的脖子表示方法和结果。对于一篇方法学研究来说，狭长的脖子表示一系列观点和论点。当倒置的底部灯泡的颈部开始扩张时，正文开始扩展到对研究结果的讨论。当然，还有其他可能的写作结构，但沙漏结构适用于教育、社会和健康科学的许多文章的结构。由于 *Journal of Mixed Methods Research* 的编辑 Fetters 和 Freshwater（2015b）之前曾撰写过一篇混合研究方法学文章，其中提供了详细的建议，因此本章剩余的内容将集中在实证性研究上。

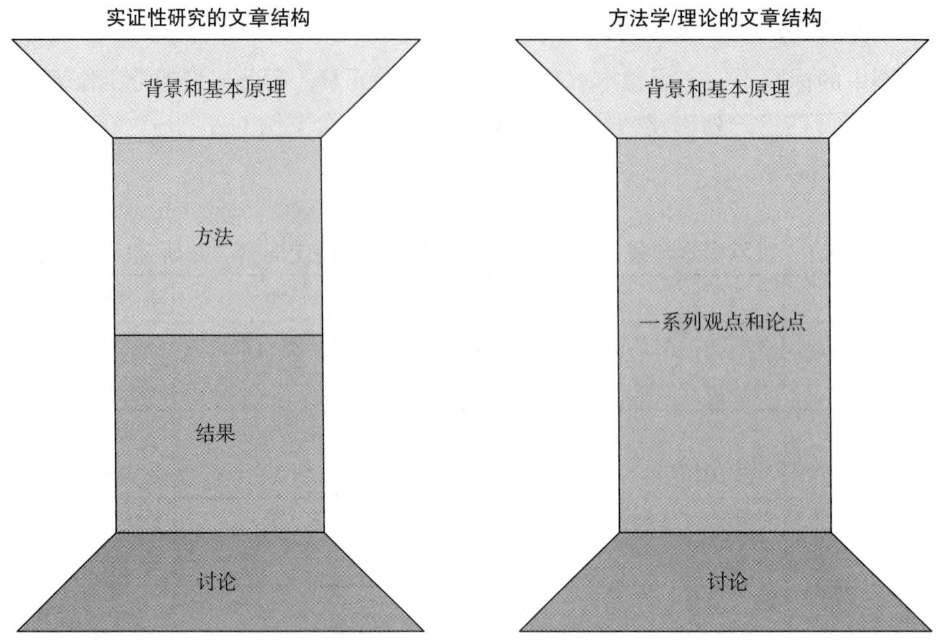

图 18.1 沙漏模式的撰写结构

利用沙漏模式撰写实证性混合方法研究文章

图 18.2 提供了更详细的沙漏模式的写作说明。这张展开的图有两个横跨沙漏的标题：左边是摘要，右边是全文。该模式包含沙漏的顶部灯泡、具有相关总体背景的引言（或背景）、具体背景、形成混合方法研究的理论基础以及研究目标。方法部分相当于长脖子的上半部分，包括混合方法设计、数据收集和整合分析。结果部分为长脖子的下半部分，包括结果的第 1 至 5 段，大致是对研究表格和图表的解释。许多期刊要求实证性研究的图表限制在 5 个以内。通常，每个段落都介绍一个新的研究发现。沙漏底部的灯泡代表讨论，在这里，作者表达了研究中有关采用混合方法的研究发现，并结合已发表的文献对该领域更广泛的意义进行阐述。作者通常会写一段关于这项研究的局限性，以及一段关于更深远的影响和未来研究方向。

混合方法研究摘要

文章的摘要非常重要，因为它通常是整个研究呈现给读者的第一个部分。摘要的质量决定了是否会被会议接受和安排在会议中特定的位置。摘要是提交发表文章的关键部分。如图 18.2 所示，学术会议的摘要通常包括 4 个部分：引言（或背景）、方法、结果和讨论（或结论）。引言、方法和讨论的比例都约为总字数的 1/5，或是 250 字摘要中的 50 字左右。相比之下，对于 250 字摘要，结果的比例约为 2/5，约为 100 字。在不同的学科领域，我看到的摘要总字数为 100 ~ 500 字不等。使用各部分内容所占比例可以帮助你进行结构设计，避免赘述。赘述是指所起草的文本比计划提交的期刊或会议等所要求的字数多得多。这就使得将文本数量修改至适当长度需要大量的修订工作，从而降低工作效率。

结构化和非结构化摘要。一些学术会议和期刊需要结构化摘要，而有一些则要求非结构化摘要。**结构化摘要**是由 4 个部分组成的研究总结，通常是引言 / 背景、方法、结果和讨论 / 结论。必须按照这样的格式要求撰写摘要。**非结构化摘要**是不需要特定结构的研究摘要。通常不需要包含结构化摘要中的 4 个部分（引言 / 背景、方法、结果和讨论 / 结论）的小标题。不过在撰写非结构化摘要时，你也可以遵循这四个部分来写，然后在提交时删去小标题。

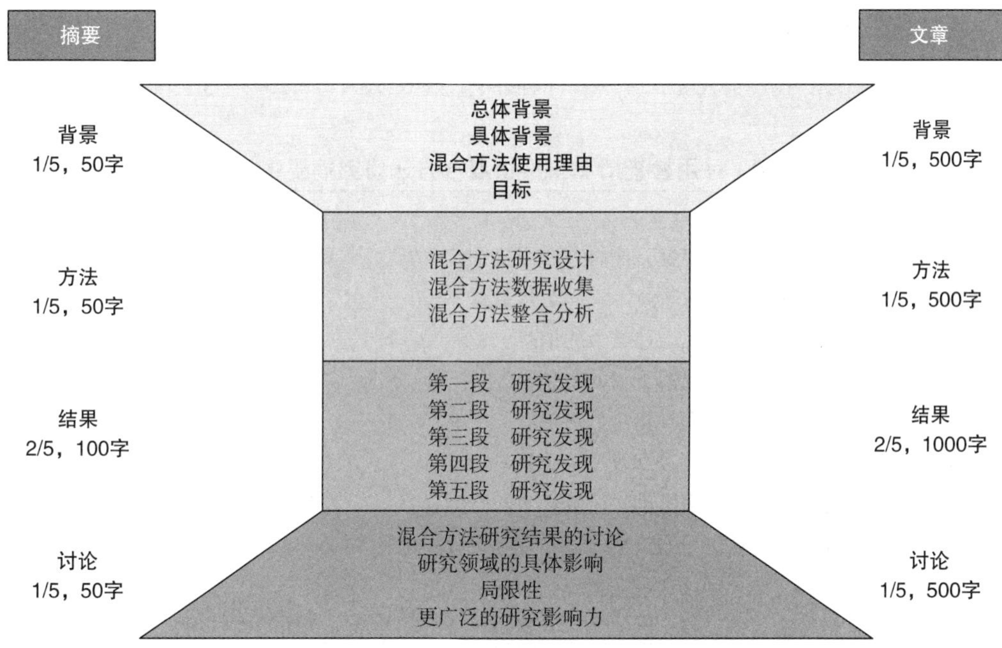

图 18.2 使用沙漏模式撰写混合方法研究文章和摘要

撰写混合方法研究摘要的策略和要点。混合方法研究摘要有几个特点（图 18.2）。引言（背景）提供了进行混合方法研究的理论基础，即需要进行定性和定量数据收集的必要性（见第 1 章）。Creswell 和 Creswell（2018，P. 108）强调了“叙事挂钩”，将其定义为“用来吸引读者进入一项研究”。对于一项混合方法研究，“叙事挂钩”会提出一个需要采用混合方法的问题或现象。此外，研究应该有一个良好的混合方法研究目的，收集的数据类型是明确的或至少是有迹可循的。第 5 章回顾了有效的定性和定量问题以及对应的具体方法。在方法部分，摘要里应包括混合方法研究设计、两类数据采集与分析，以及数据整合过程。结果部分应该描述混合方法的研究发现，可能是定性的、定量的和混合的，也可能是一系列混合的研究发现或对这两种类型的综合研究发现。讨论应突出这两类数据的具体研究结果及其对该领域的意义。通常这部分是两个句子大约 50 个单词。根据你所在领域期刊的典型摘要长度，句子的总数是可以预估的。写一篇 250 字的摘要只需要 10 句话，350 字的摘要大约需要 14 句话。要想高效写作，避免赘述，一定要简洁明了，并且要注意句子数量，它可以相对有效地将文字降到合适的长度。

练习：为了学术会议或论文撰写一个混合方法研究摘要

以图 18.2 作为参考，利用工作表 18.3 起草你的摘要。使用结构化格式撰写引言 / 背景、方法、结果和讨论 / 结论。尤其要注意图 18.2 所示的字数比例。以下 7 个步骤将指导你成功起草一个混合方法研究摘要。

工作表 18.3 撰写混合方法研究摘要

字数	比例	部分
10 ~ 20		标题
50	1/5	引言 / 背景
50	1/5	方法
100	2/5	结果
50	1/5	讨论 / 结论

练习：检查混合方法研究摘要中的关键要素

为了确保你已经起草一个完整的摘要，请使用工作表 18.4 中的清单进行审核你的摘要内容。

工作表 18.4 采用检查清单来评估混合方法研究摘要中的关键要素

- □ 是否遵循学术会议或期刊的规范？
- □ 引言：研究问题是不是具有使用混合方法研究的必要和价值？
- □ 引言：研究目的是否表明需要同时收集定性和定量数据？
- □ 方法：是否包含有关混合方法研究设计类型的信息？
- □ 方法：是否包含有关定性和定量数据收集的信息？
- □ 方法：是否讨论了定性和定量数据收集是如何关联起来的？
- □ 结果：是否同时提供了定性和定量数据收集的结果？
- □ 结果：是否根据定性和定量的结果提供相关解释或综合推论？
- □ 讨论：是否说明了使用这两种类型的数据对研究现象 / 问题的理解有何新贡献？
- □ 讨论：是否阐明了研究对整个领域的意义？
- □ 如果你已经写完这篇文章，可以找到以上所有元素吗？是否与文章正文所写内容相匹配？

使用沙漏模式撰写混合方法研究文章主体

完成摘要后，现在你可以集中精力写文章了。如前所述，沙漏模式可以为你提供混合方法研究撰写结构（图 18.3）。

引言。混合方法研究的独特之处在于需要考虑定量和定性研究，将文献中的定性和定量结果作为研究的理论基础。背景中应该为混合方法研究提供理论基础，并引出混合方法研究的目标或研究问题。实证性混合方法研究的引言部分的预期长度将不超过文章总字数的 1/5，例如，一个 2500 字数限制的期刊文章，其中引言部分预计不超过 500 字（约 2 ～ 3 段）。如果是一篇 3500 字的文章最多约 1400 字（约 4 ～ 5 段）。

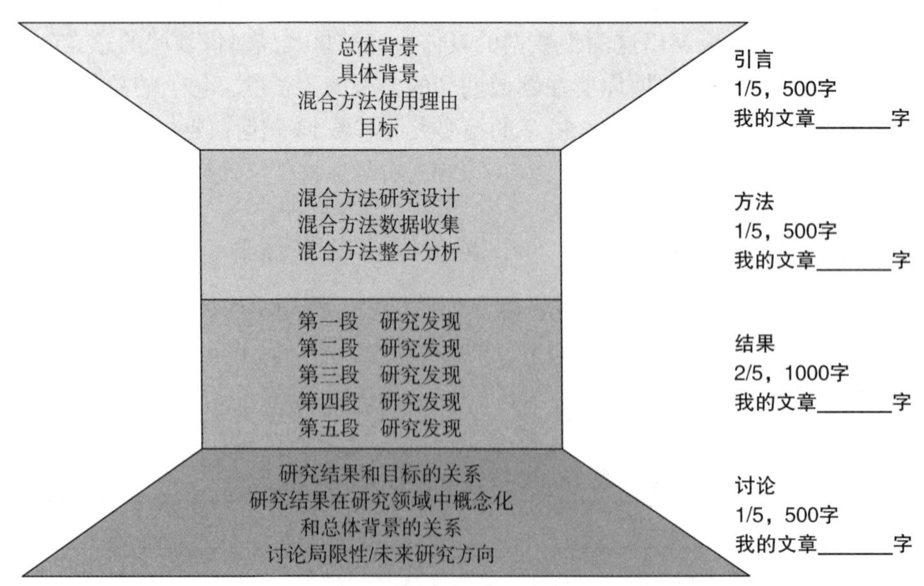

图 18.3 沙漏模式撰写混合方法研究文章和字数分布

方法。在混合方法研究中确保方法部分简洁明了是具有挑战性的，因为需要描述包括定性和定量的方法流程。在撰写混合方法研究设计之后，会发现在描述研究地点、研究对象、抽样方法和数据收集过程时会有部分重叠。当存在一个或多个维度的重叠时，最好在同一小节中对这两个维度进行说明，以避免重复。例如，在 MPathic-VR 研究中，定性和定量数据中的研究地点、研究对象、抽样方法和数据收集是相同的，可以一起描述（Kron et al.，2017）。相比之下，在 Harper 的关于校长在创造学业乐观文化中的角色的研究中，定量和定性方面的研究地点、研究对象、抽样方法和数据收集过程是不同的（Harper，2018）。实证性混合方法研究的方法部分的预期长度约为总字数的 1/5，例如，一个 2500 字数限制的期刊文章，方法部分占 500 字（约 2 段），一篇 3500 字的文章最多 700 字（约 3 段）。

结果。结果部分描述的是研究发现，通常可以通过图表来呈现。第一段大体是研究对象的基本信息。后续部分将根据混合方法研究结果依次呈现。在序列设计中，收集数据的顺序对于定性和定量结果的呈现是最有意义的，因为第一个方法发现的结果（例如，Harper 研究中的调查结果，定量结果）提示需要用第二个方法进一步收集数据（例如，Harper 研究中的定性访谈，定性结果）。在可能的情况下，将各种不同方法得到的结果放在一起，即结果的联合展示，是一种非常有效的方法，有助于解释混合研究的发现。使用第 14 章中的练习将有助于识别定性和定量联系之间的共同结构，并进行联合展示。实证性混合方法研究的结果部分预期长度将约为总字数的 2/5，例如，一个有 2500 字字数限制的期刊文章，结果部分预计长度为 1000 字（约 5 段），一篇 3500 字的文章结果部分最长约为 1400 字（约 6 ~ 7 段）。

讨论。讨论部分的主要考量是如何阐述通过混合方法来实现额外价值。一般而言，本部分首先呈现对于研究目的或问题的混合方法研究结果。混合方法研究的独特之处在于需要同时考虑定量和定性的结果以及相关文献作为理论基础。学术论文写作通常有一个描述研究局限性部分，读者会期望在讨论部分的后面呈现这部分内容。使用第 16 章中提出的研究完整性注意事项来指导这部分的写作。讨论部分的预期长度不超过总字数的 1/5，例如，2500 字数限制的期刊文章为 500 字（约 2 个长段或 3 个短段），3500 字的文章最多约 1400 字（约 4 ~ 5 段）。

沙漏模式所代表的结构在许多混合方法研究文章中或多或少都可以找到。牢记每一节的任务，字数限制将有助于你开始高效的写作。

撰写能反映混合方法独有特点和策略的文章或章节

高效地进行混合方法研究的写作

写论文最好的办法就是坚持把它写完！虽然这听起来可能微不足道，但学术道路上到处都是不完整的论文或章节的碎片，这些论文或章节起初都是计划完成的，但却因为各种原因没有坚持写完。作者可以使用许多不同的策略来完成论文。以下建议可以指导你撰写混合方法研究文章。

撰写准备

在撰写拟发表的论文时，写作之前需先确定前 3 个关键点（见第 17 章）。在手稿的首页列出这些选项，包括字数限制，甚至可以列出拟投稿的期刊选项。将与研究相关的材料汇集起来，包括研究标书、基金申请、图、表格、以前起草的文本、口头报告的幻灯片、海报，尤其是之前撰写的摘要。即使你正在写一篇大论文，提前计划好你将在哪里发表也将有助于你推动论文的进展。

根据写作模板起草大纲

起草一篇论文的大纲，始于工作表 18.3 中创建的研究标题。你可能已经改过多个版本，但随着研究标题和文章方向变得更加清晰，你可能还会做进一步的修改。如果你现有的摘要是基于工作表 18.3，可以将其作为第一个写作大纲。利用图 18.2 并根据拟投稿期刊来确定各部分的大致字数。在写学位论文时，字数似乎并不重要，但最好在成功答辩之后，准备投稿前，将文字调整到期刊要求的字数。所需修订越少，投稿就越有可能及时完成。实证性混合方法研究文章的写作结构主要有定量引导和定性引导两种。

定性引导和定量引导的写作结构

定性引导的写作结构是混合方法研究论文中一种记录和呈现研究结果的方法，通常定性过程发生在定量过程之前，例如，探索性序列设计或聚敛式设计。在序列设计中，定性数据收集发生在定量数据收集之前。在聚敛式设计的研究中，它表明研究所呈现的流程框架是定性研究提供了框架结构。定性引导的写作结构可以参考工作表 18.5，在模板空白处记录写作规划，使用文字处理器根据工作表中的关键元素起草研究论文大纲。

定性引导的写作不应该与定性驱动的混合方法研究相混淆（Hesse-Biber，Rodriguez 和 Frost，2015）。定性驱动的混合方法研究是一种通过哲学和理论取向（如建构主义、批判理论、女权主义观点，以及定性方法在框架、行为、分析和解释中占主导地位）来强调定性范式的方法。定性驱动的研究通常是定性引导的，但并不是所有定性引导的研究都必然是定性驱动的。

工作表 18.5 使用模板撰写定性引导的混合方法研究论文

引言

- 相关的一般背景（宏观背景）（1 ~ 2 段）
- 具体问题
- 选择混合方法研究设计的理由
- 研究问题（先定性后定量）

方法

设计：探索性或聚敛式（定性引导的）混合方法研究设计

定性阶段

- 数据收集方式
- 研究环境
- 研究对象
- 工具
- 数据收集过程

定量阶段

- 数据收集方式*
- 研究环境*
- 研究对象*
- 工具
- 数据收集过程

混合方法整合

结果

交织的方法

- 第一个整合后的研究发现，先定性后定量
- 第二个整合后的研究发现，先定性后定量
- 第三个整合后的研究发现，先定性后定量
- 第四个整合后的研究发现，先定性后定量

或

连续的方法

- 定性发现，如段落 1、段落 2、段落 3
- 定量发现，如段落 1、段落 2、段落 3
- 混合方法发现（可选择），段落 1、段落 2、段落 3

讨论

- 基于本研究，我们现在知道……
- 影响 #1 和相关文献
- 影响 #2 和相关文献
- 影响 #3 和相关文献
- 局限性
- 最终结论 +/– 未来研究方向

* 只有在与已经写好的描述不同的情况下才使用。

定量引导的写作结构是混合方法研究论文中记录和呈现研究结果的一种方法，通常是定量过程发生在定性过程之前，例如，在解释性序列设计或聚敛式设计中。在解释性序列设计研究过程中，定量数据收集发生在定性数据收集之前。在聚敛式的设计中，它表明研究报告所呈现的流程框架是定量研究提供了框架结构。定量引导的写作结构可以借鉴工作表 18.6，在模板空白处记录写作规划。

定量引导的写作不应该与定量驱动的混合方法研究混淆（Hesse-Biber et al.，2015）。定量驱动的混合方法探究是一种通过哲学和理论取向（例如后实证主义）来强调定量范式的方法，以及定量方法在框架、实施、分析和解释中占据主导地位。虽然定量驱动的研究很可能是定量引导的，但并不是所有的定量引导的研究都是定量驱动的。

工作表 18.6 使用模板撰写定量引导的混合方法研究论文

引言

- 相关的一般背景（宏观背景）（1 ~ 2 段）
- 具体问题
- 选择混合方法研究设计的理由
- 研究问题（先定量后定性）

方法

设计：解释性或聚敛式（定量引导的）混合方法研究设计

定量阶段

- 数据收集方法

- 研究环境
- 研究对象
- 工具
- 数据收集过程

定性阶段

- 数据收集方法*
- 地点*
- 研究对象*
- 工具
- 数据收集过程

混合方法整合

结果

交织的方法

- 第一个整合后的研究发现，如先定量后定性
- 第二个整合后的研究发现，如先定量后定性
- 第三个整合后的研究发现，如先定量后定性
- 第四个整合后的研究发现，如先定量后定性

或

连续的方法

- 定量发现，如 1 ～ 3 段
- 定性发现，如 1 ～ 3 段
- 混合方法发现（可选择），1 ～ 3 段

讨论

- 基于本研究，我们现在知道……
- 影响 #1 和相关文献
- 影响 #1 和相关文献
- 影响 #1 和相关文献
- 局限性
- 最终结论 +/– 未来研究方向

* 只有在与已经写好的描述不同的情况下才使用。

练习：使用模板撰写混合方法研究项目

从工作表 18.5 和工作表 18.6 中选择一个适合你研究的模板进行创建写作大纲。定性引导的模板（工作表 18.5）既适合探索性混合方法研究序列设计，也适合定性引导的聚敛式混合方法研究设计（参见第 7 章）。定量引导的模板适合解释性序列设计和定量引导的聚敛式混合方法研究设计（工作表 18.6）。如果你正在写一篇混合方法的学位论文，你还可以使用工作表 18.8 的模板来指导学位论文写作。

推荐的撰写论文的步骤

表 18.1 推荐了撰写论文的步骤。初学者经常惊讶地发现，论文写作的前期工作竟如此之多。

也许更令人惊讶的是，文章呈现的各部分顺序，即引言、方法、结果和讨论，不一定是撰写文章最高效的顺序。从逻辑上讲，似乎写作应该从第一句开始，至最后一句结束。在使用这种格式多年后，我收到了一位智者的建议，他建议我先写方法，再制作研究图表，之后在结果部分对图表内容进行汇总和说明。引言和讨论可以同时撰写，因为许多引用的文献都是相同的。到目前为止，从方法部分开始写作是我更喜欢和推荐的实证性研究的写作方法，因为我发现在数据收集时及时记录信息比较容易，而且信息也新鲜；此外，还有助于加快结果的撰写速度。

1．选择合适的混合方法研究模板

工作表 18.5 和 18.6 为撰写混合方法研究论文提供了通用模板，分别用于先定性后定量的模式（工作表 18.5），及先定量后定性的模式（工作表 18.6），请选择最适合自己研究设计的模板。

2．撰写方法部分

在撰写其他部分之前先写方法部分的原因如下：①方法是已经完成的项目的第一部分。②论文的各部分中，方法的结构最像“配方”，也最容易撰写完成。③方法的流程通常与结果部分的顺序一致。因此，为了保持顺序的一致性，如果先提出定性的方法，那么定性的结果将是第一位的。如果先提出定量的方法，那么结果也将是第一位的。

表 18.1　撰写混合方法研究论文的推荐步骤

1．选择合适的混合方法研究模板（图 18.2 或图 18.3）。
2．使用摘要（工作表 18.4）大纲或其他的结构撰写方法部分。
3．完成研究的表格、图例和示意图。
4．通过总结和解释图表中的关键结果撰写结果部分。
5．同时撰写引言和讨论。
6．对全文进行编辑，修改前后表述不一致的地方，大声朗读，再编辑修改。
7．检查摘要是否与全文主要内容一致。
8．发送给同事或团队成员以获得反馈意见。
9．汇集和修改所有意见、投稿和庆祝！

我建议在开始进行数据收集时就撰写研究方法部分。如果数据收集已经结束很久，请尽快开始撰写，因为数据收集过程的细节很容易被遗忘。尽早详细地写下方法部分还可以促进方法学文章的进展。

3．完成研究的表格、图例和示意图

在大多数期刊中，作者基于研究表格、图例和示意图来组织结果部分。许多期刊将这些可视化展示的总数量限制在 5 个以内。在准备撰写结果部分时，表格、图例和示意图应该提前定稿，并检查其内容、结构和顺序，以便最好地讲述研究结果的故事。使用专为混合数据呈现而设计的可视化联合展示（第 14 章）或其他高级格式（第 15 章），有助于实现混合方法结果的展示效果。尽量使用这些高级的可视化展示，并对其流程进行清晰的阐释。

4．撰写结果部分

在一篇混合方法研究论文中保持一致性有助于避免逻辑混乱。因此，按照方法中给出的相同顺序组织结果通常是最佳的选择。撰写过程就是一个整合一系列定性和定量结果的过程。图

例展示了定量引导的和定性引导的方法。连续呈现的方式是将一种方法的结果紧接着在另一种方法的结果后面呈现，定性和定量的结果从内容上来讲是独立呈现的，直到讨论部分，才将两种类型的研究结果整合，并进行解释（Fetters et al.，2013）。

5．同时撰写引言和讨论

引言和讨论通常是一篇文章中最难写的部分。其挑战在于需要很好地掌握文献，在引言中阐明理论基础，并思考这项研究为该领域产生了哪些新认知。对于任何一项研究，通常都需要在研究实施和数据分析后才能知道结果。由于最重要的研究结果通常要在数据收集、分析和解释完成后才能知道，所以在对结果进行解释之前，作者并不知道在引言和讨论中应该强调什么。因此，较高效的做法是先完成等方法、表格、图例、示意图和结果。如图 18.4 所示，如字母（a）至（c）所示，大致有 3 个结构原则需要遵循。这意味着引言的主要内容应该与讨论部分的对应。如图 18.4a 箭头和图 18.4.b 箭头所示，在讨论开始时应有涉及论文研究目标 / 问题的内容，讨论中应有论述理论和具体背景的内容。最后，如图 18.4.c 箭头所示，讨论部分还应该强调研究结果的局限性和对未来研究或行动的更广泛影响。

初步研究结果和混合方法研究目标（图 18.4 a 箭头）。研究结果对于一些研究的研究目标撰写可能不会有影响，但对有些研究，结果可能会影响研究目标的撰写。无论是何种情况，当研究结果完成时，研究人员应该反思研究结果的范围及如何阐明所述的研究目标。此外，应该重新审视这项研究的理论基础。尤其是，混合方法的研究结果如何解释混合方法研究的理论基础。

领域背景和对领域的具体影响（图 18.4 b 箭头）。撰写讨论部分时，最好先回答这样一个问题："我们从这项研究中知道了什么是在此研究之前我们并不知道的？"研究人员需要阐明有关研究结果对该领域产生的影响。因此，虽然上一节关注的是研究结果在多大程度上达到了研究目的，但研究人员现在必须更广泛地（随着沙漏的扩大）考虑这些结果之外的意义。这需要结合研究结果及相关主题的现有文献。了解这些结果有助于将重点放在文献综述上，并保证大致的字数分配。

总体背景、局限性和更广泛的研究影响力（图 18.4 c 箭头）。在讨论的最后部分，应该清楚地说明这项研究的局限性和更广泛的影响。这一内容类似于引言中的背景陈述。通常，局限性意味着未来的研究领域，这可以在影响更广泛的讨论中列出。简而言之，在整个引言和讨论中，围绕研究结果，将文献聚焦在关键的研究结果上。

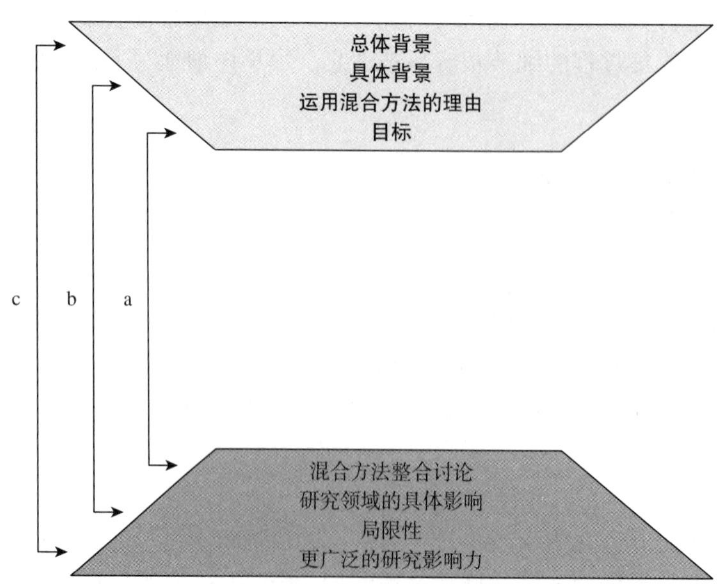

图 18.4　构建混合方法研究论文和章节的引言和讨论部分

6. 全文编辑，前后一致，大声朗读，再编辑

一定要根据修改的内容重新阅读全文并进行编辑，确保论文的结构总体上反映了你所使用的混合方法研究设计。需要注意全文表述的语言要一致，也就是说，在整个过程中，是否使用相同的语言来识别相同的概念？确保一致性的一种方法是创建一个词汇表，并列出你计划使用的单词。最后，即使在文字处理阶段，当你大声朗读论文时，仍然会发现新的错误。最后一步，在进行格式更改时再阅读一遍论文，你还会发现以前没有看到的错误。

7. 检查摘要是否一致

虽然摘要有助于指导论文正文的撰写，但在撰写实际论文时，关键短语或要素往往会发生变化。确保摘要中的内容与正文相关联、相一致，尤其要确保关键结果没有改变！如果在写作过程中有更改，需及时更新摘要。

8. 发送给同事或团队成员以获得反馈意见

如果你们是团队工作，一定要把接近终版的草稿发给所有作者。你还可以和同事分享，他们可以预先给你一个客观的同行评议结果，以减少论文中明显的错误。给所有作者审阅时需要注意提醒作者返回意见的截止时间。如果你送审的是一篇毕业论文，请先预估一下何时送出相关章节。因为，一些评审人可能喜欢审查已完成的草稿，而其他人可能更喜欢分章节分批次评审。当你收到反馈时，记住，大多数但不是所有建议都是好建议。你可能会收到相互冲突的建议。要解决此问题，可以咨询你的导师或资深同事，以帮助你解决不可避免的意见冲突。这次审核应该特别关注混合方法撰写的清晰度，文中是否有效地表述了研究过程，是否包含整合的过程？

9. 汇集和修改所有意见、投稿和庆祝！

在收到混合方法研究论文的所有修改建议后，汇集意见并进行更改。仔细检查字数是否过多，虽然可能你认为你的选题和内容对你个人来说非常重要（大多数人都这么认为），而编辑们还是需要遵守期刊规则。确保你已经按照期刊 / 书籍 / 学位论文指南重新检查你的论文。然后就可投稿或提交了！（也需知道如果被拒绝，下一步该投去哪里——参见第 17 章）。

练习：检查实证性混合方法研究文章中的关键要素

为了确保你遵循了混合方法研究论文中的要素，请填写并核查图 18.2 中你的摘要和正文每个部分的字数。此外，请检查工作表 18.7 中描述的元素，即评估混合方法研究论文中常见元素的清单。

工作表 18.7 使用检查清单评估实证混合方法研究文章中的关键要素

□ 你遵循杂志的规范要求了吗？
□ 引言：研究问题是不是具有使用混合方法研究的必要和价值？
□ 引言：是否明确了你的哲学立场和理论基础？
□ 引言：是否阐述了使用混合方法的合理性？
□ 引言：研究目的是否表明需要同时收集定性和定量数据？
□ 方法：是否包含有关混合方法研究设计类型的信息？
□ 方法：是否包含有关定性和定量数据收集的信息？

- ☐ 方法：是否讨论了定性和定量数据收集是如何关联起来的？
- ☐ 结果：是否同时提供了定性和定量数据收集的结果？
- ☐ 结果：是否使用了联合展示来呈现混合方法研究的结果？
- ☐ 结果：是否根据定性和定量的结果提供相关解释或综合推论？
- ☐ 讨论：是否说明了使用这两种类型的数据对研究现象 / 问题的理解有何新贡献？
- ☐ 讨论：是否阐明了研究对整个领域的意义？
- ☐ 如果你已经完成这篇文章，可以找到以上所有元素吗？文章所有内容是否前后一致？

创建论文写作大纲

工作表 18.8 提供了一个模板，用于创建混合方法研究学位论文的大纲。该模板具体包括引言、文献综述、方法、结果和讨论 5 章。借鉴第 5 章创建引言章节，第 3 章创建文献章节。对于方法一章，这一模板结构最适合定量引导的聚敛式设计，因为模板中的内容暗示着定性和定量的主题是相同的。你可能会发现工作表 18.6 和工作表 18.7 对特定章节很有帮助。需要记住的是，模板的作用是指导你的写作，而不是限制你的写作。你需要判断什么样的结构最适合你。关于论文的团队合作，如果你的导师只接受过定性研究或定量研究的单一方法培训，那么你需要与其他研究生一起组成学习小组，更有助你的论文写作。如果有混合方法研讨会，你可以请一位指导老师参与你的论文写作讨论。

工作表 18.8　使用模板创建论文写作大纲

（注：请考虑自己所在学校的指导和模板要求）

引言章节

- 研究所要解决的问题
- 背景
- 目的陈述
    - 可行的研究问题

文献章节

方法章节

- 确定研究设计，参考流程图
- 抽样
- 定量数据收集
    - 使用描述和经过信效度检验的测量方法
    - 定性数据收集
    - 有访谈提纲的半结构化访谈
- 定量分析
    - 卡方检验和 t 检验
    - 检验水准 α=0.05
    - SPSS 软件
- 定性分析
    - 定性比较方法

- QSR N6.0（或称 NVivo）
- 混合方法整合
  - 如与个人特点相关的主题
  - 如联合展示

结果章节

- 描述统计
- 卡方检验和 t 检验结果
- 定性主题

讨论章节

- 总结结果
- 讨论局限性
- 混合方法整合分析
  - 联合展示
  - 报告整合结果
  - 讨论和比较本研究主要发现与其他文献的异同
- 讨论意义
  - “这项研究的特别贡献是……”

Acknowledgment：Reproduced and adapted with permission of Dr. Timothy Guetterman，who adapted previous versions of the writing template for a dissertation or thesis.

应用练习

1. **确定你所在领域的实证性研究**。进行文献搜索，找出你所在领域的实证性混合方法研究，最好是使用与你的设计相同的方法。评估文章的摘要和全文，了解工具箱 18.5 和 18.6 中的要素。这篇文章还能有什么改进呢？在时间允许的情况下，向你的同学们或同龄人展示这篇文章，并识别关键要素和报告质量。
2. **同伴反馈**。如果可能的话，与同伴组合，花大约 5 分钟谈论标题、摘要和文章。轮流讨论工作表并给出反馈。如果你是独立工作，请与同事或导师分享你的方案。
3. **同伴反馈指导**。当你倾听搭档的研究分享时，可以学习和磨炼批评技巧。你的目标是帮助你的同伴完善标题、摘要和文章。帮助他们把重点放在正文和摘要中的混合方法整合。专注于你的同伴最需要反馈的部分。
4. **小组汇报**。如果你在教室或大型研讨会中，请志愿者展示他们的研究标题、摘要或正文。思考一下这些相同的问题在你自己的项目中可能会有什么影响。
5. **同行评议**。在你的班级或同行成员之间匿名分发摘要和正文，并设定 30 ~ 60 分钟的时间限制，每个人都担任同行评议员。每个人都应该提供书面反馈，你再汇总反馈。

总结思考

使用下列清单来评估你这一章的学习目标达成情况：

- □ 我识别了我的写作优势和写作方法。
- □ 我学习了撰写混合方法研究论文标题的 4 个要素。
- □ 我掌握了撰写混合方法研究论文的沙漏模式。
- □ 我为撰写我的混合方法研究论文制定了一个定量或定性引导的大纲。
- □ 我学习了混合方法研究中摘要的基本要素。
- □ 我理解了一篇论文中应该包含的基本混合方法要素。
- □ 我为自己的混合方法研究论文构建了一个大纲。
- □ 我和同事回顾了第 18 章的发表计划，以构建我的写作方法。

工作表 18.2 参考答案

- □ 我为撰写我的混合方法研究论文制定了一个定量或定性引导的大纲。大型石油公司的中高级管理人员对积极主动的环境响应战略和具有竞争力的公司战略的看法：一项探索性混合方法研究序列设计。
- □ 我为撰写我的混合方法研究论文制定了一个定量或定性引导的大纲。中学校长和教师对校长在营造学业乐观文化中作用的看法：一项解释性混合方法研究序列设计。
- □ 我为撰写我的混合方法研究论文制定了一个定量或定性引导的大纲。使用虚拟人培训系统教授二年级医学生沟通技巧：一项采用聚敛式混合方法研究的多中心随机对照试验。

拓展阅读

1. 关于撰写混合方法研究论文的拓展阅读

- Bazeley, P. (2015). Writing up multimethod and mixed methods research for diverse audiences. In S. Hesse-Biber & R. B. Johnson (Eds.), *The Oxford handbook of multimethod and mixed methods research inquiry* (pp. 296–313). New York, NY: Oxford University Press.
- Bronstein, L. R., & Kovacs, P. J. (2013). Writing a mixed methods report in social work research. *Research on Social Work Practice, 23*(3), 354–360.
- Creswell, J. W., & Plano Clark, V. L. (2018). *Designing and conducting mixed methods research* (3rd ed.). Thousand Oaks, CA: Sage.
- Fetters, M. D., & Freshwater, D. (2015). Publishing a methodological mixed methods research article. *Journal of Mixed Methods Research, 9*(3), 203–213. doi:10.1177/1558689815594687
- Guetterman, T. C., & Salmoura, A. (2016). Enhancing text validation through rigorous mixed methods components. In A. J. Moeller, J. W. Creswell, & N. Saville (Eds.), *Second language assessment and mixed methods research (studies in language testing)* (pp. 153–176). Cambridge, UK: Cambridge University Press.
- Leech, N. L. (2012). Writing mixed research reports. *American Behavioral Scientist, 56*(6), 866–881.
- Leech, N. L., & Onwuegbuzie, A. J. (2010). Guidelines for conducting and reporting mixed research in the field of counseling and beyond. *Journal of Counseling & Development, 88*(1), 61–69.
- O'Cathain, A. (2009). Reporting mixed methods projects. *Mixed methods research for nursing and the health sciences*. In S. Andrew & E. J. Halcomb (Eds.), *Mixed methods research for nursing and health sciences* (pp. 135–158). Oxford, UK: Wiley-Blackwell Publishing.

2. 关于制定和撰写混合方法研究方案、学位论文的拓展阅读

- Creswell, J. W., & Plano Clark, V. L. (2018). *Designing and conducting mixed methods research* (3rd ed.). Thousand Oaks, CA: Sage.
- DeCuir-Gunby, J. T., & Schutz, P. A. (2016). *Developing a mixed methods proposal: A practical guide for beginning researchers*. Thousand Oaks, CA: Sage.

附　件

为了保持实践手册中各部分内容的关联，该实践手册主要采用了 3 项研究作为示例，一项是附件 1 中来自 Sharma 和 Vredenburg（1998）的商业领域的研究，一项是附件 2 的来自 Harper（2016）的教育学领域的研究，以及附件 3 来自 Kron 等的健康科学领域的研究（2017）。

附件 1. 混合方法研究在商业领域的应用示例

具有商科背景的 Sanjay Sharma 和具有管理背景的 Harrie Vredenburg 认为，将企业环境响应能力与组织能力和绩效联系起来的论点还是理论层面的（Sharma & Vredenburg，1998）。为了探索环境策略与发展能力之间的联系，并了解应急能力和竞争结果关系的本质，作者开展了两阶段的定性研究。第一阶段，他们对加拿大石油和天然气行业的 7 家公司进行个案研究，对其中高层管理人员进行了 19 次深度访谈。第二阶段，他们在 1.5 年内对每位高管进行了 2 ~ 5 次不等共计 27 次的纵向访谈。基于定性研究结果，结合有关企业的社会表现、环境响应策略、组织学习和资源基础论的文献资料，确定了两家在环境方面积极主动响应的公司和 7 家在环境方面被动应对的公司。他们进一步提出关于企业环境响应能力与组织能力和绩效之间联系的假设。第三阶段，为了验证第一阶段提出的假设，他们向 110 家公司发送了邮件，进行了包含有 95 个条目的 7 分 Likert 量表的调查，其中有 99 家公司应答（应答率为 90%），以调查加拿大石油和天然气企业的环境策略。基于这项混合方法研究，他们证明了对企业和生态问题之间不确定性的主动响应策略，与各企业特有的组织能力有关，这些能力对企业竞争力是有影响的（Sharma & Vredenburg，1998）。

附件 2. 混合方法研究在教育领域的应用示例

具有教育领导学背景的 William A. Harper（2016）试图了解校长如何通过改善学校文化来提高学生的学业成就。他注意到有研究发现学业乐观和学业成就之间呈正相关关系，他在阿拉巴马州的 218 所中学中选择了 26 所中学，评估了学校不同的社会经济地位（高、中、低）与学生成就高低的关系。通过相关、回归和递归分割分析，他发现学业乐观并不是阅读或数学成绩的预测指标，而对学业的重视程度（学业乐观的一个维度）才是学习成就的重要预测指标。为了解释这些发现，他随后定性地探索了学业乐观的 3 个维度（即教师集体对学生和家长的信任、集体效能和学校对学生的学业重视）与学业成就之间的关系。他考虑了学校规模、社会经济地位和地理位置因素，通过最大差异抽样，选择了 11 位高中校长进行访谈，识别出 5 种可产生影响的策略：基于数据的决策、团队合作、主要的教师支持、一致性沟通和对学业成就的例行庆祝，这有助于学业乐观的文化形成。基于混合方法，他从定量研究中发现对学习成就的影响主要表现在学业乐观中对学业的重视程度这一维度上，然后通过访谈校长来了解形成可促进学业文化的 5 种实用策略，进一步解释了研究结果。

附件 3. 混合方法研究在健康科学领域的应用示例

学术型家庭医生，好莱坞电影作家 Frederick W. Kron Frederick W. Kron，2017 年指出，卓越的沟通技巧对于改善健康结局具有极其重要的意义，因此成立了一个多学科团队，以满足医学生同理心教育的迫切需求。基于预试验证实了应用虚拟人系统进行共情教学的可行性，研究小组设计了一项随机对照试验，将来自 3 所医学院的学生随机分配到接受虚拟人系统训练的干预组（$n = 210$）或接受标准化的基于计算机模块学习的对照组（$n = 211$），然后测试学生在临床能力评估过程中使用沟通技巧的能力。研究发现，试验组的学生接受虚拟人系统培训后，其临床表现要好于接受标准的基于计算机模块学习的对照组的学生。为了了解学生对这两种干预措施的体验，所有学生撰写了用于定性研究反思小短文，并完成了有关其体验的定量的结构化调查，结果发现虚拟人系统训练与标准化的基于计算机模块学习的关键区别在于虚拟人系统训练的互动性。基于混合方法试验，研究者客观地证明了虚拟现实环境干预是有效的，接受虚拟人系统训练的学生临床能力也因此表现得更好（Kron et al.，2017）。

名词解释

1. **结构化摘要**　一种通常包括引言 / 背景、方法、结果、讨论 / 结论 4 个组成部分的研究概要。
2. **非结构化摘要**　一种自由撰写无特定结构的研究概要。
3. **分析**　捋清定性、定量或混合方法数据背后规律和意义的过程。
4. **明确需求**　在开展一项混合方法研究或评估研究之前，收集定性或混合方法数据，以明确研究的需求。
5. **背景**　开展混合方法研究项目的依据。
6. **偏倚**　测量值与真值的偏差。
7. **衍生思考**　该活动旨在引发对常规数据收集流程之外的思考，激发大脑转变思考的角度。
8. **建构**　基于一种形式的数据收集和分析方法，形成另外一种形式的数据收集和分析方法。
9. **候选期刊**　可用于发表混合方法研究或评估研究的论文或文章的刊物。
10. **比较**　对感兴趣的目标现象进行定性和定量的数据收集，然后考察这两种类型数据的关联。
11. **连结**　使用一种类型的数据收集和分析结果来确定如何选择另一种数据收集类型的样本。
12. **构念**　某种认识、属性、心理构想、工作假说或理论。
13. **构建案例**　通过收集定性和定量数据，对正在研究的特定案例形成更稳健的解释。
14. **方便抽样**　选择最容易获得和接近的对象作为研究参与者的抽样方法。
15. **聚敛式混合方法研究设计**　一种同时可以点收集和分析定量及定性数据的方法。
16. **混合方法研究的核心设计**　3 种整合定性和定量数据收集、分析的基本设计类型，包括聚敛式设计、解释性序列设计和探索性序列设计。
17. **确证**　使用一种类型的数据验证另一种类型数据的研究结果。
18. **数据收集清单**　汇总定性和定量数据收集情况的完整列表。
19. **数据来源表**　用于区分混合方法项目中定性和定量信息来源的矩阵。
20. **描述性混合方法数据分析**　用于关联、比较定性和定量相关数据的 3 种方法，包括螺旋分析、寻找一条共同主线和往复交换。
21. **开发和验证模型**　用一种数据收集和分析方式建立理论或概念框架，然后用另一种数据收集和分析方式来测试其有效性。
22. **分解**　用定性和定量数据收集方式，来探索不同的数据切入点和片段。
23. **导向维度**　混合数据分析的框架，可以分为：单向，以定量数据或定性数据之一构建分析框架；或双向，定性和定量两者双向并存共同构建分析框架。
24. **领域**　总体领域，活动或思想范围。
25. **增强**　利用定性和定量结果的信息提高解释能力和意义。
26. **等效驱动的混合方法分析**　定性和定量部分在研究进程中占有同等的优先次序。
27. **扩展**　在混合方法研究项目中使用不同的方法扩展研究的宽度和范围。
28. **预期结果**　混合方法研究每一个研究目的的预期产出。
29. **解释**　通过后续定性数据的收集和分析，描述或阐明初始定量研究的发现。
30. **解释性混合方法研究序列设计**　先收集和分析定量数据，然后收集和分析定性数据来解释初始定量研究的结果。
31. **探索性混合方法研究序列设计**　先收集和分析定性数据以探索现象，然后收集和分析定量数据以检验定性部分发现的相关性或普遍性。

32. **探索** 开展定性数据收集和分析的目的：在开展后续的定量研究之前探索相关信息，以便后续的定量研究对该定性研究的发现进行验证和外推。

33. **文献空白** 现有文献中的漏洞/遗漏证明了某个具体项目的合理性。

34. **总体研究目标** 根据发现的文献空白，陈述研究主要目的。

35. **外推性** 来自样本人群的定量研究结果可外推到更广泛人群的程度，有时称为外部效度。

36. **外推** 将从初始定性阶段得到的结果和结论，扩展到随后的定量研究阶段，在具有代表性的样本中开展定量研究，通过统计学推断进行评估。

37. **产生和检验假设** 根据一种类型的数据产生研究假设，然后用另一种类型的数据进行测试。

38. **质量评价的通用方法** 根据不同设计类型的特点考虑质量标准。

39. **地理信息系统映射** 通过对空间信息的存储、管理、分析和显示，解决地理分布问题的过程。

40. **沙漏式写作模式** 一种用于指导研究论文写作的结构。

41. **涉人研究的合规性** 符合受试者保护的相关法规。

42. **涉人研究的伦理审查** 审查涉人研究对于相关法律法规和伦理原则的合规性。

43. **模拟游戏** 一种社会学研究者用于探索某一现象的文化背景的混合方法。

44. **影响因子** 一个描述期刊影响力的标准化评分体系。

45. **实施矩阵** 用于简要描述混合方法研究计划的图表，包括研究目的、流程、产出和其他。

46. **独立数据分析** 在整合定性和定量这两种类型数据的结果得出总体阐释之前，分别对定性和定量数据进行独立的检验、探索和阐释，从而推断混合分析结果意义的过程。

47. **质量的专门问题** 定性和定量部分都各自坚持严谨的质量标准，确保混合方法的质量。

48. **推论** 从样本中得出关于目标总体的结论。

49. **信息丰富个案** 能够从性质和本质上解释定性问题的案例。

50. **启发** 目的是寻找悖论和矛盾。

51. **机构伦理审查委员会** 得到正式授权和信任的组织，被授权评估混合方法研究中涉及伦理的内容是否符合伦理和法规要求。

52. **混合方法数据收集和分析阶段的整合目的** 将定性和定量数据进行关联，和（或）合并起来共同阐释混合方法研究结果的目的。

53. **整合目的** 将定性和定量的方法和维度关联在一起创建一个新的整体，或者获得比单独使用任何一种方法更全面理解的目的。

54. **交互数据分析** 基于对两种类型数据结果的实时理解来收集和分析数据，通过迭代性地检验、探索和阐释来推断混合分析结果意义的过程。

55. **方法间数据收集** 使用不同的流程收集定性和定量的信息。

56. **方法内分析** 应用定性和定量相应的传统分析程序，在各自的数据链中进行检验、探索和阐释来推断研究结果的意义的过程。

57. **联合展示** 用于呈现定性和定量数据收集流程或结果的图表，该图表具有一定的结构特征，使用并排式或其他并置方式呈现。

58. **联合展示分析** 通过多次迭代性的构建定性和定量结果的图表，整理定性和定量之间的关联和组织架构，以更好地理解混合方法的结果和意义的过程。

59. **联合展示关联** 将定性和定量数据的结果整理到表格中，并明确两种数据类型的关联的过程。

60. **混合方法数据收集的联合展示** 用于描述如何对定性和定量数据收集过程进行匹配，以确保收集的数据满足（或将满足）相应的研究结构的图表或矩阵。

61. **联合展示计划** 创建图表或矩阵，用于并置和匹配定性和定量数据的分析结构，以确保两种类型的数据可关联起来。

62. **关联** 定性和定量数据之间的关联纽带。

63. **连接** 在混合方法研究中寻找和发现定性和定量数据之间的共性的过程。

64. **文献综述类型** 对已发表文献进行考察时，有多种可选的综述类型：叙事性综述、范围综述、meta 分析、meta 综合、混合研究方法综合以及 meta 整合。

65. **匹配** 有意向地在相同的维度、结构或思路方面同时收集定性和定量的数据。

66. **测量信度** 表示测量结果反映了拟测量的构念的真实程度。

67. **测量效度** 反映数据采集工具对拟测量的内容的测量准确性的指标。

68. **综合推论** 综合考虑定性和定量的结果对研究意义进行阐释。

69. **混合方法的质量** 针对混合方法研究和评价项目自身独有的特点，要求注意保证研究的完好性。

70. **混合方法数据分析** 剖析两种类型数据的发现，确定两种数据的关联，形成具有共性的理论构架，以进行更有力或更全面的阐释。

71. **多阶段混合方法设计** 一类脚手架式的混合方法研究计划，其各部分密切连接且持续。

72. **混合方法论设计** 一类将不同方法论整合在一起的脚手架式混合方法研究设计（例如，干预/实验研究、个案研究、评价研究、调查研究或以用户为中心的交互式设计）。

73. **混合方法研究质量（一般问题）** 应用一个通用于任何一类混合方法设计的质量评价标准。

74. **混合方法研究质量（专门问题）** 分别严格地遵循定性和定量部分的研究质量评价标准，确保混合方法研究的总体质量。

75. **混合方法研究** 研究者在一项研究中整合了定性和定量的研究方法，并充分考虑了哲学、方法论及其应用实践。

76. **混合方法研究质量** 混合方法研究中，与定性、定量、混合方法部分以及混合方法论各维度的整合有关的在概念构想、实施和阐释方面的严谨性和质量。

77. **混合方法研究方案** 一种包含开展混合方法研究关键和必需内容的文档。

78. **混合方法研究问题** 研究中需要通过整合定性和定量方法来解决的问题。

79. **混合方法抽样** 用于确定参与定性和定量部分的研究对象的策略。

80. **整合理论的混合方法设计** 一类以理论为基础的脚手架式混合方法研究（例如，变革性混合方法研究、基于社区的参与式研究或复杂理论）。

81. **监查** 使用定性或混合方法进行数据收集和分析，以观察混合方法研究或评价项目的实施情况。

82. **单方法研究** 在一项研究中仅采用了定性或定量的方法。

83. **多层级关系** 纳入混合方法项目中的不同团体或一个组织中不同层级人员之间的关系。

84. **优化** 在混合方法研究或评价项目早期，使用定性或混合方法进行数据收集和分析，以确保有效地开发研究工具或干预措施。

85. **总体背景** 研究主题的背景，也就是大背景。

86. **同伴导师** 具有相似学术背景的同伴，也可以和你共同讨论混合方法项目，并提供反馈。

87. **研究者背景** 包括个人积累、学术背景、职业知识和经验各方面的总体情况。

88. **个人背景** 研究人员带入到混合方法项目中的个人背景、理论模型和哲学假设。

89. **个人故事** 引起研究者对混合方法主题感兴趣的教学、工作或临床经验。

90. **哲学假设** 人们对于现实世界本质、所获知识以及如何看待世界的信念和价值观。

91. **整合点** 在混合方法研究中，定性研究和定量研究的流程或数据发生连接的接点。

92. **初步主题** 最初提出的混合方法项目的关注点。

93. **概率抽样** 一种随机抽取的方法保证所选样本对于目标总体具有代表性。

94. **项目目的** 混合方法研究项目中期望获得的具体成果。

95. **项目目标** 混合方法研究的总体目标。

96. **项目流程** 混合方法项目中定性和定量数据的收集过程。

97. **刊物（候选期刊）** 用于传播混合方法研究文章的备选渠道。

98. **刊物适配性分类** 评估文章对于不同杂志的适合程度：力争型、适配型或保底型。

99. **项目发表清单** 写作时用于组织梳理该研究的优势、局限性、目标期刊的排序以及提交顺序的合理性的表单。

100. **目的性抽样** 在定性研究中根据明确的目的、理论基础或标准选择参与者。

101. **定性数据进阶分析** 指应用了具体的方法论、理论贯穿，创建新的理论或模型对资料进行进阶分析。

102. **定性比较分析** 一种理论驱动的方法，通过检验各种条件的影响及了解其作用机制来寻找解决问题的方案。

103. **定性数据初步分析** 迭代性地收集和分析已收集到的文本资料、观察结果、视觉资料或其他媒体数据，描述性地解释感兴趣的现象的过程。

104. **定性研究** 在对开放式调查、文本或视觉资料进行设计、数据收集、分析和呈现时使用的一种方法和方法论。

105. **定性驱动的混合方法研究** 在整个研究的数据收集和分析过程中以定性研究的方法特点或理论为主导，而复杂的定量分析较少。

106. **定性引导的写作结构** 在一篇混合方法研究文章的方法部分，先呈现定性部分，再呈现定量部分（例如，探索性序列设计或聚敛式设计）。

107. **定量数据的质化** 将定量数据转换成定性形式。

108. **质量（混合方法）** 混合方法研究具有自身独有的研究质量标准。

109. **定量数据进阶分析** 使用统计来验证、建模，回答因果关联和关系趋势的研究问题。

110. **定量数据初步分析** 对定量数据进行统计描述，包括均数、中位数和各种统计表。

111. **定量研究** 对封闭式调查或数值资料类研究进行设计、数据收集、分析和呈现时使用的一种方法和方法论。

112. **定量驱动的混合方法研究** 研究以定量研究为主导，采用进阶方法进行统计分析推断和建模，而复杂的定性分析较少。

113. **定量引导的写作结构** 在一篇混合方法研究文章的方法部分，先呈现定量部分，再呈现定性部分（例如，解释性序列设计或聚敛式设计）。

114. **定性数据的量化** 将定性资料转换成定量形式。

115. **反思** 研究人员对自己在研究过程中的角色进行诚实、详细和自我认知的分析。

116. **关系维度** 在分析过程中需要考虑数据混合的方式，是分别将定性和定量数据进行独立的分析，还是让定性和定量结果互动，从而迭代性推动定性和定量的解释。

117. **汇编栅格** 在汇编栅格分析研究中，作为一种认知映射工具，用来阐明人们对某一主题看法的一种书面结构。

118. **汇编栅格分析** 解释汇编栅格的一种认知映射方法。

119. **汇编栅格平行方法** 汇编栅格研究中的访谈部分，即访谈时只对比两个要素，如某一主题的实例或示例。

120. **汇编栅格要素** 指譬如人、物或事件等某一主题的实例或示例。

121. **汇编栅格链接** 相对于每一个构念，用来描述汇编栅格要素的方式。

122. **汇编栅格三元方法** 汇编栅格研究中的访谈成分，即访谈时对 3 个要素进行比较，并解释两个要素如何相似，与第三个要素又如何不同。

123. **可重现性** 一项研究结果与另一项在类似环境中实施的研究结果的相似程度。

124. **可重复性** 不同的研究人员对某一研究数据进行分析，有相同的发现并得出相同结论的程度。

125. **研究主题** 一项调查研究的主题。

126. **修改后的标题** 修改后的混合方法研究的题目。

127. **样本** 从抽样框中选择的能够代表总体的集合。

128. **抽样框** 目标人群中可以选择作为样本的范围。

129. **抽样关系** 定性和定量部分的研究对象是如何相互关联的（例如相同、嵌套、扩大、独立或多层级）。

130. **抽样时序** 收集定性和定量数据的时间关系，通常包括同步或非同步进行。

131. **脚手架式混合方法研究设计** 定性和定量数据收集和分析的策略或计划是基于一个或综合几个核心设计构建而成的，同时合并其他应用程序、方法和（或）理论框架。

132. **之前研究的范围** 之前的研究在多大程度上解决了你所关注的研究问题。

133. **检索词** 用于检索和识别有关主题文献的特定单词。

134. **社会网络分析** 研究人员通过图论构建社会关系，以揭示其内在模式，并研究其结构特性和社会行为含义的过程。

135. **混合方法研究设计结构谱系** 把研究方法描述为一个连续体，包括随着数据收集和分析而生成的研究设计，或者对数据收集流程有预先计划的研究设计。

136. **研究人群** 研究者关注的参与研究的研究对象。

137. **目标期刊** 拟提交混合方法研究和评价项目论文的预定目标。

138. **目标人群** 具有某种特征的全部人群集合，可从中抽取一定数量的集合作为样本。

139. **理论模型** 能够呈现研究主题或现象的本质的假设或概念框架。

140. **理论** 指人们关于事物知识的理解和论述。

141. **可转化性** 研究结果可应用于其他人群或相似环

境的程度。

142. 转化 来自一个小样本定性研究的发现与来自其他背景、涉及更大人群、现象或理论的发现之间的相关性。

143. 数据来源的类型 混合方法研究项目的信息库，包括观察、访谈（个人和多人访谈，例如焦点小组）、文档、视听资料、问卷、已有数据的二次分析，以及其他有关生物、医学、工程、物理等的科学数据。

144. 效度风险 研究环境或不同的抉择可能有碍于对所研究的现象进行严格、准确或可靠的描述。

145. 研究题目 混合方法项目在研究实施期间的暂定参考文献。

参考文献

Abdelrahim, H., Elnashar, M., Khidir, A., Killawi, A., Hammoud, M., Al-Khal, A. L., & Fetters, M. D. (2017). Patient perspectives on language discordance during healthcare visits: Findings from the extremely high-density multicultural state of Qatar. *Journal of Health Communication, 22*(4), 355–363. doi:10.1080/10810730.2017.1296507

Alwashmi, M., Hawboldt, J., Davis, E., & Fetters, M. D. (2019). The Iterative Convergent Design for mHealth Usability Testing: Mixed Methods Approach. *JMIR mHealth uHealth. 7*(4):e11656) doi: 10.2196/11656

Angrosino, M. (2007). *Doing ethnographic and observational research*. Thousand Oaks, CA: Sage.

Arabie, P., Carroll, D., & DeSarbo, W. S. (1987). *Three-way scaling: A guide to multidimensional scaling and clustering*. Thousand Oaks, CA: Sage.

Arksey, H., & O'Malley, L. (2002). Scoping studies: Towards a methodological framework. *International Journal of Social Research Methodology, 8*(1), 19–32. doi:10.1080/1364557032000119616

Armenakis, A. A., & Bedeian, A. G. (1999). Organizational change: A review of theory and research in the 1990s. *Journal of Management, 25*(3), 293–315.

Axiology. (n.d.). Retrieved from https://en.oxforddictionaries.com/definition/axiology.

Bandura, A. W. R. (1971). *Social learning theory*. New York, NY: General Learning Press.

Barney, J. B., & Zajac, E. J. (1994). Competitive organizational behavior: Toward an organizationally based theory of competitive advantage. *Strategic Management Journal, 15*(S1), 5–9. doi:10.1002/smj.4250150902

Bazeley, P. (2012). Integrative analysis strategies for mixed data sources. *American Behavioral Scientist, 56*(6), 814–828. doi:10.1177/0002764211426330

Bazeley, P. (2018). *Integrating analyses in mixed methods research*. Thousand Oaks, CA: Sage.

Bazeley, P., & Kemp, L. (2012). Mosaics, triangles, and DNA: Metaphors for integrated analysis in mixed methods research. *Journal of Mixed Methods Research, 6*(1), 55–72. doi:10.1177/1558689811419514

Beall's List of Predatory Journals and Publishers. (2018). Retrieved from https://beallslist.weebly.com/.

Berger, M. (2017). *Everything you ever wanted to know about predatory publishing but were afraid to ask*. Paper presented at the ACRL 2017, Baltimore, Maryland. Retrieved from https://academicworks.cuny.edu/cgi/viewcontent.cgi?referer=https://scholar.google.com/&httpsredir=1&article=1142&context=ny_pubs.

Bernard, H. R. (1995). Choosing research problems, sites, and methods. In *Research methods in anthropology: Qualitative and quantitative approaches* (2nd ed., pp. 102–135). Walnut Creek, CA: AltaMira Press.

Bernard, T., & Flitman, A. (2002). Using repertory grid analysis to gather qualitative data for information systems research. *ACIS 2002 Proceedings*, 98.

Biomarker. (n.d.). *Merriam-Webster dictionary online*. Retrieved from https://www.merriam-webster.com/dictionary/biomarker.

The Biosemantics Group. (2007). JANE, Journal/Author Name Estimator. Retrieved from http://jane.biosemantics.org/index.php.

Boadu, O. S. (2015). A comparative study of behavioural and emotional problems among children living in orphanages in Ghana: A mixed method approach. Dissertation. University of Ghana. Accra, Ghana.

Borg, I., & Groenen, P. J. F. (2005). *Modern multidimensional scaling: Theory and applications (Springer Series in Statistics)* (2nd ed.). New York, NY: Springer.

Bradt, J., Potvin, N., Kesslick, A., Shim, M., Radl, D., Schriver, E., . . . Komarnicky-Kocher, L. T. (2015). The impact of music therapy versus music medicine on psychological outcomes and pain in cancer patients: A mixed methods study. *Support Care Cancer, 23*(5), 1261–1271. doi:10.1007/s00520-014-2478-7

Brinkman, S., & Kvale, S. (2014). *Interviews: Learning the craft of qualitative research interviewing* (3rd ed.). Thousand Oaks, CA: Sage.

Bryman, A. (1988). *Quantity and quality in social research*. London, UK: Unwin Hyman.

Bryman, A. (2006). Integrating quantitative and qualitative research: How is it done? *Qualitative Research, 6*(1), 97–113. doi:10.1177/1468794106058877

Bryman, A. (2007). Barriers to integrating quantitative and qualitative research. *Journal of Mixed Methods Research, 1*(1), 8–22. doi:10.1177/2345678906290531

Bryman, A., Becker, S., & Sempik, J. (2008). Quality criteria for quantitative, qualitative and mixed methods research: A view from social policy. *International Journal of Social Research Methodology, 11*(4), 261–276. doi:10.1080/13645570701401644

Bustamante, C. (2017). TPACK and teachers of Spanish: Development of a theory-based joint display in a mixed methods research case study. *Journal of Mixed Methods Research*, 1–16. doi:10.1177/1558689817712119

Byrne, D., & Uprichard, E. (2013). *Cluster analysis (SAGE benchmarks in social research methods)* (Vol. 4; Volume set ed.). London, UK: Sage.

Callahan, E. J., & Bertakis, K. D. (1991). Development and validation of the Davis observation code. *Family Medicine, 23*(1), 19–24.

Campbell, D. J., Tam-Tham, H., Dhaliwal, K. K., Manns, B. J., Hemmelgarn, B. R., Sanmartin, C., & King-Shier, K. (2017). Use of mixed methods research in research on coronary artery disease, diabetes mellitus, and hypertension: A scoping review. *Circulation: Cardiovascular Quality and Outcomes, 10*(1), 1–11. doi:10.1161/CIRCOUTCOMES.116.003310

Canadian Institutes of Health Research. (2015). Learning in ethics. Retrieved January 24, 2017, from http://www.cihr-irsc.gc.ca/e/49286.html.

Caputi, P., & Reddy, P. (1999). A comparison of triadic and dyadic methods of personal construct elicitation. *Journal of Constructivist Psychology, 12*(3), 253–264. doi:10.1080/107205399266109

Catallo, C., Jack, S. M., Ciliska, D., & MacMillan, H. L. (2013). Minimizing the risk of intrusion: A grounded theory of intimate partner violence disclosure in emergency departments. *Journal of Advanced Nursing, 69*(6), 1366–1376. doi:10.1111/j.1365-2648.2012.06128.x

Clarivate Analytics—EndNote (n.d.). Manuscript Matcher. Retrieved May 11, 2019, from https://endnote.com/product-details/manuscript-matcher/.

Cochrane, T., & Davey, R. C. (2017). Mixed-methods evaluation of a healthy exercise, eating, and lifestyle program for primary schools. *Journal of School Health, 87*, 823–831. doi:10.1111/josh.12555

Collingridge, D. S. (2013). A primer on quantitized data analysis and permutation testing. *Journal of Mixed Methods Research, 7*(1), 81–97. doi:10.1177/1558689812454457

Collins, H., & Evans, R. (2014). Quantifying the tacit: The imitation game and social fluency. *Sociology, 48*(1), 3–19. doi:10.1177/0038038512455735

Collins, H., Evans, R., Weinel, M., Lyttleton-Smith, J., Bartlett, A., & Hall, M. (2017). The imitation game and the nature of mixed methods. *Journal of Mixed Methods Research, 11*(4), 510–527. doi:10.1177/1558689815619824

Collins, K. M. T. (2015). Validity in multimethod and mixed research. In S. N. Hesse-Biber & B. Johnson (Eds.), *The Oxford handbook of multimethod and mixed methods research inquiry* (pp. 240–256). New York. NY: Oxford University Press.

Collins, K. M. T., Onwuegbuzie, A. J., & Johnson, R. B. (2012). Securing a place at the table: A review and extension of legitimation criteria for the conduct of mixed research. *American Behavioral Scientist, 56*(6), 849–865. doi:10.1177/0002764211433799

Crabtree, B. F., & Miller, W. L. (1999). *Doing qualitative research* (2nd ed., Vol. 3). Newbury Park, CA: Sage.

Crabtree, B. F., Nutting, P. A., Miller, W. L., McDaniel, R. R., Stange, K. C., Jaén, C. R., & Stewart, E. (2011). Primary care practice transformation is hard work: Insights from a 15-year developmental program of research. *Medical Care, 49*, S28. doi:10.1097%2FMLR.0b013e3181cad65c

Creamer, E. G. (2018). *An introduction to fully integrated mixed methods research*. Thousand Oaks, CA: Sage.

Creswell, J. W. (2013). *Qualitative inquiry and research design: Choosing among five approaches* (3rd ed.). Thousand Oaks, CA: Sage.

Creswell, J. W. (2015). *A concise introduction to mixed methods research*. Thousand Oaks, CA: Sage.

Creswell, J. W. (2016). *30 essential skills for the qualitative researcher*. Thousand Oaks, CA: Sage.

Creswell, J. W., & Creswell, J. D. (2018). *Research design: Qualitative, quantitative, and mixed methods approaches* (5 ed., p. 108). Thousand Oaks, CA: Sage.

Creswell, J. W., Fetters, M. D., & Ivankova, N. V. (2004). Designing a mixed methods study in primary care. *Annals of Family Medicine, 2*, 7–12. doi:10.1370/afm.104

Creswell, J. W., Fetters, M. D., Plano Clark, V. L., & Morales, A. (2009). Mixed methods intervention trials. In S. Andrew & E. Halcomb (Eds.), *Mixed methods research for nursing and the health sciences* (pp. 161–180). Oxford, UK: Blackwell Publishing.

Creswell, J. W, Klassen, A. C., Plano Clark, V. L., & Smith, K. C. for the Office of Behavioral and Social Sciences Research. (2011). *Best practices for mixed methods research in the health sciences*. August. National Institutes of Health. Retrieved May 10, 2019, from https://obssr.od.nih.gov/wp-content/uploads/2016/02/Best_Practices_for_Mixed_Methods_Research.pdf.

Creswell, J. W., & Plano Clark, V. L. (2011). *Designing and conducting mixed methods research*. Thousand Oaks, CA: Sage.

Creswell, J. W., & Plano Clark, V. L. (2018). *Designing and conducting mixed methods research* (3rd ed.). Thousand Oaks, CA: Sage.

Creswell, J. W., & Poth, C. N. (2018). *Qualitative inquiry and research design: Choosing among five approaches* (4th ed.). Thousand Oaks, CA: Sage.

Cronin, A., Alexander, V., Fielding, J., Moran-Ellis, J., & Thomas, H. (2008). The analytic integration of qualitative data sources. In P. Alasuutari, L. Bickman, & J. Brannen (Eds.), *The SAGE handbook of social research methods* (pp. 572–584). Thousand Oaks, CA: Sage.

Crooks, V. A., Schuurman, N., Cinnamon, J., Castleden, H., & Johnston, R. (2011). Refining a location analysis model using a mixed methods approach: Community readiness as a key factor in siting rural palliative care services. *Journal of Mixed Methods Research, 5*(1), 77–95. doi:10.1177/1558689810385693

Curry, L. A., & Nunez-Smith, M. (2015). *Mixed methods in health sciences research: A practical primer*. Thousand Oaks, CA: Sage.

DeJonckheere, M., Lindquist-Grantz, R., Toraman, S., Haddad, K., & Vaughn, L. M. (2018). Intersection of mixed methods and community-based participatory research: A methodological review. *Journal of Mixed Methods Research*. https://doi.org/10.1177/1558689818778469

Denzin, N. K. (2010). Moments, mixed methods, and paradigm dialogs. *Qualitative Inquiry, 16*(6), 419–427. doi:10.1177/1077800410364608

DeVellis, R. F. (2012). *Scale development: Theory and applications* (3rd ed.; Vol. 26). Thousand Oaks, CA: Sage.

Directory of Open Access Journals (DOAJ). (n.d.). Retrieved May 11, 2019, from https://doaj.org.

Domagk, S., Schwartz, R. N., & Plass, J. L. (2010). Interactivity in multimedia learning: An integrated model. *Computers in Human Behavior, 26*(5), 1024–1033. doi:10.1016/j.chb.2010.03.003

Dragon, T., Arroyo, I., Woolf, B. P., Burleson, W., el Kaliouby, R., & Eydgahi, H. (2008). Viewing student affect and learning through classroom observation and physical sensors. In B. P. Woolf, E. Aïmeur, R. Nkambou, & S. Lajoie (Eds.), *Intelligent tutoring systems: 9th international conference, ITS 2008, Montreal, Canada, June 23–27, 2008 proceedings* (pp. 29–39). Berlin, Germany: Springer Berlin Heidelberg.

Driscoll, D. L., Appiah-Yeboah, A., Salib, P., & Rupert, D. J. (2007). Merging qualitative and quantitative data in mixed methods research: How to and why not. *Ecological and Environmental Anthropology, 3*(1), 19–28.

Elwood, S., & Cope, M. (2009). Introduction: Qualitative GIS. Forging mixed methods through representations, analytical innovations, and conceptual engagements. In *Qualitative GIS: A mixed methods approach* (pp. 1–12). Thousand Oaks, CA: Sage.

Elwyn, G., Frosch, D., Thomson, R., Joseph-Williams, N., Lloyd, A., Kinnersley, P., . . . Rollnick, S. (2012). Shared decision making: A model for clinical practice. *Journal of General Internal Medicine, 27*(10), 1361–1367. doi:10.1007/s11606-012-2077-6

Elwyn, T. S., Fetters, M. D., Sasaki, H., & Tsuda, T. (2002). Responsibility and cancer disclosure in Japan. *Social Science and Medicine, 54*(2), 281–293. doi:10.1016/S0277-9536(01)00028-4

Epistemology. (n.d.). Retrieved from https://en.oxforddictionaries.com/definition/epistemology.

Ewigman, B. G. (1996). Fire in the belly: Doing what it takes to produce excellent research. *Family Medicine, 28*(4), 289–290.

Fàbregues, S., Paré, M.-H., & Meneses, J. (2018). Operationalizing and conceptualizing quality in mixed methods research: A multiple case study of the disciplines of education, nursing, psychology, and sociology. *Journal of Mixed Methods Research*, 1–22. doi:10.1177/1558689817751774

Federal Trade Commission. (2016). FTC charges academic journal publisher OMICS group deceived researchers. Retrieved from https://www.ftc.gov/news-events/press-releases/2016/08/ftc-charges-academic-journal-publisher-omics-group-deceived.

Fetters, M. D. (2018). Six equations to help conceptualize the field of mixed methods. *Journal of Mixed Methods Research*, *12*(3), 262–267. doi:10.1177/1558689818779433

Fetters, M. D., Curry, L. A., & Creswell, J. W. (2013). Achieving integration in mixed methods designs-principles and practices. *Health Services Research*, *48*, 2134–2156. doi:10.1111/1475-6773.12117

Fetters, M.D. and Detroit Science Center. (2008–2011). Medical Marvels Interactive Translational Research Experience. National Library of Medicine/NIH,R03 LM010052-02.

Fetters, M. D., Elwyn, T. S., Sasaki, H., & Tsuda, T. (2000). 2:"がん告知"—質的研究の例 (Qualitative research Part II: An example of qualitative research on cancer disclosure). *Jpn J Prim Care*, *23*(1), 56–65.

Fetters, M. D., & Freshwater, D. (2015a). The 1 + 1 = 3 integration challenge. *Journal of Mixed Methods Research*, *9*(2), 115–117. doi:10.1177/1558689815581222

Fetters, M. D., & Freshwater, D. (2015b). Publishing a methodological mixed methods research article. *Journal of Mixed Methods Research*, *9*(3), 203–213. doi:10.1177/1558689815594687

Fetters, M. D., & Guetterman, T. C. (forthcoming, 2020). Development of a joint display as mixed analysis. In T. Onwuegbuzie & R. B. Johnson (Eds.), *Reviewer's guide for mixed methods research analysis*. Routledge.

Fetters, M. D., Guetterman, T. C., Scerbo, M. W., & Kron, F. W. (2017). A two-phase mixed methods project illustrating development of a virtual human intervention to teach advanced communication skills and a subsequent blinded mixed methods trail to test the intervention for effectiveness. *International Journals of Multidisciplinary Research Academy*, *10*(1), 748–759.

Fetters, M. D., Ivankova, N. V., Ruffin, M. T., Creswell, J. W., & Power, D. (2004). Developing a website in primary care. *Family Medicine*, *36*(9), 651–659.

Fetters, M.D. and Kron, F.W. (2012–15). Modeling Professional Attitudes and Teaching Humanistic Communication in Virtual Reality (MPathic-VRII). National Center for Advancing Translational Science/NIH 9R44TR000360-04.

Fetters, M.D. and Khidir, A. (2009–12). Providing Culturally Appropriate Health Care Services in Qatar: Development of a Multilingual "Patient Cultural Assessment of Quality" Instrument. Qatar Foundation, NPRP08-530-3-116.

Fetters, M. D., & Molina-Azorin, J. F. (2017a). The journal of mixed methods research starts a new decade: Principles for bringing in the new and divesting of the old language of the field. *Journal of Mixed Methods Research*, *11*, 3–10. doi:10.1177/1558689816682092

Fetters, M. D., & Molina-Azorin, J. F. (2017b). The journal of mixed methods research starts a new decade: The first 10 years in review. *Journal of Mixed Methods Research*, *11*(2), 143–155. doi:10.1177/1558689817696365

Fetters, M. D., & Molina-Azorin, J. F. (2017c). The journal of mixed methods research starts a new decade: The mixed methods research integration trilogy and its dimensions. *Journal of Mixed Methods Research*, *11*(3), 291–307. doi:10.1177/1558689817714066

Fetters, M. D., & Molina-Azorin, J. F. (2019). A call for expanding philosophical perspectives to create a more "worldly" field of mixed methods: The example of yinyang philosophy. *Journal of Mixed Methods Research*, *13*(1), 15–18. https://doi.org/10.1177/1558689818816886

Fetters, M. D., & Rubinstein, E. B. (forthcoming). The 3 Cs of content, context, and concepts: A practical approach to recording unstructured field observations. *Annals of Family Medicine*.

Finlay, L. (2002). "Outing" the researcher: The provenance, process, and practice of reflexivity. *Qualitative Health Research*, *12*(4), 531–545. doi:10.1177/104973202129120052

Frantzen, K. K., & Fetters, M. D. (2015). Meta-integration for synthesizing data in a systematic mixed studies review: Insights from research on autism spectrum disorder. *Quality & Quantity*, *50*(5), 2251–2277. doi: 10.1007/s11135-015-0261-6.

Frantzen, K. K., Lauritsen, M. B., Jørgensen, M., Tanggaard, L., Fetters, M. D., Aikens, J. E., & Bjerrum, M. (2015). Parental self-perception in the autism spectrum disorder literature: A systematic mixed studies review. *Review Journal of Autism and Developmental Disorders*, *3*(1), 18–36.

Franz, A., Worrell, M., & Vögele, C. (2013). Integrating mixed method data in psychological research: Combining Q methodology and questionnaires in a study investigating cultural and psychological influences on adolescent sexual behavior. *Journal of Mixed Methods Research*, *7*(4), 370–389.

Garcia-Castillo, D., & Fetters, M. D. (2007). Quality in medical translations: A review. *Journal of Health Care for the Poor and Underserved (JHCPU)*, *18*(1), 74–84.

Gartner. (n.d.). Gartner IT Glossary: Big Data. Retrieved April 24, 2019, from http://www.gartner.com/it-glossary/big-data/.

Glanz, K., & Bishop, D. B. (2010). The role of behavioral science theory in development and implementation of public health interventions. *Annual Review of Public Health*, *31*, 399–418. doi:10.1146/annurev.publhealth.012809.103604

Gomez-Mejia, L. R., & Balkin, D. B. (2017). Determinants of faculty pay: An agency theory perspective. *Academy of Management Journal*, *35*(5), 921–955. doi:10.5465/256535

Greene, J. C. (2007). *Mixed methods in social inquiry*. San Francisco, CA: Jossey-Bass.

Greene, J. C., & Hall, J. N. (2010). Dialectics and pragmatism: Being of consequence. *Handbook of mixed methods in social and behavioral research* (pp. 119–144). doi:10.4135/9781506335193

Greene, J. C., Caracelli, V. J., & Graham, W. F. (1989). Toward a conceptual framework for mixed-method evaluation designs. *Educational Evaluation and Policy Analysis*, *11*(3), 255–274. doi:10.3102/01623737011003255

Guetterman, T. C., Creswell, J. W., & Kuckartz, U. (2015). Using joint displays and MAXQDA software to represent the results of mixed methods research. In M. McCrudden, G. Schraw, & C. Buckendahl (Eds.), *Use of visual displays in research and testing: Coding, interpreting, and reporting data* (pp. 145–175). Charlotte, NC: Information Age Publishing.

Guetterman, T. C., & Fetters, M. D. (2018). Two methodological approaches to the integration of mixed methods and case study designs: A systemic review. *American Behavioral Scientist*, *62*(7), 900–918. https://doi.org/10.1177/0002764218772641

Guetterman, T. C., Fetters, M. D., & Creswell, J. W. (2015). Integrating quantitative and qualitative results in health science mixed methods research through joint displays. *Annals of Family Medicine*, *13*(6), 554–561. doi:10.1370/afm.1865

Guetterman, T. C., Fetters, M. D., Legocki, L. J., Mawocha, S., Barsan, W. G., Lewis, R. J., . . . Meurer, W. J. (2015). Reflections on the adaptive designs accelerating promising trials into treatments (ADAPT-IT) process—Findings from a qualitative study. *Clinical Research and Regulatory Affairs*, *32*(4), 119–128. doi:10.3109/10601333.2015.1079217

Guetterman, T. C., Kron, F. W., Campbell, T. C., Scerbo, M. W., Zelenski, A. B., Cleary, J. F., & Fetters, M. D. (2017). Initial construct validity evidence of a virtual human application for competency assessment in breaking bad news to a cancer patient. *Advances in Medical Education and Practice*, *8*, 505. doi:10.2147/AMEP.S138380

Haase, M., Becker, I., Nill, A., Shultz, C. J., & Gentry, J. W. (2016). Male breadwinner ideology and the inclination to establish market relationships: Model development using data from Germany and a mixed-methods research strategy. *Journal of Macromarketing*, *36*(2), 149–167. doi:10.1177/0276146715576202

Hammoud, M. M., Elnashar, M., Abdelrahim, H., Khidir, A., Elliott, H. A. K., Killawi, A., . . . Fetters, M. D. (2012). Challenges and opportunities of US and Arab collaborations in health services research: A case study from Qatar. *Global Journal of Health Science*, *4*, 148–159. doi:10.5539/gjhs.v4n6p148

Harper, W. A. (2016). *Exploring the role of the principal in creating a culture of academic optimism: A sequential QUAN to QUAL mixed methods study* (Dissertation). Birmingham: University of Alabama.

Hart, S. L. (1995). A natural-resource-based view of the firm. *Academy of Management Review*, *20*(4), 986–1014. doi:10.2307/258963

Hesse-Biber, S., & Kelly, C. (2010). Post-modernist approaches to mixed methods research. In *Mixed methods research: Merging theory and practice* (pp. 154–730). New York, NY: Guilford Press.

Hesse-Biber, S., Rodriguez, D., & Frost, N. A. (2015). A qualitatively driven approach to multimethod and mixed methods research. In S. N. Hesse-Biber & B. Johnson (Eds.), *The Oxford handbook of multimethod and mixed methods research inquiry* (pp. 3–20). New York. NY: Oxford University Press.

Heyvaert, M., Hammes, K., & Onghena, P. (2017). *Using mixed methods research synthesis for literature reviews*. Thousand Oaks, CA: Sage.

Higgins, J., & Green, S. (2011). *Cochrane handbook for systematic reviews of interventions*. 5.1.0. Retrieved from www.cochrane-handbook.org.

Holtrop, J. S., Potworowski, G., Green, L. A., & Fetters, M. D. (2016). Analysis of novel care management programs in primary care. *Journal of Mixed Methods Research*, 1–28. doi:10.1177/1558689816668689

Hong, Q. N., & Pluye, P. (2018). A conceptual framework for critical appraisal in systematic mixed studies reviews. *Journal of Mixed Methods Research*, 1–15. doi:10.1177/1558689818770058

Hoy, W. K., Tarter, C. J., & Hoy, A. W. (2006). Academic optimism of schools: A force for student achievement. *American Educational Research Journal*, *43*(3), 425–446. doi:10.3102/00028312043003425

Hurmerinta-Peltomäki, L., & Nummela, N. (2006). Mixed methods in international business research: A value-added perspective. *Management International Review*, *46*(4), 439–459. doi:10.1007/s11575-006-0100-z

Hwang, H. (2014). The influence of the ecological contexts of teacher education on South Korean teacher educators' professional development. *Teaching and Teacher Education*, *43*, 1–14. doi:10.1016/j.tate.2014.05.003

Imenda, S. (2014). Is there a conceptual difference between theoretical and conceptual frameworks? *Journal of Social Sciences*, *38*(2), 185–195. doi:10.1080/09718923.2014.11893249

Israel, B. A., Eng, E., Schulz, A. J., & Parker, E. (Eds.). (2012). *Methods for community-based participatory research for health* (2nd ed.). San Francisco, CA: Jossey-Bass.

Israel, B. A., Schulz, A. J., Estrada-Martinez, L., Zenk, S. N., Viruell-Fuentes, E., Villarruel, A. M., & Stokes, C. (2006). Engaging urban residents in assessing neighborhood environments and their implications for health. *Journal of Urban Health*, *83*(3), 523–539. doi:10.1007/s11524-006-9053-6

Ivankova, N. V. (2015). *Mixed methods applications in action research: From methods to community action*. Thousand Oaks, CA: Sage.

Ivankova, N. V., Creswell, J. W., & Stick, S. (2006). Using mixed-methods sequential explanatory design: From theory to practice. *Field Methods*, *18*(1), 3–20. doi:10.1177/1525822X05282260

Ivankova, N. V., & Stick, S. L. (2007). Students' persistence in a distributed doctoral program in educational leadership in higher education: A mixed methods study. *Research in Higher Education*, *48*(1), 93. doi:10.1007/s11162-006-9025-4

Janesick, V. A. (1994). The choreography of qualitative research design: Minuets, improvisations, and crystallization. In N. K. Denzin & Y. S. Lincoln (Eds.), *Handbook of qualitative research* (2nd ed., pp. 379–399). Thousand Oaks. CA: Sage.

Jenson, L. A., & Allen, M. N. (1994). A synthesis of qualitative research on wellness-illness. *Qualitative Health Research*, *4*, 349–369. doi:10.1177/104973239400400402

Johnson, B., & Turner, L. A. (2003). Data collection strategies in mixed methods research. In A. Tashakkori & C. Teddlie (Eds.), *Handbook of mixed methods in social and behavioral research* (pp. 297–319). Thousand Oaks, CA: Sage.

Johnson, J. C. (1998). Research design and research strategies. In H. R. Bernard (Ed.), *Handbook of methods in cultural anthropology*. Lanham, MD: AltaMira Press.

Johnson, R. B. (2012). *Dialectical pluralism and mixed research*. Thousand Oaks, CA: Sage.

Johnson, R. B. (2015). Dialectical pluralism: A metaparadigm whose time has come. *Journal of Mixed Methods Research*, *11*(2), 156–173. doi:10.1177/1558689815607692

Johnson, R. B., & Christensen, L. (2017). *Educational research: Quantitative, qualitative, and mixed approaches* (6th ed.). Thousand Oaks, CA: Sage.

Johnson, R. B., Onwuegbuzie, A. J., & Turner, L. A. (2007). Toward a definition of mixed methods research. *Journal of Mixed Methods Research*, *1*(2), 112–133. doi:10.1177/1558689806298224

Johnson, R. E., Grove, A. L., & Clarke, A. (2017). Pillar integration process: A joint display technique to integrate data in mixed methods research. *Journal of Mixed Methods Research*. 13(3), 301–320. https://doi.org/10.1177/1558689817743108

Jones, G. R. (2012). *Organizational theory, design, and change* (7th ed.). London, UK: Pearson.

Jones, K. (2017). Using a theory of practice to clarify epistemological challenges in mixed methods research: An example of theorizing, modeling, and mapping changing West African seed systems. *Journal of Mixed Methods Research*, *11*(3), 355–373. doi:10.1177/1558689815614960

Kahwati, L. & Kane, H. (2020). *Qualitative comparative analysis in mixed methods research and evaluation*. Thousand Oaks, CA: Sage.

Kelle, U. (2015). Mixed methods and the problems of theory building and theory testing in the social sciences. In S. N. Hesse-Biber & R. B. Johnson (Eds.), *The Oxford handbook of multimethod and mixed methods research inquiry* (pp. 594–605). New York, NY: Oxford University Press.

Kelly, G. A. (1955). *The psychology of personal constructs*. New York, NY: W. W. Norton & Co.

Killawi, A., Khidir, A., Elnashar, M., Abdelrahim, H., Hammoud, M., Elliott, H., . . . Fetters, M. D. (2014). Procedures of recruiting, obtaining informed consent, and compensating research participants in Qatar: Findings from a qualitative investigation. *BMC Medical Ethics, 15*(1), 9–22. doi:10.1186/1472-6939-15-9

Kong, S. Y., Mohd Yaacob, N., & Mohd Ariffin, A. R. (2016). Constructing a mixed methods research design: Exploration of an architectural intervention. *Journal of Mixed Methods Research*, 1–18. doi:10.1177/1558689816651807

Koopmans, M. (2017). Mixed methods in search of a problem: Perspectives from complexity theory. *Journal of Mixed Methods Research, 11*, 16–18. doi:10.1177/1558689816676662

Kron, F. W., Fetters, M. D., Scerbo, M. W., White, C. B., Lypson, M. L., Padilla, M. A., . . . Becker, D. M. (2017). Using a computer simulation for teaching communication skills: A blinded multisite mixed methods randomized controlled trial. *Patient Education and Counseling, 100*, 748–759. doi:10.1016/j.pec.2016.10.024

Kron, F. W., Gjerde, C. L., Sen, A., & Fetters, M. D. (2010). Medical student attitudes toward video games and related new media technologies in medical education. *BMC Medical Education, 10*(50), 1–11. doi:10.1186/1472-6920-10-50

Krueger, R. A., & Casey, M. A. (1994). *Focus groups: A practical guide for applied research* (2nd ed.). Thousand Oaks, CA: Sage.

Legocki, L. J., Meurer, W. J., Frederiksen, S., Lewis, R. J., Durkalski, V. L., Berry, D. A., . . . Fetters, M. D. (2015). Clinical trialist perspectives on the ethics of adaptive clinical trials: A mixed-methods analysis. *BMC Medical Ethics, 16*(1), 27. doi:10.1186/s12910-015-0022-z

Lincoln, Y. S., & Guba, E. G. (1985). *Naturalistic inquiry*. Newbury Park, CA: Sage.

Lincoln, Y. S., & Guba, E. G. (2000). The only generalization is: There is no generalization. In R. Gomm, M. Hammersley, & P. Foster (Eds.), *Case study method: Key issues, key texts* (pp. 27–44). Thousand Oaks, CA: Sage.

Lucero, J., Wallerstein, N., Duran, B., Alegria, M., Greene-Moton, E., Israel, B., . . . & Pearson, C. (2016). Development of a mixed methods investigation of process and outcomes of community-based participatory research. *Journal of Mixed Methods Research, 12*, 55–74. doi:10.1177/1558689816633309

Lynch-Sauer, J., Vandenbosch, T. M., Kron, F., Gjerde, C. L., Arato, N., Sen, A., & Fetters, M. D. (2011). Nursing students' attitudes toward video games and related new media technologies. *Journal of Nursing Education, 50*, 513–523. doi:10.3928/01484834-20110531-04

Mangan, J., Lalwani, C., & Gardner, B. (2004). Combining quantitative and qualitative methodologies in logistics research. *International Journal of Physical Distribution & Logistics Management, 34*(7), 565–578. doi:10.1108/09600030410552258

Martinez, A., Dimitriadis, Y., Rubia, B., Gómez, E., & de la Fuente, P. (2003). Combining qualitative evaluation and social network analysis for the study of classroom social interactions. *Computers & Education, 41*(4), 353–368. doi:10.1016/j.compedu.2003.06.001

Maxwell, J., & Mittapalli, K. (2010). *Realism as a stance for mixed methods research* (2nd ed.). Thousand Oaks, CA: Sage.

McKim, C. A. (2017). The value of mixed methods research: A mixed methods study. *Journal of Mixed Methods Research, 11*(2), 202–222.

McNeill, P. M. (1993). *The ethics and politics of human experimentation*. Cambridge, UK: CUP Archive.

Mertens, D. M. (2007). Transformative paradigm: Mixed methods and social justice. *Journal of Mixed Methods Research, 1*(3), 212–225. doi:10.1177/1558689807302811.

Mertens, D. M. (2009). *Transformative research and evaluation*. New York, NY: Guilford Press.

Mertens, D. M. (2010). Transformative mixed methods research. *Qualitative inquiry, 16*, 469–474. doi:10.1177/1077800410364612

Mertens, D. M., Bazeley, P., Bowleg, L., Fielding, N., Maxwell, J., Molina-Azorin, J. F., & Niglas, K. (2016). Expanding thinking through a kaleidoscopic look into the future implications of the mixed methods international research association's task force report on the future of mixed methods. *Journal of Mixed Methods Research, 10*(3), 221–227. doi: 10.1177/1558689816649719

Methodology. (n.d.). Retrieved from https://en.oxforddictionaries.com/definition/methodology.

Meurer, W. J., Lewis, R. J., Tagle, D., Fetters, M., Legocki, L., Berry, S., . . . Barsan, W. G. (2012). An overview of the Adaptive Designs Accelerating Promising Trials Into Treatments (ADAPT-IT) project. *Annals of Emergency Medicine, 60*, 451–457. doi:10.1016/j.annemergmed.2012.01.020

Miles, M. B., Huberman, A. M., & Saldaña, J. (2014). *Qualitative data analysis* (3rd ed.). Thousand Oaks, CA: Sage.

Miller, W., & Crabtree, B. (1990). Start with the stories. *Family Medicine Research Updates, 9*(2), 2–3.

Miller, W. L., Yanoshik, M. K., Crabtree, B. F., & Reymond, W. K. (1994). Patients, family physicians, and pain: Visions from interview narratives. *Family Medicine, 26*(3), 179–184.

MIT Technology Review. (2013). The big data conundrum: How to define it? Retrieved from https://www.technologyreview.com/s/519851/the-big-data-conundrum-how-to-define-it/.

Moffatt, S., White, M., Mackintosh, J., & Howel, D. (2006). Using quantitative and qualitative data in health services research—what happens when mixed methods findings conflict? *BMC Health Services Research, 6*(28), 1–10. doi:10.1186/1472-6963-6-28

Moran-Ellis, J., Alexander, V. D., Cronin, A., Dickinson, M., Fielding, J., Sleney, J., & Thomas, H. (2006). Triangulation and integration: Processes, claims and implications. *Qualitative Research, 6*(1), 45–59. doi:10.1177/1468794106058870

Morgan, D. L. (1997). *The focus group guidebook* (Vol. 1). Thousand Oaks. CA: Sage.

Morgan, D. L. (2007). Paradigms lost and pragmatism regained: Methodological implications of combining qualitative and quantitative methods. *Journal of Mixed Methods Research, 1*(1), 48–76. doi:10.1177/2345678906292462

Morgan, D. L. (2016). *Essentials of dyadic interviewing*. New York, NY: Routledge.

Morgan, D. L. (2018). Living within blurry boundaries: The value of distinguishing between qualitative and quantitative research. *Journal of Mixed Methods Research, 12*(3), 268–279. doi:10.1177/1558689816686433

Morgan, D. L., Ataie, J., Carder, P., & Hoffman, K. (2013). Introducing dyadic interviews as a method for collecting qualitative data. *Qualitative Health Research, 23*(9), 1276–1284.

Morrison, L. G., Hargood, C., Lin, S. X., Dennison, L., Joseph, J., Hughes, S., . . . Michie, S. (2014). Understanding usage of a hybrid website and smartphone app for weight management: A mixed-methods study. *Journal of Medical Internet Research, 16*, e201. doi:10.2196/jmir.3579

Moseholm, E., & Fetters, M. D. (2017). Conceptual models to guide integration during analysis in convergent mixed methods studies. *Methodological Innovations, 10*(2), 1–11. doi:10.1177/2059799117703118

Moseholm, E., Rydahl-Hansen, S., Lindhardt, B. O., & Fetters, M. D. (2017). Health-related quality of life in patients with serious non-specific symptoms undergoing evaluation for possible cancer and their experience during the process: A mixed methods study. *Quality of Life Research, 26*(4), 993–1006. doi:10.1007/s11136-016-1423-2

Nastasi, B. K., & Hitchcock, J. H. (2016). *Mixed methods research and culture-specific interventions: Program design and evaluation*. Thousand Oaks, CA: Sage.

National Center for Education Statistics. (2018). Early Childhood Longitudinal Program. Retrieved from https://nces.ed.gov/ecls/.

National Health Service. (2017). Health research authority. Research ethics service. Retrieved January 24, 2017, from http://www.hra.nhs.uk/about-the-hra/our-committees/res/.

National Institutes of Health. (2012). Human subjects protection and inclusion of women, minorities, and children. Retrieved January 24, 2017, from https://archives.nih.gov/asites/grants/05-29-2015/grants/peer/guidelines_general/Human_Subjects_Protection_and_Inclusion.pdf.

National Institutes of Health. (2016). Resources. Retrieved January 24, 2017, from https://humansubjects.nih.gov/resources.

National Institutes of Health. (2017). *Statement on article publication resulting from NIH funded research*. Notice Number: NOT-OD-18-011. Retrieved May 11, 2019, from https://grants.nih.gov/grants/guide/notice-files/NOT-OD-18-011.html.

National Institutes of Health. (2017–2021) Mission and goals. Retrieved from https://obssr.od.nih.gov/wp-content/uploads/2016/12/OBSSR-SP-2017-2021.pdf.

NIH Office of Behavioral and Social Sciences. (n.d.). About OBSSR. Retrieved May 11, 2019, from https://obssr.od.nih.gov/about/.

NIH Office of Behavioral and Social Sciences. (2018). *Best practices for mixed methods research in the health sciences* (2nd ed). Bethesda: National Institutes of Health. Retrieved May 10, 2019, from https://obssr.od.nih.gov/wp-content/uploads/2018/01/Best-Practices-for-Mixed-Methods-Research-in-the-Health-Sciences-2018-01-25.pdf.

Nilsen, P. (2015). Making sense of implementation theories, models and frameworks. *Implementation Science*, *10*(1), 53. doi:10.1186/s13012-015-0242-0

O'Cathain, A. (2009). Reporting mixed methods projects. *Mixed methods research for nursing and the health sciences* (pp. 135–158). Oxford, UK: Blackwell Publishing.

O'Cathain, A. (2010). Assessing the quality of mixed methods research toward a comprehensive framework. In A. Tashakkori & C. Teddlie (Eds.), *SAGE handbook of mixed methods in social & behavioral research* (2nd ed., pp. 531–558). Thousand Oaks. CA: Sage.

O'Cathain, A. (2018). *A practical guide to using qualitative research with randomized controlled trials*. Oxford, UK, Oxford University Press.

O'Cathain, A., Murphy, E., & Nicholl, J. (2010). Three techniques for integrating data in mixed methods studies. *BMJ*, *341*, c4587. doi:10.1136/bmj.c4587

O'Cathain, A., Thomas, K., Drabble, S., Rudolph, A., & Hewison, J. (2013). What can qualitative research do for randomised controlled trials? A systematic mapping review. *BMJ open*, *3*, e002889. doi:10.1136/bmjopen-2013-002889

Office of Behavioral & Social Sciences Research. Social and Behavioral Theories. (n.d.). Retrieved from http://www.esourceresearch.org/eSourceBook/SocialandBehavioralTheories/1LearningObjectives/tabid/724/Default.aspx.

Ontology. (n.d.). Retrieved from https://en.oxforddictionaries.com/definition/ontology

Onwuegbuzie, A. J., & Johnson, R. B. (2006). The validity issue in mixed research. *Research in the Schools*, *13*(1), 48–63.

O'Reilly, M., & Kiyimba, N. (2015). *Advanced qualitative research: A guide to using theory*. Thousand Oaks, CA: Sage.

Oren, G. A. (2017). Predatory publishing: Top 10 things you need to know. Retrieved from http://wkauthorservices.editage.com/resources/author-resource-review/2017/dec-2017.html

Patton, M. Q. (2015). *Qualitative research and evaluation methods* (4th ed.). Thousand Oaks, CA: Sage.

Plano Clark, V. L., Garrett, A. L., & Leslie-Pelecky, D. L. (2010). Applying three strategies for integrating quantitative and qualitative databases in a mixed methods study of a nontraditional graduate education program. *Field Methods*, *22*(2), 154–174. doi:10.1177/1525822X09357174

Plano Clark, V. L., & Ivankova, N. V. (2016a). *Mixed methods research: A guide to the field*. Thousand Oaks, CA: Sage.

Plano Clark, V. L., & Ivankova, N. V. (2016b). Why use mixed methods research? Identifying rationales for mixing methods. In *Mixed methods research: A guide to the field*. Thousand Oaks, CA: Sage.

Pluye, P., Grad, R. M., Levine, A., & Nicolau, B. (2009). Understanding divergence of quantitative and qualitative data (or results) in mixed methods studies. *International Journal of Multiple Research Approaches*, *3*, 58–72. doi:10.5172/mra.455.3.1.58

Pluye, P., & Hong, Q. N. (2014). Combining the power of stories and the power of numbers: Mixed methods research and mixed studies reviews. *Annual Review of Public Health*, *35*(1), 29–45. doi:10.1146/annurev-publhealth-032013-182440

Poth, C. N., (2018a). Innovation in mixed methods research—a practical guide to integrative thinking with complexity. Thousand Oaks, CA: Sage.

Poth, C. N. (2018b). The curious case of complexity: Implications for mixed methods research practices. *International Journal of Multiple Research Approaches*.

Prochaska, J. O. (2008). Decision making in the transtheoretical model of behavior change. *Medical Decision Making*, *28*(6), 845–849. doi:10.1177/0272989X08327068

Prosessor, J. (2011). Visual methodology: Toward a more seeing research. In N. K. Denzin & Y. S. Lincoln (Eds.), *The SAGE handbook of qualitative research* (4th ed., pp. 479–496). Thousand Oaks, CA: Sage.

Ragin, C. C., Shulman, D., Weinberg, A., & Gran, B. (2003). Complexity, generality, and qualitative comparative analysis. *Field Methods*, *15*(4), 323–340. doi:10.1177/1525822X03257689

Rhetoric. (n.d.). Retrieved from https://en.oxforddictionaries.com/definition/rhetoric.

Richardson, L. (1994). Writing: A method of inquiry. In N. K. Denzin & Y. S. Lincoln (Eds.), *Handbook of qualitative research* (pp. 516–529). Thousand Oaks, CA: Sage.

Rogers, B., & Ryals, L. (2007). Using the repertory grid to access the underlying realities in key account relationships. *International Journal of Market Research*, *49*(5), 595–612. doi:10.1177/147078530704900506

Rosenstock, I. M. (1974). Historical origins of the health belief model. *Health Education Monographs*, *2*(4), 328–335. doi:10.1177/109019817400200403.

Rothman, David J. (1991). *Strangers at the bedside: A history of how law and bioethics transformed medical decision making*. New York, NY: Basic Books.

Roux, B. L. L., & Rouanet, H. (2009). *Multiple correspondence analysis*. Thousand Oaks, CA: Sage.

Salkind, N. J. (2017). *Statistics for people who (think they) hate statistics* (6th ed.). Thousand Oaks, CA: Sage.

Sandelowski, M., Docherty, S., & Emden, C. (1997). Focus on qualitative methods qualitative metasynthesis: Issues and techniques. *Research in Nursing and Health, 20*, 365–372.

Schoonenboom, J. (2017). A performative paradigm for mixed methods research. *Journal of Mixed Methods Research*. 13(3), 284–300. https://doi.org/10.1177/1558689817722889

Schulz, A. J., Israel, B. A., Coombe, C. M., Gaines, C., Reyes, A. G., Rowe, Z., . . . Weir, S. (2011). A community-based participatory planning process and multilevel intervention design: Toward eliminating cardiovascular health inequities. *Health Promotion Practice, 12*(6), 900–911.

Scimago. (2007). Scimago Journal & Country Rank (SJR). Retrieved from http://www.webcitation.org/76BVoeWUs.

Scott, J. (2017). *Social network analysis* (4th ed.). Thousand Oaks, CA: Sage.

Scott, J., Tallia, A., Crosson, J. C., Orzano, A. J., Stroebel, C., DiCicco-Bloom, B., . . . Crabtree, B. (2005). Social network analysis as an analytic tool for interaction patterns in primary care practices. *Annals of Family Medicine, 3*(5), 443–448. doi:10.1370/afm.344

Shannon-Baker, P. (2016). Making paradigms meaningful in mixed methods research. *Journal of Mixed Methods Research, 10*(4), 319–334. doi:10.1177/1558689815575861

Sharma, S., & Vredenburg, H. (1998). Proactive corporate environmental strategy and the development of competitively valuable organizational capabilities. *Strategic Management Journal*, 729–753. doi:10.1002/(SICI)1097-0266(199808)19:8<729::AID-SMJ967>3.0.CO;2-4

Shell, D. F., Brooks, D. W., Trainin, G., Wilson, K. M., Kauffman, D. F., & Herr, L. M. (2010). *The unified learning model: How motivational, cognitive, and neurobiological sciences inform best teaching practices*. Dordrecht, The Netherlands: Springer.

Shultz, C. G., Chu, M. S., Yajima, A., Skye, E. P., Sano, K., Inoue, M., . . . & Fetters, M. D. (2015). The cultural context of teaching and learning sexual health care examinations in Japan: A mixed methods case study assessing the use of standardized patient instructors among Japanese family physician trainees of the Shizuoka Family Medicine Program. *Asia Pacific Family Medicine, 14*, 8. doi:10.1186/s12930-015-0025-4

Simões, C., Dibb, S., & Fisk, R. P. (2005). Managing corporate identity: An internal perspective. *Journal of the Academy of Marketing Science, 33*, 153–168. doi:10.1177/0092070304268920

Sorden, S. D. (2012). The cognitive theory of multimedia learning. *Handbook of educational theories* (pp. 1–31). Charlotte, NC: Information Age Publishing.

Stange, K. C., Crabtree, B. F., & Miller, W. L. (2006). Publishing multimethod research. *Annals of Family Medicine, 4*(4), 292–294. doi:10.1370/afm.615

Swain, A. K. (2016). Mining big data to support decision making in healthcare. *Journal of Information Technology Case and Application Research, 18*(3), 141–154.

Tashakkori, A., & Teddlie, C. (1998). *Mixed methodology: Combining qualitative and quantitative approaches*. Thousand Oaks, CA: Sage.

Teddlie, C., & Tashakkori, A. (2006). A general typology of research designs featuring mixed methods. *Research in the Schools, 13*(1), 12–28.

Teddlie, C., & Tashakkori, A. (2009a). Considerations before collecting your data. In *Foundations of mixed methods research: Integrating quantitative and qualitative approaches in the social and behavioral sciences* (pp. 197–216). Thousand Oaks, CA: Sage.

Teddlie, C., & Tashakkori, A. (2009b). *Foundations of mixed methods research: Integrating quantitative and qualitative approaches in the social and behavioral sciences*. Thousand Oaks, CA: Sage.

Think. Check. Submit. (2018). Retrieved from http://thinkchecksubmit.org/check/.

Tsushima, R. (2012). *The mismatch between educational policy and classroom practice: EFL teachers' perspectives on washback in Japan*. McGill University, Retrieved from ProQuest Digital Dissertations. (MR84313).

Tsushima, R. (2015). Methodological diversity in language assessment research: The role of mixed methods in classroom-based language assessment studies. *International Journal of Qualitative Methods, 14*, 104–121. doi:10.1177/160940691501400202

U.S. Department of Health & Human Services. (2009). Code of federal regulations. Title 45 Public Welfare. Part 46: Protection of Human Subjects. Department of Health and Human Services. Retrieved from https://http://www.hhs.gov/ohrp/regulations-and-policy/regulations/45-cfr-46/index.html - 46.101(b)

University of Michigan. (2018). *I. f. S. R. health and retirement study: A study of longitudinal study of health, retirement, and aging*. Retrieved from http://hrsonline.isr.umich.edu/.

Uprichard, E., & Dawney, L. (2016). Data diffraction challenging data integration in mixed methods research. *Journal of Mixed Methods Research, 13*(1), 19–32. doi:10.1177/1558689816674650

Vence, T. (2017). On blacklists and whitelists. Retrieved from https://www.the-scientist.com/?articles.view/articleNo/49903/title/On-Blacklists-and-Whitelists/.

Venkatesh, V., Brown, S. A., & Bala, H. (2013). Bridging the qualitative-quantitative divide: Guidelines for conducting mixed methods research in information systems. *MIS Quarterly, 37*, 21–54.

von Bartheld, C. S., Houmanfar, R., & Candido, A. (2015). Prediction of junior faculty success in biomedical research: Comparison of metrics and effects of mentoring programs. *PeerJ, 3*, e1262. doi:10.7717/peerj.1262

Vygotsky, L. S. (1978). *Mind in society: The development of higher psychological processes*. Cambridge, MA: Harvard University Press.

Wakai, T., Simasek, M., Nakagawa, U., Saijo, M., & Fetters, M. D. (2018). Screenings during well-child visits in primary care: A mixed methods intervention quality improvement study. *Journal of the American Board of Family Medicine, 31*(4), 558–569. doi:10.3122/jabfm.2018.04.170222

Walsh, M., & Wigens, L. (2003). *Foundations in nursing and health care: Introduction to research*. Cheltenham, UK: Nelson Thornes.

Wang, R. R. (2012). *Yinyang: The way of heaven and earth in Chinese thought and culture* (Vol. 11). New York, NY: Cambridge University Press.

Ward, J. S., & Barker, A. (2013), Undefined by data: A survey of big data definitions. Retrieved April 24, 2019, from https://arxiv.org/pdf/1309.5821.pdf.

Weiss, H. B., Kreider, H., Mayer, E., Hencke, R., & Vaughan, M. A. (2005). Working it out: The chronicle of a mixed methods analysis. In T. S. Weisner (Ed.), *Discovering successful pathways in children's development: Mixed methods in the study of childhood and family life* (pp. 47–64). Chicago, IL: University of Chicago Press.

Windsor, L. C. (2013). Using concept mapping in community-based participatory research: A mixed methods approach. *Journal of Mixed Methods Research, 7*(3), 274–293.

Wisdom, J. P., & Fetters, M. D. (2015). Funding for mixed methods research: Sources and strategies. In S. Hesse-Biber & R. B. Johnson (Eds.), *The Oxford handbook of multimethod and mixed methods research inquiry* (pp. 314–332). New York, NY: Oxford University Press.

World Health Organization. (n.d.). Recommended format for a research protocol. Retrieved May 10, 2019, from http://www.who.int/rpc/research_ethics/format_rp/en/

Worthley, M. R., Gloeckner, G. W., & Kennedy, P. A. (2016). A mixed-methods explanatory study of the failure rate for freshman STEM calculus students. *PRIMUS*, *26*(2), 125–142. doi:10.1080/10511970.2015.1067265

Wu, J. (2017-22). Improving Contraceptive Care for Women with Chronic Conditions: A Novel: Web-Based Decision Aid in Primary Care. National Institute of Child Development and Human Health. 1 K23 HD084744-01A1.

Wu, J. P., Damschroder, L. J., Fetters, M. D., Zikmund-Fisher, B. J., Crabtree, B. F., Hudson, S. V., . . . Taichman, L. S. (2018). A web-based decision tool to improve contraceptive counseling for women with chronic medical conditions: Protocol for a mixed methods implementation study. *JMIR Research Protocols*, *7*(4), e107. doi:10.2196/resprot.9249

Yang, S., Keller, F. B., & Zheng, L. (2017). *Social network analysis: Methods and examples*. Thousand Oaks, CA: Sage.

Yardley, L., Williams, S., Bradbury, K., Garip, G., Renouf, S., Ware, L., . . . Little, P. (2012). Integrating user perspectives into the development of a web-based weight management intervention. *Clinical Obesity*, *2*, 132–141. doi:10.1111/cob.12001

Yin, R. K. (2014). *Case study research: Design and methods* (5th ed.). Thousand Oaks, CA: Sage.

Yuki, G. (1989). Managerial leadership: A review of theory and research. *Journal of Management*, *15*(2), 251–289.